Heidelberger Taschenbücher Band 150

E. Oeljeklaus · R. Remmert

Lineare Algebra I

Springer-Verlag
Berlin Heidelberg New York 1974

Prof. Dr. Eberhard Oeljeklaus   Prof. Dr. Reinhold Remmert
Mathematisches Institut der Universität Münster

AMS Subject Classifications (1970): 13 C 01, 15–01, 15 A 03, 15 A 06, 15 A 09, 15 A 15, 15 A 18, 15 A 21

ISBN-13:978-3-540-06715-3   e-ISBN-13:978-3-642-65851-8
DOI: 10.1007/978-3-642-65851-8

Vorwort

Ja, mein Freund, es sind die Klänge
Aus der längst verschollnen Traumzeit;
Nur daß oft moderne Triller
Gaukeln durch den alten Grundton.

H. Heine, Atta Troll (Kaput XXVIII)

0. Die stürmische Entwicklung der Mathematik in den letzten Jahrzehnten hat auch vor den Hörsälen der Anfangssemester nicht haltgemacht. Galt es in den dreißiger Jahren noch als revolutionär, Vektorräume in den Grundvorlesungen über Analytische Geometrie systematisch zu behandeln, so verstärken sich in jüngster Zeit die Tendenzen, von ˙vornherein auch Moduln über kommutativen Ringen in die Begriffsbildungen einzubeziehen, soweit es in Analogie zu Vektorräumen ohne Mühe möglich ist. Für diese Entwicklung, an der sich auch das vorliegende Buch orientiert, gibt es eine Reihe inhaltlicher Gründe. So gewinnt man in eleganter und einprägsamer Weise Struktursätze über Endomorphismen von Vektorräumen, wenn man den Grundkörper K zum Polynomring $K[X]$ erweitert, den Vektorraum zum $K[X]$-Modul macht und Sätze aus der Modultheorie (über Hauptidealringen) heranzieht. Nicht zuletzt erweist es sich auch in der Determinantentheorie als zweckmäßig, bei der Behandlung des charakteristischen Polynoms den Determinantenbegriff über dem Ring $K[X]$ zur Verfügung zu haben.

Dieses Taschenbuch ist der erste Teil einer zweibändigen Darstellung der Linearen Algebra; es ist aus Vorlesungen entstanden, die der ältere Autor vor Jahren an den Universitäten Erlangen und Göttingen gehalten hat. Im vorliegenden Band werden die Grundlagen der Theorie der Vektorräume und Moduln nebst der zugehörigen Abbildungstheorie entwickelt. Die Vektorraumtheorie ist als Spezialfall in der Modultheorie enthalten, sie wird aber nichtsdestoweniger auch gesondert und eigenständig dargestellt.

Es war unser Bemühen, *basisfreie* und *basisabhängige* Methoden gleichberechtigt zu benutzen; insbesondere gehen wir sehr ausführlich auf den Matrizenkalkül ein, nicht nur wegen dessen Nützlichkeit in der Theorie der linearen Abbildungen, sondern auch um seiner beispielhaften Eleganz willen.

1. Im Kapitel 0 werden Schreib- und Redeweisen eingeführt, während die unumgänglichen Grundbegriffe der Algebra wie „Gruppe, Ring, Körper, Homomorphismus" im Kapitel I zusammen-

getragen sind. Über die symmetrische Gruppe $\mathfrak{S}_n$ und den Signum-homomorphismus gibt § 3 umfangreiche Auskunft.

Das Kapitel II konzentriert sich auf den zentralen Begriff des Moduls. Restklassenmoduln und Isomorphiesätze sowie duale Moduln spielen eine wichtige Rolle; dem Zuge der Zeit folgend ist auch von exakten Sequenzen und Funktoren die Rede.

Im Kapitel III benutzen wir zwei Begriffe für die Größe eines Moduls: die Vorstellung, daß ein Modul um so *kleiner* ist, je weniger Elemente zu seiner Erzeugung nötig sind, führt zum Begriff der *Erzeugendenzahl*; die Vorstellung, daß ein Modul um so *größer* ist, je mehr linear unabhängige Elemente er enthält, liegt dem Begriff des *Freiheitsgrades* zugrunde. Diese beiden fundamentalen Begriffe stimmen in wichtigen Fällen überein, so z.B. für alle endlich erzeugbaren Vektorräume, wo sie üblicherweise als *Dimension* bezeichnet werden. Erzeugendenzahl und Freiheitsgrad eines endlich erzeugbaren Moduls sind genau dann gleich, wenn der Modul *frei* ist; dies Resultat ergibt sich aber für beliebige Grundringe erst im Kap. V, § 6.5 mittels Determinanten. Im Kap. III, § 5.3 wird als Beispiel der Grundring-reduktion der Satz über die Invarianz der Basislänge eines freien Moduls auf den entsprechenden, einfacher zu beweisenden Satz für Vektorräume zurückgeführt.

2. Das Kapitel IV dient der Darstellung des Matrizenkalküls sowohl über Körpern als auch über (kommutativen) Ringen. Nach-dem zunächst die Beziehungen zwischen linearen Abbildungen und Matrizen ausführlich erörtert werden (§§ 1, 2), nimmt in den weiteren Betrachtungen das Studium der allgemeinen linearen Gruppe einen breiten Raum ein, insbesondere ergeben sich nichttriviale Eigen-schaften dieser Gruppe im § 8. Die determinantenfreie Theorie der linearen Gleichungssysteme ordnet sich ebenfalls in die Thematik des Kap. IV ein und wird im § 6 dargelegt.

Der für die Lineare Algebra unverzichtbare Determinantenkalkül bildet den Inhalt des Kapitels V. Adjungierte Matrizen werden ihrer Bedeutung gemäß ausführlich besprochen (§§ 4, 5), und der Deter-minantenkalkül wird auf lineare Gleichungen angewendet (§ 6). Im Zusammenhang mit dem wichtigen Begriff des charakteristischen Polynoms liefert § 7 einen Fahnensatz und den Satz von Cayley-Hamilton.

In einem Supplement haben wir schließlich noch einige weiter-führende Resultate über noethersche, artinsche und halbeinfache Moduln zusammengestellt.

Während der Arbeiten an diesem Buch erhielten wir in vielen Diskussionen mit Kollegen Anregungen und Kritik. Wertvoll war für uns auch die Nachschrift einer von Herrn M. Koecher 1969/70 an der Universität München gehaltenen Vorlesung über „Analytische Geometrie und Lineare Algebra I".

Dem Springer-Verlag und seinen Mitarbeitern wird für das den Autoren entgegengebrachte Verständnis gedankt. Beim Lesen der Korrekturen haben uns die Herren Dr. R. Axelsson und M. Stawicki tatkräftig unterstützt.

Münster/Westfalen, 8. Februar 1974   E. Oeljeklaus, R. Remmert

Inhaltsverzeichnis

Kapitel IV. Lineare Abbildungen und Matrizen

Supplement. Noethersche, artinsche, halbeinfache Moduln

Kapitel 0. Mengen und Abbildungen (Nomenklatur)

Dieses Kapitel dient der Einführung in die mengentheoretische Sprechweise; wir beziehen den naiven Standpunkt.

1. Mengen. — Unter einer *Menge M* verstehen wir einen Bereich wohlunterscheidbarer Objekte. Die Objekte, welche die Menge M bilden, nennen wir die *Elemente* oder die *Punkte* von M. Gehört das Objekt x zur Menge M, so schreiben wir

$$x \in M$$

und sagen auch: *x ist ein Element von M* oder: *M enthält x* oder: *x liegt in M*. Die Schreibweise

$$x \notin M$$

bedeutet: *x ist nicht Element von M*.

Die Gesamtheit der natürlichen Zahlen

$$0, 1, 2, \ldots$$

bildet eine Menge, die wir mit $\mathbb{N}$ bezeichnen; $n \in \mathbb{N}$ heißt: n ist eine natürliche Zahl, $n \notin \mathbb{N}$ entsprechend: n ist nicht eine natürliche Zahl.

Ist E eine Eigenschaft und M eine Menge, so bezeichnen wir die Menge derjenigen Elemente von M, die diese Eigenschaft E besitzen, mit

$$\{x \in M;\, E(x)\} \quad \text{oder kurz} \quad \{x;\, E(x)\}.$$

Die Menge, die kein Element enthält, heißt die *leere Menge*. Für sie ist das Symbol $\varnothing$ reserviert.

Eine Menge A heißt *Teilmenge* einer Menge M, in Zeichen: $A \subset M$, oder $M \supset A$, wenn jedes Element von A auch Element von M ist. Man sagt dann auch: *M umfaßt A*.

Zwei Mengen M und N sind genau dann *gleich*, in Zeichen: $M = N$, wenn die Beziehungen $M \subset N$ und $N \subset M$ gelten.

Sind die Mengen A und M voneinander verschieden ($A \neq M$) und ist $A \subset M$, so schreiben wir auch $A \subsetneqq M$ und nennen A eine *echte Teilmenge* von M. Eine Teilmenge A von M ist genau dann eine echte Teilmenge von M, wenn es ein $x \in M$ gibt mit $x \notin A$. Die leere Menge ist Teilmenge jeder Menge: es ist $\varnothing \subset M$ für jede Menge M.

2. Durchschnitt und Vereinigung. — Sind M und N Mengen, so ist der *Durchschnitt* $M \cap N$ von M und N die Menge der Elemente, die sowohl in M als auch in N liegen.

$$M \cap N := \{x; \, x \in M \text{ und } x \in N\} \ {}^{1}.$$

Die *Vereinigung* $M \cup N$ von M und N enthält alle Elemente, die in M oder in N liegen:

$$M \cup N := \{x; \, x \in M \text{ oder } x \in N\}.$$

Bezeichnen wir die Menge der negativen Zahlen

$$-1, -2, -3, \ldots$$

mit dem Symbol $\mathbb{N}^{-}$, so erhalten wir die Menge $\mathbb{Z}$ der ganzen Zahlen als Vereinigung von $\mathbb{N}$ und $\mathbb{N}^{-}$:

$$\mathbb{Z} := \mathbb{N} \cup \mathbb{N}^{-}.$$

Die *Differenzmenge* $M \smallsetminus N$ zweier Mengen M und N besteht aus allen Elementen von M, die nicht in N liegen:

$$M \smallsetminus N := \{x; \, x \in M \text{ und } x \notin N\}.$$

Ist A eine Teilmenge von M, $A \subset M$, so heißt die Differenzmenge $M \smallsetminus A$ das *Komplement* von A in M.

Zwei Mengen M und N mit $M \cap N = \varnothing$ heißen *zueinander fremd* oder *disjunkt*.

Durchschnitt und Vereinigung lassen sich für beliebige Mengen von Mengen definieren: Ist $\mathfrak{M}$ eine Menge, deren Elemente ebenfalls Mengen sind, so ist

$$\bigcap_{M \in \mathfrak{M}} M := \{x; \, x \in M \text{ für alle } M \in \mathfrak{M}\}$$

und

$$\bigcup_{M \in \mathfrak{M}} M := \{x; \, x \in M \text{ für wenigstens ein } M \in \mathfrak{M}\}.$$

Ist die Anzahl der Elemente einer Menge M eine natürliche Zahl, so bezeichnen wir diese Anzahl mit $|M|$ und nennen M eine *endliche Menge*. Enthält M unendlich viele Elemente, so sagen wir, M sei eine *unendliche Menge* und schreiben $|M| = \infty$.

Es ist z.B.

$$|\mathbb{N}| = \infty, \quad |\varnothing| = 0, \quad |\mathbb{Z}| = \infty.$$

Sind M und N endliche Mengen, so gilt:

$$|M \cup N| + |M \cap N| = |M| + |N|.$$

---

[1] Das Zeichen „$:=$" wird zur Benennung von Objekten verwendet. Soll ein Objekt O mit dem Symbol S bezeichnet werden, so schreibt man $S := O$ oder $O =: S$ und liest: Es ist S definitionsgemäß gleich O.

Besitzt die endliche Menge M genau die n Elemente $a_1, a_2, \ldots, a_n$, so schreiben wir auch $M = \{a_1, \ldots, a_n\}$. Diese Schreibweise ist ebenso für Mengen mit unendlich vielen Elementen gebräuchlich, etwa

$$\{1, 3, 5, 7, \ldots\}$$

für die Menge der ungeraden natürlichen Zahlen oder

$$\{0, 1, 4, 9, \ldots\}$$

für die Menge der Quadrate der natürlichen Zahlen.

Ist $M = \{a\}$ einelementig, so schreibt man auch kurz $M = a$. Wir unterscheiden also nicht zwischen $\{a\}$ und a.

3. Abbildungen (Funktionen). — Unter einer *Abbildung* φ einer Menge M in eine Menge N verstehen wir eine Zuordnung oder eine Vorschrift, die zu jedem $x \in M$ genau ein Element $y \in N$ angibt. Dieses Element bezeichnen wir mit $\varphi(x)$. Demzufolge verwenden wir für eine Abbildung von M in N häufig die suggestiven Symbole:

$$\varphi: M \to N, \quad x \mapsto y = \varphi(x)$$

oder

$$\varphi: M \to N \quad \text{oder} \quad M \xrightarrow{\varphi} N$$

oder noch kürzer $M \to N$. Eine Abbildung $\varphi: M \to M$ heißt eine *Abbildung von M in sich*. Die Abbildung

$$id_M: M \to M, \quad x \mapsto x$$

heißt die *Identität* auf M. Wir schreiben oft kurz id statt id_M, wenn klar ist, welche Grundmenge vorliegt. Zwei Abbildungen $\varphi: M \to N$ und $\psi: M \to N$ heißen *gleich*, in Zeichen: $\varphi = \psi$, wenn gilt: $\varphi(x) = \psi(x)$ für alle $x \in M$. Die Menge aller Abbildungen einer Menge M in eine Menge N bezeichnen wir mit $\mathrm{Abb}(M, N)$; anstelle von $\mathrm{Abb}(M, M)$ schreiben wir kürzer $\mathrm{Abb}\, M$. Statt „Abbildung" sagt man auch häufig „Funktion".

Ist $\varphi \in \mathrm{Abb}(M, N)$, so nennt man M den *Urbild-* oder *Argument-* und N den *Bildbereich* von φ. Ist $x \in M$, so heißt $y = \varphi(x)$ der *Bildpunkt* von x bezüglich φ. Ist $A \subset M$, so ist das *Bild* von A unter der Abbildung φ die Menge

$$\varphi(A) := \{y;\ y \in N,\ \text{es gibt ein } x \in A \text{ mit } y = \varphi(x)\}.$$

Es ist $\varphi(A) \subset N$. Für $\varphi(M)$ ist auch die Bezeichnung $\mathrm{Im}\, \varphi$ üblich ($\mathrm{Im} = \mathrm{Image}$).

Ist $B \subset N$, so nennt man die Menge

$$\varphi^{-1}(B) := \{x;\ x \in M,\ \varphi(x) \in B\}$$

das *Urbild* von B bezüglich φ.

Die Teilmengen $\varphi^{-1}(y)$ von M, $y \in N$, heißen die *Fasern* von φ. Es gilt

$$\varphi^{-1}(y_1) \cap \varphi^{-1}(y_2) = \varnothing \quad \text{für } y_1 \neq y_2;$$

außerdem ist

$$M = \bigcup_{y \in N} \varphi^{-1}(y).$$

Wir stellen einige Rechenregeln zusammen. Sei $\varphi\colon M\to N$ eine Abbildung.

1) *Für $A\subset M$, $A'\subset M$ gilt:*

$$\varphi(A\cup A')=\varphi(A)\cup\varphi(A'); \qquad \varphi(A\cap A')\subset\varphi(A)\cap\varphi(A');$$
$$\varphi(A)\subset\varphi(A'), \quad \textit{falls } A\subset A'; \quad A\subset\varphi^{-1}\big(\varphi(A)\big).$$

2) *Für $B\subset N$, $B'\subset N$ gilt:*

$$\varphi^{-1}(B\cup B')=\varphi^{-1}(B)\cup\varphi^{-1}(B'); \quad \varphi^{-1}(B\cap B')=\varphi^{-1}(B)\cap\varphi^{-1}(B');$$
$$\varphi^{-1}(B)\subset\varphi^{-1}(B'), \quad \textit{falls } B\subset B'; \quad \varphi\big(\varphi^{-1}(B)\big)=B\cap\operatorname{Im}\varphi.$$

Die Beweise sind sehr leicht und seien als Übungsaufgabe dem Leser überlassen.

Ist $\varphi\in\operatorname{Abb} M$, so nennen wir eine nichtleere Teilmenge $A\subset M$ *stabil* oder auch *invariant* (*bezüglich* φ), wenn $\varphi(A)\subset A$ ist. Man beachte, daß dabei sehr wohl $\varphi(x)\neq x$ für alle $x\in A$ sein kann.

4. Surjektive, injektive, bijektive Abbildungen. — Eine Abbildung $\varphi\colon M\to N$ heißt *surjektiv* oder eine Abbildung von M *auf* N, wenn $\varphi(M)=N$ ist. Genau dann ist φ surjektiv, wenn zu jedem $y\in N$ ein $x\in M$ mit $y=\varphi(x)$ existiert. Ist φ surjektiv und $B\subset N$, so gilt $\varphi\big(\varphi^{-1}(B)\big)=B$.

Eine Abbildung $\varphi\colon M\to N$ heißt *injektiv*, wenn für je zwei verschiedene Punkte $x,y\in M$ auch die Bildpunkte $\varphi(x)$ und $\varphi(y)$ verschieden sind oder — anders gesagt — wenn für alle $x\in M$, $y\in M$ gilt: Ist $\varphi(x)=\varphi(y)$, so ist $x=y$. Genau dann ist φ injektiv, wenn jede Faser von φ höchstens ein Element enthält.

Eine Abbildung $\varphi\colon M\to N$ heißt *bijektiv*, wenn φ injektiv und surjektiv ist. Es ist id_M für jede Menge M bijektiv. Eine bijektive Abbildung einer Menge M in sich heißt auch *Permutation* von M. Die Menge der Permutationen einer Menge M bezeichnen wir mit Per M.

Sind M und N endliche Mengen mit $|M|=|N|$ und ist $\varphi\colon M\to N$ eine Abbildung von M in N, so sind die drei Aussagen

  i) *φ ist bijektiv*

 ii) *φ ist injektiv*

iii) *φ ist surjektiv*

logisch gleichwertig (äquivalent)[2].

Die Implikation ii) $\Rightarrow$ iii) kann man auch so formulieren: ist $|\varphi(M)|<|M|$, so ist φ nicht injektiv. Es handelt sich hier um das *Schubfächerprinzip:* Verteilt man m Gegenstände auf Fächer, deren Anzahl kleiner als m ist, so liegen in (wenigstens) einem Fach (mindestens) zwei Gegenstände.

Im Fall unendlicher Mengen ist die Situation anders: So sind die Abbildungen

$$\mathbb{N}\to\mathbb{N}, \quad x\mapsto x+1, \quad \text{oder} \quad \mathbb{N}\to\mathbb{N}, \quad x\mapsto x^2$$

injektive Abbildungen, die nicht surjektiv sind.

---

[2] Wir sagen, daß aus der Aussage A die Aussage B folgt (in Zeichen: $A\Rightarrow B$), wenn B aus A durch logisches Schließen gewonnen werden kann. Gilt $A\Rightarrow B$ und $B\Rightarrow A$, so nennen wir A und B *logisch gleichwertig* oder *äquivalent* (in Zeichen: $A\Leftrightarrow B$).

Sei $\varphi: M \to N$ bijektiv. Ist $y \in N$, so besteht die Menge $\varphi^{-1}(y)$ aus genau einem Punkt. Die Abbildung $\varphi^{-1}: N \to M$, $y \mapsto \varphi^{-1}(y)$, ist eine (ebenfalls bijektive) Abbildung von N in M. Man nennt φ^{-1} die *Umkehrabbildung* von φ. Es ist

$$\varphi^{-1}(\varphi(x)) = id_M(x), \quad x \in M, \quad \text{und} \quad \varphi(\varphi^{-1}(y)) = id_N(y), \quad y \in N.$$

5. Komposition von Abbildungen. — Sind $\varphi: M \to N$ und $\psi: N \to P$ zwei Abbildungen, so versteht man unter der *Komposition* bzw. dem *Produkt* von φ und ψ die Abbildung

$$\psi \circ \varphi: M \to P, \quad x \mapsto \psi(\varphi(x)).$$

Es gelten folgende Aussagen:

Satz 1. *Sind φ und ψ beide injektiv (bzw. surjektiv bzw. bijektiv), so ist auch $\psi \circ \varphi$ injektiv (bzw. surjektiv bzw. bijektiv).*

Ist umgekehrt $\psi \circ \varphi$ bijektiv, so ist ψ surjektiv und φ injektiv.

Beweis. Es seien φ und ψ injektiv. Sind $x, x' \in M$ mit $\psi(\varphi(x)) = \psi(\varphi(x'))$, so folgt $\varphi(x) = \varphi(x')$ wegen der Injektivität von ψ[3]. Aus der Injektivität von φ folgt ebenso $x = x'$ und damit die Injektivität von $\psi \circ \varphi$.

Es seien φ und ψ surjektiv. Zu jedem $z \in P$ gibt es dann ein $y \in N$ mit $\psi(y) = z$. Außerdem gibt es nach Voraussetzung ein $x \in M$ mit $\varphi(x) = y$. Daher ist $\psi \circ \varphi(x) = \psi(y) = z$ und $\psi \circ \varphi$ surjektiv.

Nun sei $\psi \circ \varphi$ bijektiv. Wir zeigen

1) ψ ist surjektiv: Ist nämlich $z \in P$, so gibt es, da $\psi \circ \varphi$ surjektiv ist, ein $x \in M$ mit $z = \psi \circ \varphi(x) = \psi(\varphi(x))$, also ist $z = \psi(y)$ mit $y := \varphi(x)$.

2) φ ist injektiv: Es sei $\varphi(x) = \varphi(x')$ für zwei Elemente $x, x' \in M$. Daraus folgt $\psi \circ \varphi(x) = \psi \circ \varphi(x')$ und somit $x = x'$, da $\psi \circ \varphi$ nach Voraussetzung injektiv ist. $\square$

Aus der eben bewiesenen Aussage ergibt sich ein wichtiges Kriterium für die Bijektivität einer Abbildung:

Satz 2. *Sind $\varphi: M \to N$ und $\psi: N \to M$ zwei Abbildungen mit*

$$\psi \circ \varphi = id_M \quad \text{und} \quad \varphi \circ \psi = id_N,$$

so ist φ bijektiv und $\psi = \varphi^{-1}$.

Beweis. Aus $\psi \circ \varphi = id_M$ folgt: φ ist injektiv, und aus $\varphi \circ \psi = id_N$ folgt: φ ist surjektiv. Daß $\psi = \varphi^{-1}$ ist, folgt nun aus jeder der beiden Gleichungen nach Satz 1. $\square$

Ist $A \subset M$ eine Teilmenge von M, so nennen wir die (injektive) Abbildung $\iota: A \to M$, $x \mapsto x$, die *natürliche Injektion* von A in M. Ist $\varphi: M \to N$ eine Abbildung, so heißt die Produktabbildung $\varphi \circ \iota: A \to N$ die *Beschränkung von φ auf A*. Sie wird mit $\varphi | A$ bezeichnet.

---

[3] Wir schreiben statt $x \in M$, $x' \in M$ abkürzend $x, x' \in M$. Entsprechend verfahren wir, wenn mehr als zwei Elemente in M betrachtet werden.

6. Familien und Folgen. — Wir benutzen für die Menge der positiven natürlichen Zahlen die Bezeichnung $\mathbb{N}^+$ und definieren für alle $n \in \mathbb{N}^+$:

$$\mathbb{N}_n := \{x \in \mathbb{N}; \, 1 \le x \le n\}.$$

Die Menge $\mathbb{N}_n$ besteht also genau aus den ersten n positiven ganzen Zahlen $1, 2, \ldots, n$.

Es seien I und M nichtleere Mengen. Eine Abbildung $\alpha: I \to M$ ist definiert, wenn für jedes $i \in I$ der Bildpunkt $x_i := \alpha(i)$ gegeben ist. Man schreibt daher häufig auch $(x_i)_{i \in I}$ anstelle von α. Es hat sich eingebürgert, die Kollektion $(x_i)_{i \in I}$ eine *Familie* in M zu nennen. Die Menge I heißt die *Indexmenge* dieser Familie; das Element $i \in I$ nennt man den *Index* von x_i.

Wir stellen also fest: Jede Familie in M mit der Indexmenge I wird durch eine Abbildung $I \to M$ definiert, und zwei voneinander verschiedene Abbildungen $I \to M$ definieren voneinander verschiedene Familien.

In den Spezialfällen $I = \mathbb{N}^+$ oder $I = \mathbb{N}_n$ (oder $I = \mathbb{N}$) bezeichnet man jede Familie $(x_i)_{i \in \mathbb{N}^+}$ bzw. $(x_i)_{i \in \mathbb{N}_n}$ (bzw. $(x_i)_{i \in \mathbb{N}}$) als eine *Folge* in M. Das Element x_i heißt dann das i-te Glied dieser Folge.

Die nachstehenden Bezeichnungen sind allgemein üblich:

$$(x_1, x_2) := (x_i)_{i \in \mathbb{N}_2}, \qquad (x_1, x_2, x_3) := (x_i)_{i \in \mathbb{N}_3}, \ldots,$$

$$(x_1, \ldots, x_n) := (x_i)_{i \in \mathbb{N}_n}, \qquad (x_1, x_2, \ldots) := (x_i)_{i \in \mathbb{N}^+}.$$

7. Produkte von Mengen. — Sind M_1 und M_2 Mengen, so bezeichnen wir mit $M_1 \times M_2$ die Menge der *geordneten Paare* (x_1, x_2), wobei $x_1 \in M_1$ und $x_2 \in M_2$ ist. Die Menge $M_1 \times M_2$ heißt das *cartesische Produkt* von M_1 und M_2.

Speziell ist für $M_1 = M_2$ das cartesische Produkt $M_1 \times M_1$ definiert. Man beachte, daß für zwei voneinander verschiedene Elemente $x, x' \in M_1$ die Paare (x, x') und (x', x), die beide in $M_1 \times M_1$ liegen, voneinander verschieden sind.

Mit Hilfe des Begriffs der Familie können wir die obige Definition sofort verallgemeinern und das *cartesische Produkt* $\overset{n}{\underset{i=1}{\times}} M_i$ für jede endliche Folge $(M_i)_{i \in \mathbb{N}_n}$ von Mengen M_i definieren:

Es ist

$$\overset{n}{\underset{i=1}{\times}} M_i := M_1 \times \cdots \times M_n := \{(x_1, \ldots, x_n); \, x_i \in M_i \text{ für alle } i \in \mathbb{N}_n\}.$$

Diese Definition stimmt im Falle $n = 2$ mit der anfangs gegebenen überein.

Gilt $M_i = M$ für alle $i \in \mathbb{N}_n$, so bezeichnet man das cartesische Produkt $\overset{n}{\underset{i=1}{\times}} M_i$ abgekürzt mit M^n.

Darüber hinaus läßt sich ebenso das *Produkt* $\underset{i \in I}{\times} M_i$ für eine beliebige Familie $(M_i)_{i \in I}$ von Mengen M_i erklären. Wir setzen

$$\underset{i \in I}{\times} M_i := \{(x_i)_{i \in I}; \, x_i \in M_i \text{ für alle } i \in I\}.$$

Jedes Element $(x_i)_{i \in I}$ kann man auffassen als eine Abbildung $\alpha: I \to \bigcup_{i \in I} M_i$ mit $\alpha(i) \in M_i$. Ist $M_i = M$ für alle $i \in I$, so ist $\underset{i \in I}{\times} M_i$ demnach nichts anderes als die Menge Abb (I, M); speziell gilt also $M^n = \text{Abb } (\mathbb{N}_n, M)$.

8. Äquivalenzrelationen. — Sei M eine nichtleere Menge. Jede Teilmenge R von M^2 heißt eine *Relation* auf M. Statt $(x, y) \in R$ schreiben wir häufig $x R y$. Eine Relation $\sim$ auf M heißt eine *Äquivalenzrelation*, wenn die folgenden drei Bedingungen erfüllt sind:

a) *Für alle $x \in M$ ist $x \sim x$ (Reflexivität).*
b) *Aus $x \sim y$ folgt $y \sim x$ (Symmetrie).*
c) *Aus $x \sim y$ und $y \sim z$ folgt $x \sim z$ (Transitivität).*

Die durch die Gleichheitsbeziehung definierte Relation $\{(x, x); x \in M\}$ ist z.B. eine Äquivalenzrelation auf M.

Ist $\varphi: M \to N$ eine Abbildung, so ist die Relation

$$R_\varphi := \{(x, y) \in M^2; \varphi(x) = \varphi(y)\}$$

eine Äquivalenzrelation auf M; sie heißt die *zu der Abbildung φ gehörende Äquivalenzrelation.*

Ist $\sim$ eine Äquivalenzrelation auf der Menge M und ist $x \in M$ ein Element, so heißt die Menge
$$\{y; y \in M, x \sim y\}$$

die von x erzeugte *Äquivalenzklasse.* Aus historischen Gründen bezeichnet man sie häufig mit $\bar{x}$ oder mit $[x]$. Es ist $x \in \bar{x}$ wegen der Reflexivität.

Satz 3. *Für zwei Elemente $x, y \in M$ sind die folgenden vier Bedingungen logisch gleichwertig:*

i) $x \sim y.$
ii) $y \in \bar{x}.$
iii) $\bar{x} = \bar{y}.$
iv) $\bar{x} \cap \bar{y} \neq \emptyset.$

Beweis. Wir zeigen die vier Schlußrichtungen i) $\Rightarrow$ ii), ii) $\Rightarrow$ iii), iii) $\Rightarrow$ iv), iv) $\Rightarrow$ i). Aus diesen folgt aus rein logischen Gründen dann jede weitere Implikation zwischen den vier Aussagen. (Dieses „zyklische" Beweisverfahren, das in der Mathematik sehr häufig vorkommt, läßt sich natürlich auch verwenden, wenn die Äquivalenz von mehr (oder weniger) als vier Aussagen nachgewiesen werden soll.)

i) $\Rightarrow$ ii): Aus der Definition von $\bar{x}$ folgt sogar die Äquivalenz i)$\Leftrightarrow$ii).

ii) $\Rightarrow$ iii): Ist $z \in \bar{x}$, so gilt $x \sim z$. Nach Voraussetzung ist $y \in \bar{x}$, also $x \sim y$, also auch $y \sim x$ (Symmetrie). Aus $y \sim x$ und $x \sim z$ folgt nun $y \sim z$ (Transitivität), d.h. $z \in \bar{y}$. Damit ist $\bar{x} \subset \bar{y}$ bewiesen. Ebenso beweist man $\bar{y} \subset \bar{x}$.

iii) $\Rightarrow$ iv): Diese Implikation ist wegen $\bar{x} \neq \varnothing$ trivial.

iv) $\Rightarrow$ i): Sei $z \in \bar{x} \cap \bar{y}$. Dann gilt $x \sim z$ und $y \sim z$ bzw. $z \sim y$.

Aus der Transitivität folgt $x \sim y$. $\qquad\qquad\qquad\qquad\qquad\qquad\qquad\square$

Speziell folgt aus dem Bewiesenen:
Zwei Äquivalenzklassen sind gleich oder disjunkt.
Jedes Element x liegt in *genau* einer Äquivalenzklasse, nämlich in $\bar{x}$. Jedes Element einer Äquivalenzklasse heißt ein *Repräsentant* dieser Klasse.

Die Äquivalenzklassen der zu der Abbildung $\varphi: M \to N$ gehörigen Äquivalenzrelation R_{φ} sind genau die nichtleeren Fasern von φ.

Kapitel I. Algebraische Strukturen

In diesem Kapitel werden die fundamentalen Begriffe der Gruppe, des Ringes und des Körpers eingeführt. Die für die Determinantentheorie wichtige symmetrische Gruppe wird ausführlicher als üblich betrachtet; außerdem werden als Beispiele Polynomringe eingehend studiert.

§ 1. Gruppen und Homomorphismen

1. Verknüpfungen. — Eine *Verknüpfung* oder *Operation* auf einer Menge $H \neq \emptyset$ ist eine Abbildung $\tau: H \times H \to H$. Jedem Paar (a, b) von Elementen aus H ist also ein Element $c = \tau(a, b) \in H$ zugeordnet.

Statt $\tau(a, b)$ schreibt man auch $a \tau b$. Oft unterdrückt man das Verknüpfungszeichen τ ganz und schreibt einfach ab für $a \tau b$.

Zwei Elemente $a, b \in H$ *kommutieren* oder sind *vertauschbar*, wenn $a \tau b = b \tau a$ ist. Die Verknüpfung heißt *kommutativ*, wenn je zwei Elemente von H kommutieren, d.h. wenn $a \tau b = b \tau a$ für alle Elemente $a, b \in H$ gilt.

Häufig benutzte Verknüpfungszeichen sind „+" und „·". Eine mit „+" geschriebene Verknüpfung wird eine *Addition* genannt; das dem Paar (a, b) zugeordnete Element $a + b$ heißt die *Summe* von a und b. Schreibt man die Verknüpfung mit dem Zeichen „·", so spricht man von einer *Multiplikation*; das Element $a \cdot b$ (in diesem Fall meist ab geschrieben) heißt das *Produkt* von a und b. Das Summenzeichen $+$ wird nur verwendet, wenn die Verknüpfung kommutativ ist.

Eine Verknüpfung τ auf einer endlichen Menge $H = \{a_1, \ldots, a_n\}$ läßt sich explizit durch eine (quadratische) *Verknüpfungstafel* angeben. Diese hat das folgende Aussehen:

$$
\begin{array}{c|ccccc}
\tau & a_1 & \ldots & a_\nu & \ldots & a_n \\
\hline
a_1 & a_{11} & \ldots & a_{1\nu} & \ldots & a_{1n} \\
\vdots & \vdots & & \vdots & & \vdots \\
a_\mu & a_{\mu 1} & \ldots & a_{\mu\nu} & \ldots & a_{\mu n} \\
\vdots & \vdots & & \vdots & & \vdots \\
a_n & a_{n1} & \ldots & a_{n\nu} & \ldots & a_{nn}
\end{array}
$$

In der μ-ten Zeile und in der ν-ten Spalte (die Eingänge nicht mitgezählt) steht das Produkt $a_\mu \tau a_\nu =: a_{\mu\nu}$.

Eine Verknüpfungstafel definiert genau dann eine kommutative Verknüpfung, wenn $a_{\mu\nu}=a_{\nu\mu}$ ist, d.h. wenn die Tafel symmetrisch zur Diagonalen $a_{11},\dots,a_{nn}$ ist.

2. Halbgruppen. Unterhalbgruppen. — Wir beginnen mit der grundlegenden

Def. 1 *(Halbgruppe). Eine nichtleere Menge H, versehen mit einer Verknüpfung* τ, *heißt Halbgruppe, wenn* τ *assoziativ ist, d.h. wenn für alle* $a, b, c \in H$ *gilt:*

$$a\tau(b\tau c)=(a\tau b)\tau c.$$

Hat man auf H mehrere Verknüpfungen zu unterscheiden, so gibt man bei der Bezeichnung einer Halbgruppe die Verknüpfung mit an, schreibt also (H, τ) für die Halbgruppe H mit der Verknüpfung τ.

Ist die Verknüpfung kommutativ, so heißt H eine *kommutative Halbgruppe.*

Bemerkungen.

0) Ist $H \neq \varnothing$ eine Menge, so ist H mit der „trivialen" Verknüpfung τ, die durch $a\tau b=a$ für alle $a, b \in H$ definiert ist, eine (i.a. nicht kommutative) Halbgruppe. Es ist nämlich $a\tau(b\tau c)=(a\tau b)\tau c=a$.

1) Die natürlichen Zahlen $\mathbb{N}$ bilden sowohl unter der gewöhnlichen Addition als auch unter der gewöhnlichen Multiplikation eine Halbgruppe.

2) Die *Potenzmenge* $\mathfrak{P}(\dot{M}) := \{A; A \subset M\}$ einer Menge M ist mit den Operationen $\cup$ (Vereinigung) und $\cap$ (Durchschnitt) jeweils eine Halbgruppe. Die Assoziativgesetze

$$A_1 \cap (A_2 \cap A_3)=(A_1 \cap A_2)\cap A_3$$

und

$$A_1 \cup (A_2 \cup A_3)=(A_1 \cup A_2)\cup A_3$$

sind leicht zu verifizieren. Beide Halbgruppen sind kommutativ.

3) Ist M eine nichtleere Menge, so ist die Menge Abb M mit der Komposition $\circ$ als Verknüpfung eine Halbgruppe. Dazu haben wir zu zeigen, daß für alle Abbildungen $\varphi, \psi, \chi \in$ Abb M die Beziehung $\varphi\circ(\psi\circ\chi)=(\varphi\circ\psi)\circ\chi$ besteht. Nun gilt aber für jedes $x \in M$ die Gleichung

$$\big(\varphi\circ(\psi\circ\chi)\big)(x)=\varphi\big(\psi\circ\chi(x)\big)=\varphi\big(\psi(\chi(x))\big)=(\varphi\circ\psi)\big(\chi(x)\big)$$

$$=\big((\varphi\circ\psi)\circ\chi\big)(x),$$

und dies war zu zeigen.

Enthält M mehr als ein Element, so ist Abb M nicht kommutativ (Beweis!).

4) Es sei M eine nichtleere Menge und (H, τ') eine Halbgruppe. Dann induziert τ' wie folgt auf der Menge Abb (M, H) eine Verknüpfung τ: Für $f: M \to H$, $g: M \to H$ definiert man $f\tau g$ durch $x \mapsto f(x)\tau' g(x)$. Dann gilt für beliebige $f, g, h \in$ Abb(M, H)

$$\big((f\tau g)\tau h\big)(x)=(f\tau g)(x)\tau' h(x)=\big(f(x)\tau' g(x)\big)\tau' h(x)=f(x)\tau'\big(g(x)\tau' h(x)\big)$$

$$=f(x)\tau'(g\tau h)(x)=\big(f\tau(g\tau h)\big)(x) \quad\text{für alle } x \in M,$$

d.h. $(f\tau g)\tau h=f\tau(g\tau h)$. Also ist $\big(\text{Abb}(M,H), \tau\big)$ eine Halbgruppe.

5) Auf der Menge $F_2 := \{0, 1\}$ werden durch die Tafeln

+	0	1		$\cdot$	0	1
0	0	1		0	0	0
1	1	0		1	0	1

zwei Verknüpfungen $+$ und $\cdot$ definiert, mit denen F_2 jeweils zu einer Halbggruppe wird.

6) Ist $(H_i, \top_i)_{i \in I}$ eine Familie von Halbgruppen, so läßt sich auf dem cartesischen Produkt $\underset{i \in I}{\times} H_i$ eine Verknüpfung $\top$ durch $(a_i) \top (b_i) := (a_i \top_i b_i)$ definieren. Bezüglich dieser Verknüpfung ist $\underset{i \in I}{\times} H_i$ eine Halbgruppe, die wir das *direkte Produkt* der Halbgruppen H_i, $i \in I$, nennen und mit $\underset{i \in I}{\prod} H_i$ bezeichnen.

Wir führen an dieser Stelle eine häufig bequeme Schreibweise ein:

Sind $a_1, \ldots, a_n$ Elemente einer Halbgruppe $(H, \top)$, so definieren wir ihr Produkt $\overset{n}{\underset{i=1}{\prod}} a_i$ induktiv nach folgender Regel:

$$\prod_{i=1}^{1} a_i := a_1, \qquad \prod_{i=1}^{2} a_i := a_1 \top a_2,$$

$$\prod_{i=1}^{3} a_i := (a_1 \top a_2) \top a_3 = \left(\prod_{i=1}^{2} a_i\right) \top a_3 \quad \text{etc.,}$$

allgemein für $n \in \mathbb{N}$, $n \geq 2$:

$$\prod_{i=1}^{n} a_i := \left(\prod_{i=1}^{n-1} a_i\right) \top a_n.$$

Wird die Verknüpfung in der Halbgruppe H additiv geschrieben, so verwenden wir anstelle von $\overset{n}{\underset{i=1}{\prod}}$ das Symbol $\overset{n}{\underset{i=1}{\sum}}$.

Wir weisen darauf hin, daß in jeder Halbgruppe für Produkte von endlich vielen Elementen das Assoziativgesetz gilt, d.h. es ist

$$\prod_{i=1}^{n} a_i = \left(\prod_{i=1}^{k} a_i\right) \top \left(\prod_{i=1}^{n-k} a_{k+i}\right)$$

für alle $n \in \mathbb{N}$, $n \geq 2$, und alle $k \in \mathbb{N}_{n-1}$.

Der Leser wird dies leicht durch *vollständige Induktion* nach n verifizieren.

Wir erinnern kurz an das Beweisverfahren der vollständigen Induktion: Um die Gültigkeit einer Aussage $A(n)$ für alle natürlichen Zahlen $n \in \mathbb{N}$ zu zeigen, genügt es, das Folgende zu bestätigen:

I) Die Aussage $A(0)$ trifft zu (Induktionsbeginn).

II) Wenn die Aussage $A(n)$ zutrifft für irgendein $n \in \mathbb{N}$ (Induktionsvoraussetzung), so trifft auch die Aussage $A(n+1)$ zu (Induktionsschritt).

Um eine Aussage $A(n)$ für alle ganzen Zahlen $n \geq n_0$ zu verifizieren, beweist man statt I) die Aussage $A(n_0)$.

Die Methode der vollständigen Induktion wird häufig auch zur Definition benutzt (induktive Definition); vgl. die obige Einführung des n-fachen Produktes.

7) Ist $(a_i)_{i \in I}$ eine *endliche* Familie (d. h. $|I| \in \mathbb{N}$) in einer kommutativen Halbgruppe (H, τ), so definiert man

$$\prod_{i \in I} a_i$$

als das Produkt über alle Elemente der Familie $(a_i)_{i \in I}$. Wegen der Kommutativität von (H, τ) ist dieses Produkt unabhängig von der Reihenfolge der Faktoren.

Ist (H, τ) eine Halbgruppe, so kommt denjenigen nichtleeren Teilmengen H' von H, die unter der Verknüpfung τ „abgeschlossen" sind, eine besondere Bedeutung zu; sie werden durch eine Definition ausgezeichnet:

Def. 2 *(Unterhalbgruppe). Eine Teilmenge $H' \neq \emptyset$ einer Halbgruppe (H, τ) heißt eine Unterhalbgruppe von H, wenn mit $a, b \in H'$ stets gilt $a \tau b \in H'$.*

Jede Unterhalbgruppe H' von (H, τ) ist vermöge

$$\tau': H' \times H' \to H', \quad a \tau' b := a \tau b \quad \text{für alle } a, b \in H'$$

eine Halbgruppe (H', τ'). Man sagt, die Verknüpfung τ' *wird durch τ induziert.*

Beispiele. 1) In $\mathbb{N}$ bilden die *geraden* Zahlen $\{2n; n \in \mathbb{N}\}$ sowohl bezüglich der Addition als auch bezüglich der Multiplikation eine Unterhalbgruppe.

2) Die Menge Per M der Permutationen einer nichtleeren Menge M ist bezüglich der Komposition $\circ$ eine Unterhalbgruppe von Abb M, denn mit φ und ψ ist auch $\varphi \circ \psi$ bijektiv. Die Halbgruppe Per M ist nicht kommutativ, wenn M mindestens drei Elemente enthält (Beweis!).

3. Neutrale und inverse Elemente. — Es sei (H, τ) eine Halbgruppe.

Def. 3 *(Neutrales Element). Ein Element $e \in H$ heißt neutrales Element von H (bzgl. τ), wenn $e \tau a = a = a \tau e$ für alle $a \in H$ gilt.*

Wir notieren sogleich als

Satz 4. *Eine Halbgruppe hat höchstens ein neutrales Element.*

Beweis. Es seien e und e' neutrale Elemente der Halbgruppe (H, τ). Dann gilt auf Grund der Definition: $e = e \tau e' = e'$. $\qquad\qquad\qquad\qquad\qquad\qquad\square$

Wir können also bei einer Halbgruppe von *dem* neutralen Element sprechen, falls ein solches existiert.

Bei additiver Schreibweise ist für das neutrale Element das Symbol 0 *(Nullelement)* gebräuchlich. Bei multiplikativer Schreibweise heißt das neutrale Element häufig *Einselement* (Symbol: 1).

Def. 5 (*Inverses Element*). *Die Halbgruppe* $(H, \top)$ *habe ein neutrales Element* e. *Ein Element* $a^* \in H$ *heißt invers zu* $a \in H$, *wenn gilt*:

$$a \top a^* = a^* \top a = e.$$

Auch für diesen Begriff gilt ein Eindeutigkeitssatz:

Satz 6. *Zu einem Element* $a \in H$ *gibt es höchstens ein inverses Element.*

Beweis. Sind a^* und a^+ zu a invers, so gilt

$$a^* = a^* \top e = a^* \top (a \top a^+) = (a^* \top a) \top a^+ = e \top a^+ = a^+. \qquad \square$$

Existiert zu $a \in H$ ein Inverses, so bezeichnet man dieses mit a^{-1}. Man nennt a dann *invertierbar* in H. Wird die Verknüpfung additiv geschrieben, so wird für a^{-1} meistens die Bezeichnung $(-a)$ verwendet; man nennt $(-a)$ auch das *Negative* von a. Eine Summe $b + (-a)$ wird dann häufig auch $b - a$ geschrieben.

Ist a^{-1} *invers zu* a, *so ist* a *invers zu* a^{-1}, *also* $(a^{-1})^{-1} = a$.

Ist a^{-1} *invers zu* a *und* b^{-1} *invers zu* b, *so ist* $b^{-1} \top a^{-1}$ *invers zu* $a \top b$.

Die Beweise seien als Übungsaufgabe dem Leser überlassen.

Man beachte, daß bei der Inversenbildung eines Produktes sich die Reihenfolge der Faktoren umkehrt.

In der Halbgruppe $(\text{Abb } M, \circ)$, $M \neq \varnothing$, ist die Identität id_M das neutrale Element. Ein zu $\varphi \in \text{Abb } M$ inverses Element ist eine Abbildung ψ mit $\varphi \circ \psi = \psi \circ \varphi = \mathrm{id}$. Ein solches existiert genau dann, wenn φ bijektiv, d.h. $\varphi \in \text{Per } M$ ist. Das zu φ inverse Element ist dann die Umkehrabbildung φ^{-1} (siehe Satz 0.2). Es folgt daraus:

In $(\text{Per } M, \circ)$ besitzt jedes Element ein Inverses.

Hat $(H, \top')$ ein neutrales Element e, so hat (für beliebiges $M \neq \varnothing$) auch die Halbgruppe $\big(\text{Abb}(M, H), \top\big)$ (vgl. Nr. 2, Bemerkung 4) ein neutrales Element, nämlich die durch $x \mapsto e$ für alle $x \in M$ definierte „konstante" Funktion.

4. Potenzen. — Es sei H eine Halbgruppe. Ist n eine natürliche Zahl, $n \geq 1$, und a ein Element von H, so setzt man

$$a^n := \prod_{i=1}^{n} a_i \quad \text{mit } a_i := a \text{ für alle } i \in \mathbb{N}_n.$$

In einer additiv geschriebenen Halbgruppe H schreibt man na statt a^n; d.h. es ist

$$na := \sum_{i=1}^{n} a_i \quad \text{mit } a_i := a \text{ für alle } i \in \mathbb{N}_n.$$

Enthält H ein neutrales Element e, so definiert man $a^0 := e$ für alle $a \in H$. Existiert in H das zu $a \in H$ inverse Element a^{-1}, so läßt sich a^n auch für negative ganze Zahlen definieren: Ist $n \in \mathbb{Z}$ eine negative Zahl, so erklärt man $a^n := (a^{-1})^{-n}$.

Satz 7. *Für jedes* $a \in H$ *und alle positiven natürlichen Zahlen* m, $n \in \mathbb{N}^+$ *gilt*:

1) $a^{m+n} = a^m \cdot a^n$.
2) $(a^m)^n = a^{m \cdot n}$.

Sind a und b vertauschbar, so ist

3) $(a \cdot b)^n = a^n b^n$ *für alle natürlichen Zahlen* $n \geq 1$.

Enthält H ein neutrales Element und sind a und b invertierbar in H, so gelten die Gleichungen 1)—3) *für alle ganzen Zahlen* $m, n \in \mathbb{Z}$.

In einer additiv geschriebenen Halbgruppe lauten die Gleichungen 1)—3) *entsprechend:*

1') $(m+n)\,a = m\,a + n\,a$.
2') $m(n\,a) = (m \cdot n)\,a$.
3') $n(a+b) = n\,a + n\,b$.

Der Beweis sei dem Leser als Übungsaufgabe empfohlen.

5. Gruppen. — Der Begriff der Halbgruppe wird verfeinert zum fundamentalen Begriff der Gruppe durch

Def. 8 *(Gruppe). Eine Halbgruppe* $(H, \top)$ *mit neutralem Element heißt eine Gruppe, wenn jedes Element* $a \in H$ *ein Inverses besitzt.*

Besteht die Menge H nur aus einem Element, $H = \{a\}$, so gibt es auf H nur eine Verknüpfung, nämlich $a \cdot a = a$. Bezüglich dieser Verknüpfung ist H eine Gruppe.

Von den Beispielen in Nr. 2 ist die Halbgruppe $(F_2, +)$ (Bemerkung 5) eine Gruppe. Weiter haben wir in Nr. 3 gesehen, daß Per M, $M \neq \emptyset$, eine Gruppe ist. Für endliche Mengen M werden die Gruppen Per M in §3 näher behandelt. Ist $(H, \top')$ eine Gruppe, so ist auch stets $(\mathrm{Abb}(M, H), \top)$ eine Gruppe: zur Funktion $f \in \mathrm{Abb}(M, H)$ wird die „inverse Funktion" $f^{-1} \in \mathrm{Abb}(M, H)$ durch $x \mapsto f(x)^{-1}$, $x \in M$, gegeben.

Eine wichtige Gruppe ist die *additive Gruppe der ganzen Zahlen* $(\mathbb{Z}, +)$. Die Null ist das neutrale Element; zu der ganzen Zahl $n \in \mathbb{Z}$ ist die ganze Zahl $(-n)$ invers.

Die Menge $\mathbb{Z}$ bildet außerdem eine Halbgruppe bezüglich der Multiplikation. Mittels dieser Rechenoperationen führt man auf der Menge

$$\mathbb{Q} := \left\{ \frac{a}{b} \,;\; a \in \mathbb{Z},\, b \in \mathbb{Z} \smallsetminus \{0\} \right\}$$

der *rationalen Zahlen* („Brüche") die dem Leser wohlbekannte Addition und Multiplikation von „Brüchen" ein:

$$\frac{a}{b} + \frac{c}{d} := \frac{ad + bc}{b \cdot d}, \quad \frac{a}{b} \cdot \frac{c}{d} := \frac{a \cdot c}{b \cdot d}, \quad a, c \in \mathbb{Z},\; b, d \in \mathbb{Z} \smallsetminus \{0\}.$$

Der Leser wird leicht nachweisen, daß die Menge $\mathbb{Q}$ eine *additive* und die Menge $\mathbb{Q} \smallsetminus \{0\}$ eine *multiplikative* Gruppe bildet. Außerdem ist $\mathbb{Q}$ natürlich eine multiplikative Halbgruppe.

Ist $(H_i)_{i \in I}$ eine Familie von Gruppen, so ist das direkte Produkt $\prod_{i \in I} H_i$ nicht nur eine Halbgruppe (vgl. Nr. 2, Bemerkung 6), sondern sogar eine *Gruppe*. Ist $e_i \in H_i$

das neutrale Element von H_i, so ist $(e_i)_{i \in I}$ neutrales Element von $\prod_{i \in I} H_i$. Zu dem Element $(a_i)_{i \in I} \in \prod_{i \in I} H_i$ ist das Element $(a_i^{-1})_{i \in I}$ invers.

Eine kommutative Gruppe nennt man auch eine *abelsche Gruppe* (nach dem norwegischen Mathematiker N. H. Abel (1802 – 1829)).

Nicht-abelsche Gruppen sind z.B. die Permutationsgruppen Per M für alle Mengen M, die mindestens drei Elemente enthalten (vgl. Nr. 2, Beispiel 2). In der linearen Algebra muß man von vornherein nicht-kommutative Gruppen mit in die Untersuchungen einbeziehen, da z.B. die fundamentalen Automorphismengruppen von Vektorräumen, die sogenannten linearen Gruppen GL (m, K), für $m \geq 2$ nicht abelsch sind (vgl. Satz 4.3.6).

Den Gruppenbegriff kann man auch durch Lösbarkeitsbedingungen für spezielle Gleichungen definieren. Dies wird in den folgenden beiden Sätzen präzisiert.

Sind a, b Elemente einer Halbgruppe (H, τ), so heißt jedes $c \in H$ mit der Eigenschaft $a \tau c = b$ eine *Lösung* der Gleichung $a \tau x = b$ (in H). Entsprechend definiert man Lösungen der Gleichung $x \tau a = b$.

Die Gleichung $a \tau x = b$ (bzw. $x \tau a = b$) heißt *lösbar* (in H), wenn sie eine Lösung in H besitzt.

Satz 9. *Ist (G, τ) eine Gruppe, so sind für zwei Elemente $a, b \in G$ die Gleichungen $a \tau x = b$ und $x \tau a = b$ eindeutig lösbar.*

Beweis. Wir diskutieren die erste Gleichung.

a) Eindeutigkeit: Ist x_0 eine Lösung der Gleichung $a \tau x = b$, d.h. gilt $a \tau x_0 = b$, so folgt $x_0 = a^{-1} \tau a \tau x_0 = a^{-1} \tau b$.

b) Existenz: Das Element $a^{-1} \tau b$ löst die Gleichung $a \tau x = b$, denn es ist $a \tau a^{-1} \tau b = b$. $\Box$

Satz 10. *Eine Halbgruppe (H, τ), in welcher jede Gleichung $a \tau x = b$ und $x \tau a = b$ (mindestens) eine Lösung besitzt, ist eine Gruppe.*

Beweis. Sei $a \in H$ und $e \in H$ eine Lösung der Gleichung $a \tau x = a$. Wir behaupten: e ist neutrales Element von H. Sei $b \in H$ beliebig und c eine Lösung von $x \tau a = b$. Es folgt

$$b \tau e = (c \tau a) \tau e = c \tau (a \tau e) = c \tau a = b.$$

Speziell ist $e \tau e = e$.

Um $e \tau b = b$ für $b \in H$ zu beweisen, sei bei festem $b \in H$ das Element $b' \in H$ eine Lösung von $e \tau x = b$, also $e \tau b' = b$. Es folgt:

$$b = e \tau b' = (e \tau e) \tau b' = e \tau (e \tau b') = e \tau b.$$

Also gilt $e \tau b = b \tau e = b$ für alle $b \in H$, d.h. e ist neutrales Element. Es bleibt zu zeigen, daß jedes $a \in H$ ein Inverses besitzt. Es gibt jedenfalls Elemente a^* und

a^+, welche die Gleichungen $x \top a = e$ und $a \top x = e$ lösen: $a^* \top a = a \top a^+ = e$. Daraus folgt

$$a^* = a^* \top e = a^* \top a \top a^+ = e \top a^+ = a^+,$$

d.h. a^* ist invers zu a.   □

6. Gruppe der invertierbaren Elemente. – Halbgruppen mit neutralem Element enthalten stets Gruppen.

Satz 11. *Es sei* $(H, \top)$ *eine Halbgruppe mit neutralem Element* e. *Es bezeichne* $H^\times$ *die Menge aller Elemente aus* H, *die ein Inverses besitzen. Dann ist* $H^\times$ *eine Gruppe bzgl. der (auf* $H^\times$ *beschränkten) Verknüpfung* $\top$.

Beweis. Es ist $e \in H^\times$, also $H^\times \neq \emptyset$. Mit $a, b \in H^\times$ ist $a \top b \in H^\times$ wegen

$$(a \top b) \top (b^{-1} \top a^{-1}) = e = (b^{-1} \top a^{-1}) \top (a \top b).$$

Mithin ist $H^\times$ eine Halbgruppe mit neutralem Element, und jedes $a \in H^\times$ besitzt ein Inverses in $H^\times$.   □

Die Gruppe $H^\times$ ist die „größte" Gruppe, die in H enthalten ist, und zwar im folgenden Sinne:

Es sei H eine Halbgruppe mit neutralem Element e und G eine Unterhalbgruppe von H mit $e \in G$, so daß G eine Gruppe ist. Dann gilt $G \subset H^\times$.

Die Permutationsgruppe Per M ist die Gruppe der invertierbaren Elemente aus Abb M: Per $M = (\text{Abb } M)^\times$.

Wir haben in Nr. 5 schon erwähnt, daß die Menge $\mathbb{Z}$ der ganzen Zahlen und die Menge $\mathbb{Q}$ der rationalen Zahlen bezüglich der Multiplikation eine Halbgruppe mit dem neutralen Element 1 bilden. Es ist $\mathbb{Z}^\times = \{1, -1\}$ und $\mathbb{Q}^\times = \mathbb{Q} \setminus \{0\}$. Die multiplikative Gruppe $\mathbb{Z}^\times$ ist das einfachste Beispiel einer Gruppe, die mehr als ein Element enthält.

Eine Halbgruppe $(H, \top)$ mit neutralem Element e ist genau dann eine Gruppe, wenn $H^\times = H$ ist.

7. Homomorphismen. – Sind $(H_1, \top_1)$ und $(H_2, \top_2)$ Halbgruppen, so interessieren in der Algebra unter den Abbildungen von H_1 in H_2 im allgemeinen nur diejenigen, die mit der Verknüpfung $\top_1$ bzw. $\top_2$ „verträglich" sind. Dies führt zu folgender

Def. 12 *(Homomorphismus). Eine Abbildung* $\gamma : H_1 \to H_2$ *der Halbgruppe* $(H_1, \top_1)$ *in die Halbgruppe* $(H_2, \top_2)$ *heißt ein Homomorphismus, wenn gilt:*

$$\gamma(a \top_1 b) = \gamma(a) \top_2 \gamma(b) \quad \textit{für alle } a, b \in H_1.$$

Unter einem Homomorphismus ist also das Bild eines „Produktes" stets gleich dem „Produkt" der Bilder.

Ein Homomorphismus $\gamma\colon H_1 \to H_2$ heißt

$$Monomorphismus, \quad \text{wenn } \gamma \text{ injektiv ist,}$$
$$Epimorphismus, \quad \text{wenn } \gamma \text{ surjektiv ist,}$$
$$Isomorphismus, \quad \text{wenn } \gamma \text{ bijektiv ist.}$$

Homomorphismen respektieren Unterhalbgruppen. Genauer:

Satz 13. *Es sei* $\gamma\colon H_1 \to H_2$ *ein Homomorphismus der Halbgruppe* (H_1, τ_1) *in die Halbgruppe* (H_2, τ_2); *es sei* H_1' *bzw.* H_2' *eine Unterhalbgruppe von* H_1 *bzw.* H_2; *es gelte* $\gamma^{-1}(H_2') \neq \varnothing$. *Dann ist* $\gamma(H_1')$ *bzw.* $\gamma^{-1}(H_2')$ *eine Unterhalbgruppe von* H_2 *bzw.* H_1 *(jeweils bezüglich der durch* τ_2 *bzw.* τ_1 *induzierten Verknüpfung).*

Beweis. Wir betrachten zunächst $\gamma(H_1')$. Wegen $H_1' \neq \varnothing$ gilt $\gamma(H_1') \neq \varnothing$. Seien $a_2, b_2 \in \gamma(H_1')$. Es gibt Elemente $a_1, b_1 \in H_1'$ mit $a_2 = \gamma(a_1)$, $b_2 = \gamma(b_1)$. Dann gilt $a_1 \tau_1 b_1 \in H_1'$, da H_1' eine Unterhalbgruppe von H_1 ist. Da γ ein Homomorphismus ist, folgt:

$$a_2 \tau_2 b_2 = \gamma(a_1) \tau_2 \gamma(b_1) = \gamma(a_1 \tau_1 b_1) \in \gamma(H_1').$$

Mithin ist $\gamma(H_1')$ eine Unterhalbgruppe von H_2. Wir betrachten nun $\gamma^{-1}(H_2')$. Nach Annahme gilt $\gamma^{-1}(H_2') \neq \varnothing$. Seien $a_1, b_1 \in \gamma^{-1}(H_2')$, also $\gamma(a_1), \gamma(b_1) \in H_2'$. Da H_2' eine Unterhalbgruppe von H_2 ist, folgt:

$$\gamma(a_1 \tau_1 b_1) = \gamma(a_1) \tau_2 \gamma(b_1) \in H_2', \quad \text{d.h. } a_1 \tau_1 b_1 \in \gamma^{-1}(H_2').$$

Somit ist $\gamma^{-1}(H_2')$ eine Unterhalbgruppe von H_1. $\qquad\qquad\square$

Insbesondere ist $\operatorname{Im}\gamma = \gamma(H_1)$ eine Unterhalbgruppe von H_2. Besitzt H_2 ein neutrales Element e_2 und gilt $e_2 \in \operatorname{Im}\gamma$, so ist $\gamma^{-1}(e_2)$ eine Unterhalbgruppe von H_1.

Zwei Halbgruppen H_1, H_2 heißen *isomorph*, wenn es einen Isomorphismus $H_1 \to H_2$ gibt. Wir schreiben dann auch $H_1 \xrightarrow{\sim} H_2$. Jede Halbgruppe ist zu sich selbst isomorph: die Identität ist ein Isomorphismus.

Satz 14. *Es seien* H_1, H_2, H_3 *Halbgruppen. Sind* $\gamma\colon H_1 \to H_2$ *und* $\delta\colon H_2 \to H_3$ *Homomorphismen, so ist auch das Produkt* $\delta \circ \gamma\colon H_1 \to H_3$ *ein Homomorphismus.*

Ist $\gamma\colon H_1 \to H_2$ *ein Isomorphismus, so ist auch* $\gamma^{-1}\colon H_2 \to H_1$ *ein Isomorphismus.*

Der Beweis sei als einfache Übungsaufgabe dem Leser überlassen. $\qquad\square$

Einen Homomorphismus $H \to H$ einer Halbgruppe H in sich nennt man einen *Endomorphismus* von H. Einen bijektiven Endomorphismus bezeichnet man auch als *Automorphismus*.

Die Menge der Endomorphismen einer Halbgruppe H wird mit $\operatorname{End} H$, die Menge der Automorphismen von H mit $\operatorname{Aut} H$ bezeichnet. Trivialerweise ist $\operatorname{Aut} H \neq \varnothing$ wegen $\operatorname{id}_H \in \operatorname{Aut} H$; es gilt

$$\operatorname{Aut} H = \operatorname{Per} H \cap \operatorname{End} H.$$

Satz 15. *Die Menge* End H *ist bezüglich der Komposition von Abbildungen eine Halbgruppe mit neutralem Element* id, *und es ist*

$$\text{Aut } H = (\text{End } H)^{\times};$$

insbesondere ist also Aut H *eine Gruppe.*

Beweis. Folgt direkt aus Satz 14 und Satz 11.   □

In der Algebra sind die Homomorphismen von Gruppen besonders wichtig.

Def. 16 *(Gruppenhomomorphismus). Eine Abbildung* $\gamma: G_1 \to G_2$ *der Gruppe* $(G_1, \top_1)$ *in die Gruppe* $(G_2, \top_2)$ *heißt ein (Gruppen-)Homomorphismus, wenn sie ein Homomorphismus der Halbgruppen ist.*

Bezeichnet e_1 bzw. e_2 das neutrale Element von G_1 bzw. G_2, so gilt:

Satz 17. *Jeder Homomorphismus* $\gamma: G_1 \to G_2$ *hat die Eigenschaft*

$$\gamma(e_1) = e_2$$

und

$$\gamma(a^{-1}) = (\gamma(a))^{-1} \quad \text{für alle } a \in G_1.$$

Beweis. Es ist $e_1 = e_1 e_1$. Daraus folgt (die Verknüpfungssymbole $\top_1$, $\top_2$ werden weggelassen):

$$\gamma(e_1) = \gamma(e_1 e_1) = \gamma(e_1)\,\gamma(e_1), \quad \text{also } \gamma(e_1) = \gamma(e_1)^{-1}\gamma(e_1) = e_2.$$

Ebenso: Wegen $e_1 = a a^{-1} = a^{-1} a$ ist

$$e_2 = \gamma(e_1) = \gamma(a a^{-1}) = \gamma(a)\,\gamma(a^{-1}).$$

Daraus folgt durch Multiplikation mit $(\gamma(a))^{-1}$:

$$(\gamma(a))^{-1} = (\gamma(a))^{-1}\gamma(a)\,\gamma(a^{-1}) = \gamma(a^{-1}). \quad\quad □$$

§ 2. Untergruppen, Normalteiler und Restklassengruppen

Mit H, H_1, H_2 werden stets Halbgruppen und mit G, G_1, G_2 stets Gruppen (mit neutralen Elementen e, e_1, e_2) bezeichnet. Die Verknüpfungssymbole werden (bis auf einige Ausnahmen in Nr. 7) grundsätzlich fortgelassen.

1. Untergruppen. — Analog zum Begriff der Unterhalbgruppe führen wir den Begriff der „Untergruppe" ein.

Def. 1 *(Untergruppe). Eine Unterhalbgruppe* U *einer Gruppe* G *heißt eine Untergruppe von* G*, wenn* U *eine Gruppe ist.*

Ist U eine Untergruppe der Gruppe G, so ist die natürliche Injektion $\iota: U \to G$, $a \mapsto a$, ein Homomorphismus. Aus Satz 1.17 folgt daher:

Ist U eine Untergruppe von G, so stimmt das neutrale Element von U mit dem neutralen Element von G überein. Für jedes $a \in U$ ist das inverse Element zu a in der Gruppe G dasselbe wie in der Gruppe U.

Die Untergruppen einer Gruppe G lassen sich mit Hilfe der Inversenabbildung $G \to G$, $x \mapsto x^{-1}$, charakterisieren.

Satz 2. *Eine Teilmenge U einer Gruppe G ist genau dann eine Untergruppe von G, wenn die folgenden zwei Bedingungen erfüllt sind:*

1) *U ist eine Unterhalbgruppe von G.*
2) *U ist stabil unter der Inversenabbildung $G \to G$, $x \mapsto x^{-1}$.*

Beweis. Die Behauptung folgt unmittelbar aus Def. 1.8, sobald gezeigt ist, daß U das neutrale Element e von G enthält.

Sei $a \in U$ beliebig (es gilt $U \neq \emptyset$ wegen 1)). Dann gilt $a^{-1} \in U$ nach 2) und $e = aa^{-1} \in U$ nach 1). $\qquad\qquad\square$

Man beachte: Die Inversenabbildung $G \to G$, $x \mapsto x^{-1}$, ist stets bijektiv; sie ist genau dann ein Homomorphismus, wenn G abelsch ist.

Die Untergruppen $\{e\}$ und G einer Gruppe G heißen die *trivialen Untergruppen* von G. Ist $\{U_i\}_{i \in I}$ eine Familie von Untergruppen von G, so ist auch ihr *Durchschnitt*

$$\bigcap_{i \in I} U_i$$

eine Untergruppe von G. Insbesondere gibt es zu jeder Teilmenge A von G eine *kleinste A umfassende* Untergruppe ($:=$ Durchschnitt aller A enthaltenden Untergruppen).

Beispiel. In der additiven Gruppe $\mathbb{Z}$ gibt jede natürliche Zahl $n \in \mathbb{N}$ zu der Untergruppe

$$U := n\mathbb{Z} := \{nz; \, z \in \mathbb{Z}\}$$

Anlaß (Beweis!). Wir werden im Satz 7 sehen, daß man so alle Untergruppen von $\mathbb{Z}$ erhält.

Wir verschärfen nun Satz 1.13 zu

Satz 3. *Es sei $\gamma: G_1 \to G_2$ ein Gruppenhomomorphismus; es sei U_1 bzw. U_2 eine Untergruppe von G_1 bzw. G_2. Dann ist $\gamma(U_1)$ bzw. $\gamma^{-1}(U_2)$ eine Untergruppe von G_2 bzw. G_1.*

Beweis. Die Menge $\gamma^{-1}(U_2)$ ist nicht leer, da sie das neutrale Element von G_1 enthält. Weil γ ein Homomorphismus ist, sind $\gamma(U_1)$ bzw. $\gamma^{-1}(U_2)$ nach Satz 1.13 jeweils Unterhalbgruppen von G_2 bzw. G_1. Nach Satz 2 sind wir also fertig, wenn wir zeigen, daß beide Mengen stabil unter der Inversenabbildung sind.

Sei $a_2 \in \gamma(U_1)$, etwa $a_2 = \gamma(a_1)$ mit $a_1 \in U_1$. Dann gilt $\gamma(a_1^{-1}) = a_2^{-1}$ nach Satz 1.17. Wegen $a_1^{-1} \in U_1$ ist also $a_2^{-1} \in \gamma(U_1)$. Folglich ist $\gamma(U_1)$ eine Gruppe.

Sei $a_1 \in \gamma^{-1}(U_2)$, also $\gamma(a_1) \in U_2$. Dann gilt $\gamma(a_1^{-1}) = \gamma(a_1)^{-1} \in U_2$, da U_2 eine Gruppe ist. Folglich ist $\gamma^{-1}(U_2)$ eine Gruppe. $\qquad\square$

Korollar. *Die Mengen*

$$\operatorname{Im}\gamma = \gamma(G_1) \quad bzw. \quad \gamma^{-1}(e_2)$$

sind Untergruppen von G_2 bzw. G_1.

Die Untergruppe $\gamma^{-1}(e_2)$ erweist sich für die Untersuchung des Homomorphismus γ als so wichtig, daß sie durch eine Notation hervorgehoben wird.

Def. 4 *(Kern). Ist $\gamma: G_1 \to G_2$ ein Gruppenhomomorphismus, so heißt die Faser $\gamma^{-1}(e_2)$ der Kern des Homomorphismus γ, in Zeichen* $\operatorname{Ker}\gamma$.

Kennt man den Kern eines Homomorphismus γ, so kennt man auch bereits alle Fasern von γ, man hat nämlich

Satz 5. *Sei $\gamma: G_1 \to G_2$ ein Gruppenhomomorphismus, sei $A \subset G_1$ eine nichtleere Menge. Dann gilt:*

$$\gamma^{-1}(\gamma(A)) = A \cdot \operatorname{Ker}\gamma := \{a\,x;\ a \in A,\ x \in \operatorname{Ker}\gamma\}.$$

Speziell hat man für die γ-Faser durch $a \in G_1$ die Gleichung

$$\gamma^{-1}(\gamma(a)) = a \cdot \operatorname{Ker}\gamma.$$

Beweis. Sicher gilt $A \cdot \operatorname{Ker}\gamma \subset \gamma^{-1}(\gamma(A))$, denn für jedes Element $a\,x$, $a \in A$, $x \in \operatorname{Ker}\gamma$, hat man

$$\gamma(a\,x) = \gamma(a) \cdot \gamma(x) = \gamma(a) \cdot e_2 = \gamma(a) \in \gamma(A).$$

Sei umgekehrt $c \in \gamma^{-1}(\gamma(A))$. Dann gibt es ein $a \in A$ mit $\gamma(c) = \gamma(a)$. Für $x := a^{-1}c$ gilt dann $c = a\,x$ mit $x \in \operatorname{Ker}\gamma$. Dies beweist $\gamma^{-1}(\gamma(A)) \subset A \cdot \operatorname{Ker}\gamma$. $\qquad\square$

Als Folgerung heben wir hervor

Satz 6. *Ein Gruppenhomomorphismus $\gamma: G_1 \to G_2$ ist genau dann ein Monomorphismus, wenn* $\operatorname{Ker}\gamma = \{e_1\}$.

Beweis. Ist $\operatorname{Ker}\gamma = \{e_1\}$, so besteht jede nichtleere Faser von γ nach Satz 5 aus genau einem Element, folglich ist γ ein Monomorphismus. Die umgekehrte Beweisrichtung ist trivial. $\qquad\square$

Bemerkung. Durch Satz 5 werden die Urbilder von Bildern beschrieben. Die Beschreibung der Bilder von Urbildern ist einfacher und wurde bereits in Kap. 0.3 durchgeführt, wo wir für alle Abbildungen $\varphi: M \to N$ zwischen beliebigen Mengen die Gleichung $\varphi(\varphi^{-1}(B)) = B \cap \operatorname{Im}\varphi$ für alle Teilmengen B von N notierten.

Wir wollen nun sämtliche Untergruppen der additiven Gruppe $\mathbb{Z}$ der ganzen Zahlen bestimmen. Wir kennen bereits die Untergruppen $n\mathbb{Z}$, wo $n \in \mathbb{N}$. Es gilt:

Zwei Untergruppen $m\mathbb{Z}$ und $n\mathbb{Z}$, $m, n \in \mathbb{N}$, stimmen genau dann überein, wenn $m = n$ ist.

Beweis. Es ist nur zu zeigen, daß aus $m\mathbb{Z}=n\mathbb{Z}$, m, $n\in\mathbb{N}$, stets $m=n$ folgt. Wegen $m\in n\mathbb{Z}$, $n\in m\mathbb{Z}$ gibt es ganze Zahlen a, $b\in\mathbb{N}$ mit $m=na$, $n=mb$. Durch Einsetzen folgt:

$$n=(na)\,b=n(ab).$$

Im Falle $n\neq 0$ folgt $1=ab$ und also $a=b=1$ wegen a, $b\in\mathbb{N}$. Im Falle $n=0$ gilt auch $m=na=0$. $\qquad\square$

Wir wollen nun zeigen, daß die Gruppen $n\mathbb{Z}$ bereits alle Untergruppen von $\mathbb{Z}$ sind. Jede Untergruppe $U\neq 0$ enthält positive Elemente, denn ist $a\in U$, $a\neq 0$, so ist a oder $-a$ positiv, und beide Elemente gehören zu U. Insbesondere besitzt $U\neq 0$ eine *kleinste* positive ganze Zahl. Es folgt:

Satz 7. *Ist $U\neq 0$ eine Untergruppe von $\mathbb{Z}$ und n die kleinste positive Zahl in U, so gilt*

$$U=n\mathbb{Z}=\{n\,z;\ z\in\mathbb{Z}\}.$$

Beweis. Sicher ist $n\mathbb{Z}\subset U$, denn mit n gehören alle ganzzahligen Vielfachen zu U, da U eine Untergruppe ist. Sei $a\in U$ beliebig. Es gibt Elemente q, $r\in\mathbb{Z}$ mit

$$a=n\cdot q+r,\qquad 0\le r<n\quad\text{(Division mit Rest).}$$

Um dies einzusehen, betrachte man in der Menge $\{a-n\,z;\ z\in\mathbb{Z}\}$ das kleinste nichtnegative Element $r=a-n\,q$. Wäre $r\ge n$, so wäre

$$r':=r-n=a-n(q+1)\in\{a-n\,z;\ z\in\mathbb{Z}\}$$

ebenfalls nichtnegativ im Widerspruch zur Wahl von r; also ist $r<n$. Mit $a\in U$ und $n\,q\in U$ ist auch $r=a-n\,q\in U$. Da n die kleinste positive Zahl von U ist, muß $r=0$ und deshalb $a=n\,q\in n\mathbb{Z}$ gelten. Damit ist die Gleichung $U=n\mathbb{Z}$ bewiesen. $\qquad\square$

2. Ordnung eines Elementes. — Ist G eine multiplikativ geschriebene Gruppe und $a\in G$, so ist (nach Satz 1.7) die Abbildung

$$\gamma_a\colon\ \mathbb{Z}\to G,\qquad z\mapsto a^z,$$

ein Homomorphismus von $(\mathbb{Z},+)$ in G. Daher ist $\operatorname{Ker}\gamma_a$ eine Untergruppe von $(\mathbb{Z},+)$, also von der Form $n\mathbb{Z}$, $n\ge 0$ (s. Nr. 1).

Ist $n>0$, so ist n die kleinste positive natürliche Zahl mit $a^n=e$. In diesem Fall heißt n die *Ordnung* von a, in Zeichen: $\operatorname{ord} a=n$. Ist $n=0$, (d.h. γ_a ist injektiv), so sagen wir, das Element a habe unendliche Ordnung ($\operatorname{ord} a=\infty$).

Die Gruppe $\operatorname{Im}\gamma_a=\{a^m;\ m\in\mathbb{Z}\}$ ist die kleinste Untergruppe von G, die das Element a enthält, denn jede Untergruppe von G, die a enthält, umfaßt $\operatorname{Im}\gamma_a$. Sie heißt die *von a erzeugte Untergruppe* von G. Falls $\operatorname{ord} a=\infty$, so ist $|\operatorname{Im}\gamma_a|=\infty$. Falls $\operatorname{ord} a=n<\infty$, so besteht die von a erzeugte Untergruppe $\operatorname{Im}\gamma_a$ genau aus den n verschiedenen Elementen $e,a,\ldots,a^{n-1}$. Ist nämlich $m\in\mathbb{Z}$, $m=n\,q_0+r_0$, $0\le r_0<n$ (Division mit Rest, s. Nr. 1), so gilt:

$$a^m=a^{n\,q_0}\cdot a^{r_0}=a^{r_0}.$$

Andererseits ist für $r, s \in \mathbb{N}_{n-1}$ und $r \neq s$ stets $a^r \neq a^s$. Es ist also $|\mathrm{Im}\,\gamma_a| = \mathrm{ord}\,a$. Falls $|G|$ endlich ist, so hat jedes Element von G eine endliche Ordnung. Man kann zeigen, daß diese stets ein Teiler von $|G|$ ist.

3. Darstellung durch Linksmultiplikation. — Sei H eine Halbgruppe. Jedem Element $a \in H$ ordnen wir eine Abbildung $\Lambda(a): H \to H$ zu, die vermöge Multiplikation von links mit dem Element a definiert wird:

$$\Lambda(a)(x) := a\,x \quad \text{für alle } x \in H.$$

Man bezeichnet die Abbildung $\Lambda(a)$ als *Linkstranslation* oder *Linksmultiplikation* mit a. Man beachte, daß $\Lambda(a)$ i.allg. kein Endomorphismus von H ist.

Wir betrachten die durch $a \mapsto \Lambda(a)$ gegebene Abbildung $\Lambda: H \to \mathrm{Abb}\,H$.

Satz 8. *Die Abbildung* $\Lambda: H \to \mathrm{Abb}\,H$ *ist ein Homomorphismus.*

Beweis. Seien $a, b \in H$ gegeben. Nach Definition ist $\Lambda(a\,b)$ die Abbildung

$$x \mapsto (a\,b)\,x, \quad x \in H.$$

Da die Verknüpfung in H assoziativ ist, folgt

$$\Lambda(a\,b)(x) = (a\,b)\,x = a(b\,x), \quad x \in H.$$

Nun gilt aber auch

$$\bigl(\Lambda(a) \circ \Lambda(b)\bigr)(x) = \Lambda(a)(b\,x) = a(b\,x) \quad \text{für alle } x \in H.$$

Daher folgt

$$\Lambda(a\,b) = \Lambda(a) \circ \Lambda(b). \qquad \square$$

Darüber hinaus gilt:

Satz 9. *Hat H ein neutrales Element e, so ist $\Lambda(e) = \mathrm{id} \in \mathrm{Abb}\,H$. Ferner gilt: Die Abbildung*

$$\Lambda: H \to \mathrm{Abb}\,H$$

ist injektiv. Jedes $\Lambda(a)$, $a \in H^\times$, ist eine bijektive Abbildung von H auf sich, d.h. es gilt

$$\Lambda(H^\times) \subset \mathrm{Per}\,H.$$

Beweis. Da $e\,x = x$, $x \in H$, so ist $\Lambda(e)$ die Identität. Sind $a, b \in H$ so beschaffen, daß $\Lambda(a) = \Lambda(b)$, so gilt

$$a\,x = b\,x \quad \text{für alle } x \in H.$$

und daher für $x = e$ speziell: $a\,e = b\,e$, d.h. $a = b$. Mithin wird H injektiv in $\mathrm{Abb}\,H$ abgebildet.

Es bleibt zu zeigen, daß jede Abbildung $\Lambda(a)$, $a \in H^\times$, bijektiv ist. Sind $x_1, x_2 \in H$ und gilt $\Lambda(a)(x_1) = \Lambda(a)(x_2)$, d.h. $a\,x_1 = a\,x_2$, so folgt $x_1 = x_2$ durch Linksmultiplikation mit a^{-1}. Mithin ist $\Lambda(a)$ injektiv. $\Lambda(a)$ ist aber auch surjektiv: das Element $x \in H$ hat $a^{-1} x \in H$ als Urbild bezüglich $\Lambda(a)$. $\qquad\square$

Aus Satz 9 ersieht man, daß jede „abstrakte" Gruppe G sich als Gruppe von Permutationen „konkret" darstellen läßt, denn es ist $G = G^{\times}$. Die Abbildung $\Lambda\colon G \to \operatorname{Per} G$ bzeichnet man als eine *Darstellung* der Gruppe G durch Linksmultiplikation.

Die Tatsache, daß alle abstrakten Gruppen als konkrete Permutationsgruppen darstellbar sind, hat die Entwicklung der Gruppentheorie im vorigen Jahrhundert wesentlich beeinflußt.

4. Innere Automorphismen. — Anstelle der Linksmultiplikation mit a kann man natürlich auch die Abbildungen $\mathrm{P}(a)\colon H \to H$ betrachten, die vermöge *Rechtsmultiplikation* mit a, also durch $x \mapsto x\,a$ definiert sind. Die Ergebnisse des letzten Abschnittes gelten dann mutatis mutandis. Der Leser mache sich jedoch klar, daß die Übertragung von Satz 8 auf $\mathrm{P}(a)$ nur möglich ist, wenn H kommutativ ist.

Man kann auch Links- und Rechtstranslationen zusammensetzen, so gilt z.B.

$$\mathrm{P}(b) \circ \Lambda(a)\colon H \to H, \qquad x \mapsto a\,x\,b.$$

Man sieht:

$$\mathrm{P}(b) \circ \Lambda(a) = \Lambda(a) \circ \mathrm{P}(b) \qquad \text{für alle } a,\,b \in H.$$

In einer Gruppe G ist für jedes $a \in G$ die Abbildung

$$\mathrm{P}(a^{-1}) \circ \Lambda(a)\colon G \to G, \qquad x \mapsto a\,x\,a^{-1}$$

definiert. Wir setzen $\operatorname{int}_a := \mathrm{P}(a^{-1}) \circ \Lambda(a)$ und zeigen:

Satz 10. *Jede Abbildung* $\operatorname{int}_a\colon G \to G$ *ist ein Gruppenautomorphismus. Durch*

$$a \mapsto \operatorname{int}_a$$

wird ein Gruppenhomomorphismus $\operatorname{Int}\colon G \to \operatorname{Aut} G$ *gegeben.*

Beweis. Für alle $x,\,y \in G$ gilt

$$\operatorname{int}_a(x\,y) = a\,x\,y\,a^{-1} = (a\,x\,a^{-1})(a\,y\,a^{-1}) = \operatorname{int}_a(x)\,\operatorname{int}_a(y),$$

d.h. int_a ist ein Gruppenhomomorphismus. Für alle $b \in G$ gilt

$$\operatorname{int}_{ab}(x) = a\,b\,x\,(a\,b)^{-1} = a\,b\,x\,b^{-1}\,a^{-1} = a\,\operatorname{int}_b(x)\,a^{-1} = \operatorname{int}_a\big(\operatorname{int}_b(x)\big), \qquad x \in G,$$

also

$$(*) \qquad\qquad\qquad \operatorname{int}_{ab} = \operatorname{int}_a \circ \operatorname{int}_b.$$

Speziell ist $\operatorname{id} = \operatorname{int}_e = \operatorname{int}_a \circ \operatorname{int}_{a^{-1}} = \operatorname{int}_{a^{-1}} \circ \operatorname{int}_a$, d.h. $\operatorname{int}_a \in \operatorname{Aut} G$. Wegen $(*)$ ist $\operatorname{Int}\colon G \to \operatorname{Aut} G$ ein Gruppenhomomorphismus. $\qquad\square$

Def. 11. *(Innerer Automorphismus). Jede Abbildung*

$$\mathrm{int}_a\colon\ G\to G,\qquad a\in G,$$

heißt ein innerer Automorphismus von G; die Gruppe $\mathrm{Int}\,G := \mathrm{Int}(G)\subset\mathrm{Aut}\,G$ *heißt die Gruppe der inneren Automorphismen von G.*

Aus der Definition der Abbildung Int: $G\to\mathrm{Aut}\,G$ folgt sofort:

$$\mathrm{Ker}\,\mathrm{Int} = \{a;\ a\,x\,a^{-1} = x \text{ für alle } x\in G\} = \{a;\ a\,x = x\,a \text{ für alle } x\in G\}.$$

Die Gruppe Ker Int besteht also aus genau den Elementen von G, die mit *allen* Elementen von G kommutieren; man nennt sie auch das *Zentrum* von G. Das Zentrum ist genau dann ganz G, wenn G abelsch ist.

5. Nebenklassen und Normalteiler. — In diesem Abschnitt bezeichne U stets eine Untergruppe von G. Wir definieren auf G die folgende von U abhängige Relation $\sim$:

Für alle $a, b\in G$ gelte

$$a\sim b \qquad \text{genau dann, wenn } b^{-1}a\in U.$$

Der Leser verifiziert leicht:

Die Relation $\sim$ *ist eine Äquivalenzrelation auf G. Die zu* $a\in G$ *gehörende Äquivalenzklasse ist die Menge*

$$\bar a = a\,U := \{a\,x;\ x\in U\}.$$

Man nennt $a\,U$ *die durch* a *erzeugte Linksnebenklasse von U in G*; ersichtlich gilt:

$$a\,U = \Lambda(a)(U).$$

Es sei betont, daß $a\,U$ für $a\notin U$ *keine* Untergruppe von G ist (dann gilt nämlich nicht $e\in a\,U$). Zwei Linksnebenklassen $a\,U$, $b\,U$ in G werden durch die Linkstranslation $\Lambda(b\,a^{-1})$, also durch die Abbildung

$$x\mapsto b\,a^{-1}x,\qquad x\in a\,U,$$

bijektiv aufeinander abgebildet. Linksnebenklassen haben wir bereits im Satz 5 betrachtet, wo wir zeigten, daß die Fasern von Gruppenhomomorphismen Linksnebenklassen der Kerne sind. Außer Linksnebenklassen muß man in G auch *Rechtsnebenklassen*

$$U\,a := \mathrm{P}(a)(U) = \{x\,a;\ x\in U\}$$

betrachten. Diese Rechtsnebenklassen sind die Äquivalenzklassen der folgenden Äquivalenzrelation $\smile$ in G:

$$a\smile b \qquad \text{genau dann, wenn } a\,b^{-1}\in U \qquad \text{(Beweis!)}.$$

Bei abelschen Gruppen stimmen natürlich die Relationen $\sim$ und $\frown$ und also die Äquivalenzklassen aU und Ua überein; bei nicht kommutativen Gruppen kann man dies nicht mehr erwarten. Allgemein gilt (Beweis!):

Seien $a, b \in G$. Dann wird vermöge $\Lambda(a) \circ P(b^{-1}) \colon G \to G$ die Rechtsnebenklasse Ub bijektiv auf die Linksnebenklasse aU abgebildet.

Speziell wird Ua vermöge des inneren Automorphismus $\mathrm{int}_a = \Lambda(a) \circ P(a^{-1})$ bijektiv auf aU abgebildet. Mittels innerer Automorphismen kann man nun auch einfache Bedingungen für die Gleichheit von aU und Ua angeben.

Satz 12. *Die folgenden Aussagen über eine Untergruppe U und ein Element $a \in G$ sind äquivalent:*

   i) *$Ua = aU$.*
   ii) *U ist stabil unter int_a und $\mathrm{int}_{a^{-1}}$, d.h. $\mathrm{int}_a(U) \subset U$ und $\mathrm{int}_{a^{-1}}(U) \subset U$.*
   iii) *$\mathrm{int}_a(U) = U$.*

Beweis. i) $\Rightarrow$ ii): Aus $aU = Ua$ folgt $U = aUa^{-1} = \{a\,x\,a^{-1}; x \in U\}$. Dies besagt bereits $\mathrm{int}_a(x) = a\,x\,a^{-1} \in U$ für alle $x \in U$, d.h. $\mathrm{int}_a(U) \subset U$. Da die Voraussetzung $aU = Ua$ auch durch die Gleichung $U = a^{-1}Ua$ ausgedrückt werden kann, folgt analog $\mathrm{int}_{a^{-1}}(U) \subset U$.

ii) $\Rightarrow$ iii): Aus $\mathrm{int}_{a^{-1}}(U) \subset U$ folgt durch Anwendung von int_a:

$$U = \mathrm{id}(U) = \mathrm{int}_a\big(\mathrm{int}_{a^{-1}}(U)\big) \subset \mathrm{int}_a(U), \quad \text{also } \mathrm{int}_a(U) = U.$$

iii) $\Rightarrow$ i): Die Gleichung $\mathrm{int}_a(U) = U$ besagt nichts anderes als $aUa^{-1} = U$, d.h. $aU = Ua$. $\qquad\square$

Untergruppen, bei denen *alle* Linksnebenklassen auch Rechtsnebenklassen sind, werden durch eine Definition besonders hervorgehoben:

Def. 13 *(Normalteiler). Eine Untergruppe U von G heißt ein Normalteiler in G, wenn für alle $a \in G$ die Gleichung $aU = Ua$ gilt (d.h. wenn die Äquivalenzrelationen $\sim$ und $\frown$ übereinstimmen).*

Jede Untergruppe einer abelschen Gruppe G ist ein Normalteiler in G. Aus Satz 12 folgt unmittelbar:

Satz 14. *Eine Untergruppe U von G ist genau dann ein Normalteiler in G, wenn U stabil unter jedem inneren Automorphismus von G ist, d.h. wenn gilt:*

$$aUa^{-1} \subset U \quad \text{für alle } a \in G.$$

Die trivialen Untergruppen $\{e\}$ und G sind Normalteiler. Ferner ist der Durchschnitt $\bigcap_{i \in I} U_i$ jeder Familie $\{U_i\}_{i \in I}$ von Normalteilern wieder ein Normalteiler, da

$$a\Big(\bigcap_{i \in I} U_i\Big)a^{-1} \subset \bigcap_{i \in I}(aU_i a^{-1}) \subset \bigcap_{i \in I} U_i.$$

Weitere Beispiele erhält man durch den

Satz 15. *Es sei $\gamma: G_1 \to G_2$ ein Gruppenhomomorphismus und $U_2 \subset G_2$ ein Normalteiler in G_2. Dann ist $\gamma^{-1}(U_2)$ ein Normalteiler in G_1.*

Speziell ist $\mathrm{Ker}\,\gamma$ *ein Normalteiler in* G_1.

Beweis. Seien $a \in G_1$, $x \in \gamma^{-1}(U_2)$ beliebig. Dann gilt:

$$\gamma(a\,x\,a^{-1}) = \gamma(a)\,\gamma(x)\,\gamma(a)^{-1} \in U_2,$$

da U_2 ein Normalteiler in G_2 ist, der $\gamma(x)$ enthält. Also ist $a\,\gamma^{-1}(U_2)\,a^{-1} \subset \gamma^{-1}(U_2)$ für alle $a \in G_1$. $\qquad\qquad\square$

Beispiel. Das Zentrum einer Gruppe G ist ein Normalteiler als Kern des Homomorphismus $\mathrm{Int}: G \to \mathrm{Aut}\,G$.

Im nächsten Abschnitt werden wir einen weiteren wichtigen Normalteiler in einer Gruppe G kennenlernen. Beispiele für Untergruppen, die nicht Normalteiler sind, werden wir in § 3.2 bei den symmetrischen Gruppen $\mathfrak{S}_n$, $n > 2$, angeben.

6. Kommutatoren und Kommutatorgruppen. — Für alle Elemente a, b einer Gruppe G ist die Gleichung $a\,b = x \cdot b\,a$ eindeutig lösbar. Wir nennen das Element $c \in G$ mit $a\,b = c(b\,a)$ den *Kommutator von a und b*; es gilt $c = a\,b\,a^{-1}\,b^{-1}$. Das Inverse $c^{-1} = b\,a\,b^{-1}\,a^{-1}$ ist der Kommutator von b und a. Der Kommutator c „mißt, wie stark die Elemente a, b das Kommutativgesetz $a\,b = b\,a$ verletzen".

Die Menge K_G aller Kommutatoren in G,

$$K_G := \{a\,b\,a^{-1}\,b^{-1}\,;\ a, b \in G\},$$

enthält das neutrale Element und ist stabil bezüglich der Inversenbildung $x \mapsto x^{-1}$ in G.

Dies gilt dann auch für die Menge aller endlichen Produkte von Kommutatoren

$$\mathrm{Kom}\,G := \left\{ \prod_{i=1}^{n} c_i\,;\ c_i \in K_G,\ n \in \mathbb{N}^+,\ i \in \mathbb{N}_n \right\}.$$

Außerdem ist $\mathrm{Kom}\,G$ eine Unterhalbgruppe von G und insgesamt somit eine Gruppe.

Def. 16 *(Kommutatorgruppe). Die Gruppe $\mathrm{Kom}\,G$ heißt die Kommutatorgruppe von G.*

Es gilt $\mathrm{Kom}\,G = \{e\}$ genau dann, wenn G abelsch ist. Die Kommutatorgruppe $\mathrm{Kom}\,G$ ist ein Normalteiler in G. Es gilt sogar

Satz 17. *Jede Untergruppe U von G, welche K_G umfaßt, ist ein Normalteiler in G.*

Beweis. Es genügt zu zeigen, daß für alle $a \in U$ und für alle $x \in G$ gilt: $x\,a\,x^{-1} \in U$.

Der Kommutator $b := x\,a\,x^{-1}\,a^{-1}$ ist Element von K_G und damit auch von U. Also ist auch $b\,a = x\,a\,x^{-1} \in U$. $\qquad\qquad\square$

Der Leser möge als Übungsaufgabe beweisen:

Für jeden Gruppenhomomorphismus $\gamma\colon G \to G'$ gilt:

$$\gamma(\operatorname{Kom} G) = \operatorname{Kom} \gamma(G).$$

Im Falle $\gamma(G) = G'$ gilt also $\gamma(\operatorname{Kom} G) = \operatorname{Kom} G'$.

7. Äquivalenzrelationen in Halbgruppen. Restklassengruppen. — Unter allen Äquivalenzrelationen $\sim$ auf einer Halbgruppe H wird man sich naturgemäß besonders für diejenigen interessieren, die mit der Verknüpfung $\top$ auf H verträglich sind. Wir nennen dabei die Relation $\sim$ *verträglich mit* $\top$, wenn folgendes gilt:

$$\textit{Aus } a \sim a' \quad \textit{und} \quad b \sim b' \quad \textit{folgt } a \top b \sim a' \top b'.$$

Wir bezeichnen (vgl. Kap. 0.8) mit $\bar{x}$ die von x repräsentierte Äquivalenzklasse und mit $\bar{H}$ die Menge aller Äquivalenzklassen. Dann gilt das grundlegende

Konstruktionsprinzip. *Ist $\sim$ mit $\top$ verträglich, so induziert $\top$ wie folgt eine Verknüpfung $\bar{\top}$ auf $\bar{H}$:*
Sind $\bar{x}, \bar{y} \in \bar{H}$ und sind $a \in \bar{x}$, $b \in \bar{y}$ Repräsentanten in H, so sei $\bar{x}\,\bar{\top}\,\bar{y} := \overline{a \top b}$.

Es ist zu zeigen, daß diese Definition von $\bar{\top}$ eindeutig, d.h. unabhängig von der speziellen Wahl der Repräsentanten a, b der Äquivalenzklassen $\bar{x}$, $\bar{y}$ ist. Seien also $a' \in \bar{x}$, $b' \in \bar{y}$ andere Repräsentanten. Dann gilt $a \sim a'$, $b \sim b'$ und also $a \top b \sim a' \top b'$ wegen der Verträglichkeit von $\sim$ mit $\top$. Somit hat man $\overline{a \top b} = \overline{a' \top b'}$, d.h. die Eindeutigkeit von $\bar{\top}$. $\qquad\qquad\square$

Wir sagen, die Verknüpfung $\bar{\top}$ wird durch *Repräsentanten* (oder *repräsentantenweise*) definiert.

Im vorstehenden wurde noch nirgends benutzt, daß $\top$ assoziativ ist. Der Leser möge etwa als Übungsaufgabe verifizieren, daß mit $\top$ auch $\bar{\top}$ assoziativ ist. Man gelangt so zu

Lemma 18. *Es sei $(H, \top)$ eine Halbgruppe und $\sim$ eine mit $\top$ verträgliche Äquivalenzrelation auf H. Es bezeichne $\bar{H}$ die Menge der Äquivalenzklassen und $\rho\colon H \to \bar{H}$ die durch $x \mapsto \bar{x}$ gegebene natürliche Abbildung von H auf $\bar{H}$. Es bezeichne $\bar{\top}$ die auf $\bar{H}$ definierte Verknüpfung durch Repräsentanten.*
Dann ist $(\bar{H}, \bar{\top})$ eine Halbgruppe und $\rho\colon H \to \bar{H}$ ein Epimorphismus.

Macht man weitere Annahmen über $(H, \top)$, so läßt sich auch mehr über $(\bar{H}, \bar{\top})$ aussagen. So hat man unmittelbar das

Korollar zu Lemma 18. *Unter den Voraussetzungen von Lemma 18 gilt:*

1) *Hat H ein neutrales Element e, so ist $\rho(e)$ neutrales Element in $\bar{H}$.*
2) *Ist H kommutativ, so ist auch $\bar{H}$ kommutativ.*

3) *Ist H eine Gruppe, so ist auch $\bar{H}$ eine Gruppe. Es gilt:*

$$\operatorname{Ker} \rho = \{x \in H;\ x \sim e\}.$$

Man beachte, daß die Umkehrungen der Aussagen 1), 2) und 3) im allgemeinen falsch sind.

Es ist nun leicht, auf einer Gruppe G alle mit der Gruppenverknüpfung verträglichen Äquivalenzrelationen anzugeben.

Satz 19. *Es sei G eine Gruppe und $\sim$ eine Äquivalenzrelation auf G. Dann sind die folgenden beiden Aussagen äquivalent:*

i) *$\sim$ ist mit der Gruppenverknüpfung verträglich.*
ii) *Es gibt einen Normalteiler U in G, so daß gilt:*
   $a \sim b$ genau dann, wenn $b^{-1} a \in U$ für alle $a, b \in G$.

Beweis. (i) $\Rightarrow$ (ii): Da $\sim$ mit der Gruppenverknüpfung verträglich ist, so ist $\bar{G}$ eine Gruppe und $\rho: G \to \bar{G}$ ein Gruppenepimorphismus. Nach Satz 15 ist $U := \operatorname{Ker} \rho$ ein Normalteiler in G. Es gilt $a \sim b$ genau dann, wenn $\rho(a) = \rho(b)$, d.h. wenn $\rho(b^{-1} a) = \bar{e}$, d.h. wenn $b^{-1} a \in U$.

(ii) $\Rightarrow$ (i): Es sei U ein Normalteiler in G und $a \sim b$ werde durch die Beziehung $b^{-1} a \in U$ gegeben. Wir wissen nach Nr. 5, daß $\sim$ eine Äquivalenzrelation in G ist. Es ist zu zeigen, daß sie mit der Gruppenoperation verträglich ist. Sei also $a \sim a'$, $b \sim b'$, d.h. $a^{-1} a' \in U$, $b^{-1} b' \in U$. Nun gilt:

$$(a\,b)^{-1}(a'\,b') = \left(b^{-1}(a^{-1}\,a')\,b\right)\left(b^{-1}\,b'\right).$$

Da U Normalteiler in G ist, hat man $b^{-1}(a^{-1} a')\,b \in U$, d.h. $a\,b \sim a'\,b'$, d.h. $\sim$ hat die verlangte Verträglichkeitseigenschaft.$\qquad\qquad\square$

Aus dem in diesem Abschnitt Bewiesenen folgt insbesondere:

Satz 20. *Ist U ein Normalteiler in einer Gruppe G, so ist auf der Menge $\bar{G}$ der Linksnebenklassen (= Rechtsnebenklassen) von U durch repräsentantenweise Verknüpfung eine Gruppenstruktur definiert. Die natürliche Abbildung $\rho: G \to \bar{G}$ (gegeben durch $a \mapsto a U$) ist ein Epimorphismus mit den Nebenklassen $a U$ als Fasern und mit U als Kern.*

Dieser Satz impliziert, daß *alle* Normalteiler in einer Gruppe G (und natürlich auch nur diese) als Kerne von Gruppenhomomorphismen auftreten.

Es ist üblich, die Nebenklassen $a U = U a$ bezüglich eines Normalteilers auch als *Restklassen* bezüglich U zu bezeichnen. Entsprechend sagt man:

Def. 21 *(Restklassengruppe). Ist U ein Normalteiler in einer Gruppe G, so heißt die oben konstruierte Gruppe $\bar{G}$ die Restklassengruppe von G nach U. Man schreibt gewöhnlich G/U anstelle von $\bar{G}$.*

Es sei bemerkt, daß auch die Redeweise „Faktorgruppe" anstelle von Restklassengruppe häufig verwendet wird.

Alle Untergruppen U einer Gruppe G, welche die Kommutatorgruppe Kom G umfassen, sind nach Satz 17 Normalteiler in G. Diese Normalteiler werden außerdem durch die Kommutativität der Faktorgruppe G/U charakterisiert:

Satz 22. *Die Faktorgruppe G/U von G nach einem Normalteiler U ist genau dann kommutativ, wenn U die Kommutatorgruppe Kom G umfaßt.*

Beweis. Seien $\bar{x}, \bar{y} \in G/U$ beliebig, seien $a \in \bar{x}$, $b \in \bar{y}$ Repräsentanten. Es gilt $\overline{xy} = \overline{yx}$ genau dann, wenn $\rho(a) \cdot \rho(b) = \rho(b) \cdot \rho(a)$ ist, d.h. wenn $\rho(a^{-1} b^{-1} a b) = \bar{e}$ und somit $a^{-1} b^{-1} a b \in U$ ist. Folglich ist G/U genau dann abelsch, wenn alle Kommutatoren in G schon in U enthalten sind. Das wiederum ist gleichbedeutend mit der Bedingung Kom $G \subset U$. $\qquad\square$

Die „größte" kommutative Faktorgruppe von G ist also $G/$Kom G. In der Literatur wird sie oft als die „abelsch gemachte Gruppe G" bezeichnet.

Bemerkung. Ist G abelsch, so existiert für *jede* Untergruppe U von G die Restklassengruppe G/U, sie ist wieder abelsch. So hat man z.B. für $G := \mathbb{Z}$ und $U := n\mathbb{Z}$, $n \in \mathbb{N}$, die Gruppen $\mathbb{Z}/n\mathbb{Z}$. Man mache sich klar, daß $\mathbb{Z}/n\mathbb{Z}$ genau n Elemente (= Restklassen) hat, die durch $0, 1, \ldots, n-1 \in \mathbb{Z}$ repräsentiert werden können.

Ist G eine beliebige Gruppe und $U = G$, so besteht G/U nur aus dem neutralen Element. Für $U = \{e\}$ ist G/U kanonisch zu G isomorph, denn jede Äquivalenzklasse $\bar{x} = xU$ besteht aus dem einen Element x; d.h. der Restklassenepimorphismus $x \mapsto \bar{x}$ ist bijektiv.

§ 3. Die symmetrische Gruppe $\mathfrak{S}_n$

In diesem Paragraphen beschäftigen wir uns eingehender mit der Permutationsgruppe Per $\mathbb{N}_n$ der endlichen Menge $\mathbb{N}_n = \{1, \ldots, n\}$. Die Resultate werden später in der Determinantentheorie benutzt.

1. Die Gruppe $\mathfrak{S}_n$. — Wir setzen abkürzend $\mathfrak{S}_n := $ Per $\mathbb{N}_n$ und nennen $\mathfrak{S}_n$ auch, einem klassischen Sprachgebrauch folgend, die (*n*-te) *symmetrische Gruppe*. Die Permutationsgruppe einer beliebigen Menge M mit $|M| = n$, $n \geq 1$, ist zu $\mathfrak{S}_n$ isomorph, denn M ist bijektiv auf $\mathbb{N}_n$ abbildbar, und es gilt allgemein:

Satz 1. *Ist $\sigma: M \to M'$ eine Bijektion zwischen zwei Mengen, so wird durch*

$$\rho \mapsto \gamma(\rho) := \sigma \rho \sigma^{-1}$$

ein Gruppenisomorphismus γ: Per $M \to$ Per M' gegeben.[0]

Beweis. Da mit ρ und σ auch $\sigma \circ \rho \circ \sigma^{-1}$ eine Bijektion ist, so ist γ jedenfalls eine Abbildung von Per M in Per M'. Aus dem gleichen Grunde wird durch

---

[0] Aus Bequemlichkeit unterdrücken wir oft das Kompositionszeichen „$\circ$".

$\rho' \mapsto \sigma^{-1} \circ \rho' \circ \sigma$ eine Abbildung γ': Per $M' \to$ Per M gegeben. Es gilt

$$\gamma' \circ \gamma(\rho) = \gamma'(\sigma\rho\sigma^{-1}) = \sigma^{-1}(\sigma\rho\sigma^{-1})\sigma = \rho \qquad \text{für alle } \rho \in \text{Per } M,$$

d.h. $\gamma' \circ \gamma = \text{id}_{\text{Per } M}$. Ebenso gilt $\gamma \circ \gamma' = \text{id}_{\text{Per } M'}$. Mithin ist γ eine Bijektion.

Es bleibt zu zeigen, daß γ ein Homomorphismus ist. Nun gilt für beliebige Elemente $\rho_1, \rho_2 \in \text{Per } M$

$$\gamma(\rho_1\rho_2) = \sigma\rho_1\rho_2\sigma^{-1} = \sigma\rho_1\sigma^{-1} \circ \sigma\rho_2\sigma^{-1} = \gamma(\rho_1)\gamma(\rho_2). \qquad \square$$

Auf Grund von Satz 1 kann man sich bei Strukturuntersuchungen von Permutationsgruppen endlicher Mengen grundsätzlich auf das Studium der Gruppen $\mathfrak{S}_n$ beschränken. Es sei darüber hinaus noch betont, daß auf Grund von § 2.3 jede endliche Gruppe mit n Elementen zu einer Untergruppe von $\mathfrak{S}_n$ isomorph ist (Satz von Cayley).

Eine Permutation $\sigma \in \mathfrak{S}_n$ wird vielfach in Form einer Doppelzeile

$$\sigma = \begin{pmatrix} 1 & 2 & \dots & n \\ \sigma(1) & \sigma(2) & \dots & \sigma(n) \end{pmatrix}$$

geschrieben.

Satz 2. *Die Gruppe $\mathfrak{S}_n$ ist endlich, genauer:*

$$|\mathfrak{S}_n| = n!, \qquad wo\ n! := \prod_{i=1}^{n} i = 1 \cdot 2 \cdot \dots \cdot n.^{[1]}$$

Beweis. Jede Permutation der Menge $\mathbb{N}_n$ wird wie folgt konstruiert: Man bildet $1 \in \mathbb{N}_n$ willkürlich auf ein Element $i_1 \in \mathbb{N}_n$ ab, dies geht auf n verschiedene Weisen; alsdann bildet man $2 \in \mathbb{N}_n$ willkürlich auf ein Element $i_2 \in \mathbb{N}_n \smallsetminus \{i_1\}$ ab, dies geht auf $(n-1)$ Weisen. Insgesamt hat man so

$$n \cdot (n-1) \cdot \dots \cdot 1 = n!$$

Möglichkeiten, d.h. es gibt genau $n!$ Permutationen der Menge $\mathbb{N}_n$. $\qquad \square$

Die Gruppe $\mathfrak{S}_1$ besteht nur aus dem neutralen Element. Für den Rest dieses Paragraphen wird daher $n \geq 2$ angenommen.

2. Fixpunkte. Transpositionen. — Wesentliche Informationen über eine Permutation erhält man durch Betrachtung ihrer Fixpunkte. Dabei nennen wir $i \in \mathbb{N}_n$ einen *Fixpunkt* von $\sigma \in \mathfrak{S}_n$, wenn $\sigma(i) = i$ ist. Mit Fix σ bezeichnen wir die Menge aller Fixpunkte von σ. Diese Menge kann leer sein, z.B. hat die Permutation

$$\begin{pmatrix} 1 & 2 & \dots & n-1 & n \\ 2 & 3 & \dots & n & 1 \end{pmatrix}$$

im Falle $n > 1$ keinen Fixpunkt. Für die identische Abbildung gilt Fix id $= \mathbb{N}_n$; umgekehrt hat man (Beweis als Übungsaufgabe):

---

[1] Man bezeichnet die Zahl $n!$ als „n-Fakultät".

Besitzt $\sigma \in \mathfrak{S}_n$ mindestens $n-1$ Fixpunkte, so gilt bereits $\sigma = \mathrm{id}$.

Eine Permutation ist „um so einfacher", je größer ihre Fixpunktmenge ist. Die einfachsten Permutationen $\neq \mathrm{id}$ in $\mathfrak{S}_n$ sind demnach diejenigen, die genau $n-2$ Fixpunkte haben. Wir heben sie durch eine Definition heraus.

Def. 3 *(Transposition). Eine Permutation $\tau \in \mathfrak{S}_n$ heißt Transposition, wenn es zwei Elemente $p, q \in \mathbb{N}_n$, $p \neq q$, gibt, so daß gilt:*

$$\tau(p) = q, \quad \tau(q) = p, \quad \tau(i) = i \quad \text{für alle } i \in \mathbb{N}_n \setminus \{p, q\}.$$

Eine Transposition vertauscht also zwei Ziffern aus $\mathbb{N}_n$ und hält alle übrigen einzeln fest. Für jede Transposition τ gilt:

$$\tau \neq \mathrm{id}, \quad \tau^2 = \mathrm{id}, \quad \text{d. h. } \tau^{-1} = \tau.$$

Die Menge $\{\mathrm{id}, \tau\}$ ist somit eine Untergruppe von $\mathfrak{S}_n$ (die im übrigen zur multiplikativen Gruppe $\mathbb{Z}^{\times} = \{1, -1\}$ isomorph ist).

Die kommutative Gruppe $\mathfrak{S}_2$ enthält genau eine Transposition; die Gruppe $\mathfrak{S}_n$, $n > 2$, enthält die beiden Transpositionen

$$\alpha := \begin{pmatrix} 1 & 2 & 3 & 4 & \ldots & n \\ 2 & 1 & 3 & 4 & \ldots & n \end{pmatrix}, \quad \beta := \begin{pmatrix} 1 & 2 & 3 & 4 & \ldots & n \\ 1 & 3 & 2 & 4 & \ldots & n \end{pmatrix},$$

die *nicht* vertauschbar sind:

$$\alpha\beta = \begin{pmatrix} 1 & 2 & 3 & 4 & \ldots & n \\ 2 & 3 & 1 & 4 & \ldots & n \end{pmatrix}, \quad \beta\alpha = \begin{pmatrix} 1 & 2 & 3 & 4 & \ldots & n \\ 3 & 1 & 2 & 4 & \ldots & n \end{pmatrix}.$$

Daraus folgt: Die Gruppe $\mathfrak{S}_n$, $n > 2$, ist *nicht abelsch*. Man sieht sogar noch mehr:

In $\mathfrak{S}_n$, $n > 2$, ist $U := \{\mathrm{id}, \alpha\}$ eine Untergruppe, die kein Normalteiler in $\mathfrak{S}_n$ ist.

Es gilt nämlich $\beta\alpha\beta^{-1} \notin U$, denn dieses Element ist, wie soeben bewiesen, von α verschieden; es kann auch nicht $\beta\alpha\beta^{-1} = \mathrm{id}$ gelten, da dies $\alpha = \mathrm{id}$ zur Folge hätte.

Man gewinnt *alle* Transpositionen von $\mathfrak{S}_n$ aus einer willkürlich vorgegebenen Transposition in folgender Weise:

Satz 4. *Es sei $\tau \in \mathfrak{S}_n$ diejenige Transposition, die die Elemente $p, q \in \mathbb{N}_n$, $p \neq q$, vertauscht. Dann ist $\pi\tau\pi^{-1} \in \mathfrak{S}_n$, wo $\pi \in \mathfrak{S}_n$ beliebig ist, diejenige Transposition, die die Elemente $\pi(p), \pi(q) \in \mathbb{N}_n$ vertauscht.*

Beweis. Sei $i \in \mathbb{N} \setminus \{\pi(p), \pi(q)\}$. Dann gilt $\pi^{-1}(i) \in \mathbb{N} \setminus \{p, q\}$ und also $\tau\pi^{-1}(i) = \pi^{-1}(i)$ wegen Fix $\tau = \mathbb{N} \setminus \{p, q\}$. Es folgt $\pi\tau\pi^{-1}(i) = i$ für alle $i \in \mathbb{N} \setminus \{\pi(p), \pi(q)\}$. Da $\pi\tau\pi^{-1} \neq \mathrm{id}$ (sonst wäre $\tau = \mathrm{id}$), so muß $\pi\tau\pi^{-1}$ die Elemente $\pi(p)$ und $\pi(q)$ vertauschen. $\qquad\square$

Sind $p, q \in \mathbb{N}_n$ und $i, j \in \mathbb{N}_n$ vorgegeben und gilt $p \neq q$, $i \neq j$, so gibt es stets Bijektionen $\pi: \mathbb{N}_n \to \mathbb{N}_n$ mit $\pi(p) = i$, $\pi(q) = j$ (man bilde die Restmengen $\mathbb{N}_n \setminus \{p, q\}$ und $\mathbb{N}_n \setminus \{i, j\}$ irgendwie bijektiv aufeinander ab). Dies hat zur Folge:

Korollar zu Satz 4. *Zu je zwei Transpositionen τ, $\tau' \in \mathfrak{S}_n$ gibt es eine Permutation $\pi \in \mathfrak{S}_n$, so daß gilt: $\tau' = \pi \, \tau \, \pi^{-1}$.*

Die Transpositionen „erzeugen" die Gruppe $\mathfrak{S}_n$ in folgendem Sinne:

Satz 5. *Die Permutation $\sigma \in \mathfrak{S}_n$, $\sigma \neq \mathrm{id}$, besitze mindestens $n-k$ Fixpunkte. Dann ist σ ein Produkt von höchstens $k-1$ Transpositionen.*

Beweis. Wegen $\sigma \neq \mathrm{id}$ gilt $\mathrm{Fix}\,\sigma \neq \mathbb{N}_n$. Sei $p \notin \mathrm{Fix}\,\sigma$ und sei τ_1 diejenige Transposition, die p mit $\sigma(p)$ vertauscht. Für $\tau_1 \sigma \in \mathfrak{S}_n$ gilt dann:

$$\tau_1 \sigma(i) = i \quad \text{für alle } i \in \mathrm{Fix}\,\sigma \cup \{p\},$$

d.h. $\tau_1 \sigma$ hat mindestens $n-k+1$ Fixpunkte. Falls $\tau_1 \sigma \neq \mathrm{id}$, so gibt es ein $q \notin \mathrm{Fix}\,\tau_1 \sigma$. Ist τ_2 die q mit $\tau_1 \sigma(q)$ vertauschende Transposition, so folgt:

$$\tau_2 \tau_1 \sigma(i) = i \quad \text{für alle } i \in \mathrm{Fix}\,\sigma \cup \{p, q\},$$

d.h. $\tau_2 \tau_1 \sigma$ hat mindestens $n-k+2$ Fixpunkte. Falls $\tau_2 \tau_1 \sigma \neq \mathrm{id}$, so setze man das Verfahren fort; im m-ten Schritt erhält man eine Transposition τ_m, so daß $\tau_m \tau_{m-1} \circ \ldots \circ \tau_2 \tau_1 \sigma$ mindestens $n-k+m$ Fixpunkte hat. Nach höchstens $k-1$ Schritten gelangt man so zur Identität, denn eine Permutation aus $\mathfrak{S}_n$ mit mindestens $n-1$ Fixpunkten ist die Identität. Aus

$$\tau_s \tau_{s-1} \circ \ldots \circ \tau_2 \tau_1 \sigma = \mathrm{id}, \quad 1 \leq s \leq k-1,$$

gewinnt man durch sukzessive Multiplikation (von links) mit $\tau_s, \ldots, \tau_1$ eine gewünschte Gleichung $\sigma = \tau_1 \circ \ldots \circ \tau_s$. $\qquad\square$

Korollar zu Satz 5. *Jede Permutation $\sigma \in \mathfrak{S}_n$, $\sigma \neq \mathrm{id}$, ist ein Produkt von höchstens $n-1$ Transpositionen.*

Die Fixpunktmenge $\mathrm{Fix}\,\sigma$ enthält nämlich mindestens $0 = n-n$ Elemente, d.h. Satz 5 ist anwendbar mit $k=n$. $\qquad\square$

3. Der Signumhomomorphismus sgn: $\mathfrak{S}_n \to \{1, -1\}$. — Wir stellen uns die Aufgabe, alle Homomorphismen der Gruppe $\mathfrak{S}_n$ in *abelsche* Gruppen G zu bestimmen. Wir können uns auf die Betrachtung von Epimorphismen $\gamma: \mathfrak{S}_n \to G$ beschränken, da man stets von G zur Bildgruppe $\mathrm{Im}\,\gamma$ übergehen kann. Der Fall, daß G nur aus einem neutralen Element e besteht, ist uninteressant. Sei also $n > 1$ und $\mathrm{Ker}\,\gamma \neq \mathfrak{S}_n$. Wir zeigen, daß es im wesentlichen nur einen Epimorphismus geben kann, genauer:

Satz 6. *Ist $\gamma: \mathfrak{S}_n \to G$ ein Gruppenepimorphismus auf eine abelsche Gruppe $G \neq \{e\}$, so besteht G aus genau zwei Elementen e und $g \neq e$ mit $g^2 = e$. Es gilt*

$$\gamma(\sigma) = g^t,$$

wenn $\sigma \in \mathfrak{S}_n$ ein Produkt von t Transpositionen ist; speziell gilt $\gamma(\tau) = g$ für jede Transposition τ.

Beweis. Sei $\tau_0 \in \mathfrak{S}_n$ eine fest gewählte Transposition. Wir setzen $g := \gamma(\tau_0)$; wegen $\tau_0^2 = \mathrm{id}$ und $\gamma(\mathrm{id}) = e$ gilt $g^2 = e$. Für jede Permutation π folgt, da G abelsch ist:

$$\gamma(\pi\,\tau_0\,\pi^{-1}) = \gamma(\pi) \cdot \gamma(\tau_0) \cdot \gamma(\pi)^{-1} = \gamma(\pi) \cdot \gamma(\pi)^{-1} \cdot g = g.$$

Da alle Transpositionen $\tau \in \mathfrak{S}_n$ von der Form $\pi\,\tau_0\,\pi^{-1}$ sind (Korollar zu Satz 4), so gilt also $\gamma(\tau) = g$ für jede Transposition. Ist nun $\sigma \in \mathfrak{S}_n$ ein Produkt von t Transpositionen $\tau_1, \ldots, \tau_t$, so folgt:

$$\gamma(\sigma) = \gamma(\tau_1) \cdot \gamma(\tau_2) \cdot \cdots \cdot \gamma(\tau_t) = g^t.$$

Da jede Permutation nach Satz 5 ein Produkt von Transpositionen ist, folgt

$$G = \{ g^t, t \geq 1 \} = \{ e, g \} \quad \text{wegen } g^2 = e.$$

Schließlich sieht man $g \neq e$, da $G \neq \{e\}$ vorausgesetzt wurde. $\qquad\square$

Jede Gruppe, die genau zwei Elemente besitzt, ist zur multiplikativen Gruppe $\{1, -1\} \subset \mathbb{Z}$ isomorph. Wir können uns also (bei der Suche nach nichttrivialen Homomorphismen von $\mathfrak{S}_n$ auf abelsche Gruppen) wegen Satz 6 auf die Gruppe $\{1, -1\}$ als Bildgruppe beschränken; überdies wissen wir, daß es höchstens einen Epimorphismus $\gamma\colon \mathfrak{S}_n \to \{1, -1\}$ gibt und daß

$$\gamma(\sigma) = (-1)^t$$

gelten muß, wenn σ ein Produkt von t Transpositionen ist. Es ist nun keineswegs trivial, daß es in der Tat einen solchen Epimorphismus gibt. Der naheliegende Gedanke, ihn einfach durch die letzte Gleichung $\gamma(\sigma) = (-1)^t$ zu definieren, ist erst durchführbar, wenn man weiß, daß der Exponent bzgl. Division durch 2 eindeutig bestimmt ist, d.h. daß aus

$$\sigma = \tau_1 \circ \tau_2 \circ \cdots \circ \tau_t = \tau_1' \circ \tau_2' \circ \cdots \circ \tau_{t'}', \qquad \tau_i, \tau_j' \text{ Transpositionen,}$$

stets $(-1)^t = (-1)^{t'}$ folgt (das ist genau dann der Fall, wenn t und t' beide gerade oder beide ungerade sind). Aus diesem Grunde geht man anders vor. Wir motivieren zunächst die zu gebende Definition, indem wir von einem völlig anders erscheinenden Problem ausgehen. Wir wollen messen, inwieweit eine Permutation σ die auf $\mathbb{N}_n$ vorhandene natürliche Anordnung $1 < 2 < \cdots < n$ stört. Man wird solche Störungen bei allen Paaren $(i, j) \in \mathbb{N}_n \times \mathbb{N}_n$ suchen, für die gilt:

$$i < j, \quad \text{aber } \sigma(i) > \sigma(j).$$

Man nennt jedes solche Paar einen *Fehlstand* oder auch eine *Inversion* (bzgl. σ). Ordnet man dem Paar (i, j), $i < j$, die von Null verschiedene rationale Zahl

$$q_\sigma(i, j) := \frac{\sigma(j) - \sigma(i)}{j - i} \in \mathbb{Q}^\times$$

zu, so ist (i, j) genau dann eine Inversion, wenn $q_\sigma(i, j)$ negativ ist. Es wird sich zeigen, daß das Produkt über alle $q_\sigma(i, j)$, $1 \le i < j \le n$, eine ganze Zahl, nämlich gerade $(-1)^m$, ist, wo m die Anzahl aller Inversionen bzgl. σ bezeichnet, und daß dieses Produkt ein hervorragendes Maß für die durch σ bedingte Fehlstandsituation in dem Sinne ist, daß die Abbildung $\sigma \mapsto (-1)^m$ den gesuchten Epimorphismus $\mathfrak{S}_n \to \{1, -1\}$ liefert.

Wir setzen $I := \{(i, j); (i, j) \in \mathbb{N}_n \times \mathbb{N}_n, i < j\}$ und definieren

Def. 7 *(Signum). Für jedes $\sigma \in \mathfrak{S}_n$ heißt die von 0 verschiedene rationale Zahl*

$$(*) \qquad \operatorname{sgn} \sigma := \prod_{(i, j) \in I} q_\sigma(i, j) = \prod_{1 \le i < j \le n} \frac{\sigma(j) - \sigma(i)}{j - i} \in \mathbb{Q}^\times$$

das Signum (oder auch die Signatur bzw. das Vorzeichen) von σ.

Diese Definition wird durch die nun zu beweisenden Sätze gerechtfertigt. Wir notieren sogleich als unmittelbare Folgerung aus der Definition:

$$\textit{Für die Transposition } \alpha = \begin{pmatrix} 1 & 2 & 3 \dots n \\ 2 & 1 & 3 \dots n \end{pmatrix} \textit{ gilt } \operatorname{sgn} \alpha = -1.$$

Wir zeigen als nächstes, daß man $\operatorname{sgn} \sigma$ auch berechnen kann, wenn man das Produkt über andere Indexmengen als die in der Definition vorkommende erstreckt. Wir setzen stets $n \ge 2$ voraus.

Satz 8. *Es sei $A \subset \mathbb{N}_n \times \mathbb{N}_n$ eine Teilmenge mit folgenden Eigenschaften:*

1) Für jedes Paar $(a, b) \in A$ gilt $a \ne b$.
2) Ist $a \ne b$, $a, b \in \mathbb{N}_n$, so gilt $(a, b) \in A$ genau dann, wenn $(b, a) \notin A$.

Unter diesen Voraussetzungen über A gilt stets:

$$(**) \qquad \operatorname{sgn} \sigma = \prod_{(a, b) \in A} \frac{\sigma(b) - \sigma(a)}{b - a}.$$

Beweis. Für jedes Paar $(a, b) \in A$ gilt $a < b$ oder $b < a$ wegen 1). Im ersten bzw. zweiten Fall ist

$$\frac{\sigma(b) - \sigma(a)}{b - a} \quad \text{bzw.} \quad \frac{\sigma(a) - \sigma(b)}{a - b} = \frac{\sigma(b) - \sigma(a)}{b - a}$$

ein Faktor des in der Gleichung $(*)$ rechts stehenden Produkts. Umgekehrt kommt auch jeder Ausdruck $(j - i)^{-1}(\sigma(j) - \sigma(i))$, $1 \le i < j \le n$, im Produkt der Gleichung $(**)$ vor, da $(i, j) \in A$ oder $(j, i) \in A$ wegen 2). Beide Produkte enthalten also (bis auf die Reihenfolge) genau dieselben Faktoren. $\qquad \square$

Man beachte, daß zur Charakterisierung der in Satz 8 vorkommenden Mengen nirgends die Anordnung von $\mathbb{N}_n$ benutzt wird.

Korollar. *Für $\rho, \sigma \in \mathfrak{S}_n$ gilt:*

$$\operatorname{sgn} \rho = \prod_{1 \le i < j \le n} \frac{\rho(\sigma(j)) - \rho(\sigma(i))}{\sigma(j) - \sigma(i)}.$$

Beweis. Setzt man $a := \sigma(i)$, $b := \sigma(j)$, (also $i = \sigma^{-1}(a)$, $j = \sigma^{-1}(b)$) und

$$A := \{(a, b) \in \mathbb{N}_n \times \mathbb{N}_n; \ \sigma^{-1}(a) < \sigma^{-1}(b)\},$$

so steht hier rechts das Produkt

$$\prod_{(a, b) \in A} \frac{\rho(b) - \rho(a)}{b - a}.$$

Die Menge A erfüllt aber offensichtlich die Bedingungen 1) und 2) des Satzes (Beweis als Übungsaufgabe), so daß die Behauptung folgt. $\qquad\square$

Nach diesen Vorbereitungen erhält man leicht:

Satz 9. *Die Abbildung* $\operatorname{sgn}: \mathfrak{S}_n \to \mathbb{Q}^\times$, $n \ge 2$, *ist ein Gruppenhomomorphismus:*

$$\operatorname{sgn}(\rho \circ \sigma) = (\operatorname{sgn} \rho)(\operatorname{sgn} \sigma) \quad \text{für alle } \rho, \sigma \in \mathfrak{S}_n.$$

Beweis. Ersichtlich hat man

$$\operatorname{sgn}(\rho \circ \sigma) = \prod_{i < j} \frac{\rho(\sigma(j)) - \rho(\sigma(i))}{j - i}$$

$$= \prod_{i < j} \frac{\rho(\sigma(j)) - \rho(\sigma(i))}{\sigma(j) - \sigma(i)} \, \frac{\sigma(j) - \sigma(i)}{j - i}$$

$$= \left(\prod_{i < j} \frac{\rho(\sigma(j)) - \rho(\sigma(i))}{\sigma(j) - \sigma(i)} \right) \left(\prod_{i < j} \frac{\sigma(j) - \sigma(i)}{j - i} \right).$$

Hier stimmt der zweite Faktor nach Definition mit $\operatorname{sgn} \sigma$ überein. Der erste Faktor ist gleich $\operatorname{sgn} \rho$ nach dem Korollar zu Satz 8. Also gilt $\operatorname{sgn}(\rho \circ \sigma) = (\operatorname{sgn} \rho)(\operatorname{sgn} \sigma)$. $\quad\square$

Korollar 1. *Es gilt* $\operatorname{sgn}(\mathfrak{S}_n) = \{1, -1\} = \mathbb{Z}^\times$ *für alle* $n \ge 2$. *Insbesondere ist* $\operatorname{sgn} \sigma = (-1)^t$, *falls* $\sigma \in \mathfrak{S}_n$ *ein Produkt von t Transpositionen ist.*

Beweis. Da $\operatorname{sgn} \alpha = -1$, so gilt $\operatorname{sgn}(\mathfrak{S}_n) \supset \{1, -1\}$. Alle Behauptungen des Korollars folgen nun aus Satz 6. $\qquad\square$

Korollar 2. *Sind*

$$\sigma = \tau_1 \circ \ldots \circ \tau_s = \tau_1' \circ \ldots \circ \tau_t'$$

zwei Faktorisierungen von $\sigma \in \mathfrak{S}_n$ durch Transpositionen, so ist s genau dann eine gerade (bzw. ungerade) Zahl, wenn t eine gerade (bzw. ungerade) Zahl ist.

Beweis. Es ist $(-1)^s = \operatorname{sgn} \sigma = (-1)^t$, d.h. $(-1)^{s-t} = 1$. Die Zahl $s - t$ ist also durch 2 teilbar, d.h. mit s ist auch t gerade bzw. ungerade. $\qquad\square$

Aus dem Korollar 1 ergibt sich auch, da jede *Inversion* (i, j) einen *negativen* Faktor im Produkt von sgn σ beisteuert:

Es gilt sgn $\sigma = (-1)^m$, *wenn m die Anzahl der Inversionen von σ ist.*

Man kann Satz 9 und Korollar 1 zusammen mit Satz 6 auch so formulieren:

Die Signumfunktion sgn *ist der einzige Epimorphismus der Gruppe* $\mathfrak{S}_n$ *auf die multiplikative Gruppe* $\{1, -1\} \subset \mathbb{Z}, n \geq 2$.

4. Die alternierende Gruppe $\mathfrak{A}_n$. — Eine Permutation $\sigma \in \mathfrak{S}_n$ heißt *gerade*, wenn sgn $\sigma = 1$; sie heißt *ungerade*, wenn sgn $\sigma = -1$. Ersichtlich ist σ genau dann gerade (bzw. ungerade), wenn σ in eine gerade (bzw. ungerade) Anzahl von Transpositionen faktorisierbar ist; dies trifft genau dann zu, wenn die Anzahl der Fehlstände von σ gerade (bzw. ungerade) ist.

Die Menge der geraden Permutationen von $\mathfrak{S}_n$ ist nichts anderes als der Kern des Signumhomomorphismus und also eine Untergruppe von $\mathfrak{S}_n$. Man setzt

$$\mathfrak{A}_1 := \mathfrak{S}_1 \quad \text{und} \quad \mathfrak{A}_n := \text{Ker sgn} \quad \text{für } n \geq 2.$$

Man nennt $\mathfrak{A}_n$ die *alternierende* Gruppe. Für $n > 1$ enthält $\mathfrak{A}_n$ genau $\dfrac{n!}{2}$ Elemente (Beweis als Übungsaufgabe).

Als Kern eines Homomorphismus ist $\mathfrak{A}_n$ ein *Normalteiler* in $\mathfrak{S}_n$; die Faktorgruppe $\mathfrak{S}_n/\mathfrak{A}_n$ ist zu $\{1, -1\}$ isomorph, $n > 1$. Da $\mathfrak{S}_n/\mathfrak{A}_n$ abelsch ist, so folgt Kom $\mathfrak{S}_n \subset \mathfrak{A}_n$. Es gilt sogar:

$$\text{Kom } \mathfrak{S}_n = \mathfrak{A}_n.$$

Beweis. Die Restklassengruppe $\mathfrak{S}_n/\text{Kom } \mathfrak{S}_n$ besitzt wegen Kom $\mathfrak{S}_n \neq \mathfrak{S}_n$, $n > 1$, mindestens zwei Elemente. Da sie abelsch ist, besteht sie nach Satz 6 aus genau zwei Elementen. Daher hat Kom $\mathfrak{S}_n$ genau $\dfrac{n!}{2}$ Elemente. Da Kom $\mathfrak{S}_n$ in $\mathfrak{A}_n$ liegt, impliziert dies Kom $\mathfrak{S}_n = \mathfrak{A}_n$. $\qquad\square$

Man kann zeigen, daß die Gruppe $\mathfrak{A}_n$ im Falle $n > 4$ keine echten Normalteiler besitzt. Solche Gruppen nennt man auch *einfach*.

5. Bahnen und Signum. — Wir geben hier eine Definition der Signumfunktion, die diesen wichtigen Homomorphismus neu beleuchtet und die eleganter als die im 3. Abschnitt dargelegte klassische Einführung ist. Als zusätzliches Hilfsmittel benutzen wir den auch in anderen Gebieten der Mathematik wichtigen Begriff der *Bahn* einer Permutation. Ist $M \neq \varnothing$ eine (nicht notwendig endliche) Menge und G eine Untergruppe von Per M, so bezeichnet man als *G-Bahn* eines Punktes $p \in M$ die Menge

$$B_G(p) := \{g(p), g \in G\} \subset M.$$

Es gilt $p \in B_G(p)$ wegen id $\in G$. Wichtig ist nun:

Ist $B \subset M$ eine G-Bahn, so gilt $B = B_G(q)$ für jeden Punkt $q \in B$.

Beweis. Es gibt ein $p \in M$ mit $B = B_G(p)$. Ist $q \in B$ vorgegeben, so wähle man $f \in G$ mit $q = f(p)$. Dann gilt $p = f^{-1}(q)$ und also

$$g(p) = (g f^{-1})(q), \quad g \in G.$$

Da $g f^{-1}$ ganz G durchläuft, wenn g in G variiert (G ist eine Gruppe!), so folgt $B = B_G(q)$. $\qquad\square$

Folgerung. *Sind B, B' zwei G-Bahnen, so gilt $B = B'$ oder $B \cap B' = \emptyset$.*
Denn: Im Falle $B \cap B' \neq \emptyset$ gilt $B = B_G(p) = B'$ für jedes $q \in B \cap B'$. $\qquad\square$

Der Leser mache sich folgendes klar:
Nennt man zwei Punkte $p, q \in M$ *äquivalent bzgl.* G, wenn es ein $g \in G$ gibt, so daß $q = g(p)$ gilt, so hat man eine Äquivalenzrelation auf M, deren Äquivalenzklassen gerade die G-Bahnen sind.

Jede Permutation $g: M \to M$ „erzeugt eine zyklische Gruppe" $\langle g \rangle := \{ g^\nu; \nu \in \mathbb{Z} \}$. Wir mißbrauchen die Sprache und nennen *g-Bahn* von $p \in M$ die $\langle g \rangle$-Bahn von p.

Eine g-Bahn $B(p)$ besteht aus allen Punkten von M, zu denen man — ausgehend vom Punkt p — durch wiederholte Anwendung von g bzw. g^{-1} gelangen kann:

$$B := B(p) = \{ \ldots, g^{-2}(p), g^{-1}(p), p, g(p), g^2(p), \ldots \}.$$

Wichtig für uns ist der Fall, daß B endlich ist. Alsdann gibt es Exponenten $m, n \in \mathbb{Z}$, etwa $m > n$, so daß gilt: $g^m(p) = g^n(p)$. Durch Anwendung von g^{m-n} folgt: $g^{m-n}(p) = p$. Ist nun $s \geq 0$ die kleinste natürliche Zahl mit $g^s(p) = p$, so sind die Punkte p, $g(p), \ldots, g^{s-1}(p)$ alle verschieden (Beweis!), während jeder weitere Punkt $g^\nu(p)$, $\nu \in \mathbb{Z}$, von dieser Form ist (man dividiert ν durch s mit Rest, also $\nu = q s + r$, wo $q, r \in \mathbb{Z}$ mit $0 \leq r < s$, und hat dann $g^\nu(p) = g^r(p)$, da $g^{qs}(p) = p$ für alle $q \in \mathbb{Z}$). Man sieht somit:

Besteht die g-Bahn B von p aus s Punkten, $1 \leq s < \infty$, so gilt:

$$B = \{ p, g(p), \ldots, g^{s-1}(p) \}.$$

Identifiziert man hier die Punkte von B in der angeschriebenen Reihenfolge mit den Ziffern $1, 2, \ldots, s$, so wirkt g auf B als die Permutation

$$\begin{pmatrix} 1 & 2 \ldots s-1 & s \\ 2 & 3 \ldots \ s & 1 \end{pmatrix};$$

in der klassischen Literatur nennt man solche Permutationen auch *Zykeln*.

Von nun an sei M selbst endlich, sei $n := |M|$. Dann zerfällt M für jedes $\sigma \in \operatorname{Per} M$ in *endlich viele* σ-Bahnen. Wir bezeichnen die Anzahl der σ-Bahnen mit $b(\sigma)$; es gilt $1 \leq b(\sigma) \leq n$. Hier sind alle Fälle möglich: z.B. gilt $b(\mathrm{id}) = n$, da $B_{\mathrm{id}}(p) = p$ für alle $p \in M$. Für Transpositionen τ gilt $b(\tau) = n - 1$; schließlich gilt $b(\sigma) = 1$ für den Zykel

$$\sigma := \begin{pmatrix} 1 & 2 \ldots n-1 & n \\ 2 & 3 \ldots \ n & 1 \end{pmatrix} \quad (\text{mit } M = \mathbb{N}_n).$$

Die Zahl $b(\sigma)$ enthält wichtige Informationen über σ. Wir zeigen, daß sich aus ihr in einfacher Weise sgn σ berechnen läßt.

Satz 10. *Die Abbildung*

$$\varepsilon: \operatorname{Per} M \to \{1, -1\}, \qquad \sigma \mapsto (-1)^{n-b(\sigma)} \qquad (\text{wo } n = |M|)$$

ist ein Gruppenepimorphismus. Es gilt $\varepsilon = \operatorname{sgn}$, wenn $M = \mathbb{N}_n$.

Den Beweis stützen wir auf folgende einfache

Bemerkung. Es sei γ: $\operatorname{Per} M \to \mathbb{Q}$ eine Abbildung mit $\gamma(\mathrm{id}) = 1$, so daß für alle $\pi \in \operatorname{Per} M$ und alle Transpositionen $\tau \in \operatorname{Per} M$ gilt: $\gamma(\pi\,\tau) = -\gamma(\pi)$. Dann ist $\gamma(\operatorname{Per} M) = \{1, -1\} = \mathbb{Z}^\times$ und γ: $\operatorname{Per} M \to \mathbb{Z}^\times$ ein Gruppenepimorphismus.

Beweis. Mit $\pi := \mathrm{id}$ folgt zunächst $\gamma(\tau) = -1$ für alle Transpositionen τ. Ist nun $\sigma \in \operatorname{Per} M$ ein Produkt aus t Transpositionen $\tau_1, \ldots, \tau_t$, $t > 1$, so gilt $\gamma(\sigma) = (-1)^t$. Dies ergibt sich durch Induktion nach t (mit $\pi := \tau_1 \circ \ldots \circ \tau_{t-1}$ und $\tau = \tau_t$):

$$\gamma(\sigma) = \gamma(\pi\,\tau) = -\gamma(\pi) = -(-1)^{t-1} = (-1)^t.$$

Da die Gruppe $\operatorname{Per} M$ von ihren Transpositionen „erzeugt" wird, folgt $\gamma(\operatorname{Per} M) = \{1, -1\}$ und weiter die Homomorphieeigenschaft

$$(*) \qquad\qquad \gamma(\pi\,\rho) = \gamma(\pi)\,\gamma(\rho), \qquad \pi, \rho \in \operatorname{Per} M;$$

denn ist π bzw. ρ ein Produkt aus p bzw. r Transpositionen, so ist $\pi\,\rho$ ein Produkt aus $p+r$ Transpositionen, und $(*)$ folgt wegen $(-1)^{p+r} = (-1)^p (-1)^r$. $\qquad\square$

Wir kommen nun zum Beweis von Satz 10. Wegen $b(\mathrm{id}) = n$ gilt $\varepsilon(\mathrm{id}) = 1$. Auf Grund der Bemerkung ist also nur noch die Gleichung

$$\varepsilon(\pi\,\tau) = -\varepsilon(\pi), \qquad \pi, \tau \in \operatorname{Per} M, \ \tau \text{ Transposition},$$

zu verifizieren. Dies folgt sogleich aus der Definition der Abbildung ε, wenn man zeigt:

$$b(\pi\,\tau) = b(\pi) \pm 1, \qquad \pi, \tau \in \operatorname{Per} M, \ \tau \text{ Transposition}.$$

Das geschieht nun durch Nachrechnen. Jede π-Bahn, die in der Fixpunktmenge Fix τ von τ liegt, ist auch eine $\pi \circ \tau$-Bahn. Die Bahnenzahl wird also höchstens durch die π-Bahnen geändert, welche die 2-elementige Menge $A := M \smallsetminus \operatorname{Fix} \tau$ treffen. Zwei Fälle sind möglich:

1. Fall: *Es gibt eine π-Bahn B mit $A \subset B$.* Beschreibt man die Wirkung von π auf B als Zykel

$$\begin{pmatrix} 1 & 2 \ldots s-1 & s \\ 2 & 3 \quad\;\; s & 1 \end{pmatrix},$$

und setzt man $A = \{i, j\}$, $i < j$, also $\tau(i) = j$, $\tau(j) = i$, so zerfällt B in die beiden Mengen

$$\{1, 2, \ldots, i, j+1, j+2, \ldots, s\} \quad \text{und} \quad \{i+1, \ldots, j\},$$

die jeweils eine $\pi \circ \tau$-Bahn sind. In diesem Falle gilt also: $b(\pi\,\tau) = b(\pi) + 1$.

2. Fall: *Es gibt zwei π-Bahnen B_1 und B_2 mit $A \cap B_1 \neq \emptyset$ und $A \cap B_2 \neq \emptyset$.* Wir schreiben die Permutationen $\pi|B_1 : B_1 \to B_1$ und $\pi|B_2 : B_2 \to B_2$ wieder als Zykeln:

$$\begin{pmatrix} 1 & 2 \ldots s-1 & s \\ 2 & 3 \ldots s & 1 \end{pmatrix} \quad \text{und} \quad \begin{pmatrix} s+1 \ldots t-1 & t \\ s+2 \ldots t & s+1 \end{pmatrix}$$

und setzen wieder $A = \{i, j\}$, $i < j$. Dann gilt $i \leq s$, $s < j \leq t$, und es folgt, daß

$$\{1, 2, \ldots, i, j+1, j+2, \ldots, t, s+1, \ldots, j, i+1, \ldots, s\} = B_1 \cup B_2$$

eine $\pi \circ \tau$-Bahn ist. In diesem Falle gilt also: $b(\pi \tau) = b(\pi) - 1$.

Damit ist gezeigt, daß ε ein Gruppenepimorphismus ist. Nach Korollar 1 zu Satz 9 ist klar, daß $\varepsilon = \mathrm{sgn}$ im Falle $M = \mathbb{N}_n$ gilt.

§ 4. Ringe und Körper

Gruppenstruktur und Halbgruppenstruktur werden miteinander verbunden in der Ringstruktur.

1. Ringe. — Grundlegend ist die

Def. 1 *(Ring). Eine nichtleere Menge R mit den beiden Verknüpfungen $+$ (Addition) und $\cdot$ (Multiplikation) heißt ein Ring, wenn die folgenden Bedingungen erfüllt sind:*

1) *$(R, +)$ ist eine kommutative Gruppe.*
2) *$(R, \cdot)$ ist eine Halbgruppe.*
3) *Für alle $a, b, c \in R$ ist*

$$\begin{aligned} a \cdot (b+c) &= a \cdot b + a \cdot c \\ (a+b) \cdot c &= a \cdot c + b \cdot c \end{aligned} \qquad (Distributivgesetze).$$

Das neutrale Element der additiven Gruppe $(R, +)$ heißt das *Nullelement* oder die *Null* von R und wird mit 0 bezeichnet. Hat die Halbgruppe $(R, \cdot)$ ein neutrales Element, so wird dieses das *Einselement* oder die *Eins* von R genannt. Ist die Multiplikation in R kommutativ, so heißt R ein *kommutativer Ring*. Da wir im folgenden fast nur mit kommutativen Ringen mit Einselement zu tun haben werden, sollen immer (abgesehen von ausdrücklich erwähnten Ausnahmen) diese Ringe gemeint sein, wenn von einem Ring die Rede ist.

Die Distributivgesetze regeln das Klammerrechnen, z. B. gilt ihnen zufolge:

$$(a_0 + a_1)(b_0 + b_1) = a_0 b_0 + a_0 b_1 + a_1 b_0 + a_1 b_1.$$

Allgemeiner hat man die

Multiplikationsregel. *Es sei R ein kommutativer Ring (nicht notwendig mit Einselement), es seien $a_0, \ldots, a_m, b_0, \ldots, b_n \in R$. Dann ist:*

$$\left(\sum_{\mu=0}^{m} a_\mu\right)\left(\sum_{\nu=0}^{n} b_\nu\right) = \sum_{\mu=0}^{m}\left(\sum_{\nu=0}^{n} a_\mu b_\nu\right) = \sum_{\nu=0}^{n}\left(\sum_{\mu=0}^{m} a_\mu b_\nu\right).$$

Wir schreiben dafür oft kürzer $\displaystyle\sum_{\mu,\,\nu=0}^{m,\,n} a_\mu b_\nu$.

(Es wird also *jedes* Element a_μ mit *jedem* Element b_ν multipliziert und über alle diese $m \cdot n$ Produkte summiert.)

Der Beweis (etwa durch vollständige Induktion) sei dem Leser als Übungsaufgabe überlassen.

Beispiele. 1) Die Menge $\mathbb{Z}$ der ganzen Zahlen bildet mit den beiden üblichen Verknüpfungen $+$ und $\cdot$ einen kommutativen Ring, ebenso die Menge $\mathbb{Q}$ der rationalen Zahlen und die Menge $\mathbb{R}$ der *reellen Zahlen*. Im Rahmen dieses Buches kann die Theorie der reellen Zahlen, die das Fundament der Infinitesimalrechnung bildet, nicht entwickelt werden. Wir müssen uns mit dem Hinweis auf die einschlägige Literatur begnügen.

2) In §1.2, Bemerkung 5, wurden auf der Menge $F_2 = \{0, 1\}$ zwei Verknüpfungen angegeben, mit denen F_2 zu einem Ring wird; hierbei ist 0 das Nullelement und 1 das Einselement.

3) Ist R ein Ring, so ist auch $\mathrm{Abb}(M, R)$ für jede Menge $M \neq \varnothing$ ein Ring bzgl. der von R induzierten Addition und Multiplikation (vgl. §1.2, Bemerkung 4 sowie §1.5). Man nennt $\mathrm{Abb}(M, R)$ den *Ring der R-wertigen Funktionen auf M*.

Warnung. Insbesondere ist für $M = R$ der Ring $\mathrm{Abb}\,R$ der R-wertigen Funktionen auf R definiert. Die Multiplikation $f \cdot g$ in diesem Ring ist wohl zu unterscheiden von der durch die Komposition $\circ$ gegebenen Verknüpfung $f \circ g$ in der Halbgruppe $(\mathrm{Abb}\,R, \circ)$. Sei etwa $R := \mathbb{R}$, seien f bzw. $g \in \mathrm{Abb}\,\mathbb{R}$ durch

$$x \mapsto x \quad \text{bzw.} \quad x \mapsto 1, \quad x \in \mathbb{R},$$

gegeben. Dann gilt $f \neq g$ und g ist das Einselement von $\mathrm{Abb}\,R$. Folglich gilt:

$$f \cdot g = f.$$

Hingegen ist $f = \mathrm{id}$ das neutrale Element der Halbgruppe $(\mathrm{Abb}, \circ)$, d.h.

$$f \circ g = g.$$

Man sieht $f \cdot g \neq f \circ g$.

4) Ist $(R_i)_{i \in I}$ eine Familie von Ringen, so ist das direkte Produkt $\prod_{i \in I} R_i$ bzgl. der Addition

$$(a_i) + (b_i) = (a_i + b_i)$$

eine Gruppe und bzgl. der Multiplikation

$$(a_i) \cdot (b_i) = (a_i \cdot b_i)$$

eine kommutative Halbgruppe mit dem neutralen Element $(1_i)_{i \in I}$. Überdies gelten die Distributivgesetze, wie man sofort bestätigt. Das direkte Produkt $\prod\limits_{i \in I} R_i$ ist also wieder ein Ring; man nennt es das *ringtheoretische Produkt* der Ringe R_i. Wir notieren elementare Rechenregeln für Ringe:

Ist R ein (nicht notwendig kommutativer) Ring, so ist

$$0 \cdot a = a \cdot 0 = 0 \quad \text{für alle } a \in R.$$

Außerdem gelten die Vorzeichenregeln:

$$(-a)\,b = a(-b) = -ab$$

$$(-a)(-b) = ab \quad \text{für alle } a, b \in R.$$

Beweis. Für jedes $a \in R$ stellen die Linkstranslation

$$\Lambda(a): \ R \to R, \quad \Lambda(a)(x) = ax$$

und die Rechtstranslation

$$P(a): \ R \to R, \quad P(a)(x) = xa$$

Homomorphismen der additiven Gruppe $(R, +)$ dar. Aus Satz 1.17 folgt daher für alle $a, b \in R$:

$$a \cdot 0 = \Lambda(a)(0) = 0 = P(a)(0) = 0 \cdot a$$

und

$$(-a)\,b = P(b)(-a) = -(P(b)(a)) = -(a \cdot b) = -(\Lambda(a)(b)) = \Lambda(a)(-b) = a(-b)$$

$$(-a)(-b) = \Lambda(-a)(-b) = -(\Lambda(-a)(b)) = -((-a)\,b) = -(P(b)(-a))$$

$$= P(b)(a) = ab. \qquad \square$$

Aus der Regel $0 \cdot a = 0$ folgt, daß in jedem Ring R, der mindestens zwei Elemente enthält, gilt:

$$0 \neq 1.$$

Ist nämlich $a \in R$, $a \neq 0$, so ist $0 \cdot a = 0$, aber $1 \cdot a = a \neq 0$. Der Ring, der nur aus dem einen Element 0 besteht, wird der *Nullring* genannt. *Wir wollen ihn aber ausdrücklich von unseren Betrachtungen ausschließen und fordern daher für die Zukunft, daß* $1 \neq 0$ *sein soll.*

Die Halbgruppe $(R, \cdot)$ ist unter dieser Voraussetzung niemals eine Gruppe: Wegen $0 \cdot a = 0 \neq 1$ für alle $a \in R$ besitzt das Nullelement nämlich kein Inverses bzgl. der Multiplikation.

Die Kommutativität der Addition in einem Ring folgt aus den übrigen Ringaxiomen: Es ist nämlich nach dem Distributivgesetz einerseits

$$(a+b)(1+1)=a(1+1)+b(1+1)=a+a+b+b$$

und andererseits

$$(a+b)(1+1)=(a+b)\cdot 1+(a+b)\cdot 1=a+b+a+b,$$

also

$$a+a+b+b=a+b+a+b.$$

Daraus folgt aber $a+b=b+a$.

2. Binomischer Lehrsatz. — Für alle natürlichen Zahlen $n, v \in \mathbb{N}$, $0 \leq v \leq n$, bezeichnen die Symbole

$$\binom{n}{v} := \frac{n!}{v!(n-v)!}$$

die *Binomialkoeffizienten*. Dabei ist $0! := 1$.

Es ist

$$\binom{n}{v} = \binom{n}{n-v}.$$

Durch Ausrechnen bestätigt man sofort, daß

$$(*) \qquad\qquad \binom{n}{v} + \binom{n}{v-1} = \binom{n+1}{v}$$

ist, falls $1 \leq v \leq n$.

Man definiert noch $\binom{n}{v} := 0$, falls $v > n$ ist.

Nach Definition hat man: $\binom{n}{v} \in \mathbb{Q}$. Es gilt sogar:

$$\binom{n}{v} \in \mathbb{N} \qquad \text{für alle } n, v \in \mathbb{N}.$$

Wir zeigen dies mittels Gleichung $(*)$ durch vollständige Induktion nach n.

Zunächst gilt (Induktionsbeginn): $\binom{0}{0} = 1$ und $\binom{0}{v} = 0$ für alle $v \in \mathbb{N}^{+}$.

Beim Induktionsschritt können wir annehmen, daß für ein $n \in \mathbb{N}$ die Aussage $\binom{n}{v} \in \mathbb{N}$ für alle $v \in \mathbb{N}$ gilt (Induktionsvoraussetzung). Wir haben nur zu zeigen:

$$\binom{n+1}{v} \in \mathbb{N}, \qquad \text{für } v=0 \text{ und } v \in \mathbb{N}_{n+1}.$$

Aus der Gleichung $(*)$ und der Induktionsvoraussetzung folgt:

$$\binom{n+1}{v} = \binom{n}{v} + \binom{n}{v-1} \in \mathbb{N} \qquad \text{für alle } v \in \mathbb{N}_n.$$

Außerdem ist

$$\binom{n+1}{0} = \binom{n+1}{n+1} = 1 \in \mathbb{N}.$$

Damit ist die Aussage bewiesen. □

Ist R ein kommutativer Ring mit 1, so lassen sich die Binomialkoeffizienten $\binom{n}{v}$ auch als Elemente von R auffassen, wenn man verabredet:

$$\binom{n}{v} \quad \text{steht für} \quad \binom{n}{v} \cdot 1 \in R.$$

$\left(\text{Dies ist wegen } \binom{n}{v} \in \mathbb{N} \text{ sinnvoll, vgl. } \S\,1.4.\right)$ Dann bleibt die Gleichung (∗) richtig in R.

Wir zeigen nun als weiteres Beispiel für die Nützlichkeit des Beweisverfahrens der vollständigen Induktion den sogenannten *binomischen Lehrsatz*:

Satz 2. *Für je zwei Elemente a, b eines (kommutativen) Ringes R gilt:*

$$(a+b)^n = \sum_{v=0}^{n} \binom{n}{v} a^v b^{n-v} \quad \text{für alle } n \in \mathbb{N}.$$

Beweis (durch vollständige Induktion nach n). Induktionsbeginn: Für $n=0$ ist die Aussage richtig, denn es ist

$$1 = (a+b)^0 = \binom{0}{0} a^0 b^0.$$

Induktionsschritt: Es ist $(a+b)^{n+1} = (a+b)^n (a+b)$. Nach Induktionsvoraussetzung gilt also:

$$(a+b)^{n+1} = \left(\sum_{v=0}^{n} \binom{n}{v} a^v b^{n-v} \right) (a+b)$$

$$= \sum_{v=0}^{n} \binom{n}{v} a^{v+1} b^{n-v} + \sum_{v=0}^{n} \binom{n}{v} a^v b^{n+1-v}.$$

Durch Umbenennung des Summationsindex in $\mu - 1$ statt v in der ersten Summe folgt:

$$(a+b)^{n+1} = \sum_{\mu=1}^{n} \binom{n}{\mu-1} a^\mu b^{n+1-\mu} + a^{n+1} + b^{n+1} + \sum_{v=1}^{n} \binom{n}{v} a^v b^{n+1-v}.$$

Schreibt man wieder v statt μ, so folgt:

$$(a+b)^{n+1} = a^{n+1} + \sum_{v=1}^{n} \left(\binom{n}{v-1} + \binom{n}{v} \right) a^v b^{n+1-v} + b^{n+1}$$

$$= \sum_{v=0}^{n+1} \binom{n+1}{v} a^v b^{n+1-v}. \qquad \square$$

Aus dem Schulunterricht ist auch noch die Identität

$$a^2 - b^2 = (a-b)(a+b)$$

als binomische Formel bekannt. Diese Identität gilt für beliebige kommutative Ringe; es gilt sogar mehr:

Es sei R ein kommutativer Ring, es seien $a, b \in R$. Dann ist

$$a^m - b^m = (a-b)(a^{m-1} + a^{m-2}b + \cdots + b^{m-1}) = (a-b)\left(\sum_{\mu=0}^{m-1} a^{m-1-\mu}b^\mu\right)$$

für jede natürliche Zahl $m \geq 1$.

Dies ist die sogenannte *geometrische Formel*; der Nachweis erfolgt durch Ausrechnen der rechten Seite.

3. Homomorphismen. Unterringe. – Der Begriff „Homomorphismus" wird der neuen Situation angepaßt.

Def. 3 *(Ringhomomorphismus). Eine Abbildung $\gamma: R \to S$ des Ringes R in den Ring S heißt ein (Ring-)Homomorphismus, wenn gilt:*

1) $\gamma(a+b) = \gamma(a) + \gamma(b)$ *für alle $a, b \in R$.*
2) $\gamma(a \cdot b) = \gamma(a) \cdot \gamma(b)$ *für alle $a, b \in S$.*
3) $\gamma(1) = 1$.

Ein Ringhomomorphismus $\gamma: R \to S$ ist sowohl ein Homomorphismus der Gruppe $(R, +)$ in die Gruppe $(S, +)$ als auch ein Homomorphismus der Halbgruppe $(R, \cdot)$ in die Halbgruppe $(S, \cdot)$.

Die Begriffe Monomorphismus, Epimorphismus, Isomorphismus, Endomorphismus, Automorphismus, welche wir für Homomorphismen von Halbgruppen und Gruppen definiert haben, verwenden wir völlig analog auch für Ringhomomorphismen. Ebenso sprechen wir auch von isomorphen Ringen.

Ist γ ein Isomorphismus, so ist γ^{-1} ebenfalls ein Isomorphismus. Weiter ist das Produkt $\delta \circ \gamma$ zweier Ringhomomorphismen $\gamma: R \to S$, $\delta: S \to T$ wieder ein Ringhomomorphismus.

Ist R ein Ring und R' sowohl eine Untergruppe von $(R, +)$ als auch eine Unterhalbgruppe von $(R, \cdot)$, so ist R' wieder ein Ring, eventuell ohne 1.

Def. 4 *(Unterring). Wir nennen R' einen Unterring von R, wenn $1 \in R'$.*

Speziell ist R ein Unterring von R. Zwei Unterringe von R haben stets dasselbe Null- und dasselbe Einselement.

Ist $\gamma: R \to S$ ein Ringhomomorphismus, so ist Im γ ein Unterring von S (vgl. Sätze 1.13, 2.3). Hingegen ist Ker $\gamma = \{a \in R; \gamma(a) = 0\}$ zwar eine Untergruppe von $(R, +)$, aber kein Unterring von R (vgl. hierzu aber Kap. II, § 2.1).

Ist R' ein Unterring von R, so ist die natürliche Injektion $\iota: R' \to R$ ein Ringhomomorphismus.

Der Leser mache sich klar, daß der Ring $\mathbb{Z}$ der ganzen Zahlen keine Unterringe $R' \neq \mathbb{Z}$ enthält. Hingegen ist $\mathbb{Z}$ ein Unterring von $\mathbb{Q}$ und $\mathbb{Q}$ ein Unterring von $\mathbb{R}$.

Die Funktionenringe $\mathrm{Abb}(M, R)$, $M \neq \emptyset$, gestatten „viele" Homomorphismen in R. Für jeden Punkt $x \in M$ wird nämlich vermöge $f \mapsto f(x)$ ein Ringhomomorphismus $\varepsilon_x \colon \mathrm{Abb}(M, R) \to R$ gegeben (Beweis!). Ersichtlich ist ε_x surjektiv. Man nennt ε_x den *Evaluationshomomorphismus* zum Punkte $x \in M$. Falls $f(x) = 0$, d.h. $f \in \mathrm{Ker}\, \varepsilon_x$, so heißt x eine *Nullstelle* von f.

Man hat auch einen natürlichen Homomorphismus $\iota \colon R \to \mathrm{Abb}(M, R)$, der jedem $r \in R$ die durch $x \mapsto r$, $x \in M$, definierte *konstante* Funktion zuordnet. Ersichtlich ist ι injektiv, in Anwendungen „identifiziert" man daher häufig R mit diesem Unterring $\iota(R) \subset \mathrm{Abb}(M, R)$ der konstanten Funktionen.

4. Charakteristik eines Ringes. — Der Ring $\mathbb{Z}$ läßt sich in natürlicher Weise in jeden Ring R homomorph abbilden. Um dies darzulegen, bezeichnen wir vorübergehend mit 1_R das Einselement von R. Nach § 1.4 sind die Elemente $n \cdot 1_R$ und $n \cdot a$ für alle $n \in \mathbb{Z}$, $a \in R$ wohldefiniert. Man erhält:

Satz 5. *Die Abbildung*

$$\chi \colon \mathbb{Z} \to R, \qquad n \mapsto n \cdot 1_R, \qquad n \in \mathbb{Z},$$

ist ein Ringhomomorphismus. Es gilt:

$$n\,a = \chi(n)\,a \qquad \textit{für alle } n \in \mathbb{Z},\ a \in R.$$

Beweis. Man hat (vgl. § 1.4)

$$\chi(m+n) = (m+n)\,1_R = m\,1_R + n\,1_R = \chi(m) + \chi(n), \qquad m, n \in \mathbb{Z}.$$

Ferner ist die Gleichung

$$n\,a = (n \cdot 1_R)\,a = \chi(n) \cdot a$$

richtig für alle $n \in \mathbb{Z}$, $a \in R$, nach Definition. Daraus folgt speziell (vgl. § 1.4):

$$\chi(m \cdot n) = (m \cdot n)\,1_R = m(n \cdot 1_R) = \chi(m)(n \cdot 1_R) = \chi(m)\,\chi(n), \qquad m, n \in \mathbb{Z}. \qquad \square$$

Der Unterring $\chi(\mathbb{Z})$ von R ist offenbar der kleinste Unterring von R, d.h. jeder Unterring von R umfaßt den Unterring $\chi(\mathbb{Z})$.

Der Kern von χ ist eine Untergruppe von $(\mathbb{Z}, +)$, also von der Form $\mathrm{Ker}\,\chi = n\,\mathbb{Z}$ mit einem eindeutig bestimmten $n \in \mathbb{N}$ (vgl. Satz 2.7).

Wir nennen diese Zahl n die *Charakteristik* des Ringes R, in Zeichen: $n = \mathrm{Char}(R)$. Im Falle $n > 0$ ist also $\mathrm{Char}(R)$ *die kleinste natürliche Zahl* n *mit* $\chi(n) = 0$, d.h. $n \cdot 1_R = 0$.

Es ist z.B. $\mathrm{Char}(\mathbb{Z}) = 0$ und $\mathrm{Char}(F_2) = 2$. Wir werden später sehen, daß jede natürliche Zahl $n > 1$ als Charakteristik eines Ringes auftreten kann.

5. Integritätsringe. — Im Ring $\mathbb{Z}$ folgt aus $ab = 0$ stets $a = 0$ oder $b = 0$. Dies gilt nicht allgemein. Dazu folgendes

Beispiel. Im ringtheoretischen Produkt $R_1 \times R_2$ zweier Ringe R_1, R_2 gilt

$$a \neq 0, \quad b \neq 0, \quad ab = 0$$

für die Elemente $a := (1, 0)$, $b := (0, 1)$.
Dies führt zu der

Def. 6 *(Nullteiler). Ein Element a eines Ringes R heißt Nullteiler, wenn es ein Element $b \in R$, $b \neq 0$, mit $ab = 0$ gibt.*

Wegen $1 \cdot 0 = 0 \cdot 1 = 0$ ist die Null ein Nullteiler.

Der Leser verifiziere: *Die Menge der Nichtnullteiler von R ist eine Unterhalbgruppe der multiplikativen Halbgruppe $(R, \cdot)$ mit neutralem Element $1 \in R$.*

Def. 7 *(Integritätsring). Ein Ring R heißt ein Integritätsring, wenn R keine Nullteiler $\neq 0$ besitzt.*

Es ist üblich, Integritätsringe auch *nullteilerfreie* Ringe zu nennen.
$\mathbb{Z}$ und F_2 sind Integritätsringe; dagegen ist das ringtheoretische Produkt $R_1 \times R_2$ zweier Ringe R_1, R_2 niemals nullteilerfrei, wie wir oben gesehen haben.

In Integritätsringen gilt die

Kürzungsregel. *Ist $ac = bc$ oder $ca = cb$ und $c \neq 0$, so ist $a = b$.*

Denn: Aus $ac = bc$ bzw. $ca = cb$ folgt $(a - b)c = 0$ bzw. $c(a - b) = 0$, woraus in beiden Fällen $a = b$ folgt, weil $c \neq 0$ und damit kein Nullteiler ist.

Satz 8. *Die Charakteristik eines Integritätsringes ist 0 oder eine Primzahl.*

Beweis. Wir erinnern: Eine natürliche Zahl p heißt *Primzahl*, wenn $p > 1$ ist und außer sich selbst und 1 keine natürlichen Zahlen als Teiler besitzt.
Sei R ein Integritätsring und $\text{Char}(R) =: p > 0$. Es ist $p > 1$, da $1_R \neq 0_R$ ist. Angenommen, es gäbe zwei natürliche Zahlen r, s mit $1 < r < p$, $1 < s < p$ und $r \cdot s = p$. Aus $0 = \chi(p) = p \cdot 1_R = \chi(r) \chi(s)$ folgt, da R ein Integritätsring ist, $\chi(r) = 0$ oder $\chi(s) = 0$ im Widerspruch zu $p = \text{Char}(R)$.

6. Einheiten. — Es sei R ein Ring.

Def. 9 *(Einheit). Ein Element $e \in R$ heißt Einheit in R, wenn e invertierbar in der Halbgruppe $(R, \cdot)$ ist.*

Das Einselement von R ist eine Einheit.

Eine Einheit $e \in R$ ist kein Nullteiler.

Aus $eb = 0$, $b \in R$, folgt nämlich:

$$b = 1 \cdot b = e^{-1} e b = e^{-1} \cdot 0 = 0.$$

Nach Satz 1.11 bildet die Menge aller Einheiten von R eine Gruppe (bzgl. der Multiplikation). Wir nennen sie die *Einheitengruppe* von R und bezeichnen sie mit $R^\times$.

Es ist z.B. (vgl. § 1.6) $\mathbb{Z}^\times = \{1, -1\}$, $\mathbb{Q}^\times = \mathbb{Q} \smallsetminus \{0\}$, $\mathbb{R}^\times = \mathbb{R} \smallsetminus \{0\}$ und $F_2^\times = \{1\}$.

7. Körper. — Strukturell besonders übersichtliche Ringe sind die Körper.

Def. 10 *(Körper). Ein (vom Nullring verschiedener) Ring K heißt ein Körper, wenn jedes von 0 verschiedene Element aus K eine Einheit ist.*

Ein Ring K ist also genau dann ein Körper, wenn $K^\times = K \smallsetminus \{0\}$ ist.

Ein Körper ist ein Integritätsring.

Die Charakteristik eines Körpers ist somit 0 oder eine Primzahl.

Ein Unterring K' eines Körpers K heißt ein *Unterkörper* von K, wenn K' ein Körper ist.

Einen Körper bilden z.B. die rationalen Zahlen $\mathbb{Q}$ und die reellen Zahlen $\mathbb{R}$ mit den üblichen Verknüpfungen. Dabei ist $\mathbb{Q}$ ein Unterkörper von $\mathbb{R}$.

F_2 ist ein Körper mit zwei Elementen.

Wir geben noch ein äußerst wichtiges Beispiel für einen Körper an: Auf der Menge $\mathbb{R}^2 = \mathbb{R} \times \mathbb{R}$ werden mit Hilfe der Addition und Multiplikation von reellen Zahlen folgende Verknüpfungen definiert:

Für alle (a, b), $(a', b') \in \mathbb{R}^2$ sei

$$(a, b) + (a', b') := (a + a', b + b'),$$

$$(a, b) \cdot (a', b') := (aa' - bb', ab' + a'b).$$

Der Leser möge als Übungsaufgabe nachrechnen, daß die Menge $\mathbb{R}^2$ mit diesen Verknüpfungen einen Körper bildet. Es ist der Körper $\mathbb{C}$ der *komplexen Zahlen*, dessen Elemente die sog. *Gaußsche Zahlenebene* bilden (nach dem Mathematiker C.F. Gauß (1777 – 1855)).

Hinweis. Man verifiziere zunächst die kommutative Ringstruktur (mit Einselement $(1, 0)$). Zu $(a, b) \in \mathbb{C}$, $(a, b) \neq (0, 0)$, ist das Element $\left(\dfrac{a}{a^2 + b^2}, \dfrac{-b}{a^2 + b^2} \right) \in \mathbb{C}$ invers.

Die Injektion $\iota : \mathbb{R} \to \mathbb{C}$, $\iota(a) := (a, 0)$, ist ein Ringmonomorphismus; somit ist $\iota(\mathbb{R})$ ein Unterkörper von $\mathbb{C}$. Man identifiziert $\iota(\mathbb{R})$ mit $\mathbb{R}$. Die Abkürzung $i := (0, 1)$ ist allgemein üblich. Jede komplexe Zahl z schreibt sich dann auf eindeutige Weise in der Form $z = a + ib$, $a, b \in \mathbb{R}$. Man nennt a den *Real-* und b den *Imaginärteil* der komplexen Zahl z. Für die *imaginäre Einheit i* gilt: $i^2 = -1$.

Der Körper $\mathbb{C}$ verfügt über einen bemerkenswerten Automorphismus: die komplexe *Konjugation* $\bar{} : \mathbb{C} \to \mathbb{C}$. Diese ist definiert durch $z = a + ib \mapsto \bar{z} := a - ib$ und besitzt die Eigenschaft $\bar{\bar{z}} = z$ für alle $z \in \mathbb{C}$. Außerdem ist $\bar{z} = z$ genau dann, wenn $z \in \mathbb{R}$ ist.

Auf eine fundamentale Eigenschaft des Körpers $\mathbb{C}$ werden wir später noch zurückkommen (vgl. Kap. V, § 7).

§ 5. Polynomringe

Es bezeichne R stets einen kommutativen Ring mit Einselement.

1. Motivation der Multiplikation. — Wir bezeichnen mit P die Menge aller „abbrechenden" Folgen $(a_i)_{i\in\mathbb{N}}$, $a_i\in R$, d.h. wir verlangen $a_i=0$ für fast alle i, d.h. bis auf endlich viele Indizes $i\in\mathbb{N}$. Sind (a_i) und (b_i) zwei solche Folgen, so setzen wir

$$(a_i)+(b_i):=(a_i+b_i).$$

Man verifiziert sofort, daß P dadurch zu einer kommutativen Gruppe wird mit der Nullfolge

$$(0,0,0,\ldots)$$

als Nullelement. (Im übrigen ist P eine Untergruppe des direkten Produktes $\prod\limits_{i\in\mathbb{N}} R$, vgl. § 1.5.)

Wir stellen nun die Aufgabe, P durch Einführung einer Multiplikation zu einem Ring zu machen. Dies ist selbstredend auf viele Weisen möglich; doch es wird sich zeigen, daß es nur eine solche Möglichkeit gibt, wenn man einige naheliegende Forderungen stellt:

1) (Permanenz der Multiplikation): Durch $r\mapsto(r,0,0,\ldots)$, $r\in R$, wird ein Gruppenmonomorphismus $\iota\colon (R,+)\to P$ gegeben. Die Multiplikation in P soll die Multiplikation in $\iota(R)(=R)$ fortsetzen, d.h. es soll gelten:

$$(r,0,\ldots)\cdot(s,0,\ldots)=(rs,0,\ldots)\quad\text{für alle } r,s\in R.$$

2) In P liegen insbesondere die Elemente

$$e_0:=(1,0,\ldots),\, e_1:=(0,1,0,\ldots),\ldots,\, e_n:=(\underbrace{0,\ldots,0}_{n\text{-mal}},1,0,\ldots),\ldots.$$

Die Multiplikation von e_n mit Elementen aus $\iota(R)$ soll komponentenweise geschehen:

$$(r,0,\ldots)\cdot e_n=(\underbrace{0,\ldots,0}_{n\text{-mal}},r,0,\ldots)\quad\text{für alle } r\in R,\, n\in\mathbb{N}.$$

3) Das Element e_{n+1} entsteht aus e_n durch „Verrücken der $1\in R$ um eine Stelle nach rechts". Dieser Effekt soll durch Multiplikation mit e_1 erzielt werden.

$$e_1\cdot e_n=e_{n+1}\quad\text{für alle } n\in\mathbb{N}.$$

Dann hat, da $e_0\cdot e_n=e_n$ nach 2) folgt, allgemein zu gelten:

$$e_\mu\cdot e_\nu=e_{\mu+\nu}\quad\text{für alle } \mu,\nu\in\mathbb{N}.$$

Wir zeigen nun:

Satz 1. *Auf $(P,+)$ gibt es genau eine Multiplikation, die P zu einem kommutativen Ring macht, so daß gilt:*

1) $(r, 0, \ldots) \cdot (s, 0, \ldots) = (rs, 0, \ldots)$ *für alle* $r, s \in R$,

2) $(r, 0, \ldots) \cdot e_n = (\underbrace{0, \ldots, 0}_{n\text{-mal}}, r, 0, \ldots)$ *für alle* $r \in R$, $n \in \mathbb{N}$,

3) $e_\mu \cdot e_v = e_{\mu + v}$ *für alle* $\mu, v \in \mathbb{N}$.

Diese Multiplikation ist die sog. Cauchysche Multiplikation[2], *sie wird durch*

$$(a_i) \cdot (b_i) := (c_i) \quad mit \ c_i := \sum_{k=0}^{i} a_k \, b_{i-k}, \quad i \in \mathbb{N},$$

beschrieben. Das Element $e_0 = (1, 0, \ldots)$ *ist das Einselement dieses Ringes; die Abbildung*

$$\iota\colon R \to P, \quad r \mapsto (r, 0, \ldots), \quad r \in R,$$

ist ein Ringmonomorphismus.

Beweis. a) *Eindeutigkeit:* Jedes Element $F = (a_i) \in P$ ist eine abbrechende Folge $(a_0, a_1, \ldots, a_m, 0, \ldots)$. Hat man eine Ringstruktur auf P, die 2) erfüllt, so gilt:

$$F = \iota(a_0) \, e_0 + \cdots + \iota(a_m) \, e_m = \sum_{\mu=0}^{m} \iota(a_\mu) \, e_\mu.$$

Ist $G = (b_i) \in P$ eine weitere abbrechende Folge, etwa $(b_0, b_1, \ldots, b_n, 0, \ldots)$, so hat man entsprechend

$$G = \iota(b_0) \, e_0 + \cdots + \iota(b_n) \, e_n = \sum_{v=0}^{n} \iota(b_v) \, e_v.$$

Nach der allgemeinen Multiplikationsregel für kommutative Ringe (vgl. § 4.1) gilt dann

$$H := F \cdot G = \left(\sum_{\mu=0}^{m} \iota(a_\mu) \, e_\mu \right) \cdot \left(\sum_{v=0}^{n} \iota(b_v) \, e_v \right)$$

$$= \sum_{\mu, v = 0}^{m, n} \iota(a_\mu) \, \iota(b_v) \, e_\mu \, e_v.$$

Sind auch 1) und 3) erfüllt, so folgt

$$H = \sum_{\mu, v = 0}^{m, n} \iota(a_\mu \, b_v) \, e_{\mu + v}.$$

Führt man ρ als neuen Summationsindex ein und sammelt man alle Summanden mit $\mu + v = \rho$, so ergibt sich, wenn man noch beachtet, daß $\iota\colon R \to P$ auch additiv ist:

$$H = \sum_{\rho=0}^{m+n} \iota\left(\sum_{\mu + v = \rho} a_\mu \, b_v \right) e_\rho.$$

---

[2] Nach dem französischen Mathematiker A. L. Cauchy (1789 – 1857).

Dies besagt aber gerade, daß das Produkt $H=(c_i)$ von $F=(a_i)$ und $G=(b_i)$ durch die Cauchysche Multiplikation gewonnen wird.

b) *Existenz:* Man verifiziert durch Nachrechnen, daß durch die Cauchysche Multiplikation in der Tat eine Ringstruktur auf P definiert wird, die alle angegebenen Eigenschaften hat.   □

2. Polynome. Grad. — Nach diesen Vorbereitungen führen wir die folgenden Bezeichnungen ein:

Def. 2 *(Polynomring). Der durch Satz 1 eingeführte Ring P heißt der Polynomring über R in einer Unbestimmten; die Elemente von P heißen Polynome. Das Element $e_1 = (0, 1, 0, \ldots)$ wird (aus historischen Gründen) i. allg. mit X bezeichnet, statt P schreibt man durchweg $R[X]$. Das Element $X \in R[X]$ heißt „Unbestimmte".*

Es gilt

$$X^n = e_n \quad \text{für alle } n \geq 0, \text{ speziell } X^0 = (1, 0, \ldots).$$

Es ist üblich, den Ring R mit $\iota(R) \subset R[X]$ zu identifizieren, d.h. zu schreiben

$$r = \iota(r) = (r, 0, \ldots) \quad \text{für alle } r \in R.$$

Jedes Polynom $F = (a_0, a_1, \ldots) \in P$ läßt sich nun in der wohlbekannten Form

$$F = a_0 + a_1 X + \cdots + a_m X^m = \sum_{\mu=0}^{m} a_\mu X^\mu$$

schreiben. Die Elemente a_μ heißen die *Koeffizienten* des Polynoms F, speziell nennt man den Summanden a_0 das *konstante Glied*. Besonders wichtig ist der „höchste" Koeffizient eines Polynoms.

Def. 3 *(Grad). Ist $F = (a_0, a_1, \ldots) \in R[X]$, $F \neq 0$, so heißt die größte natürliche Zahl m mit $a_m \neq 0$ der Grad von F, in Zeichen $m = \operatorname{grad} F$.*

Dem Nullpolynom schreibt man den Grad „minus unendlich" zu, in Zeichen $\operatorname{grad} 0 = -\infty$.

Beachte, daß jedes Polynom $(a_0, a_1, \ldots)$ als abbrechende Folge einen Grad $< \infty$ hat. Es gilt für $F \neq 0$:

$$\operatorname{grad} F = m \text{ genau dann, wenn } F = a_0 + a_1 X + \cdots + a_m X^m \quad \text{mit } a_m \neq 0.$$

Ein Polynom $F \neq 0$ heißt *normiert*, wenn $a_{\operatorname{grad} F} = 1$.

Satz 4 *(Produktregel). Sind $F, G \in R[X]$, so gilt $F \cdot G = 0$ oder*

$$\operatorname{grad}(F \cdot G) \leq \operatorname{grad} F + \operatorname{grad} G.$$

Ist R nullteilerfrei und $F \neq 0$, $G \neq 0$, so ist stets

$$\operatorname{grad}(F \cdot G) = \operatorname{grad} F + \operatorname{grad} G.$$

Insbesondere ist $R[X]$ ein Integritätsring, falls R ein solcher ist.

Beweis. Seien

$$F = \sum_{\mu=0}^{m} a_\mu X^\mu, \quad G = \sum_{\nu=0}^{n} b_\nu X^\nu \in R[X]$$

mit $m = \operatorname{grad} F$, $n = \operatorname{grad} G$, also $a_m \neq 0$, $b_n \neq 0$. Dann gilt (vgl. auch den Beweis von Satz 1)

$$F \cdot G = \sum_{\rho=0}^{m+n} \Big(\sum_{\mu+\nu=\rho} a_\mu b_\nu \Big) X^\rho,$$

womit bereits $F \cdot G = 0$ oder $\operatorname{grad} F \cdot G \leq m+n$ klar ist.

Der Koeffizient von X^{m+n} in $F \cdot G$ ist $a_m b_n$ (Beweis!). Im nullteilerfreien Fall gilt $a_m b_n \neq 0$, also $\operatorname{grad} (F \cdot G) = m+n$. $\qquad\square$

Warnung. Hat R Nullteiler, so kann $\operatorname{grad} FG$ kleiner als $\operatorname{grad} F + \operatorname{grad} G$ sein! Ist z.B. $a \neq 0$, $b \neq 0$ mit $a b = 0$, so haben die *linearen* Polynome $F := 1 + aX$, $G := 1 + bX$ das Produkt $FG = 1 + (a+b) X$; es gilt also $\operatorname{grad} FG \leq 1$, aber $\operatorname{grad} F + \operatorname{grad} G = 2$.

Sind R_1 und R_2 Ringe und ist $\gamma: R_1 \to R_2$ ein Ringhomomorphismus, so wird γ durch die Definition

$$\sum_{\mu=0}^{m} a_\mu X^\mu \mapsto \sum_{\mu=0}^{m} \gamma(a_\mu) X^\mu$$

zu einem Ringhomomorphismus $\hat{\gamma}: R_1[X] \to R_2[X]$ fortgesetzt. Es gilt

$$\operatorname{Ker} \hat{\gamma} = \Big\{ \sum_{\mu=0}^{m} a_\mu X^\mu \in R[X]; \; a_0, \ldots, a_m \in \operatorname{Ker} \gamma \Big),$$

speziell ist mit γ auch $\hat{\gamma}$ injektiv. Mit γ ist auch $\hat{\gamma}$ surjektiv.

3. Polynome und Funktionen. — Für jeden Ring R und jede Menge $M \neq \varnothing$ ist nach § 4.1 die Menge $\operatorname{Abb}(M, R)$ der R-wertigen Funktionen auf M ein (kommutativer) Ring bzgl. der von R induzierten Addition und Multiplikation. Im Falle $M \subset R$ gibt es einen natürlichen Ringhomomorphismus $R[X] \to \operatorname{Abb}(M, R)$.

Dies ist eine Konsequenz aus der folgenden Definition:

Ist $r \in R$ und $F = \sum_{\mu=0}^{m} a_\mu X^\mu \in R[X]$, so setzen wir: $F(r) := \sum_{\mu=0}^{m} a_\mu r^\mu \in R$.

Man sagt, das Element $F(r) \in R$ entsteht aus F durch *Substitution von X durch r*.

Jedes Polynom $F \in R[X]$ gibt so bei gegebener Menge $M \subset R$, $M \neq \varnothing$, vermöge der Substitution

$$r \mapsto F(r), \quad r \in M,$$

zu einer R-wertigen Funktion $f \in \operatorname{Abb}(M, R)$ Anlaß. Der Leser zeigt mühelos:

Satz 5. *Die durch $F \mapsto f$ definierte Abbildung $R[X] \to \operatorname{Abb}(M, R)$ ist ein Ringhomomorphismus.*

Wir bezeichnen diesen Homomorphismus vorübergehend mit Θ. Es ist klar, daß Θ i. allg. *nicht surjektiv* ist (d.h. nicht alle Funktionen auf M sind Polynome): z.B. sind für $M := R := \mathbb{R}$ alle *unstetigen* Funktionen keine Polynome (d.h. nicht im Θ-Bild von $R[X]$).

Es ist bemerkenswert, daß Θ i. allg. auch *nicht injektiv* ist. Als Beispiel sei R der Körper F_2 und $G := X + X^2 \in F_2[X]$. Dann gilt $G(0) = G(1) = 0$, d.h. $\Theta(G)$ ist die Nullfunktion auf F_2. Man hat also $G \in \mathrm{Ker}\,\Theta$ mit $G \neq 0$.

Um ein Injektivitätskriterium für Θ abzuleiten, benötigen wir einige Tatsachen über Wurzeln von Polynomen.

4. Wurzeln. — Zunächst die

Def. 6 *(Wurzel). Sei $F \in R[X]$ ein Polynom. Ein Element $r \in R$ heißt eine Wurzel von F in R, wenn $F(r) = 0$ ist.*

Die Wurzeln von F sind also nichts anderes als die „Nullstellen" der Funktion $\Theta(F)$. Die Bezeichnung „Wurzel" ist historisch bedingt, weil man jahrhundertelang glaubte, daß Nullstellen von Polynomen über R durch „Wurzelziehen" (d.i. die Ausführung von Rechenoperationen $\sqrt{\ }$) berechenbar seien. Seit Abel weiß man, daß dies nur für Polynome $F \in R[X]$ mit $\mathrm{grad}\,F \leq 4$ richtig ist.

Versteht man (vgl. die entsprechende Situation für Funktionenringe im § 4.3) bei festem $r \in R$ unter dem *Evaluationshomomorphismus* $\varepsilon_r \colon R[X] \to R$ die durch $F \mapsto F(r)$ gegebene Abbildung (der Leser mache sich klar, daß ε_r ein Ringhomomorphismus ist), so kann man auch sagen:

$r \in R$ ist Wurzel von $F \in R[X]$ genau dann, wenn $\varepsilon_r(F) = 0$. Der Kern von ε_r besteht aus allen Polynomen, die r als Wurzel haben.

Entscheidend für viele Aussagen der elementaren Algebra ist nun

Lemma 7. *Ist $c \in R$ eine Wurzel von $F \in R[X]$ und gilt $F \neq 0$, so gibt es ein Polynom $G \in R[X]$ mit folgenden Eigenschaften:*

$$F = (X - c)\,G, \qquad \mathrm{grad}\,G = \mathrm{grad}\,F - 1.$$

Beweis. Sei $m := \mathrm{grad}\,F \geq 0$, etwa $F = \sum_{\mu=0}^{m} a_\mu X^\mu$. Wegen $F(c) = 0$ gilt:

$$F = F - F(c) = \sum_{\mu=0}^{m} a_\mu X^\mu - \sum_{\mu=0}^{m} a_\mu c^\mu$$

$$= a_1(X - c) + a_2(X^2 - c^2) + \cdots + a_m(X^m - c^m).$$

Nun besteht in $R[X]$ für jedes $\mu \geq 1$ die Gleichung (vgl. § 4.2)

$$X^\mu - c^\mu = (X - c)\,G_\mu \quad \text{mit } G_\mu := X^{\mu-1} + c X^{\mu-2} + \cdots + c^{\mu-2} X + c^{\mu-1} \in R[X].$$

Also folgt

$$F = (X - c)\,G \quad \text{mit } G := a_1 G_1 + \cdots + a_m G_m.$$

In G kommt das Glied $a_m X^{m-1}$ als „höchstes Glied" vor; wegen $a_m \neq 0$ gilt also: grad $G = m-1$. ☐

Man sagt in der Situation des Lemmas, daß F den Faktor $(X-c)$ „abspaltet". Das Abspaltungslemma ist ein Spezialfall des sog. Satzes über die „Division mit Rest in Polynomringen".

Aus dem Lemma gewinnt man

Satz 8. *Es sei R nullteilerfrei; es seien $c_1, \ldots, c_t \in R$, $t \geq 1$, verschiedene Wurzeln von $F \in R[X]$, $F \neq 0$. Dann gibt es ein Polynom $H \in R[X]$ mit*

$$F = (X-c_1)(X-c_2) \ldots (X-c_t) \cdot H.$$

Beweis. Wir führen Induktion nach t, der Induktionsbeginn $t=1$ ist die Aussage des Lemmas.

Seit $t>1$. Nach dem Lemma gibt es jedenfalls ein $G \in R[X]$ mit $F = (X-c_1) \cdot G$. Es gilt $G \neq 0$. Nach Voraussetzung gilt

$$0 = F(c_i) = (c_i - c_1) \cdot G(c_i) \quad \text{für alle } i = 2, \ldots, t.$$

Da nach Annahme stets $c_i - c_1 \neq 0$, $i \geq 2$, so folgt

$$G(c_i) = 0 \quad \text{für } i = 2, \ldots, t$$

aus der Nullteilerfreiheit von R. Auf G trifft nun die Induktionsvoraussetzung zu, d.h. es gibt ein $H \in R[X]$ mit $G = (X-c_2) \ldots (X \quad c_t) \cdot H$. Einsetzen in die Gleichung $F = (X-c_1)G$ liefert die Behauptung. ☐

Das Nullpolynom $0 \in R[X]$ hat *alle* $c \in R$ als Wurzeln und also unendlich viele, wenn R nicht endlich ist. In wichtigen Situationen ist das Nullpolynom das einzige Polynom mit unendlich vielen Wurzeln, so haben wir z. B. das

Korollar zu Satz 8. *Ist R nullteilerfrei und $F \in R[X]$ ein Polynom m-ten Grades, $m \geq 0$, so hat F höchstens m verschiedene Wurzeln in R.*

Speziell: Höchstens das Nullpolynom hat unendlich viele verschiedene Wurzeln.

Beweis. Wegen $m \geq 0$ gilt $F \neq 0$. Seien $c_1, \ldots, c_t \in R$ verschiedene Wurzeln. Dann gilt

$$F = (X-c_1) \ldots (X-c_t) \cdot H \quad \text{mit} \quad H \in R[X], \quad H \neq 0.$$

Die Gradgleichung von Satz 4 liefert nun:

$$m = \text{grad } F = t + \text{grad } H \geq t,$$

wegen grad $H \geq 0$ also $t \leq m$. ☐

5. Injektivität von $\Theta: R[X] \to \text{Abb}(M, R)$. − Es ist jetzt leicht, das gewünschte Injektivitätskriterium für Θ zu gewinnen:

Satz 9 *(Injektivitätskriterium). Ist R nullteilerfrei und enthält $M \subset R$ unendlich viele Elemente, so ist der Homomorphismus $\Theta: R[X] \to \mathrm{Abb}(M, R)$, der jedem Polynom die zugehörige auf M definierte R-wertige Funktion zuordnet, injektiv.*

Beweis. Sei $G \in \mathrm{Ker}\,\Theta$, also $G(r) = 0$ für alle $r \in M$. Da M unendlich ist, hat G also unendlich viele verschiedene Wurzeln in R. Dies bedeutet aber $G = 0$ nach dem Korollar. $\qquad\qquad\square$

Beachte, daß im eingangs gegebenen Beispiel mit $\mathrm{Ker}\,\Theta \neq \{0\}$ zwar $R = F_2$ nullteilerfrei (sogar ein Körper) ist, daß aber $M = F_2$ nur zwei Elemente hat.

Bei Integritätsringen R darf man auf Grund des eben bewiesenen Satzes Polynome über *unendlichen* Argumentbereichen $M \subset R$ mit den zugehörigen Funktionen $M \to R$ identifizieren. Dies geschieht durchweg in der Infinitesimalrechnung, wo meistens $R = \mathbb{R}$ und M ein Intervall auf der Zahlengeraden ist, das unendlich viele Punkte hat.

6. Polynome in mehreren Unbestimmten. — Ist R ein Ring, so lassen sich sukzessive die Polynomringe

$$R[X_1],\, R[X_1, X_2] := R[X_1][X_2],\, \ldots,\, R[X_1, \ldots, X_n] := R[X_1, \ldots, X_{n-1}][X_n],\, \ldots$$

definieren. *Der Ring $R[X_1, \ldots, X_n]$ heißt der Polynomring über R in n Unbestimmten.*

Ein Polynom aus $R[X_1, \ldots, X_n]$ läßt sich darstellen in der Form

$$\sum_{(\mu_1, \ldots, \mu_n) \in \mathbb{N}^n} a_{\mu_1 \ldots \mu_n} X_1^{\mu_1} \ldots X_n^{\mu_n},$$

wobei die $a_{\mu_1 \ldots \mu_n} \in R$ für höchstens endlich viele $(\mu_1, \ldots, \mu_n) \in \mathbb{N}^n$ von Null verschieden sind.

Der *Totalgrad* eines solchen Polynoms ist die größte der Zahlen $\mu_1 + \cdots + \mu_n$ mit $a_{\mu_1 \ldots \mu_n} \neq 0$. Das Nullpolynom hat definitionsgemäß den Totalgrad $-\infty$.

Man hat die Inklusionen

$$R[X_1] \subset R[X_1, X_2] \subset R[X_1, X_2, X_3] \subset \ldots$$

und definiert den Polynomring $R[X_1, \ldots, X_n, \ldots]$ in abzählbar unendlich vielen Unbestimmten auf naheliegende Weise als

$$R[X_1, \ldots, X_n, \ldots] := \bigcup_{i \in \mathbb{N}} R[X_1, \ldots, X_i].$$

Man überlegt sich sofort, daß $R[X_1, \ldots, X_n, \ldots]$ wieder ein kommutativer Ring mit Einselement ist. Mit R ist auch $R[X_1, \ldots, X_n, \ldots]$ nullteilerfrei.

7. Darstellung von Permutationen als Polynomringautomorphismen. Signumepimorphismus. — Bei gegebenem Grundring R ordnen wir jeder Permutation $\sigma \in \mathfrak{S}_n$, $n \geq 2$, einen Homomorphismus $\hat{\sigma}$ des Polynomringes $S := R[X_1, \ldots, X_n]$ in sich zu, indem wir σ auf den Indizes der Unbestimmten als Permutation wirken lassen, $\hat{\sigma}(X_i) := X_{\sigma(i)}$, $1 \le i \le n$, und diese Wirkung wie folgt auf Polynome fortsetzen:

$$\text{Für } F = \sum a_{\mu_1 \ldots \mu_n} X_1^{\mu_1} \ldots X_n^{\mu_n} \quad \text{sei} \quad \hat{\sigma}(F) := \sum a_{\mu_1 \ldots \mu_n} X_{\sigma(1)}^{\mu_1} \ldots X_{\sigma(n)}^{\mu_n}.$$

Der Leser verifiziert mühelos:

Jede Abbildung $\hat{\sigma}: S \to S$, $F \mapsto \hat{\sigma}(F)$ ist ein Ringhomomorphismus; es ist $\widehat{\mathrm{id}}$ die identische Abbildung von S.

Für je zwei Permutationen $\rho, \sigma \in \mathfrak{S}_n$ gilt:

$$\widehat{\rho \circ \sigma} = \hat{\rho} \circ \hat{\sigma}, \quad d.h. \; \widehat{\rho \circ \sigma}(F) = \hat{\rho}(\hat{\sigma}(F)) \quad \text{für alle } F \in S.$$

Speziell ist jeder Homomorphismus $\hat{\sigma}: S \to S$, $\sigma \in \mathfrak{S}_n$, ein Ringautomorphismus und $\hat{\sigma}^{-1} = \widehat{\sigma^{-1}}$.

Die hier beschriebene Darstellung von Permutationen als Polynomringautomorphismen ist ein klassisches Thema der Algebra. Schon I. Newton (1643 – 1727) interessierte sich für die Menge

$$\mathrm{Sym}\, S := \{ F \in S, \; \hat{\sigma}(F) = F \text{ für alle } \sigma \in \mathfrak{S}_n \}$$

aller sog. *symmetrischen* Polynome (= Fixpunktmenge unter der Wirkung von $\mathfrak{S}_n$). Zu Sym S gehören die n „elementarsymmetrischen Polynome"

$$H_1 := \sum_{\nu=1}^{n} X_\nu, \, H_2 := \sum_{1 \le \mu < \nu \le n} X_\mu X_\nu, H_3 := \sum_{1 \le \lambda < \mu < \nu \le n} X_\lambda X_\mu X_\nu, \ldots, H_n := X_1 X_2 \ldots X_n$$

und alle aus ihnen (über R) gebildeten Polynome. Newton kannte den Hauptsatz über symmetrische Polynome: *Es gilt:*

$$\mathrm{Sym}\, S = R[H_1, \ldots, H_n],$$

d.h. die symmetrischen Polynome sind genau die Polynome in den elementarsymmetrischen Polynomen.

Die Darstellung von Permutationen als Polynomringautomorphismen gestattet eine (dritte) elegante Konstruktion des Signumepimorphismus sgn: $\mathfrak{S}_n \to \{1, -1\}$, $n \ge 2$. Man betrachtet (und das ist der springende Punkt dieser Konstruktion) das *Differenzenprodukt*

$$\Delta := \prod_{1 \le i < j \le n} (X_i - X_j) \in S \setminus 0 \quad \left(\text{vom Totalgrad } \frac{n(n-1)}{2} \text{ übrigens} \right)$$

und stellt fest:

$$\textit{Es gilt } \hat{\sigma}(\Delta) \in \{\Delta, -\Delta\} \quad \textit{für alle } \sigma \in \mathfrak{S}_n.$$

Zum Beweis hat man nur zu bemerken, daß die Menge der Faktoren in

$$\hat{\sigma}(\Delta) = \prod_{1 \le i < j \le n} (X_{\sigma(i)} - X_{\sigma(j)})$$

genau die Menge der Faktoren von Δ selbst ist, wenn man vom Vorzeichen absieht. $\qquad\square$

Wir wählen für R den Ring $\mathbb{Z}$. Setzt man

$$\varepsilon(\sigma) := \begin{cases} 1, & \text{wenn } \hat{\sigma}(\varDelta) = \varDelta \\ -1, & \text{wenn } \hat{\sigma}(\varDelta) = -\varDelta \end{cases}$$

so gilt: $\hat{\sigma}(\varDelta) = \varepsilon(\sigma) \cdot \varDelta$. Es folgt sofort:

$$\varepsilon(\rho \circ \sigma) \cdot \varDelta = \widehat{\rho \circ \sigma}(\varDelta) = \hat{\rho}(\hat{\sigma}(\varDelta)) = \hat{\rho}(\varepsilon(\sigma) \cdot \varDelta) = \varepsilon(\sigma) \cdot \hat{\rho}(\varDelta) = \varepsilon(\sigma)\,\varepsilon(\rho) \cdot \varDelta, \quad \rho, \sigma \in \mathfrak{S}_n,$$

woraus sich wegen $\varDelta \neq 0$ ergibt (beachte, daß $S = \mathbb{Z}[X_1, \ldots, X_n]$ nullteilerfrei und kommutativ ist):

$$\varepsilon(\rho \circ \sigma) = \varepsilon(\rho)\,\varepsilon(\sigma), \quad \rho, \sigma \in \mathfrak{S}_n.$$

Damit ist gezeigt:

Die Abbildung $\varepsilon\colon \mathfrak{S}_n \to \{1, -1\}$, $\sigma \mapsto \varepsilon(\sigma)$, *ist ein Gruppenhomomorphismus.*

Wir erwarten, daß ε der Signumepimorphismus sgn ist. Dazu müssen wir nach § 3.3 nur zeigen, daß ε auch den Wert -1 annimmt. Wir zeigen

Für die Transposition $\alpha = \begin{pmatrix} 1 & 2 & 3 \ldots n \\ 2 & 1 & 3 \ldots n \end{pmatrix}$ *gilt* $\hat{\alpha}(\varDelta) = -\varDelta$, *also* $\varepsilon(\alpha) = -1$.

Im Falle $n = 2$ ist $\varDelta = X_1 - X_2$ und $\hat{\alpha}(\varDelta) = X_2 - X_1 = -\varDelta$, somit $\varepsilon(\alpha) = -1$. Im Falle $n \geq 3$ faktorisiere man $\varDelta$ wie folgt:

$$\varDelta = (X_1 - X_2)\left(\prod_{2 < j \leq n} (X_1 - X_j)\right) \cdot \left(\prod_{2 < j \leq n} (X_2 - X_j)\right) \cdot \left(\prod_{2 < i < j \leq n} (X_i - X_j)\right).$$

Wendet man α an, so geht der erste Faktor $X_1 - X_2$ in $X_2 - X_1 = -(X_1 - X_2)$ über, der zweite und dritte Faktor werden miteinander vertauscht, und der letzte Faktor bleibt fest. Das beweist $\hat{\alpha}(\varDelta) = -\varDelta$. $\qquad\square$

Kapitel II. Elementare Modultheorie

Mit R wird stets ein kommutativer Ring mit Einselement $1 \neq 0$ bezeichnet; mit K bezeichnen wir stets einen Körper.

§ 1. Moduln und Modulhomomorphismen

1. Moduln. — Es kommt in der Mathematik häufig vor, daß Ringe auf Gruppen „operieren" in dem Sinne, daß jedes Ringelement zu einem Gruppenendomorphismus Anlaß gibt. Für viele Zwecke ausreichend ist folgende

Def. 1 (*R-Modul*). *Eine additiv geschriebene kommutative Gruppe M heißt ein Modul über dem Ring R oder ein R-Modul, wenn eine Abbildung*

$$R \times M \to M, \quad (r, x) \mapsto r \cdot x$$

mit den folgenden Eigenschaften gegeben ist:

1) *Für alle $r, s \in R$ und $x, y \in M$ ist*

$$\begin{aligned} r \cdot (x+y) &= r \cdot x + r \cdot y \\ (r+s) \cdot x &= r \cdot x + s \cdot x \end{aligned} \quad (\text{Distributivgesetze})$$

2) $(r\,s) \cdot x = r \cdot (s \cdot x)$ *(Assoziativgesetz)*

3) $1 \cdot x = x$.

(Statt „$r \cdot x$" schreiben wir meistens „$r\,x$".)

Die Elemente von M heißen *Vektoren*; die Elemente von R nennt man *Skalare*. Die Abbildung $R \times M \to M$ heißt die *Multiplikation mit Skalaren*.

Einen Modul über einem Körper K bezeichnet man auch als *K-Vektorraum*.

Aus Axiom 1) folgt unmittelbar:

Für jedes Element $a \in R$ ist die durch $x \mapsto a\,x$, $x \in M$, definierte Abbildung $\lambda_a \colon M \to M$ ein Endomorphismus der Gruppe M, speziell gilt also $a \cdot 0 = 0$ für alle $a \in R$.

Denn: $\lambda_a(x+y) = a(x+y) = a\,x + a\,y = \lambda_a(x) + \lambda_a(y)$ *für alle $x, y \in M$.* $\qquad \square$

Man nennt λ_a die zum Skalar a gehörende *Homothetie* von M.

Das 2. Distributivgesetz impliziert:

$0 \cdot x = 0$ *für alle* $x \in M$, *d.h.* λ_0 *ist der Nullendomorphismus.*

Denn: $0 \cdot x = (0+0)\, x = 0 \cdot x + 0 \cdot x$ und also $0 \cdot x = 0$ für alle $x \in M$.   □

Axiom 2) besagt: $\lambda_{rs} = \lambda_r \circ \lambda_s$; während Axiom 3) die Gleichung $\lambda_1 = \mathrm{id}_M$ beinhaltet.

Bemerkung. Ist $M \neq \{0\}$ irgendeine abelsche Gruppe und setzt man $r \cdot x := 0$ für alle $r \in R$, $x \in M$, so sind alle Bedingungen der Def. 1 bis auf Axiom 3) erfüllt, da jetzt $\lambda_1 = 0 \neq \mathrm{id}_M$. Durch Forderung 3) ist also der Fall, daß R trivial auf M „operiert", ausgeschlossen.

Wir notieren noch als Übungsaufgabe für den Leser die

Vorzeichenregeln. *Ist M ein R-Modul, so gilt für alle $r \in R$, $x \in M$:*

$$(-r)\, x = r(-x) = -rx, \quad speziell \ (-r)(-x) = rx.$$

Homothetien sind i.allg. nicht bijektiv (z.B. $\lambda_0 = 0$). Es gilt:

Satz 2. *Es sei M ein R-Modul und $e \in R$ eine Einheit, $e \in R^\times$. Dann ist die Homothetie $\lambda_e: M \to M$ ein Automorphismus der Gruppe M mit $\lambda_{e^{-1}}$ als Inversem.*

Denn: $\mathrm{id}_M = \lambda_1 = \lambda_{e \cdot e^{-1}} = \lambda_e \circ \lambda_{e^{-1}}$, analog $\mathrm{id}_M = \lambda_{e^{-1}} \circ \lambda_e$.   □

Als Folgerung heben wir z.B. hervor:

Kürzungsregel. *Ist M ein R-Modul und e eine Einheit in R, so gilt:*

$$Aus \ ex = ey, \ x, y \in M \quad folgt \ stets: \ x = y.$$

Denn: $ex = ey$ bedeutet $e(x-y) = 0$, d.h. $x - y \in \mathrm{Ker}\, \lambda_e$, d.h. $x = y$ wegen $\mathrm{Ker}\, \lambda_e = \{0\}$.   □

Die Kürzungsregel gilt allgemeiner für jedes $a \in R$, dessen Homothetie λ_a *injektiv* (nicht notwendig bijektiv) ist. Dies mag sehr wohl auch für Nichteinheiten zutreffen. Für Vektorräume hat man eine besonders einfache Situation:

Kürzungsregel für Vektorräume. *Ist M ein K-Vektorraum, so gilt:*

$$Aus \ ax = ay, \ a \in K, \ x, y \in M \quad folgt \ stets \ a = 0 \ oder \ x = y.$$

Denn: im Falle $a \neq 0$ ist a Einheit in K.   □

2. Beispiele. — Moduln kommen in der „mathematischen Natur" überall vor. Wir geben einige Beispiele.

1) Auf einer einelementigen Menge $\{a\}$ kann nur auf eine Weise eine Modulstruktur über einem beliebigen Ring R eingeführt werden. Der so erhaltene Modul heißt der Nullmodul über R. Wir bezeichnen ihn mit $\{0\}$ oder einfach mit 0.

2) Der Ring R selbst ist bezüglich seiner Ringmultiplikation (auf kanonische Weise) ein R-Modul.

3) Ist $\gamma: R \to S$ irgendein Ringhomomorphismus zwischen zwei Ringen R, S, so wird S durch

$$R \times S \to S, \quad (r_1, r_2) \mapsto \gamma(r_1) r_2$$

zu einem R-Modul. (Im Beispiel 2 ist $S := R$ und $\gamma = \mathrm{id}_R$).

4) Ist H eine additiv geschriebene abelsche Gruppe, so wird durch

$$\mathbb{Z} \times H \to H, \quad (n, x) \mapsto n \cdot x$$

auf H die Struktur eines $\mathbb{Z}$-Moduls eingeführt (vgl. (1'), (2'), (3') in Kap. I, §1.4). Speziell ist die additive 2-elementige Gruppe $F_2 = \{0, 1\}$ ein $\mathbb{Z}$-Modul. Zu $n \in \mathbb{Z}$ gehört hier als Homothetie λ_n die Nullabbildung oder die Identität, je nachdem ob n gerade oder ungerade ist. Man sieht somit, daß Satz 2 nicht dahingehend „umkehrbar" ist, daß aus $\lambda_a \in \mathrm{Aut}\, M$ wieder $a \in R^\times$ folgt.

5) Für jede natürliche Zahl n wird das cartesische Produkt R^n durch die Festsetzungen

$$(r_1, \ldots, r_n) + (s_1, \ldots, s_n) := (r_1 + s_1, \ldots, r_n + s_n)$$

$$r(r_1, \ldots, r_n) := (r r_1, \ldots, r r_n)$$

zu einem R-Modul.

6) Allgemeiner: Ist I eine nichtleere Menge und $(M_i)_{i \in I}$ eine Familie von R-Moduln, so wird das direkte Produkt $\prod_{i \in I} M_i$ der additiven Gruppen M_i mit der folgenden Operation zu einem R-Modul:

$$r(x_i)_{i \in I} := (r x_i)_{i \in I}.$$

Der so definierte R-Modul heißt das *direkte Produkt* der R-Moduln $M_i (i \in I)$.

7) Den Körper $\mathbb{R}$ der reellen Zahlen kann man in der üblichen Weise mit den Punkten einer Geraden identifizieren, wenn man auf ihr einen Nullpunkt und einen Einheitsvektor festgelegt hat. Genauso kann man die Punkte der Ebene bzw. des Raumes nach Vorgabe cartesischer Koordinatensysteme mit den Elementen aus $\mathbb{R}^2$ bzw. $\mathbb{R}^3$ identifizieren. Der Addition von Elementen des $\mathbb{R}^2$ bzw. $\mathbb{R}^3$ entspricht dabei die Vektoraddition der Vektoren (im anschaulichen Sinn), die vom Nullpunkt bis zu den betreffenden Punkten weisen. Der Multiplikation mit einem Skalar $r \in \mathbb{R}$ entspricht die Verlängerung bzw. Verkürzung dieser Vektoren auf das r-fache (mit Umkehrung der Richtung, falls r negativ ist). Obwohl diese anschauliche Deutung nicht unproblematisch und natürlich in der abstrakten Theorie auch völlig entbehrlich ist, bietet sie häufig die Möglichkeit einer ersten Orientierung, wenn irgendein Problem vorgegeben ist. Es sei deshalb empfohlen, sich alle folgenden Definitionen und Sätze in dieser Weise zu veranschaulichen.

8) Der Polynomring $R[X]$ ist ein R-Modul bzgl. der Operationen

$$R \times R[X] \to R[X], \quad \left(r, \sum_{\mu=0}^{m} a_\mu X^\mu\right) \mapsto \sum_{\mu=0}^{m} (r a_\mu) X^\mu.$$

Entsprechend sind die Polynomringe in endlich oder unendlich vielen Unbestimmten R-Moduln.

9) Seien $a, b \in \mathbb{R}$, $a < b$. Es bezeichne $C^{(r)}$ die Menge aller auf dem abgeschlossenen Intervall $[a, b]$ mindestens r-mal stetig differenzierbaren reellwertigen Funktionen, $r \in \mathbb{N}$. Es gilt $C^{(r)} \subset \mathrm{Abb}([a, b], \mathbb{R})$; nach Sätzen der Infinitesimalrechnung (Summen- und Produktregel) ist $C^{(r)}$ ein Unterring von $\mathrm{Abb}([a, b], \mathbb{R})$. Alle diese Ringe sind in natürlicher Weise auch $\mathbb{R}$-Vektorräume.

3. Modulhomomorphismen. — Ebenso wie bei Gruppen und Ringen interessiert man sich auch bei Moduln für die „strukturerhaltenden" Abbildungen.

Def. 3 *(R-Homomorphismus). Eine Abbildung*

$$\varphi: M \to N$$

zwischen zwei R-Moduln M und N heißt ein R-Modulhomomorphismus (oder R-Homomorphismus oder kurz Homomorphismus), wenn die folgenden beiden Bedingungen erfüllt sind:

1) $\varphi(x+y) = \varphi(x) + \varphi(y)$ *für alle* $x, y \in M$.
2) $\varphi(r\,x) = r \cdot \varphi(x)$ *für alle* $r \in R$ *und* $x \in M$.

Die Bedingung 1) besagt, daß Modulhomomorphismen $\varphi: M \to N$ stets Gruppenhomomorphismen sind, speziell gilt also:

$$\varphi(0) = 0 \quad \text{und} \quad \varphi(-x) = -\varphi(x) \quad \text{für alle } x \in M.$$

Die Bedingung 2) postuliert die Verträglichkeit dieser Homomorphismen mit der Skalarmultiplikation und bedingt im Falle $R \neq \mathbb{Z}$, daß nicht alle Gruppenhomomorphismen notwendig Modulhomomorphismen sind.

Die Bedingungen 1) und 2) werden häufig zu *einer* Bedingung zusammengefaßt:

$$\varphi(r\,x + s\,y) = r \cdot \varphi(x) + s \cdot \varphi(y) \quad \textit{für alle } r, s \in R \quad \textit{und} \quad x, y \in M.$$

Ein R-Homomorphismus heißt auch eine *R-lineare* Abbildung. R-Homomorphismen $M \to R$ in den „Grundring" R heißen auch *Linearformen* auf M (z.B. sind für $M = R$ alle Homothetien Linearformen).

Die Begriffe Mono-, Epi-, Iso-, Endo-, Automorphismus werden ebenso wie bei Gruppenhomomorphismen definiert. Es gilt entsprechend wie Satz 1.1.14:

Satz 4. *Sind $\varphi: M \to N$ und $\psi: N \to P$ Modulhomomorphismen zwischen R-Moduln, so ist auch $\psi \circ \varphi: M \to P$ ein R-Homomorphismus.*

Ist $\varphi: M \to N$ ein R-Isomorphismus, so auch $\varphi^{-1}: N \to M$.

Wir überlassen die Einzelheiten des Beweises dem Leser und bemerken hier nur, daß z.B. $\varphi^{-1}(r\,x) = r\,\varphi^{-1}(x)$ wegen der R-Linearität von φ aus $\varphi(r\,\varphi^{-1}(x)) = r(\varphi \circ \varphi^{-1}(x)) = r\,x$ folgt, wenn φ ein Isomorphismus ist.

Wir geben abschließend noch ein Beispiel für häufig vorkommende R-Moduln. Es bezeichne $X \neq \emptyset$ eine beliebige Menge und N einen R-Modul. Wir wissen (vgl. Kap. I, § 1.5), daß die Menge $\mathrm{Abb}(X, N)$ aller Abbildungen von X in N vermöge

$$(\alpha + \beta)(x) := \alpha(x) + \beta(x), \quad \alpha, \beta \in \mathrm{Abb}(X, N), \quad x \in X,$$

eine abelsche Gruppe mit der Nullabbildung $x \mapsto 0$ als neutralem Element ist[1]. Da N ein R-Modul ist, kann man mit $\alpha \in \mathrm{Abb}(X, N)$ für jedes $r \in R$ auch die durch

$$(r\,\alpha)(x) := r \cdot \alpha(x), \quad x \in X,$$

definierte Abbildung $r\,\alpha: X \to M$ betrachten. Der Leser sieht mühelos:

Für jede Menge $X \neq \emptyset$ und jeden R-Modul N ist $\mathrm{Abb}(X, N)$ (mit der Addition und der eben erklärten Skalarmultiplikation $(r, \alpha) \mapsto r\,\alpha$) ein R-Modul.

4. Der R-Modul $\mathrm{Hom}_R(M, N)$. — Sind M, N zwei R-Moduln, so wird man naturgemäß im R-Modul $\mathrm{Abb}(M, N)$ sein Augenmerk auf die Teilmenge derjenigen Abbildungen $\varphi: M \to N$ richten, die zusätzlich R-Homomorphismen sind. Wir bezeichnen diese Menge mit $\mathrm{Hom}_R(M, N)$. Die Nullabbildung $x \mapsto 0$, $x \in M$, gehört jedenfalls zu $\mathrm{Hom}_R(M, N)$, d.h. $\mathrm{Hom}_R(M, N) \neq \emptyset$.

Entscheidend sind nun die folgenden beiden Bemerkungen:

1) *Mit $\varphi, \psi \in \mathrm{Hom}_R(M, N)$ gilt auch $\varphi + \psi \in \mathrm{Hom}_R(M, N)$.*
2) *Mit $\varphi \in \mathrm{Hom}_R(M, N)$ gilt $a\,\varphi \in \mathrm{Hom}_R(M, N)$ für alle $a \in R$.*

Beweis. Es ist zu zeigen, daß $\chi := \varphi + \psi$ und $\sigma := a\,\varphi$ zwei R-lineare Abbildungen $M \to N$ sind. Seien also $r, s \in R$ und $x, y \in M$. Dann gilt:

$$\chi(r\,x + s\,y) = (\varphi + \psi)(r\,x + s\,y) = \varphi(r\,x + s\,y) + \psi(r\,x + s\,y)$$

$$= r \cdot \varphi(x) + s \cdot \varphi(y) + r \cdot \psi(x) + s \cdot \psi(y)$$

$$= r\big(\varphi(x) + \psi(x)\big) + s\big(\varphi(y) + \psi(y)\big)$$

$$= r\big((\varphi + \psi)(x)\big) + s\big((\varphi + \psi)(y)\big) = r\,\chi(x) + s\,\chi(y),$$

also $\varphi + \psi \in \mathrm{Hom}_R(M, N)$. Analog folgt

$$\sigma(r\,x + s\,y) = (a\,\varphi)(r\,x + s\,y) = a\,\varphi(r\,x + s\,y)$$

$$= (a\,r)\,\varphi(x) + (a\,s)\,\varphi(y)$$

$$= (r\,a)\,\varphi(x) + (s\,a)\,\varphi(y)$$

$$= r\big(a\,\varphi(x)\big) + s\big(a\,\varphi(y)\big) = r\,\sigma(x) + s\,\sigma(y),$$

also $a\,\varphi \in \mathrm{Hom}_R(M, N)$. $\qquad\qquad\qquad\square$

---

[1] Wir schreiben hier $\mathrm{Abb}(X, N)$ statt $\mathrm{Abb}(M, N)$, weil der Buchstabe M jetzt ausschließlich für Moduln reserviert ist.

Beachte, daß soeben im Beweis 2) wesentlich die Kommutativität der Multiplikation des Ringes R ausgenutzt wurde.

Nach 1) ist $\mathrm{Hom}_R(M,N)$ eine Unterhalbgruppe von $(\mathrm{Abb}(M,N),+)$; nach 2) ist mit φ auch $-\varphi$ stets R-linear. Wegen $0\in\mathrm{Hom}_R(M,N)$ ist $\mathrm{Hom}_R(M,N)$ daher (nach Satz 1.2.2) eine Untergruppe von $(\mathrm{Abb}(M,N),+)$. Darüber hinaus folgt:

Satz 5. *Die Menge* $\mathrm{Hom}_R(M,N)$ *ist ein* R-*Modul.*

Beweis. Wir sahen, daß $\mathrm{Hom}_R(M,N)$ eine (additiv geschriebene) abelsche Gruppe ist. Wegen 2) wird durch $(r,\varphi)\mapsto r\,\varphi$ eine Skalarmultiplikation $R\times\mathrm{Hom}_R(M,N)\to \mathrm{Hom}_R(M,N)$ definiert. Die Bedingungen 1)–3) der Definition 1 sind erfüllt, da $\mathrm{Abb}(M,N)$ als R-Modul diese Eigenschaften hat. $\quad\square$

Hinweis. Unter Vorwegnahme der Terminologie von § 2.1 haben wir in diesem Abschnitt sogar gezeigt, daß $\mathrm{Hom}_R(M,N)$ ein R-Untermodul von $\mathrm{Abb}(M,N)$ ist (vgl. Satz 2.2).

5. Der Endomorphismenring $\mathrm{End}_R M$. **Annullator.** — Im Spezialfall $M=N$ sind die Elemente von $\mathrm{Hom}_R(M,N)$ die Endomorphismen von M. Wir schreiben durchweg abkürzend $\mathrm{End}_R M$ statt $\mathrm{Hom}_R(M,M)$. Es gilt $\mathrm{End}_R M\subset\mathrm{Abb}\,M$, und wir wissen nach Satz 4, daß die Komposition $\circ$ zweier Endomorphismen wieder ein Endomorphismus ist.

Daher ist $(\mathrm{End}_R M,\circ)$ eine Unterhalbgruppe der Halbgruppe $(\mathrm{Abb},\circ)$; es gilt $\mathrm{id}_M\in\mathrm{End}_R M$. Wir zeigen nun, daß diese multiplikative Struktur mit der additiven Struktur auf $\mathrm{End}_R M$ bestens verträglich ist.

Satz 6. *Für jeden* R-*Modul* M *ist die Menge* $\mathrm{End}_R M$ *ein (i. allg. nicht kommutativer) Ring mit Einselement* id_M.

Beweis. Es sind nur die Distributivgesetze zu zeigen. Seien also $\varphi,\psi,\chi\in\mathrm{End}_R M$. Dann gilt:

$$((\varphi+\psi)\circ\chi)(x)=(\varphi+\psi)(\chi(x))=\varphi(\chi(x))+\psi(\chi(x))$$

$$=(\varphi\circ\chi)(x)+(\psi\circ\chi)(x)$$

$$=(\varphi\circ\chi+\psi\circ\chi)(x)$$

für alle $x\in M$, d.h. $(\varphi+\psi)\circ\chi=\varphi\circ\chi+\psi\circ\chi$. Entsprechend verifiziert man das 2. Distributivgesetz. $\quad\square$

Warnung. Ist $M\neq 0$, so ist der Endomorphismenring $\mathrm{End}_R(M\times M)$ des Produktmoduls $M\times M$ *niemals kommutativ* und *niemals nullteilerfrei*. Die Abbildungen

$$\varphi:\ M^2\to M^2,\quad (x,y)\mapsto(0,x)$$

$$\psi:\ M^2\to M^2,\quad (x,y)\mapsto(x,0)$$

sind nämlich R-Endomorphismen mit

$$\psi\neq 0,\quad \psi\circ\varphi=0,\quad \varphi\circ\psi=\varphi\neq 0.$$

In Nr. 1 haben wir für jedes Element $a \in R$ die Homothetie $\lambda_a: M \to M$, $x \mapsto a\,x$, betrachtet.

Satz 7. *Es gilt:* $\lambda_a = a \cdot \mathrm{id} \in \mathrm{End}_R M$ *für alle* $a \in R$. *Die durch*

$$R \to \mathrm{End}_R M, \qquad a \mapsto a \cdot \mathrm{id}$$

definierte Abbildung ist ein R-Homomorphismus und, falls $M \neq 0$, *ein Ringhomomorphismus.*

Die Menge

$$R_M := \{a \cdot \mathrm{id}; \, a \in R\} \subset \mathrm{End}_R M$$

ist ein kommutativer Unterring von $\mathrm{End}_R M$ mit Einselement id (falls $M \neq 0$); i. allg. gilt $R_M \neq \mathrm{End}_R M$. Wir nennen R_M den *Ring der Homothetien* von M. Jede Homothetie $\lambda \in R_M$ kommutiert offenbar sogar mit *allen* Endomorphismen von M, d.h. es gilt

$$\varphi \circ \lambda = \lambda \circ \varphi \qquad \text{für alle} \quad \varphi \in \mathrm{End}_R M.$$

Wir werden später für freie Moduln die Umkehrung zeigen (vgl. Satz 3.5.10). Der Ringepimorphismus $R \to R_M$, $a \mapsto a \cdot \mathrm{id}$, ist i. allg. kein Isomorphismus; so liefern z.B. im Beispiel 4 der Nr. 2 alle Elemente aus $2\mathbb{Z}$ den Nullendomorphismus von F_2. Der Kern des Homomorphismus $R \to R_M$ spielt in der Modultheorie eine wichtige Rolle; wir definieren daher

Def. 8 (*Annullator*). *Ist* M *ein* R-*Modul, so heißt die Menge*

$$\mathrm{Ann}_R M := \{a \in R; \, a \cdot \mathrm{id} = 0\}$$

der Annullator von M (*in* R). *Wir schreiben auch kurz* $\mathrm{Ann}\, M$.

Die Wortwahl „Annullator" für diese Untergruppe von $(R, +)$ wird gerechtfertigt durch folgende unmittelbar ersichtliche Beschreibung von $\mathrm{Ann}\, M$:

Es gilt $r \in \mathrm{Ann}\, M$ *genau dann, wenn* r *ganz* M *annulliert:*

$$\mathrm{Ann}\, M = \{r \in R; \, r\,x = 0 \text{ für alle } x \in M\}.$$

Falls $\mathrm{Ann}\, M = 0$ ist, so kann man R mit R_M identifizieren und R somit selbst als Unterring von $\mathrm{End}_R M$ auffassen; Moduln M mit $\mathrm{Ann}\, M = 0$ nennt man auch *treu*. So sind etwa alle Vektorräume $\neq 0$ treu (nach der Kürzungsregel); allgemeiner gilt für R-Moduln:

Gibt es einen injektiven R-*Homomorphismus* $\iota: R \to M$, *so ist* M *treu und also* $R \simeq R_M \subset \mathrm{End}_R M$.

Beweis. Sei $x := \iota(1)$. Für jedes $r \in \mathrm{Ann}\, M$ gilt nun $r\,x = 0$, also $0 = r\,\iota(1) = \iota(r\,1) = \iota(r)$. Da ι injektiv ist, folgt $r = 0$, d.h. $\mathrm{Ann}\, M = 0$. $\square$

Als einfaches Beispiel betrachten wir den $\mathbb{Z}$-Modul $\mathbb{Q}$. Es gilt $\mathrm{Ann}_{\mathbb{Z}} \mathbb{Q} = 0$ wegen $\mathbb{Z} \subset \mathbb{Q}$, daher ist $\mathbb{Z}$ ein Unterring von $\mathrm{End}_{\mathbb{Z}} \mathbb{Q}$. Es ist leicht, diesen Endomorphismenring explizit zu bestimmen. Jedes $q \in \mathbb{Q}$ definiert vermöge $x \mapsto qx$, $x \in \mathbb{Q}$ einen $\mathbb{Z}$-Homomorphismus $\varphi_q \in \mathrm{End}_{\mathbb{Z}}\,\mathbb{Q}$ (der genau dann eine Homothetie ist, wenn $q \in \mathbb{Z}$). Die Zuordnung $q \mapsto \varphi_q$ liefert einen Ringhomomorphismus $\mathbb{Q} \to \mathrm{End}_{\mathbb{Z}}\,\mathbb{Q}$, der ersichtlich injektiv ist. Er ist auch surjektiv, denn für jedes $\varphi \in \mathrm{End}_{\mathbb{Z}}\,\mathbb{Q}$ gilt: $\varphi = \varphi_q$ mit $q := \varphi(1)$ (Beweis!). Man sieht somit:

Der Ring $\mathrm{End}_{\mathbb{Z}}\,\mathbb{Q}$ *ist ein zu* $\mathbb{Q}$ *isomorpher (kommutativer) Körper (speziell ist jeder Endomorphismus* $\neq 0$ *ein Isomorphismus!) mit* $\mathbb{Z} \subset \mathbb{Q}$ *als Homothetienring. Es gibt Homothetien* λ *(genau alle* λ_n *mit* $n \in \mathbb{Z}$, $n \neq 0$, ± 1*), deren Inverses in* $\mathrm{End}_{\mathbb{Z}}\,\mathbb{Q}$ *existiert, aber keine Homothetie ist.*

Endomorphismenringe sind für das Studium von Moduln von fundamentaler Bedeutung; sie reflektieren wichtige Eigenschaften der Moduln. Das Problem, bei vorgegebenem R-Modul M die Struktur des Ringes $\mathrm{End}_R M$ zu bestimmen, ist ein zentrales und klassisches Thema der linearen Algebra.

Der Endomorphismenring $\mathrm{End}_R M$ eines R-Moduls M „operiert in natürlicher Weise" auf M vermöge

$$(\mathrm{End}_R M) \times M \to M, \quad (\varphi, x) \mapsto \varphi(x).$$

Der Leser wird bemerken, daß sogar die Bedingungen 1)–3) der Def. 1 erfüllt sind. Nichtsdestoweniger können wir M i. allg. nicht als $\mathrm{End}_R M$-Modul auffassen, da jetzt der „Operatorenring" i. allg. nicht kommutativ ist.

6. Die Automorphismengruppe $\mathrm{Aut}_R M$. – Spezielle R-Endomorphismen $M \to M$ sind die R-Automorphismen ($=$ bijektiven R-Endomorphismen). Wir bezeichnen die Menge aller R-Automorphismen eines R-Moduls M mit $\mathrm{Aut}_R M$. Wegen Satz 4 ist $\mathrm{Aut}_R M$ eine Gruppe. Es gilt $\mathrm{Aut}_R M \subset \mathrm{End}_R M$, genauer:

Satz 9. *Für jeden R-Modul M ist die Gruppe* $\mathrm{Aut}_R M$ *die Einheitengruppe des Endomorphismenringes* $\mathrm{End}_R M$:

$$(\mathrm{End}_R M)^{\times} = \mathrm{Aut}_R M.$$

Ist $M \neq 0$ *ein treuer R-Modul, so wird die Einheitengruppe* $R^{\times}$ *vermöge* $e \mapsto \lambda_e$ *injektiv in* $\mathrm{Aut}_R M$ *abgebildet.*

Der Beweis verläuft kanonisch und kann dem Leser überlassen werden.

Die Gruppen $\mathrm{Aut}_R M$ sind bereits in einfachsten Fällen *nicht mehr kommutativ.* So ist z. B. für den $\mathbb{R}$-Vektorraum $\mathbb{R}^2$ (Ebene) die Gruppe $\mathrm{Aut}_{\mathbb{R}} \mathbb{R}^2$ nicht abelsch (vgl. hierzu allgemein Satz 3.5.10).

Bemerkung. Es ist üblich, statt $\mathrm{Hom}_R(M, N)$, $\mathrm{End}_R M$ und $\mathrm{Aut}_R M$ einfach $\mathrm{Hom}(M, N)$, $\mathrm{End}\,M$ und $\mathrm{Aut}\,M$ zu schreiben, wenn klar ist, über welchem Ring R die Gruppen als Moduln betrachtet werden. Wir benutzen im nächsten Abschnitt, wo wir an einem wichtigen Beispiel das Rechnen mit Homomorphismen und Endomorphismen demonstrieren, ebenfalls diese abkürzende Schreibweise.

7. Charakterisierung endlicher direkter Produkte durch Homomorphismen. —
Es seien $M_1, \ldots, M_m$ endlich viele R-Moduln und $M := \prod_{\mu=1}^{m} M_\mu$ ihr direktes Produkt.
Jedes $x \in M$ ist also eine Familie $(x_\mu)_{1 \le \mu \le m}$, $x_\mu \in M_\mu$. Wir schreiben auch $x = (x_1, \ldots, x_m)$
oder kürzer $x = (x_\mu)$. Wir betrachten für jeden Index $p = 1, \ldots, m$ die durch

$$\iota_p \colon M_p \to M, \qquad x_p \mapsto (0, \ldots, 0, x_p, 0, \ldots, 0) \in M, \qquad x_p \text{ an } p\text{-ter Stelle,}$$

sowie die durch

$$\pi_p \colon M \to M_p, \qquad x = (x_\mu) \mapsto x_p$$

gegebenen Abbildungen. Man verifiziert sofort:

$$\iota_p \in \operatorname{Hom}(M_p, M), \qquad \pi_p \in \operatorname{Hom}(M, M_p), \qquad p = 1, \ldots, m.$$

Darüber hinaus liest man unmittelbar aus den Definitionen ab:

$$\pi_p \circ \iota_q = \begin{cases} \operatorname{id}_{M_p} & \text{für } q = p \\ 0 & \text{für } q \ne p \end{cases} \qquad 1 \le p, q \le m.$$

Die Gleichung $\pi_p \circ \iota_p = \operatorname{id}$ impliziert speziell: ι_p *ist injektiv und* π_p *ist surjektiv.*
Wir nennen ι_p bzw. π_p die (natürliche) *Injektion* von M_p in M bzw. *Surjektion* von
M auf M_p.

Alle Abbildungen $\iota_p \circ \pi_p$ gehören zu $\operatorname{End} M$; daher ist die Summenabbildung
$\sum_{p=1}^{m} \iota_p \circ \pi_p \in \operatorname{End} M$ definiert. Man hat

$$\sum_{p=1}^{m} \iota_p \circ \pi_p = \operatorname{id}_M,$$

denn für jedes $x = (x_\mu) \in M$ gilt

$$\iota_p \circ \pi_p(x) = \iota_p(x_p) = (0, \ldots, x_p, \ldots, 0)$$

und also nach Definition der Addition in $\prod_{\mu=1}^{m} M_\mu$:

$$\left(\sum_{p=1}^{m} \iota_p \circ \pi_p \right)(x) = \sum_{p=1}^{m} (\iota_p \circ \pi_p)(x) = \sum_{p=1}^{m} (0, \ldots, x_p, \ldots, 0) = (x_1, \ldots, x_m) = x.$$

Es ist nun überraschend, daß die Homomorphismen ι_p, π_p zusammen mit den
zwischen ihnen angegebenen Relationen das direkte Produkt $\prod_{\mu=1}^{m} M_\mu$ bereits (bis auf
Isomorphie) charakterisieren. Wir zeigen nämlich:

Satz 10. *Es seien* $M, M_1, \ldots, M_m$ *Moduln über R und*

$$\iota_p \in \operatorname{Hom}(M_p, M), \qquad \pi_p \in \operatorname{Hom}(M, M_p), \qquad p = 1, \ldots, m$$

Modulhomomorphismen mit folgenden Eigenschaften:

$$\pi_p \circ \iota_p = \operatorname{id}_{M_p}, \qquad \pi_p \circ \iota_q = 0 \quad \text{für } p \ne q, \quad 1 \le p, q \le m, \qquad \sum_{p=1}^{m} \iota_p \circ \pi_p = \operatorname{id}_M.$$

Dann ist die durch

$$\pi\colon M \to \prod_{\mu=1}^{m} M_{\mu}, \qquad z \mapsto (\pi_{\mu}(z))_{1 \le \mu \le m}$$

definierte Abbildung ein R-Modulisomorphismus mit

$$\chi\colon \prod_{\mu=1}^{m} M_{\mu} \to M, \qquad (x_{\mu})_{1 \le \mu \le m} \mapsto \sum_{p=1}^{m} \iota_{p}(x_{p})$$

als Umkehrabbildung.

Beweis. Als erstes rechnet man unmittelbar nach, daß π und χ jeweils R-linear sind. Dann sind wir fertig, wenn gezeigt ist:

$$\pi \circ \chi = \mathrm{id} \quad \text{und} \quad \chi \circ \pi = \mathrm{id}.$$

Sei also $z = (x_{\mu}) \in \prod_{\mu=1}^{m} M_{\mu}$. Dann gilt:

$$(\pi \circ \chi)(z) = \pi\left(\sum_{p=1}^{m} \iota_{p}(x_{p})\right) = \left(\pi_{\mu}\left(\sum_{p=1}^{m} \iota_{p}(x_{p})\right)\right)_{1 \le \mu \le m} = \left(\sum_{p=1}^{m} (\pi_{\mu} \circ \iota_{p})(x_{p})\right)_{1 \le \mu \le m}.$$

Wegen $(\pi_{\mu} \circ \iota_{p})(x_{p}) = 0$ für $p \ne \mu$ und $\pi_{\mu} \circ \iota_{\mu}(x_{\mu}) = x_{\mu}$ ergibt sich

$$(\pi \circ \chi)(z) = (x_{\mu})_{1 \le \mu \le m} = z, \qquad \text{d.h.} \ \pi \circ \chi = \mathrm{id}.$$

Sei nun $x \in M$. Dann gilt:

$$(\chi \circ \pi)(x) = \chi\left((\pi_{\mu}(x))_{1 \le \mu \le m}\right) = \sum_{p=1}^{m} \iota_{p}(\pi_{p}(x)) = \left(\sum_{p=1}^{m} \iota_{p} \circ \pi_{p}\right)(x) = x$$

also $\chi \circ \pi = \mathrm{id}$. $\square$

§ 2. Untermoduln und Restklassenmoduln. Restklassenringe

Mit M, N werden stets R-Moduln bezeichnet.

1. Untermoduln. Ideale. — Eine Untergruppe U von M ist nicht notwendig wieder ein R-Modul; die Skalarenmultiplikation $rx, r \in R, x \in U$, führt i.allg. aus U hinaus (z.B. für $R := M := \mathbb{Q}$ und $U := \mathbb{Z}$). Dies motiviert folgende

Def. 1 *(Untermodul). Eine Untergruppe A eines R-Moduls M heißt ein R-Untermodul von M, wenn A bezüglich jeder Homothetie $\lambda_{r}, r \in R$, stabil ist, d.h. wenn gilt:*

$$rx \in A \quad \text{für alle } r \in R, \ x \in A.$$

Jeden K-Untermodul eines K-Vektorraumes nennt man einen Untervektorraum.

Untermoduln A von M sind wieder R-Moduln. Die natürliche Injektion $A \to M$ ist ein R-Monomorphismus.

Satz 2. *Die folgenden Aussagen über eine Teilmenge A eines R-Moduls M sind äquivalent:*

i) *A ist ein R-Untermodul von M.*
ii) *Es gilt $A \neq \emptyset$ und $rx + sy \in A$ für alle $r, s \in R$, $x, y \in A$.*
iii) *Es gilt $A \neq \emptyset$ und $x + y \in A$ und $rx \in A$ für alle $x, y \in A$, $r \in R$.*

Beweis. Es ist klar, daß Aussage ii) aus i) und iii) aus ii) folgt. Somit bleibt nur zu begründen, daß i) wiederum eine Folge von iii) ist. Dazu ist nur zu zeigen, daß A eine Untergruppe von M ist. Nach Voraussetzung (mit $r = -1$) gilt:

$$-x = (-1)x \in A \qquad \text{für alle } x \in A,$$

daher ist A eine nichtleere Unterhalbgruppe von M, die unter $x \mapsto -x$ stabil ist. Nach Satz 1.2.2 ist A also eine Untergruppe von M. $\qquad\square$

Der Leser wird bemerken, daß wir in § 1.4 mittels der Charakterisierung durch iii) gezeigt haben, daß $\mathrm{Hom}_R(M, N)$ ein R-Untermodul von $\mathrm{Abb}(M, N)$ ist. Diese Charakterisierung liefert auch sofort die folgenden weiteren

Beispiele für Untermoduln. 1) Der *Durchschnitt* $\bigcap_{i \in I} A_i$ einer Familie von Untermoduln $(A_i)_{i \in I}$ von M ist wieder ein Untermodul.

2) Sind A_1, A_2 Untermoduln von M, so ist auch die Menge

$$A_1 + A_2 := \{x_1 + x_2;\ x_1 \in A_1, x_2 \in A_2\}$$

ein Untermodul von M. Wir nennen $A_1 + A_2$ *die Summe von A_1 und A_2* (in M).

3) Für $x \in M$ ist

$$R x := \{rx;\ r \in R\}$$

ein Untermodul von M, und zwar ist Rx offenbar der kleinste Untermodul, der x enthält. Man nennt Rx den von x *erzeugten* Untermodul und schreibt auch häufig xR anstelle von Rx (z.B. $n\mathbb{Z}$).

4) Die $\mathbb{Z}$-Untermoduln einer abelschen Gruppe G sind genau die Untergruppen von G.

5) Ein Körper K hat, aufgefaßt als Vektorraum über sich selbst, nur $\{0\}$ und K als Untervektorräume. Ist nämlich $V \subset K$ ein Untervektorraum und $V \neq \{0\}$, so gibt es ein $v \in V, v \neq 0$. Dann ist aber jedes Element $r \in K$ in V enthalten, denn es ist

$$r = (r \cdot v^{-1}) \cdot v \in V.$$

Identifiziert man (wie in § 1.2, Beispiel 7) den $\mathbb{R}^3$ mit der Menge der Punkte des Raumes, so sind die von $\{0\}$ und $\mathbb{R}^3$ verschiedenen $\mathbb{R}$-Untermoduln des $\mathbb{R}^3$ die Geraden und Ebenen, die durch den Nullpunkt gehen. $\qquad\square$

Für die Untermoduln von Ringen hat sich im 19. Jahrhundert folgende Redeweise durchgesetzt:

Def. 3 *(Ideal). Die R-Untermoduln eines Ringes R heißen Ideale* (vgl. § 1.2, Beispiel 2).

Der Kern eines jeden Ringhomomorphismus $R \to R'$ in einen Ring R' ist ein Ideal in R. Speziell ist der Annullator

$$\operatorname{Ann} M = \{r \in R; \, rx = 0 \text{ für alle } x \in M\}$$

für jeden R-Modul M ein Ideal in R (als Kern des Ringepimorphismus $R \to R_M$).

Jedes Element $r \in R$ erzeugt das Ideal $Rr = rR$. Im Ring $\mathbb{Z}$ sind alle Ideale von dieser Form $n\mathbb{Z}$ (vgl. Satz 1.2.7). Im allgemeinen gewinnt man aber nicht alle Ideale eines Ringes auf diese Weise. Ist z.B. R der Polynomring $\mathbb{Z}[X_1, X_2]$ in zwei Unbestimmten über $\mathbb{Z}$, so ist die Menge

$$\{f \in \mathbb{Z}[X_1, X_2]; \, f(0, 0) = 0\}$$

ein Ideal in R. Dieses Ideal kann *nicht* durch ein einziges Element erzeugt werden; jedoch bilden die zwei Elemente X_1 und X_2 ein „Erzeugendensystem“. (Beweis als Übungsaufgabe.)

Ein Körper K besitzt nach Beispiel 5 nur die Ideale $\{0\}$ und K.

2. Untermoduln und Homomorphismen. – Wir beschreiben die Wirkung von R-Homomorphismen auf R-Untermoduln.

Satz 4. *Sei $\varphi: M \to N$ ein Homomorphismus, seien A bzw. B Untermoduln von M bzw. N. Dann ist $\varphi(A)$ bzw. $\varphi^{-1}(B)$ ein R-Untermodul von N bzw. M.*

Insbesondere sind $\operatorname{Ker} \varphi = \varphi^{-1}(0)$ *bzw.* $\operatorname{Im} \varphi = \varphi(M)$ *Untermoduln von M bzw. N. Es gilt:*

$$(*) \qquad \varphi^{-1}(\varphi(A)) = A + \operatorname{Ker} \varphi, \qquad \varphi(\varphi^{-1}(B)) = B \cap \operatorname{Im} \varphi.$$

Beweis. Nach Satz 1.2.3 sind $\varphi(A)$ bzw. $\varphi^{-1}(B)$ jedenfalls Untergruppen von N bzw. M. Wir brauchen daher nur noch zu zeigen, daß diese Mengen abgeschlossen gegenüber der Multiplikation mit Skalaren sind. Seien $r \in R$ und $y \in \varphi(A)$, etwa $y = \varphi(w)$, $w \in A$. Dann gilt $ry = r \cdot \varphi(w) = \varphi(rw) \in \varphi(A)$, da A ein R-Untermodul von M ist. Sei weiter $x \in \varphi^{-1}(B)$, also $\varphi(x) \in B$. Dann gilt auch $\varphi(rx) = r \cdot \varphi(x) \in B$, da B ein R-Untermodul von N ist. Somit sind $\varphi(A)$ bzw. $\varphi^{-1}(B)$ Untermoduln von N bzw. M.

Es bleiben die Gleichungen $(*)$ zu verifizieren. Die erste folgt unmittelbar aus Satz 1.2.5, da wir jetzt die Gruppenverknüpfung additiv schreiben; die zweite Gleichung ist immer richtig (vgl. 0.3).   □

Korollar. *Die Voraussetzungen seien wie im Satz 4. Dann gilt:*

1) $A = \varphi^{-1}(\varphi(A))$ *genau dann, wenn* $\operatorname{Ker} \varphi \subset A$.
2) $B = \varphi(\varphi^{-1}(B))$ *genau dann, wenn* $B \subset \operatorname{Im} \varphi$.

Die Beweise sind trivial aufgrund der Gleichungen $(*)$.   □

Wir benötigen später folgende Ergänzung zu Satz 4:

Satz 5. *Es sei $\varphi: M \to N$ ein R-Epimorphismus. Es bezeichne $\mathfrak{M}$ die Menge der R-Untermoduln von M, die $\operatorname{Ker} \varphi$ umfassen; es bezeichne $\mathfrak{N}$ die Menge aller R-Unter-*

moduln von N. Dann wird durch

$$A \longmapsto \varphi(A), \qquad A \in \mathfrak{M},$$

eine bijektive Abbildung $\Phi: \mathfrak{M} \to \mathfrak{N}$ *definiert, deren Umkehrabbildung durch*

$$\Psi: \mathfrak{N} \to \mathfrak{M}, \qquad B \longmapsto \varphi^{-1}(B), \qquad B \in \mathfrak{N}$$

gegeben wird. Beide Abbildungen sind inklusionstreu, d.h. es gilt:

$$\Phi(A) \subset \Phi(A') \quad und \quad \Psi(B) \subset \Psi(B') \quad für \quad A \subset A' \ und \ B \subset B'.$$

Beweis. Nach Satz 4 ist $\varphi(A)$ stets ein Untermodul von N. Ebenso ist $\varphi^{-1}(B)$ stets ein Untermodul von M, der $\operatorname{Ker}\varphi$ umfaßt. Somit sind die Abbildungen Φ und Ψ wohldefiniert. Wir behaupten

$$\Psi \circ \Phi = \mathrm{id}_{\mathfrak{M}} \quad und \quad \Phi \circ \Psi = \mathrm{id}_{\mathfrak{N}}.$$

Für jedes $A \in \mathfrak{M}$ gilt

$$\Psi \circ \Phi(A) = \Psi\big(\varphi(A)\big) = \varphi^{-1}\big(\varphi(A)\big) = A$$

wegen $\operatorname{Ker}\varphi \subset A$ nach 1) des Korollars zu Satz 4; weiter gilt für alle $B \in \mathfrak{N}$:

$$\Phi \circ \Psi(B) = \Phi\big(\varphi^{-1}(B)\big) = \varphi\big(\varphi^{-1}(B)\big) = B$$

wegen $B \subset \operatorname{Im}\varphi = N$ nach 2) des Korollars. Damit ist die Bijektivität von Φ und $\Phi^{-1} = \Psi$ bewiesen.

Die Inklusionstreue ist trivial, denn $A \subset A'$ bzw. $B \subset B'$ impliziert offensichtlich

$$\varphi(A) \subset \varphi(A'), \qquad \varphi^{-1}(B) \subset \varphi^{-1}(B'). \qquad \qquad \square$$

3. Restklassenmoduln. — Es liegt nahe zu fragen, ob jeder R-Untermodul A eines R-Moduls M als Kern eines R-Modulhomomorphismus $\varphi: M \to N$ in einen geeignet zu wählenden R-Modul N auftritt. Wäre nur die Gruppenstruktur bei A, M und φ zu beachten, so wissen wir nach Kap. I, § 2.7 (da M abelsch ist), daß es genügt, für N die *Restklassengruppe* M/A und für φ den Restklassenepimorphismus $\rho: M \to M/A$ zu wählen, der jedem Element $x \in M$ seine A-Restklasse $\bar{x} = x + A$ (additive Schreibweise!) zuordnet. Soll nun ρ ein R-Modulhomomorphismus werden, so muß gelten: $r\rho(x) = \rho(rx)$ für alle $r \in R$, $x \in M$. Damit ergibt sich zwingend, wie die Skalarenmultiplikation auf M/A zu definieren ist: man hat $R \times M/A \to M/A$ durch

$$(*) \qquad\qquad (r, z) \longmapsto \rho(rx), \qquad \text{wo } x \in \rho^{-1}(z) \text{ beliebig,}$$

zu erklären (beachte, daß $\rho^{-1}(z)$ für kein $z \in M/A$ leer ist, da ρ surjektiv ist). Dies ist wieder eine Definition durch Repräsentanten (vgl. Kap. I, § 2.7), und man hat wie früher ihre Unabhängigkeit von der Repräsentantenwahl nachzuweisen:

Seien also bei festem $z \in M/A$ zwei Urbilder $x_1, x_2 \in \rho^{-1}(z)$ gewählt. Dann gilt $x_1 - x_2 \in \operatorname{Ker}\rho = A$, und es folgt, da A ein R-Untermodul von M ist:

$$r x_1 - r x_2 = r(x_1 - x_2) \in \operatorname{Ker}\rho$$

für alle $r \in R$. Dies besagt aber $\rho(r x_1) = \rho(r x_2)$, wie es sein soll. Man verifiziert nun unmittelbar:

Satz 6. *Die Restklassengruppe M/A wird vermöge (*) zu einem R-Modul. Die Restklassenabbildung $\rho\colon M \to M/A$ ist ein R-Modulepimorphismus mit A als Kern.*

Man nennt M/A den *Restklassenmodul von M nach A.*

Bemerkung. Es ist nützlich, die vorstehenden Überlegungen mittels Äquivalenzrelationen zu interpretieren. Man wird eine Äquivalenzrelation $\sim$ auf einem R-Modul M *verträglich mit der R-Modulstruktur von M* nennen, wenn $\sim$ verträglich mit der Gruppenstruktur von M ist und wenn außerdem gilt:

$$Aus \ \ x \sim x' \ \ folgt \ \ r x \sim r x' \ \ für \ alle \ r \in R.$$

Dann operiert R durch repräsentantenweise Multiplikation $r \cdot \bar{x} = \overline{r x}$ auf der Gruppe $\overline{M}$ der Äquivalenzklassen (Beweis!), und man sieht unmittelbar (Verschärfung von Lemma 1.2.18):

Ist $\sim$ eine mit der R-Modulstruktur verträgliche Äquivalenzrelation auf M, so ist die Gruppe $\overline{M}$ der Äquivalenzklassen ebenfalls ein R-Modul bzgl. der repräsentantenweisen Multiplikation mit Elementen aus R.

Die Abbildung $M \to \overline{M}$, $x \mapsto \bar{x}$, die jedem $x \in M$ seine Äquivalenzklasse zuordnet, ist ein R-Modulepimorphismus mit Ker $A := \{x \in M; x \sim 0\}$.

Zu einem R-Untermodul A von M gehört die Äquivalenzrelation $\sim$, die durch

$$x \sim x' \ \ genau \ dann, \ wenn \ x - x' \in A, \quad x, x' \in M,$$

gegeben wird. Diese Relation ist mit der R-Modulstruktur von M verträglich, der zugehörige Modul $\overline{M}$ ist nichts anderes als der Restklassenmodul M/A. Analog zur Gruppensituation (Kap. I, § 2.7) gewinnt man auf diese Weise auch bereits alle mit der Modulstruktur verträglichen Äquivalenzrelationen; der Leser zeigt nämlich mühelos (vgl. Satz 1.2.19):

Ist $\sim$ eine mit der R-Modulstruktur von M verträgliche Äquivalenzrelation auf M, so ist $A := \{x \in M; x \sim 0\}$ ein R-Untermodul von M, und es gilt $x \sim x'$ genau dann, wenn $x - x' \in A$ ist $(x, x' \in M)$.

Wir interpretieren die Bildung von Restklassenmoduln geometrisch am Beispiel $M := \mathbb{R}^2$ der Zahlenebene und wählen für A eine durch den Nullpunkt verlaufende Gerade. Dann ist A ein Untervektorraum des $\mathbb{R}$-Vektorraumes M, und es ist

$$M/A = \{x + A; x \in \mathbb{R}^2\}$$

die Menge aller Geraden in $\mathbb{R}^2$, die zu A parallel sind. Ist A' eine von A verschiedene Gerade, die ebenfalls durch den Nullpunkt verläuft, so schneidet A' jede zu A parallele Gerade in genau einem Punkt. Man erhält einen Isomorphismus

$\sigma: M/A \to A'$ und kann M/A vermöge σ mit der Geraden A' identifizieren. Die Konstruktion von σ geschieht folgendermaßen:

Ist $x \in \mathbb{R}^2$, so ziehe man durch x die Parallele zur Geraden A und definiere $\sigma(x+A)$ als den Schnittpunkt dieser Parallelen mit der Geraden A'. Dann ist $\sigma(x+A) \in A'$. Die Definition von σ ist sinnvoll, denn ist $x+A = y+A$, $y \in \mathbb{R}^2$, so folgt $(x+A) \cap A' = (y+A) \cap A'$ und somit $\sigma(x+A) = \sigma(y+A)$. Außerdem ist für alle $r \in \mathbb{R}$ und $x, y \in \mathbb{R}^2$

$$\sigma(x+A) + \sigma(y+A) \in (x+y+A) \cap A', \qquad r \cdot \sigma(x+A) \in (r\,x+A) \cap A'.$$

Damit ist die Linearität von σ nachgewiesen. Trivialerweise ist σ auch surjektiv. Aus der Gleichung $\sigma(x+A) = 0$ folgt schließlich $(x+A) \cap A' = \{0\}$ und damit $x \in A$ und die Injektivität von σ.

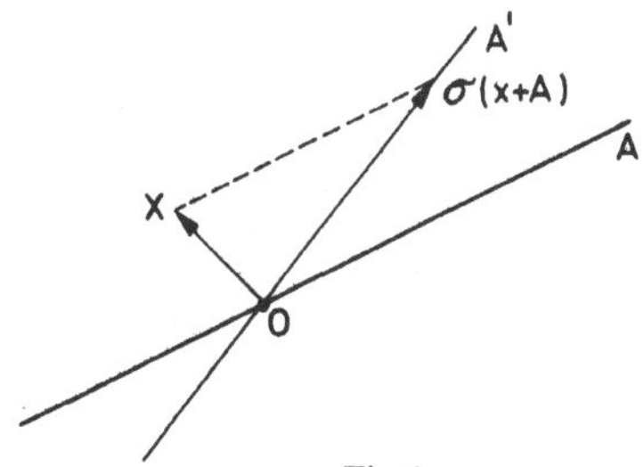

Fig. 1

4. Restklassenringe. — Ist R ein Ring (nicht notwendig kommutativ oder mit Einselement) und $\sim$ eine Äquivalenzrelation auf R, die sowohl mit der Addition als auch mit der Multiplikation in R verträglich ist, so sind gemäß Lemma 1.2.18 auf der Menge $\bar{R}$ der Äquivalenzklassen eine additive Gruppenstruktur $\hat{+}$ und eine multiplikative Halbgruppenstruktur $\hat{\cdot}$ repräsentantenweise definiert. Es gilt:

Lemma 7. *Unter den obigen Voraussetzungen ist $(\bar{R}, \hat{+}, \hat{\cdot})$ ein Ring. Besitzt R ein Einselement, so besitzt auch $\bar{R}$ ein Einselement; mit R ist auch $\bar{R}$ kommutativ.*

Die Abbildung $\rho: R \to \bar{R}$, die jedem $r \in R$ seine Äquivalenzklasse $\bar{r}$ zuordnet, ist ein Ringepimorphismus.

Beweis. Es ist zu zeigen, daß die Distributivgesetze in $\bar{R}$ gelten. Seien also α, β, γ beliebig in $\bar{R}$, seien $a \in \alpha$, $b \in \beta$, $c \in \gamma$ Repräsentanten. Dann gilt definitionsgemäß:

$$\alpha \hat{\cdot} (\beta \hat{+} \gamma) = \overline{a(b+c)} = \overline{ab+ac} = \overline{ab} \hat{+} \overline{ac} = \bar{a} \hat{\cdot} \bar{b} \hat{+} \bar{a} \hat{\cdot} \bar{c} = \alpha \hat{\cdot} \beta \hat{+} \alpha \hat{\cdot} \gamma.$$

Entsprechend zeigt man die Gleichung

$$(\alpha \hat{+} \beta) \hat{\cdot} \gamma = \alpha \hat{\cdot} \gamma \hat{+} \beta \hat{\cdot} \gamma.$$

Die übrigen Aussagen des Lemmas sind trivial; z.B. ist $\bar{1}$ das Einselement von $\bar{R}$, wenn 1 das Einselement in R ist. □

Von nun an sei R stets ein kommutativer Ring mit Eins. Ideale in R bezeichnen wir, einer verbreiteten Gewohnheit folgend, in der Regel mit den Buchstaben $\mathfrak{a}, \mathfrak{b}, \mathfrak{c}, \ldots$. Jedes Ideal $\mathfrak{a}$ in R gibt vermöge

$$r_1 \sim r_2 \quad \text{genau dann, wenn} \quad r_1 - r_2 \in \mathfrak{a}$$

zu einer Äquivalenzrelation in R Anlaß, die mit Addition und Multiplikation in R verträglich ist. Daher folgt aus Lemma 7 sofort:

Satz 8. *Ist $\mathfrak{a}$ ein Ideal im Ring R und gilt $\mathfrak{a} \neq R$, so trägt der R-Modul $R/\mathfrak{a}$ in natürlicher Weise die Struktur eines kommutativen Ringes mit Einselement.*
Der Restklassenepimorphismus $\rho: R \to R/\mathfrak{a}$ ist ein Ringepimorphismus.

Man nennt $R/\mathfrak{a}$ den *Restklassenring von R nach $\mathfrak{a}$.* (Die Voraussetzung $\mathfrak{a} \neq R$ ist nötig, weil sonst $R/\mathfrak{a}$ der Nullring mit $1 = 0$ wäre.)

Das Ideal $\mathfrak{a}$ ist offensichtlich der Annullator des R-Moduls $R/\mathfrak{a}$, d.h. es ist $\operatorname{Ann}_R R/\mathfrak{a} = \mathfrak{a}$. Man sieht daran, daß jedes Ideal $\neq R$ in R als Annullator eines R-Moduls $\neq 0$ auftritt (vgl. auch den späteren Satz 3.1.6).

5. Primideale und maximale Ideale. — Ist R nullteilerfrei, so erben die Restklassenringe $R/\mathfrak{a}$ diese Eigenschaft i. allg. nicht. Dafür ist vielmehr eine Eigenschaft des Ideals $\mathfrak{a}$ verantwortlich, die im folgenden Satz beschrieben wird.

Satz 9. *Die folgenden Aussagen über ein Ideal $\mathfrak{a} \neq R$ sind äquivalent:*

 i) *Der Restklassenring $R/\mathfrak{a}$ ist ein Integritätsring.*
 ii) *Aus $r\,s \in \mathfrak{a}$, $r, s \in R$, folgt stets $r \in \mathfrak{a}$ oder $s \in \mathfrak{a}$.*

Beweis. i) $\Rightarrow$ ii): Sei $r\,s \in \mathfrak{a}$, also

$$0 = \rho(r\,s) = \rho(r)\,\rho(s), \quad \rho = \text{Restklassenepimorphismus}.$$

Da $R/\mathfrak{a}$ nach Voraussetzung nullteilerfrei ist, folgt $\rho(r) = 0$ oder $\rho(s) = 0$, d.h. $r \in \operatorname{Ker}\rho$ oder $s \in \operatorname{Ker}\rho$. Wegen $\mathfrak{a} = \operatorname{Ker}\rho$ folgt die Behauptung.

ii) $\Rightarrow$ i): Sei $\alpha\beta = 0$ mit $\alpha, \beta \in R/\mathfrak{a}$. Wir wählen ρ-Urbilder $a, b \in R$ von α, β. Dann gilt $\rho(a\,b) = 0$, also $a\,b \in \operatorname{Ker}\rho = \mathfrak{a}$. Nach Voraussetzung folgt $a \in \mathfrak{a}$ oder $b \in \mathfrak{a}$ d.h. $\alpha = 0$ oder $\beta = 0$. $\square$

Ideale mit der Eigenschaft ii) werden in der Literatur *Primideale* genannt; diese Bezeichnung wird verständlich durch die unten näher betrachteten Beispiele $\mathbb{Z}/n\,\mathbb{Z}$.

In interessanten Fällen können Restklassenringe sogar Körper sein. Wir zeigen:

Satz 10. *Die folgenden Aussagen über ein Ideal $\mathfrak{a}$ sind äquivalent:*

 i) *Der Restklassenring $R/\mathfrak{a}$ ist ein Körper.*
 ii) *Das Ideal $\mathfrak{a}$ ist maximal in R, d.h. es gilt $\mathfrak{a} \neq R$ und für jedes Ideal $\mathfrak{b}$ in R mit $\mathfrak{a} \subsetneq \mathfrak{b}$ gilt: $\mathfrak{b} = R$.*

Beweis. Genau dann ist $R/\mathfrak{a}$ ein Körper, wenn jedes Element aus $R/\mathfrak{a} \smallsetminus \{0\}$ eine Einheit in $R/\mathfrak{a}$ ist. Dies ist genau dann der Fall, wenn es zu jedem $r \in R \smallsetminus \mathfrak{a}$ ein $s \in R$ gibt mit $\rho(r) \cdot \rho(s) = 1$, $\rho := $ Restklassenepimorphismus, d.h. $r\,s - 1 \in \operatorname{Ker} \rho = \mathfrak{a}$. Damit ist gleichbedeutend, daß $1 \in \mathfrak{a} + rR$ und somit $R = \mathfrak{a} + rR$ ist für alle $r \in R \smallsetminus \mathfrak{a}$. Letzteres beinhaltet genau die Maximalitätseigenschaft von $\mathfrak{a}$. $\qquad\square$

Da Körper stets Integritätsringe sind, so sind maximale Ideale stets Primideale. Die Umkehrung ist falsch, z.B. ist das Nullideal in $\mathbb{Z}$ ein Primideal, das nicht maximal ist.

Es ist keineswegs trivial, daß jeder Ring R Primideale oder sogar maximale Ideale enthält. Es läßt sich zeigen:

Jedes Ideal $\mathfrak{a} \neq R$ ist in (wenigstens) einem maximalen Ideal $\mathfrak{m}$ enthalten.

Für die im Supplement behandelten noetherschen Ringe ist das leicht einzusehen (vgl. Suppl. § 1). Doch benötigt man zum allgemeinen Beweis als mengentheoretisches Hilfsmittel das „Zornsche Lemma" bzw. das (damit äquivalente) „Auswahlaxiom". Wir gehen in diesem Buch darauf nicht näher ein.

6. Die Restklassenringe $\mathbb{Z}/n\,\mathbb{Z}$. – Wir betrachten nun als Beispiel alle Restklassenringe des Ringes $\mathbb{Z}$ der natürlichen Zahlen. Jedes Ideal $\mathfrak{a}$ in $\mathbb{Z}$ hat die Form

$$\mathfrak{a} = n\,\mathbb{Z}, \quad n \in \mathbb{N} \quad \text{geeignet (vgl. Kap. I, § 2.1);}$$

folglich schreiben sich alle Restklassenringe von $\mathbb{Z}$ in der Form

$$\mathbb{F}_n := \mathbb{Z}/n\,\mathbb{Z}, \quad n \in \mathbb{N}, \quad n \neq 1.$$

Wir schließen noch den Fall $n = 0$, d.h. $\mathbb{F}_0 = \mathbb{Z}$ aus. Dann gilt offensichtlich:

Der Ring $\mathbb{F}_n$, $n \geq 2$, ist endlich; er hat genau n Elemente, nämlich die Restklassen $\overline{0}, \overline{1}, \ldots, \overline{n-1}$. Die Zahl n ist die Charakteristik dieses Ringes: $\operatorname{Char}(\mathbb{F}_n) = n$.

Weiter gilt:

Der Ring $\mathbb{F}_n$ ist genau dann nullteilerfrei, wenn n eine Primzahl ist.

Beweis. Ist $\mathbb{F}_n$ nullteilerfrei, so ist $n = \operatorname{Char}(\mathbb{F}_n)$ nach Satz 1.4.8 eine Primzahl. Sei umgekehrt n eine Primzahl. Es genügt zu zeigen, daß das Ideal $n\,\mathbb{Z}$ ein Primideal in $\mathbb{Z}$ ist, d.h. daß die Bedingung ii) in Satz 9 erfüllt ist. Sei also $r\,s \in n\,\mathbb{Z}$, r, $s \in \mathbb{Z}$. Dann gibt es ein $a \in \mathbb{Z}$ mit $r\,s = n\,a$, d.h. n teilt das Produkt $r\,s$. Es ist nun eine aus der elementaren Zahlentheorie wohlbekannte Tatsache, daß eine Primzahl, die ein Produkt teilt, wenigstens einen der Faktoren teilen muß. Also gilt $r = n\,b$ oder $s = n\,c$ mit b, $c \in \mathbb{Z}$, d.h. $r \in n\,\mathbb{Z}$ oder $s \in n\,\mathbb{Z}$. $\qquad\square$

Wir zeigen weiter:

Jeder Ring $\mathbb{F}_p$, p Primzahl, ist ein Körper.

Der Beweis läßt sich z.B. dadurch führen, daß man zeigt, daß alle Primideale $p\,\mathbb{Z}$, p Primzahl, maximal in $\mathbb{Z}$ sind. Wir gehen anders vor und zeigen allgemeiner:

Jeder Integritätsring R, der nur endlich viele Elemente besitzt, ist ein Körper.

Beweis. Es ist zu zeigen, daß jedes Element $a \neq 0$ aus R eine Einheit ist. Wir betrachten die zu a gehörende Homothetie $\lambda_a\colon R \to R$, $x \mapsto a\,x$. Da R nullteilerfrei ist, so gilt Ker $\lambda_a = 0$ wegen $a \neq 0$, d.h. λ_a ist injektiv. Da die Menge R endlich ist, ist λ_a dann auch surjektiv. Insbesondere gibt es zur Eins $1 \in R$ ein $b \in R$ mit $1 = \lambda_a(b) = a\,b$. Mithin ist a Einheit in R.

Bemerkung. Der Körper $\mathbb{F}_2 = \mathbb{Z}/2\,\mathbb{Z}$ stimmt (bis auf Isomorphie) mit dem bereits früher betrachteten Körper F_2 überein (vgl. Kap. I, § 1.2, Bemerkung 5).

Wir haben gesehen, daß im Ring $\mathbb{Z}$ alle Primideale $\neq 0$ von Primzahlen erzeugt werden und daß alle diese Primideale maximal sind. Ist n keine Primzahl, so können die Ringe $\mathbb{F}_n$ „gefährliche" Elemente besitzen. So repräsentiert $2 \in \mathbb{Z}$ z.B. in $\mathbb{F}_{16}$ eine Restklasse α mit folgender Eigenschaft

$$\alpha \neq 0,\ \alpha^2 \neq 0,\ \alpha^3 \neq 0,\ \alpha^4 = 0.$$

Solche Elemente nennt man auch *nilpotent*. (Man bezeichnet allgemein ein Element a eines Ringes R als nilpotent, wenn es ein $n \in \mathbb{N}$ gibt mit $a^n = 0$.)

§ 3. Isomorphiesätze. Eigenschaften von Restklassenmoduln

1. Exakte Sequenzen. Induzierte Homomorphismen. — Zur Vereinfachung der Darstellung führen wir zunächst eine sehr gebräuchliche und nützliche Sprechweise ein. Es seien M', M, M'' drei R-Moduln, 0 der Nullmodul, und $\mu'\colon M' \to M$, $\mu\colon M \to M''$ Homomorphismen. Wir nennen eine Konfiguration

$$(*) \qquad 0 \longrightarrow M' \xrightarrow{\ \mu'\ } M \xrightarrow{\ \mu\ } M'' \longrightarrow 0$$

eine *Sequenz*. Die Sequenz $(*)$ heißt *exakt*, wenn $0 = \operatorname{Ker}\mu'$, $\operatorname{Im}\mu' = \operatorname{Ker}\mu$, $\operatorname{Im}\mu = M''$. Dann ist also μ' injektiv, μ surjektiv und $\mu \circ \mu' = 0$.

Für jeden Untermodul A von M ist die Sequenz

$$0 \longrightarrow A \xrightarrow{\ \iota\ } M \xrightarrow{\ \rho\ } M/A \longrightarrow 0$$

exakt, wenn ρ den Restklassenepimorphismus und ι die natürliche Injektion bezeichnet.

Es seien nun zwei exakte Sequenzen

$$0 \longrightarrow M' \xrightarrow{\ \mu'\ } M \xrightarrow{\ \mu\ } M'' \longrightarrow 0,$$

$$0 \longrightarrow N' \xrightarrow{\ \nu'\ } N \xrightarrow{\ \nu\ } N'' \longrightarrow 0$$

von R-Moduln gegeben, sowie Homomorphismen $\varphi'\colon M' \to N'$, $\varphi\colon M \to N$, so daß $\nu' \circ \varphi' = \varphi \circ \mu'$ ist. Dieser Sachverhalt wird durch das folgende Diagramm suggestiv dargestellt:

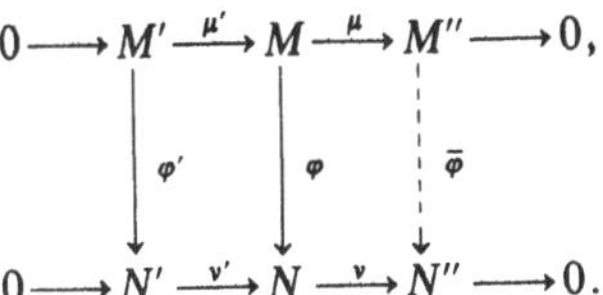

$$0 \longrightarrow M' \xrightarrow{\mu'} M \xrightarrow{\mu} M'' \longrightarrow 0,$$

$$0 \longrightarrow N' \xrightarrow{\nu'} N \xrightarrow{\nu} N'' \longrightarrow 0.$$

Wir fragen: Gibt es einen Homomorphismus $\bar{\varphi} : M'' \to N''$, so daß $\nu \circ \varphi = \bar{\varphi} \circ \mu$ ist?

Das ist in der Tat der Fall, und darauf basiert im wesentlichen der Inhalt dieses Paragraphen. Wir zeigen:

Satz 1. *Es gibt genau einen R-Homomorphismus $\bar{\varphi} : M'' \to N''$ mit der Eigenschaft $\bar{\varphi} \circ \mu = \nu \circ \varphi$.*

Es gilt:

$$\operatorname{Ker} \bar{\varphi} = \mu\big(\varphi^{-1}(\operatorname{Ker} \nu)\big), \quad \operatorname{Im} \bar{\varphi} = \operatorname{Im}(\nu \circ \varphi).$$

Beweis. Gibt es eine Abbildung $\bar{\varphi} : M'' \to N''$ mit $\bar{\varphi} \circ \mu = \nu \circ \varphi$, so muß für alle $z \in M''$ und alle $x \in \mu^{-1}(z)$ gelten:

$$(**) \qquad \bar{\varphi} \circ \mu(x) = \bar{\varphi}(z) = \nu \circ \varphi(x).$$

Es ist $\mu^{-1}(z) \neq \varnothing$ für alle $z \in M''$, weil μ surjektiv ist. Deswegen ist $\bar{\varphi}$ durch die Gleichung $(**)$ bereits eindeutig bestimmt und sogar R-linear. Denn für $z_1, z_2 \in M''$, $r_1, r_2 \in R$ und $x_i \in \mu^{-1}(z_i)$, $i = 1, 2$ ist

$$\bar{\varphi}(r_1 z_1 + r_2 z_2) = \nu \circ \varphi(r_1 x_1 + r_2 x_2) = r_1 \cdot \nu \circ \varphi(x_1) + r_2 \cdot \nu \circ \varphi(x_2)$$

$$= r_1 \cdot \bar{\varphi}(z_1) + r_2 \cdot \bar{\varphi}(z_2).$$

Wir verifizieren nun, daß durch die Gleichung $(**)$ eine Abbildung $\bar{\varphi} : M'' \to N''$ definiert wird. Hierzu genügt es zu zeigen, daß für alle $z \in M''$ gilt: Sind $x, y \in \mu^{-1}(z)$, so ist $\nu \circ \varphi(x - y) = 0$. Aus $\mu(x - y) = z - z = 0$ folgt wegen $\operatorname{Ker} \mu = \operatorname{Im} \mu'$ die Existenz eines $x' \in M'$ mit $\mu'(x') = x - y$. Es ist

$$\varphi \circ \mu'(x') = \varphi(x - y) = \nu' \circ \varphi'(x'), \quad \text{also} \quad \nu \circ \varphi(x - y) = \nu \circ \nu' \circ \varphi'(x') = 0$$

wegen $\nu \circ \nu' = 0$. Die für $\operatorname{Ker} \bar{\varphi}$ und $\operatorname{Im} \bar{\varphi}$ behaupteten Gleichungen folgen jetzt unmittelbar (man betrachte das Diagramm). $\qquad \square$

Wir nennen im folgenden die Abbildung $\bar{\varphi}$ den von φ *(und φ') induzierten Homomorphismus*. Aus Satz 1 folgt unmittelbar:

Korollar. *Genau dann ist $\bar{\varphi}$ surjektiv, wenn $\nu \circ \varphi$ surjektiv ist (z.B. ist mit φ auch $\bar{\varphi}$ surjektiv).*

Genau dann ist $\bar{\varphi}$ injektiv, wenn $\varphi^{-1}(\operatorname{Ker} \nu) \subset \operatorname{Ker} \mu$.

Wir merken hier noch an:

Es sei φ injektiv und φ' surjektiv. Dann ist $\bar{\varphi}$ injektiv.

Beweis. Die Injektivität von φ impliziert, daß $\varphi^{-1}(\operatorname{Ker} v)\subset\operatorname{Ker}\mu$ genau dann gilt, wenn die Inklusion $\operatorname{Ker} v\subset\varphi(\operatorname{Ker}\mu)$ besteht. Wegen $\operatorname{Ker} v=\operatorname{Im} v'$, $\operatorname{Ker}\mu=\operatorname{Im}\mu'$ ist daher im vorliegenden Fall $\bar{\varphi}$ genau dann injektiv, wenn gilt $v'(N')=\varphi(\mu'(M'))$, d.h. $v'(N')\subset v'(\varphi'(M'))$ wegen $\varphi\circ\mu'=v'\circ\varphi'$. Da v' injektiv ist, trifft dies sicher dann zu, wenn $N'\subset\varphi'(M')$, d.h. wenn φ' surjektiv ist. $\qquad\square$

Ein Spezialfall von Satz 1 ist

Satz 2. *Es sei A ein Untermodul eines R-Moduls M. Dann hat der Restklassenmodul M/A zusammen mit dem Restklassenepimorphismus $\rho: M\to M/A$ die folgende Eigenschaft:*

(U) *Jeder R-Homomorphismus $\varphi: M\to N$ in irgendeinen R-Modul N mit $\operatorname{Ker}\varphi\supset A$ induziert genau eine R-lineare Abbildung $\bar{\varphi}: M/A\to N$, für die das Diagramm*

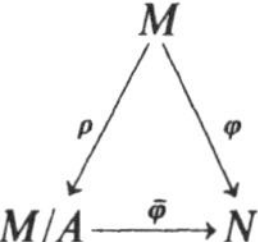

kommutativ ist, d.h. für die gilt: $\varphi=\bar{\varphi}\circ\rho$.
Es gilt: $\operatorname{Ker}\bar{\varphi}=\rho(\operatorname{Ker}\varphi)$, $\operatorname{Im}\bar{\varphi}=\operatorname{Im}\varphi$.

Beweis. Wir betrachten das Diagramm

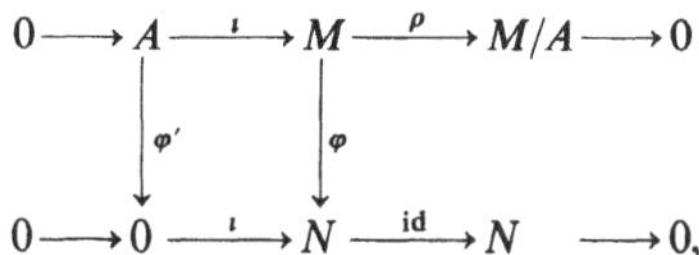

bei dem die Zeilen exakt sind und φ' die Nullabbildung ist. Wegen $A\subset\operatorname{Ker}\varphi$ gilt $\varphi\circ\iota=\iota\circ\varphi'$. Nach Satz 1 (mit $A=:M'$, $0=:N'$, $M/A=:M''$, $N=:N''$ etc.) gibt es also genau einen Homomorphismus $\bar{\varphi}: M/A\to N$ mit $\varphi=\bar{\varphi}\circ\rho$.
Die Gleichungen für $\operatorname{Ker}\bar{\varphi}$ und $\operatorname{Im}\bar{\varphi}$ sind trivial. $\qquad\square$

Man sagt in der Situation von Satz 2 vielfach, daß jeder Homomorphismus $\varphi: M\to N$ mit $\operatorname{Ker}\varphi\supset A$ über den Restklassenepimorphismus $M\to M/A$ *faktorisierbar* ist.

2. Isomorphiesätze. — Isomorphe Moduln sind algebraische Kopien desselben Urmoduls und haben dieselben algebraischen Eigenschaften. Ein wichtiges Problem der Modultheorie besteht daher darin, Kriterien für die Isomorphie zweier vorgelegter Moduln zu finden. Aus Satz 2 ergibt sich sogleich ein erstes solches Isomorphiekriterium, nämlich (man setze $A:=\operatorname{Ker}\varphi$ und beachte $\rho(A)=0$):

Satz 3 *(Isomorphiesatz). Jeder R-Epimorphismus* $\varphi\colon M \to N$ *induziert (genau)
einen R-Isomorphismus* $\bar{\varphi}\colon M/\mathrm{Ker}\,\varphi \xrightarrow{\sim} N$, *so daß das Diagramm*

$$
\begin{array}{ccc}
M & \xrightarrow{\ \varphi\ } & N \\
\rho \searrow & & \nearrow \bar{\varphi} \\
& M/\mathrm{Ker}\,\varphi &
\end{array}
\qquad \rho := Restklassenepimorphismus,
$$

kommutativ ist.

Dieser Satz wird in der Literatur auch der Homomorphiesatz für Moduln
genannt: alle homomorphen Bilder von M sind isomorph zu Restklassenmoduln
von M.

Wir benötigen später das Analogon des Satzes 3 für Ringepimorphismen.

Satz 3′. *Es sei* $\gamma\colon R \to S$ *ein Ringepimorphismus. Dann gibt es genau einen Ring-
isomorphismus* $\bar{\gamma}\colon R/\mathrm{Ker}\,\gamma \xrightarrow{\sim} S$ *des Restklassenringes* $R/\mathrm{Ker}\,\gamma$ *auf S, so daß gilt:*
$\bar{\gamma}\circ\rho = \gamma\,(\,\rho := Restklassen(\,ring\,)epimorphismus\ von\ R\ auf\ R/\mathrm{Ker}\,\gamma\,).$

Beweis. Wir fassen S als R-Modul bzgl. γ auf (vgl. § 1.2, Beispiel 3). Dann ist γ ein
R-Epimorphismus, und nach Satz 3 gibt es einen R-Isomorphismus $\bar{\gamma}$ mit $\bar{\gamma}\circ\rho = \gamma$.
Man rechnet sofort nach, daß $\bar{\gamma}$ auch multiplikationstreu ist. Die Eindeutigkeit
von $\bar{\gamma}$ folgt wieder aus der Gleichung $\bar{\gamma}\circ\rho = \gamma$. $\qquad\square$

Wir machen sofort eine Anwendung dieses Satzes. Im § 1.5 haben wir jedem
R-Modul $M \neq 0$ den Homothetienring $R_M \subset \mathrm{End}_R M$ zugeordnet und den Ring-
epimorphismus $R \to R_M$, $r \mapsto r \cdot \mathrm{id}$ betrachtet, dessen Kern das Annullatorideal
Ann M ist (vgl. auch § 2.1). Aufgrund von Satz 3 besteht die natürliche Isomorphie

$$R_M \simeq R/\mathrm{Ann}\,M.$$

Es ist üblich, die Ringe R_M und $R/\mathrm{Ann}\,M$ (mittels dieses Isomorphismus) zu identifizieren.

Im folgenden werden noch zwei weitere Isomorphiesätze für R-Moduln her-
geleitet, die in vielen algebraischen Untersuchungen eine wichtige Rolle spielen.
Wir gehen aus von einem R-Modul M und zwei beliebigen Untermoduln A und A'
von M. Dann hat man die natürlichen Einbettungen

$$\iota\colon A \to A+A', \quad A' \to A+A', \quad A\cap A' \to A, \quad A\cap A' \to A'$$

sowie die Restklassenepimorphismen

$$\varepsilon\colon A \to A/A\cap A', \quad \varepsilon'\colon A+A' \to A+A'/A'.$$

Wir erhalten das „exakte" Diagramm:

$$
\begin{array}{ccccccccc}
0 & \longrightarrow & A\cap A' & \longrightarrow & A & \xrightarrow{\ \varepsilon\ } & A/A\cap A' & \longrightarrow & 0 \\
& & \downarrow & & \downarrow{\scriptstyle\iota} & & \downarrow{\scriptstyle\bar{\varepsilon}} & & \\
0 & \longrightarrow & A' & \longrightarrow & A+A' & \xrightarrow{\ \varepsilon'\ } & A+A'/A' & \longrightarrow & 0.
\end{array}
$$

Nach Satz 1 definiert die Zuordnung $x + A \cap A' \mapsto x + A'$, $x \in A$, den R-Homomorphismus

$$\bar{\varepsilon}\colon\; A/A \cap A' \to A + A'/A'.$$

Wegen $x + x' + A' = x + A'$ für alle $x \in A$, $x' \in A'$, ist dieser Homomorphismus surjektiv. Ferner gilt:

$$\iota^{-1}(\operatorname{Ker} \varepsilon') = \iota^{-1}(A') = A \cap A' = \operatorname{Ker} \varepsilon.$$

Nach dem Korollar zu Satz 1 ist $\bar{\varepsilon}$ damit auch injektiv, und wir haben bewiesen:

Satz 4. *Es seien A und A' Untermoduln eines R-Moduls M. Dann gibt es einen kanonischen R-Isomorphismus*

$$A/A \cap A' \xrightarrow{\sim} A + A'/A',$$

der jeder Restklasse $\bar{x}$ von A modulo $A \cap A'$, $x \in A$, die von x repräsentierte Restklasse $A + A'$ modulo A' zuordnet.

Hierzu betrachten wir das folgende

Beispiel. Es sei $R := M := \mathbf{Z}$, $A := a\mathbf{Z}$, $A' := b\mathbf{Z}$ mit natürlichen Zahlen $a, b \geq 1$. Wir bezeichnen mit d bzw. v den *größten gemeinsamen Teiler* bzw. das *kleinste gemeinsame Vielfache* von a und b. Nach bekannten Sätzen der elementaren Zahlentheorie gilt dann:

$$(a\mathbf{Z}) \cap (b\mathbf{Z}) = v\mathbf{Z}, \qquad a\mathbf{Z} + b\mathbf{Z} = d\mathbf{Z}.$$

Nach Satz 4 besteht also ein $\mathbf{Z}$-Isomorphismus

$$a\mathbf{Z}/v\mathbf{Z} \xrightarrow{\sim} d\mathbf{Z}/b\mathbf{Z}.$$

Der Leser vergleiche diese Isomorphie mit der bekannten Gleichung $ab = dv$, d.h. $\dfrac{a}{v} = \dfrac{d}{b}$. Sind insbesondere a und b teilerfremd, so gilt $d = 1$, $v = a\,b$, und man hat eine $\mathbf{Z}$-Isomorphie $\mathbf{Z}/b\mathbf{Z} \xrightarrow{\sim} a\mathbf{Z}/ab\mathbf{Z}$.

Wir kehren nun zur allgemeinen Situation zurück und nehmen zusätzlich an, daß A in A' enthalten ist: $A \subset A'$. Dann gibt es ein „exaktes" Diagramm der folgenden Art:

$$
\begin{array}{ccccccccc}
0 & \longrightarrow & A' & \xrightarrow{\;\iota\;} & M & \xrightarrow{\;\rho'\;} & M/A' & \longrightarrow & 0 \\
 & & \big\downarrow & & \big\downarrow{\scriptstyle\rho} & & \big\downarrow{\scriptstyle\bar{\rho}} & & \\
0 & \longrightarrow & A'/A & \xrightarrow{\;\iota\;} & M/A & \xrightarrow{\;\pi\;} & (M/A)/(A'/A) & \longrightarrow & 0;
\end{array}
$$

hierbei bezeichnet ι jeweils die natürliche Einbettung und $A' \to A'/A$, ρ, ρ', π sind die natürlichen Restklassenepimorphismen. Nach Satz 1 gibt es einen R-Homomorphismus $\bar{\rho}\colon M/A' \to (M/A)/(A'/A)$ mit $\bar{\rho} \circ \rho' = \pi \circ \rho$. Wegen der Surjektivität von ρ und

$$\rho^{-1}(\operatorname{Ker} \pi) = \rho^{-1}(A'/A) = A' = \operatorname{Ker} \rho'$$

ist $\bar{\rho}$ nach dem Korollar zu Satz 1 ein Isomorphismus und liefert somit einen Isomorphismus $\bar{\rho}^{-1}\colon (M/A)/(A'/A) \xrightarrow{\sim} M/A'$.

Wir präzisieren dies im

Satz 5. *Es seien A und A' Untermoduln eines R-Moduls M mit $A \subset A'$. Dann gibt es einen kanonischen R-Isomorphismus*

$$(M/A)/(A'/A) \xrightarrow{\sim} M/A',$$

dessen Inverses wie folgt beschreibbar ist: falls $x \in M$, so wird der Restklasse von x modulo A' die Restklasse modulo A'/A der Restklasse von x modulo A zugeordnet.

Bemerkung. Dieser Isomorphiesatz kann als eine „Kürzungsregel für Moduln" gut memoriert werden; auf der rechten Seite hat sich der „Nenner A" herausgekürzt.

3. Abbildungstheoretische Charakterisierung von Restklassenmoduln. — Die „Faktorisierungseigenschaft" (U) des Satzes 2 charakterisiert Restklassenmoduln in folgendem Sinne:

Satz 6. *Es sei A ein Untermodul des R-Moduls M. Es seien $\overline{M}$ ein R-Modul und $\mu: M \to \overline{M}$ ein R-Homomorphismus mit folgenden Eigenschaften:*

(0) $\operatorname{Ker}\mu \supset A$.

(U) *Ist N ein beliebiger R-Modul, so gibt es zu jedem $\varphi \in \operatorname{Hom}_R(M, N)$ mit $\operatorname{Ker}\varphi \subset A$ genau ein $\overline{\varphi} \in \operatorname{Hom}_R(\overline{M}, N)$ mit $\varphi = \overline{\varphi} \circ \mu$.*

Dann existiert genau ein R-Isomorphismus $\sigma: M/A \to \overline{M}$, so daß das Diagramm

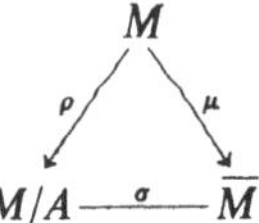

kommutativ ist $(\mu = \sigma \circ \rho)$.

Beweis. Weil M/A nach Satz 2 und $\overline{M}$ nach Voraussetzung die Eigenschaft (U) besitzen, gibt es zu den Homomorphismen $\mu: M \to \overline{M}$ und $\rho: M \to M/A$ eindeutig bestimmte Homomorphismen

$$\sigma: M/A \to \overline{M}, \quad \tau: \overline{M} \to M/A,$$

mit $\mu = \sigma \circ \rho$, $\rho = \tau \circ \mu$. Es bleibt zu zeigen, daß σ bijektiv ist. Wir betrachten die beiden Abbildungen

$$\sigma \circ \tau: \overline{M} \to \overline{M} \quad \text{und} \quad \tau \circ \sigma: M/A \to M/A.$$

Es gilt:

$$(\sigma \circ \tau)\mu = \sigma(\tau \circ \mu) = \sigma \circ \rho = \mu = \operatorname{id}_{\overline{M}} \circ \mu,$$

$$(\tau \circ \sigma)\rho = \tau(\sigma \circ \rho) = \tau \circ \mu = \rho = \operatorname{id}_{M/A} \circ \rho.$$

Die Eindeutigkeitsforderung in (U) impliziert $\sigma \circ \tau = \operatorname{id}_{\overline{M}}$ und $\tau \circ \sigma = \operatorname{id}_{M/A}$ und damit die Bijektivität von σ. $\qquad\square$

§ 4. Funktoren von Moduln

Wir motivieren den Begriff des Funktors (im naiven Sinne) zunächst am Beispiel der Verkleinerung des Grundringes und machen alsdann einige allgemeine (triviale) Bemerkungen über Funktoren. Der Übergang zu dualen Moduln wird als ein weiteres Beispiel eines Funktors angegeben.

1. Verkleinerung des Grundringes. — Die Bildung von Restklassenmoduln ist ein Verkleinerungsprozeß für Moduln unter Beibehaltung des Operatorenringes R. In besonderen Situationen läßt sich dabei auch der Operatorenring selbst verkleinern. Wir beschreiben dies im folgenden genauer:

Es sei $\mathfrak{a} \neq R$ ein fest vorgegebenes Ideal im Grundring R. Für jeden R-Modul M setzen wir:

$$\mathfrak{a} M := \left\{ \sum_{\mu=1}^{m} a_\mu x_\mu; \ m \in \mathbb{N} \text{ beliebig}, \ a_\mu \in \mathfrak{a}, \ x_\mu \in M \right\} \subset M.$$

Ersichtlich ist $\mathfrak{a} M$ ein R-Untermodul von M. Daher existiert der R-Modul $M/\mathfrak{a} M$. Es gilt nun:

Satz 1. *Die Gruppe $M/\mathfrak{a} M$ trägt in genau einer Weise die Struktur eines $R/\mathfrak{a}$-Moduls, so daß das Diagramm*

$$
\begin{array}{ccc}
R \times M & \longrightarrow & M \\
\downarrow{\scriptstyle\rho} & \downarrow{\scriptstyle\rho} & \downarrow{\scriptstyle\rho} \\
R/\mathfrak{a} \times M/\mathfrak{a} M & \longrightarrow & M/\mathfrak{a} M
\end{array}
$$

kommutativ ist (dabei bezeichnet ρ jeweils die Restklassenabbildung, während die waagerechten Pfeile die Skalarenmultiplikation bezeichnen).

Wir skizzieren den Beweis und überlassen die Durchführung der Einzelheiten dem Leser als einfache Übungsaufgabe. Sind $\bar{r} \in R/\mathfrak{a}, \bar{x} \in M/\mathfrak{a} M$ und wählt man ρ-Urbilder $r \in R, x \in M$, so soll gelten: $\bar{r} \cdot \bar{x} = \rho(rx)$. Dies impliziert bereits die Eindeutigkeit der $R/\mathfrak{a}$-Modulstruktur auf $M/\mathfrak{a} M$ und zeigt zugleich, daß die Definition der Skalarenmultiplikation auf $M/\mathfrak{a} M$ mittels Repräsentanten (= Urbildern) erfolgen kann. Der Nachweis der Unabhängigkeit von der Urbildwahl verläuft nach bereits geläufigem Vorbild: sind $r' \in R, x' \in M$ andere ρ-Urbilder von $\bar{r}, \bar{x}$, so gilt

$$r' - r \in \mathfrak{a}, \qquad x' - x \in \mathfrak{a} M$$

und also:

$$r'x' - rx = r'(x' - x) + (r' - r)x \in \mathfrak{a} M + \mathfrak{a} M = \mathfrak{a} M,$$

d.h. $\rho(r'x') = \rho(rx)$. Die Rechenregeln werden durch Nachrechnen bestätigt.

Wir haben somit bei gegebenem Ideal $\mathfrak{a} \neq R$ in R jedem R-Modul M den $R/\mathfrak{a}$-Modul $M/\mathfrak{a} M$ zugeordnet. Wir zeigen als nächstes, daß diese Zuordnung Homomorphismen respektiert; genauer:

Satz 2. *Jeder R-Homomorphismus $\varphi: M \to N$ induziert genau eine Abbildung*

$$\varphi_\mathfrak{a}: M/\mathfrak{a}M \to N/\mathfrak{a}N,$$

so daß gilt: $\varphi_\mathfrak{a} \circ \rho = \rho' \circ \varphi$ (mit $\rho, \rho' =$ Restklassenepimorphismen). Die Abbildung $\varphi_\mathfrak{a}$ ist sowohl ein R-Homomorphismus als auch ein R/$\mathfrak{a}$-Homomorphismus. Es gilt:

1) *Ist φ die Identität $M \to M$, so ist $\varphi_\mathfrak{a}$ die Identität $M/\mathfrak{a}M \to M/\mathfrak{a}M$.*

2) *Ist $\psi: N \to P$ ein weiterer R-Modulhomomorphismus, so gilt:*

$$(\psi \circ \varphi)_\mathfrak{a} = \psi_\mathfrak{a} \circ \varphi_\mathfrak{a}.$$

3) *Für $\varphi, \varphi' \in \mathrm{Hom}_R(M, N)$ gilt stets*

$$(\varphi + \varphi')_\mathfrak{a} = \varphi_\mathfrak{a} + \varphi'_\mathfrak{a}.$$

Beweis. Ersichtlich gilt $\varphi(\mathfrak{a}M) \subset \mathfrak{a}N$. Daher gibt es nach Satz 3.1 genau eine Abbildung $\varphi_\mathfrak{a}(=\bar{\varphi})$ mit $\varphi_\mathfrak{a} \circ \rho = \rho' \circ \varphi$. Wir wissen, daß $\varphi_\mathfrak{a}$ eine R-lineare Abbildung ist. Man rechnet direkt nach, daß sie auch $R/\mathfrak{a}$-linear ist. Die Aussagen 1)–3) folgen trivial. $\qquad\Box$

Bemerkung. Der Leser mache sich klar, daß 3) z.B. ein Spezialfall der folgenden Aussage ist:

Es seien $\varphi, \varphi' \in \mathrm{Hom}(M, N)$; es seien A bzw. B Untermoduln von M bzw. N mit $A \subset \varphi^{-1}(B) \cap \varphi'^{-1}(B)$. Dann gilt $A \subset (\varphi + \varphi')^{-1}(B)$, und nach Satz 3.2 existieren induzierte Homomorphismen $\bar{\varphi}, \bar{\varphi}', \overline{\varphi + \varphi'} \in \mathrm{Hom}(M/A, N/B)$. Es besteht die Gleichung:
$$\overline{\varphi + \varphi'} = \bar{\varphi} + \bar{\varphi}'.$$

Wir notieren noch ein

Korollar zu Satz 2. *Mit φ ist auch $\varphi_\mathfrak{a}$ surjektiv. Es gilt $\mathrm{Ker}\,\varphi_\mathfrak{a} = \rho(\varphi^{-1}(\mathfrak{a}N))$; daher ist $\varphi_\mathfrak{a}$ genau dann injektiv, wenn $\varphi^{-1}(\mathfrak{a}N) = \mathfrak{a}M$.*
Mit φ ist auch $\varphi_\mathfrak{a}$ ein Isomorphismus.

Beweis. Die ersten Aussagen folgen unmittelbar aus Satz 3.1 und seinem Korollar (mit $M' := \mathfrak{a}M, N' := \mathfrak{a}N$ etc.). Es bleibt lediglich zu zeigen, daß mit φ auch $\varphi_\mathfrak{a}$ bijektiv ist. Das aber ist klar, denn die Existenz eines $\chi \in \mathrm{Hom}(N, M)$ mit $\chi \circ \varphi = \mathrm{id}_M$ und $\varphi \circ \chi = \mathrm{id}_N$ hat wegen 1) und 2) die Gleichungen $\chi_\mathfrak{a} \circ \varphi_\mathfrak{a} = \mathrm{id}_{M/\mathfrak{a}M}$ und $\varphi_\mathfrak{a} \circ \chi_\mathfrak{a} = \mathrm{id}_{N/\mathfrak{a}N}$ zur Folge. $\qquad\Box$

Bemerkung. Die Injektivität von φ impliziert i.allg. *nicht* die Injektivität von $\varphi_\mathfrak{a}$. Dazu das folgende Beispiel: Sei $M := N := R := \mathbb{Z}$, $\mathfrak{a} := 4\mathbb{Z}$. Die Homothetie

$$\lambda: \mathbb{Z} \to \mathbb{Z}, \quad x \mapsto 2x$$

ist injektiv, für $\lambda_\mathfrak{a}: \mathbb{Z}/4\mathbb{Z} \to \mathbb{Z}/4\mathbb{Z}$ gilt indessen

$$\lambda_\mathfrak{a}(\bar{2}) = \bar{4} = \bar{0}, \quad \text{aber} \quad \bar{2} \neq \bar{0} \text{ in } \mathbb{Z}/4\mathbb{Z}.$$

Die Zuordnungen $M \rightsquigarrow M/\mathfrak{a}M$, $\varphi \rightsquigarrow \varphi_\mathfrak{a}$ sind eine Konstruktion zur Grundringverkleinerung. Ist speziell $\mathfrak{a}$ ein maximales Ideal $\mathfrak{m}$ in R, so ist der verkleinerte Grundring $R/\mathfrak{m}$ ein Körper, und die Moduln $M/\mathfrak{m}M$ sind *Vektorräume* über diesem Körper. Da sich zeigen wird, daß die Theorie der Vektorräume in vielerlei Hinsicht einfacher ist als die Theorie der Moduln, so kann man häufig mit Erfolg (unter Benutzung maximaler Ideale!) ein Problem für Moduln auf ein leichter lösbares Problem für Vektorräume zurückführen (vgl. hierzu den Beweis von Satz 3.5.8 im nächsten Kapitel).

Es gibt Fälle, in denen die Verkleinerung des Grundringes den Modul M unverändert läßt, d.h. in denen gilt $\mathfrak{a}M = 0$. Um dies genauer zu beschreiben, müssen wir das bereits in § 1.5 eingeführte Annullatorideal

$$\mathrm{Ann}\, M = \{r \in R;\ r\,x = 0 \ \text{für alle}\ x \in M\}$$

heranziehen. Man sieht alsdann unmittelbar:

Es gilt $\mathfrak{a}M = 0$ *und also* $M = M/\mathfrak{a}M$ *für ein Ideal* $\mathfrak{a} \neq R$ *genau dann, wenn* $\mathfrak{a} \subset \mathrm{Ann}\, M$. *In diesen Fällen ist* M *selbst bereits ein* $R/\mathfrak{a}$-*Modul. Speziell ist jeder* R-*Modul* M *ein Modul über seinem Homothetienring* $R_M = R/\mathrm{Ann}\, M$.

2. Funktoren. Additivität. — Zuordnungen zwischen Moduln und Homomorphismen von der im vorangehenden Abschnitt beschriebenen Art kommen in der Mathematik häufig vor. Es hat sich in den letzten Jahrzehnten eingebürgert, in solchen Situationen von einem *Funktor* von Moduln zu sprechen. Die genaue Definition ist wie folgt:

Def. 3 (*Funktor von Moduln*). *Es seien* R, R' *zwei Ringe. Es sei* T *eine Vorschrift, die jedem* R-*Modul* M *einen* R'-*Modul* $T(M)$ *und jedem* R-*Homomorphismus* $\varphi \colon M \to N$ *zwischen* R-*Moduln einen* R'-*Modulhomomorphismus* $T(\varphi) \colon T(M) \to T(N)$ *zuordnet, so daß folgendes gilt:*

1) *Für* $\mathrm{id} \in \mathrm{Hom}_R(M, M)$ *gilt* $T(\mathrm{id}) = \mathrm{id} \in \mathrm{Hom}_{R'}\big(T(M), T(M)\big)$.

2) *Für* $\varphi \in \mathrm{Hom}_R(M, N)$, $\psi \in \mathrm{Hom}_R(N, P)$ *gilt:*

$$T(\psi \circ \varphi) = T(\psi) \circ T(\varphi).$$

Dann heißt T *ein Funktor von Moduln, genauer: ein Funktor der* R-*Moduln in die* R'-*Moduln.*

Im Sinne dieser Definition ist die im vorangehenden Abschnitt für jedes Ideal $\mathfrak{a} \neq R$ von R beschriebene Konstruktion „Verkleinerung des Grundringes" ein Funktor der R-Moduln in die $R/\mathfrak{a}$-Moduln.

Die Forderungen 1) und 2) implizieren unmittelbar:

Für $\varphi \in \mathrm{Hom}(M, N)$, $\psi \in \mathrm{Hom}(N, M)$ *mit* $\psi \circ \varphi = \mathrm{id}$ *gilt* $T(\psi) \circ T(\varphi) = \mathrm{id}$.
Ist speziell $\varphi \colon M \to N$ *ein* R-*Isomorphismus, so ist* $T(\varphi) \colon T(M) \to T(N)$ *ein* R'-*Isomorphismus; es gilt* $T(\varphi)^{-1} = T(\varphi^{-1})$.

Der Funktor „Verkleinerung des Grundringes" ist additiv im Sinne folgender

Def. 4 (*Additivität*). *Ein Funktor T der R-Moduln in die R'-Moduln heißt additiv, wenn folgendes gilt:*

Für $\varphi, \varphi' \in \mathrm{Hom}_R(M, N)$ ist $T(\varphi + \varphi') = T(\varphi) + T(\varphi')$.

Wir notieren sogleich:

Ist T additiv und ist $\varphi\colon M \to N$ der Nullhomomorphismus, so ist auch $T(\varphi)\colon T(M) \to T(N)$ der Nullhomomorphismus.

Beweis. Nach Voraussetzung gilt $\varphi + \varphi = \varphi$ und also $T(\varphi) + T(\varphi) = T(\varphi)$, da T additiv ist. Da $\mathrm{Hom}_{R'}(T(M), T(N))$ eine Gruppe ist, folgt

$$T(\varphi) = 0 \in \mathrm{Hom}_{R'}(T(M), T(N)). \qquad \square$$

Additive Funktoren respektieren endliche direkte Produkte. Genauer gilt:

Satz 5. *Es sei T ein additiver Funktor der R-Moduln in die R'-Moduln; es seien $M_1, \ldots, M_m$ Moduln über R. Dann gibt es einen natürlichen R'-Isomorphismus*

$$T\left(\prod_{\mu=1}^{m} M_\mu\right) \xrightarrow{\sim} \prod_{\mu=1}^{m} T(M_\mu).$$

Beweis. Wir setzen $M := \prod_{\mu=1}^{m} M_\mu$ und benutzen die Notation von § 1.7. Seien also

$$\iota_p\colon M_p \to M \quad \text{bzw.} \quad \pi_p\colon M \to M_p, \quad p = 1, \ldots, m,$$

die natürlichen Injektionen bzw. Surjektionen. Wir betrachten die zugehörigen R'-Homomorphismen

$$T(\iota_p) \in \mathrm{Hom}_{R'}(T(M_p), T(M)), \qquad T(\pi_p) \in \mathrm{Hom}_{R'}(T(M), T(M_p)).$$

Die Gleichungen

$$\pi_p \circ \iota_p = \mathrm{id}, \quad \pi_p \circ \iota_q = 0 \quad \text{für } p \neq q, \quad \sum_{p=1}^{m} \iota_p \circ \pi_p = \mathrm{id}$$

übersetzen sich wegen der Additivität von T in die Gleichungen

$$T(\pi_p) \circ T(\iota_p) = \mathrm{id}, \quad T(\pi_p) \circ T(\iota_q) = 0 \quad \text{für } p \neq q, \quad \sum_{p=1}^{m} T(\iota_p) \circ T(\pi_p) = \mathrm{id}.$$

Nach Satz 1.10 ist dann die durch

$$w \mapsto \big(T(\pi_\mu)(w)\big)_{1 \le \mu \le m}, \quad w \in T(M),$$

definierte Abbildung ein R'-Isomorphismus von $T(M)$ auf $\prod_{\mu=1}^{m} T(M_\mu)$. $\qquad \square$

Beispiel. Für den Spezialfall $M_\mu := M$, $\mu = 1, \ldots, m$, gilt $\prod\limits_{\mu=1}^{m} M_\mu = M^m$, und es folgt:

$$T(M^m) \overset{\sim}{\to} T(M)^m \qquad \text{für additive Funktoren } T.$$

Wenden wir dieses Beispiel auf den additiven Funktor „Verkleinerung des Grundringes" an, so sehen wir:

Für jedes Ideal $\mathfrak{a} \neq R$ *und jede natürliche Zahl* $m \geq 1$ *gibt es einen natürlichen* $R/\mathfrak{a}$-*Modulisomorphismus*

$$M^m/\mathfrak{a}M^m \overset{\sim}{\to} (M/\mathfrak{a}M)^m, \qquad \text{speziell gilt: } R^m/\mathfrak{a}R^m \simeq (R/\mathfrak{a})^m.$$

3. Duale Moduln und duale Homomorphismen. — Unter den Homomorphismen-moduln $\mathrm{Hom}_R(M, N)$ von R-Moduln M, N spielt der Modul $\mathrm{Hom}_R(M, R)$ der Linearformen auf M eine besondere Rolle.

Def. 6 *(Dualer Modul). Der R-Modul*

$$M^* := \mathrm{Hom}_R(M, R)$$

heißt der zu M duale Modul oder (kurz) das Dual von M.

Wir geben drei Beispiele:

1) Für $M := R$ ist M^* als R-Modul zu R isomorph: jede Linearform $\lambda : R \to R$ stimmt nämlich mit der zu $a := \lambda(1) \in R$ gehörenden Homothetie $\lambda_a : R \to R$, $r \mapsto ar$, überein; die Zuordnung $\lambda \mapsto a$ liefert den gewünschten R-Isomorphismus $M^* \overset{\sim}{\to} R$.

2) Für den $\mathbb{Z}$-Modul $\mathbb{Q}$ ist das Dual $\mathrm{Hom}_{\mathbb{Z}}(\mathbb{Q}, \mathbb{Z})$ der *Nullmodul.* Ist nämlich $\lambda : \mathbb{Q} \to \mathbb{Z}$ irgendeine $\mathbb{Z}$-Linearform, so muß für jedes $n \in \mathbb{Z} \setminus \{0\}$ gelten: $\lambda(1) = \lambda\left(n \cdot \dfrac{1}{n}\right) = n \cdot \lambda\left(\dfrac{1}{n}\right)$. Die ganze Zahl $\lambda(1)$ wird daher wegen $\lambda\left(\dfrac{1}{n}\right) \in \mathbb{Z}$ von allen natürlichen Zahlen $n = 1, 2, \ldots$ geteilt. Das ist aber nur für $\lambda(1) = 0$ möglich. Dies impliziert $\lambda = 0$ (Beweis).

3) Ist R ein *Integritätsring,* so gilt $M^* = 0$ für *jeden* R-Modul $M \neq 0$ mit Annullatorideal $\mathrm{Ann}\, M \neq 0$. Wählt man nämlich $r \neq 0$ in $\mathrm{Ann}\, M$ und $x \in M$ beliebig, so gilt (wegen $rx = 0$) für jede Linearform $\lambda : M \to R$ die Gleichung

$$0 = \lambda(0) = \lambda(rx) = r\lambda(x).$$

Da r kein Nullteiler in R ist, folgt $\lambda(x) = 0$, d.h. $\lambda = 0$. — Im voranstehenden Schluß wurde die Voraussetzung, daß R ein Integritätsring ist, nicht voll ausgenutzt. Wir benötigten nur, daß $\mathrm{Ann}_R M$ einen Nichtnullteiler enthält; die Aussage $M^* = 0$ gilt also für alle solche Moduln M.

Ist $\varphi : M \to N$ ein R-Modulhomomorphismus, so wird jede Linearform $\lambda : N \to R$ auf N vermöge $\lambda \circ \varphi : M \to R$ zu einer Linearform auf M „geliftet". Man gewinnt somit vermöge

$$\varphi^*(\lambda) := \lambda \circ \varphi \qquad \text{für alle } \lambda \in N^*$$

eine Abbildung $\varphi^*: N^* \to M^*$. Der Leser verifiziert sofort

$$\varphi^* \in \operatorname{Hom}_R(N^*, M^*).$$

Def. 7 *(Dualer Homomorphismus). Die Abbildung $\varphi^*: N^* \to M^*$ heißt der zu φ duale Homomorphismus oder (kurz) das Dual von φ.*

Man beachte, daß φ^* die Abbildungsrichtung „umkehrt", d.h. von N^* nach M^* (und nicht von M^* nach N^*) abbildet.

Die wichtigsten Dinge über die Dualbildung stellen wir im nächsten Satz zusammen:

Satz 8. *Jeder R-Homomorphismus $\varphi: M \to N$ induziert einen R-Homomorphismus $\varphi^*: N^* \to M^*$ mit folgenden Eigenschaften:*

1) *Für $\varphi = \mathrm{id}$ gilt $\varphi^* = \mathrm{id}$.*

2) *Ist $\psi: N \to P$ ein weiterer R-Homomorphismus, so gilt*

$$(\psi \circ \varphi)^* = \varphi^* \circ \psi^*. \quad (!)$$

3) *Für $\varphi, \varphi' \in \operatorname{Hom}(M, N)$ gilt stets:*

$$(\varphi + \varphi')^* = \varphi^* + \varphi'^*.$$

Die Beweise sind trivial, z.B. ergibt sich 2) wie folgt:

$$(\psi \circ \varphi)^*(\lambda) = \lambda \circ (\psi \circ \varphi) = (\lambda \circ \psi) \circ \varphi = \psi^*(\lambda) \circ \varphi = \varphi^*(\psi^*(\lambda))$$

$$= (\varphi^* \circ \psi^*)(\lambda), \qquad \lambda \in P^*. \qquad\qquad \square$$

Wir sehen, daß die Konstruktion der Dualbildung die charakteristischen Eigenschaften eines additiven Funktors T hat mit der einen Änderung, daß in Def. 3 (für $\varphi \in \operatorname{Hom}(M, N)$) jetzt $T(\varphi) \in \operatorname{Hom}(T(N), T(M))$ und in 2) dementsprechend

$$T(\psi \circ \varphi) = T(\varphi) \circ T(\psi) \quad \text{statt} \quad T(\psi \circ \varphi) = T(\psi) \circ T(\varphi)$$

steht. Man trägt dieser Tatsache dadurch Rechnung, daß man den Funktorbegriff verfeinert: man spricht von einem *kovarianten* Funktor, wenn die Situation von Def. 3 vorliegt (d.h. wenn mit $\varphi \in \operatorname{Hom}(M, N)$ stets $T(\varphi) \in \operatorname{Hom}(T(M), T(N))$), und von einem *kontravarianten* Funktor, wenn für $\varphi \in \operatorname{Hom}(M, N)$ stets $T(\varphi) \in \operatorname{Hom}(T(N), T(M))$ gilt und sich entsprechend in 2) die Faktoren rechts vertauschen. *Die Dualbildung ist also ein kontravarianter Funktor der R-Moduln in die R-Moduln.* Die Eigenschaften 1) und 2) implizieren wie früher:

Ist φ ein Isomorphismus, so ist auch φ^* ein Isomorphismus, und es gilt $(\varphi^*)^{-1} = (\varphi^{-1})^*$.

Es sei übrigens erwähnt, daß statt 3) in Satz 8 allgemeiner gilt (Beweis!):

Die Zuordnung $\varphi \mapsto \varphi^*$ definiert einen R-Homomorphismus

$$*: \ \operatorname{Hom}(M,N) \to \operatorname{Hom}(N^*, M^*).$$

Der Funktorbegriff ist so allgemein gehalten, daß generell keine nichttrivialen Sätze für allgemeine Funktoren beweisbar sind. So vererben sich etwa für Funktoren i.allg. nicht einmal die Eigenschaften der Injektivität bzw. Surjektivität (vgl. z.B. in Nr. 1 das Beispiel eines Monomorphismus φ mit $\operatorname{Ker}\varphi_a \neq 0$). In der speziellen Situation des Funktors * gilt indessen der wichtige

Satz 9. *Ist $\varphi: M \to N$ ein Epimorphismus, so ist $\varphi^*: N^* \to M^*$ ein Monomorphismus.*

Beweis. Sei $\lambda \in \operatorname{Ker}\varphi^*$, also $\varphi^*(\lambda) = \lambda \circ \varphi = 0$. Wegen $\varphi(M) = N$ heißt dies $\lambda(N) = 0$, d.h. $\lambda = 0$. $\square$

4. Bidual. – Zum Dual M^* eines jeden R-Moduls M kann man wiederum den dualen Modul

$$M^{**} := (M^*)^*$$

bilden; zum dualen Homomorphismus $\varphi^*: N^* \to M^*$ von $\varphi: M \to N$ entsprechend

$$\varphi^{**} := (\varphi^*)^*: \ M^{**} \to N^{**}.$$

Man nennt M^{**} bzw. φ^{**} das *Bidual* von M bzw. φ; ersichtlich ist die Bidualbildung ein kovarianter additiver Funktor der R-Moduln in sich. Zwischen den Moduln M und M^{**} besteht ein natürlicher Homomorphismus. Dieser beruht auf folgender

Beobachtung: Jedes $x \in M$ gibt vermöge $\lambda \mapsto \lambda(x)$, $\lambda \in M^*$, zu einer Abbildung

$$\hat{x}: \ M^* \to R$$

Anlaß. Es gilt $\hat{x} \in M^{**}$, d.h. $\hat{x}$ ist R-linear.

Beweis. Es ist nur die R-Linearität von $\hat{x}$ zu zeigen. Seien also $\lambda, \lambda' \in M^*$ und $r, r' \in R$. Dann gilt

$$\hat{x}(r\lambda + r'\lambda') = (r\lambda + r'\lambda')(x) = r\lambda(x) + r'\lambda'(x) = r\hat{x}(\lambda) + r'\hat{x}(\lambda'). \qquad \square$$

Wir haben somit jedem $x \in M$ ein $\hat{x} \in M^{**}$ zugeordnet. Es bezeichne $\Phi_M: M \to M^{**}$ die entstehende Abbildung, also $\Phi_M(x) = \hat{x}$. Dann gilt:

Satz 10. *Die Abbildung $\Phi_M: M \to M^{**}$ ist ein R-Homomorphismus. Für jedes $\varphi \in \operatorname{Hom}(M,N)$ ist das Diagramm*

$$
\begin{array}{ccc}
M & \xrightarrow{\ \varphi\ } & N \\
\Phi_M \downarrow & & \downarrow \Phi_N \\
M^{**} & \xrightarrow{\ \varphi^{**}\ } & N^{**}
\end{array}
$$

kommutativ, d.h. $\Phi_N \circ \varphi = \varphi^{**} \circ \Phi_M$.

Beweis. Wir zeigen zunächst, daß Φ_M eine R-lineare Abbildung ist, d.h. daß gilt:

$$\Phi_M(r_1\,x_1 + r_2\,x_2) = r_1\,\Phi_M(x_1) + r_2\,\Phi_M(x_2) \quad \text{für alle } x_1, x_2 \in M, \quad r_1, r_2 \in R.$$

Nach Definition stehen hier links bzw. rechts die Abbildungen

$$\lambda \mapsto \lambda(r_1\,x_1 + r_2\,x_2) \quad \text{bzw.} \quad \lambda \mapsto r_1\,\lambda(x_1) + r_2\,\lambda(x_2), \quad \lambda \in M^*.$$

Da λ eine Linearform ist, folgt $\lambda(r_1\,x_1 + r_2\,x_2) = r_1\,\lambda(x_1) + r_2\,\lambda(x_2)$ für alle $\lambda \in M^*$ und somit die behauptete Gleichung. Wir beweisen als nächstes die Gleichung $\Phi_N \circ \varphi = \varphi^{**} \circ \Phi_M$. Dazu ist also zu zeigen, daß für jedes $x \in M$ die beiden Linearformen

$$\Phi_N(\varphi(x))\colon N^* \to R \quad \text{und} \quad \varphi^{**}(\Phi_M(x))\colon N^* \to R$$

übereinstimmen. Definitionsgemäß ist $\Phi_N(y)(\lambda) = \lambda(y)$ für alle $y \in N$, $\lambda \in N^*$; daher folgt

$$\Phi_N(\varphi(x))(\lambda) = \lambda(\varphi(x)) \quad \text{für } \lambda \in N^*.$$

Nach Definition von φ^{**} gilt $\varphi^{**}(v) = v \circ \varphi^*$ für alle $v \in M^{**}$ (wo $\varphi^*\colon N^* \to M^*$), also

$$(\varphi^{**}(\Phi_M(x)))(\lambda) = (\Phi_M(x) \circ \varphi^*)(\lambda) = \Phi_M(x)(\lambda \circ \varphi)$$

$$= (\lambda \circ \varphi)(x) \quad \text{für alle } \lambda \in N^*.$$

Wegen $\lambda(\varphi(x)) = (\lambda \circ \varphi)(x)$ folgt die Behauptung. $\qquad\square$

Warnung. Es sei ausdrücklich betont, daß zwischen den Moduln M und M^* kein kanonischer Homomorphismus besteht. Überhaupt kann man im Falle beliebiger Moduln keine allgemeinen Sätze über ihre Duale erwarten; so sahen wir z. B., daß $M^* = 0$ für $M \neq 0$ sein kann (Nr. 3, Beispiele 2 und 3).

Kapitel III. Theorie endlich erzeugbarer Moduln

Mit R bzw. K bezeichnen wir stets einen Ring bzw. Körper; mit M, N, P werden stets R-Moduln bezeichnet. Untermoduln von M bzw. N sind mit A bzw. B bezeichnet.

§ 1. Erzeugendensysteme

1. Erzeugendensysteme. — Ist E eine Teilmenge von M, so ist die Menge $\mathfrak{A}$ aller Untermoduln von M, die E umfassen, wegen $M \in \mathfrak{A}$ nicht leer. Der Durchschnitt aller $A \in \mathfrak{A}$ ist wieder ein Untermodul von M (vgl. Kap. II, § 2.1). Er wird mit $[E]$ bezeichnet und ist der „kleinste" Untermodul von M, der E umfaßt.

Def. 1 *(Erzeugendensystem). Der Modul* $[E] := \bigcap_{A \in \mathfrak{A}} A$ *heißt der von* E *(über* R*) erzeugte (oder aufgespannte) R-Untermodul von* M. *Man nennt* $[E]$ *auch die lineare Hülle von* E.

Jede Teilmenge $E \subset M$, *für die* $[E] = M$ *gilt, heißt ein Erzeugendensystem von* M *(über* R*).*

Eine Familie $(x_i)_{i \in I}$ *in* M *heißt Erzeugendensystem von* M, *wenn die Menge* $\{x_i ; i \in I\}$ *den Modul* M *erzeugt.*

Besitzt E nur ein Element x, so gilt $[x] = Rx$, und unsere Definition stimmt mit der in Kap. II, § 2.1 getroffenen überein.

Sind E_1 und E_2 zwei Teilmengen von M mit $E_1 \subset E_2$, so ist $[E_1] \subset [E_2]$. Die Menge $[E_2]$ ist nämlich ein Untermodul von M, der E_2 und damit E_1 enthält. Also muß $[E_2]$ auch den kleinsten E_1 enthaltenden Untermodul $[E_1]$ umfassen.

Beispiele. 1) Jeder Untermodul von M stimmt mit seiner linearen Hülle überein, insbesondere gilt $[[E]] = [E]$.

2) Es ist $[\varnothing] = \{0\}$ der Nullmodul, denn dieser ist sicher der kleinste Untermodul, der die leere Menge umfaßt.

3) Die n Vektoren (sog. „*Einheitsvektoren*")

$$e_1 := (1, 0, \ldots, 0), \quad e_2 := (0, 1, \ldots, 0), \ldots, e_n := (0, \ldots, 0, 1)$$

erzeugen den Modul R^n, denn jedes Element $r=(r_1,\ldots,r_n)\in R^n$ läßt sich in der Form $r=r_1 e_1+\cdots+r_n e_n$ schreiben. Nun liegt $r_1 e_1+\cdots+r_n e_n$ aber in jedem Untermodul von R^n, der $\{e_1,\ldots,e_n\}$ umfaßt, also auch in $[\{e_1,\ldots,e_n\}]$. Es ist ein nichttrivialer Satz der linearen Algebra (vgl. das Korollar zu Satz 5.3.3), daß der R-Modul R^n nicht durch weniger als n Vektoren erzeugbar ist.

Ist $n=3$ und $R=\mathbb{R}$, so sind e_1, e_2, e_3 offenbar die vom Schulunterricht bekannten Einheitsvektoren in den drei vorgegebenen Koordinatenrichtungen (vgl. Fig. 2).

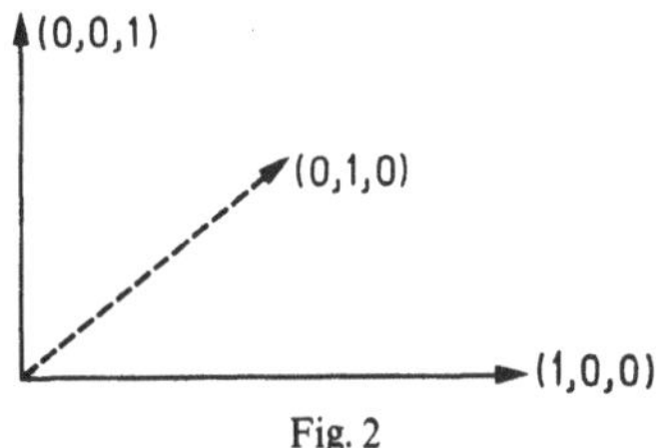

Fig. 2

4) Der Polynomring $R[X]$ wird als R-Modul von den Potenzen $1, X, X^2,\ldots,X^n,\ldots$ erzeugt. Man sieht leicht ein, daß keine echte Teilmenge dieses Erzeugendensystems den Modul $R[X]$ über R erzeugt. (Das ergibt sich auch direkt aus dem unten folgenden Satz 2.) Dagegen wird $R[X]$ als $R[X]$-Modul natürlich schon vom Einselement 1 erzeugt. Das Beispiel zeigt, daß es i.allg. wesentlich ist, über welchem Ring ein Modul betrachtet wird.

Satz 2. *Es sei $E\neq\emptyset$ eine beliebige Teilmenge des R-Moduls M. Dann besteht $[E]$ genau aus allen endlichen Summen*

$$\sum_{\mu=1}^{m} r_\mu x_\mu, \quad m\in\mathbb{N},\ m\geq 1,\ x_1,\ldots,x_m\in E,\ r_1,\ldots,r_m\in R.$$

Man nennt $\sum_{\mu=1}^{m} r_\mu x_\mu$ eine *Linearkombination* der $x_1,\ldots,x_m$ *mit Koeffizienten in* R. Der Modul $[E]$ besteht also aus genau allen endlichen Linearkombinationen von Elementen aus E.

Beweis. Jede Linearkombination $\sum_{\mu=1}^{m} r_\mu x_\mu$ liegt offenbar in jedem Untermodul A von M, der E umfaßt, also auch im Durchschnitt $[E]$ aller dieser Untermoduln. Für die Menge M' aller endlichen Linearkombinationen von Elementen aus E gilt also $M'\subset[E]$. Andererseits ist M' abgeschlossen bzgl. der Addition und der Multiplikation mit Skalaren:

Sind zwei Elemente $\sum_{\mu=1}^{m} r_\mu x_\mu$ und $\sum_{\nu=1}^{n} s_\nu y_\nu$ aus M' gegeben, und sind r und s Elemente aus R, so ist wegen des Distributivgesetzes

$$r\sum_{\mu=1}^{m} r_\mu x_\mu + s\sum_{\nu=1}^{n} s_\nu y_\nu = \sum_{\mu=1}^{m}(r\,r_\mu) x_\mu + \sum_{\nu=1}^{n}(s\,s_\nu) y_\nu \in M'.$$

Also ist $M' \neq \emptyset$ ein Untermodul von M. Außerdem gilt $E \subset M'$, denn jedes Element $x \in E$ ist eine Linearkombination $1 \cdot x$. Daraus folgt $[E] \subset M'$, da $[E]$ der kleinste Untermodul von M ist, der E umfaßt. Somit ist $[E] = M'$. $\qquad\square$

Satz 3. *Für jeden Homomorphismus $\varphi: M \to N$ gilt:*

1) *Ist E ein Erzeugendensystem von M, so ist $\varphi(E)$ ein Erzeugendensystem von* Im φ.

2) *Ist E' ein Erzeugendensystem von* Ker φ *und $E'' \subset M$ eine Teilmenge, so daß $\varphi(E'')$ den Modul* Im φ *erzeugt, so ist $E' \cup E''$ ein Erzeugendensystem von M.*

Beweis. 1) Jedes $x \in M$ schreibt sich als endliche Summe $x = \sum_{\mu=1}^{m} r_\mu x_\mu$, $x_\mu \in E$, $r_\mu \in R$. Dann gilt $\varphi(x) = \sum_{\mu=1}^{m} r_\mu \varphi(x_\mu)$ mit $\varphi(x_\mu) \in \varphi(E)$. Dies impliziert Im $\varphi \subset [\varphi(E)]$, und man hat Gleichheit wegen $\varphi(E) \subset$ Im φ.

2) Sei $x \in M$ beliebig. Nach Voraussetzung gibt es endlich viele Vektoren $x_1, \ldots, x_p \in E''$ und Ringelemente $r_1, \ldots, r_p \in R$, so daß gilt $\varphi(x) = \sum_{j=1}^{p} r_j \varphi(x_j)$. Für $x' := \sum_{j=1}^{p} r_j x_j \in M$ gilt dann $\varphi(x - x') = 0$, d.h. $x - x' \in$ Ker $\varphi = [E']$, etwa

$$x - x' = \sum_{j=p+1}^{m} r_j x_j \quad \text{mit} \quad x_{p+1}, \ldots, x_m \in E', \quad r_{p+1}, \ldots, r_m \in R.$$

Es folgt $x = \sum_{j=1}^{m} r_j x_j$ mit $x_1, \ldots, x_m \in E' \cup E''$, d.h. $M = [E' \cup E'']$. $\qquad\square$

2. Erzeugendenzahl eines Moduls. — Wir bezeichnen mit $\mathfrak{E}$ die Menge *aller* Erzeugendensysteme des R-Moduls M. Es gilt $\mathfrak{E} \neq \emptyset$, z.B. $M \in \mathfrak{E}$. Für $E \in \mathfrak{E}$ bezeichnet $|E|$ die Anzahl der Elemente von E (vgl. 0.2).

Def. 4 *(Endlich erzeugbarer Modul, Erzeugendenzahl). Ein R-Modul M heißt endlich erzeugbar, wenn es eine endliche Menge $E \in \mathfrak{E}$ gibt. In diesem Fall heißt die natürliche Zahl*

$$\text{erz}_R M := \min \{n \in \mathbb{N}; \text{ es gibt } E \in \mathfrak{E} \text{ mit } n \text{ Elementen}\} = \min \{|E|; E \in \mathfrak{E}\}^1$$

die Erzeugendenzahl von M.

Wir setzen $\text{erz}_R M := \infty$, *wenn M nicht endlich erzeugbar ist.*

Wir schreiben häufig erz M statt $\text{erz}_R M$, wenn klar ist, welcher Grundring gemeint ist.

---

[1] Für jede nichtleere Teilmenge $X \subset \mathbb{N}$ verstehen wir unter $\min X$ die kleinste natürliche Zahl in der Menge X.

Bemerkungen. 1) Es gilt $\operatorname{erz}_R \{0\} = 0$, denn $[\varnothing] = \{0\}$ (vgl. Nr. 1, Beispiel 2)). Umgekehrt hat $\operatorname{erz}_R M = 0$ auch $M = \{0\}$ zur Folge.

2) Es gilt $\operatorname{erz}_R M = 1$ für jeden Modul $M \neq \{0\}$ der Form $R\,x,\ x \in M$. Speziell gilt $\operatorname{erz}_R R = 1$ wegen $R = R \cdot 1$. Moduln mit $\operatorname{erz}_R M = 1$ heißen *zyklisch*.

3) Es gilt $\operatorname{erz}_R R^n \leq n$ (vgl. Nr. 1, Beispiel 3)). Man hat sogar $\operatorname{erz}_R R^n = n$, was hier noch nicht gezeigt werden soll. Jedenfalls ist R^n für $n > 1$ *nicht zyklisch*: würde nämlich R^n von *einem* Element $(a_1, \ldots, a_n) \in R^n$ erzeugt, so gäbe es Elemente $r, s \in R$ mit

$$e_1 = (1, 0, \ldots, 0) = r(a_1, \ldots, a_n)$$

und

$$e_2 = (0, 1, \ldots, 0) = s(a_1, \ldots, a_n).$$

Aus $r\,a_1 = 1$ und $s\,a_1 = 0$ würde dann $s = s(r\,a_1) = (s\,a_1\,r) = 0$ und damit $s\,a_2 = 0$ im Widerspruch zu $1 = s\,a_2$ folgen. Insbesondere ist $\operatorname{erz}_R R^2 = 2$.

4) Der Polynomring $R[X]$ ist als R-Modul nicht endlich erzeugbar. Würde $R[X]$ nämlich von den Polynomen $F_1, \ldots, F_n$ über R erzeugt, so wären die Grade dieser Polynome alle durch eine natürliche Zahl — etwa durch n_0 — beschränkt. Dann wären auch die Grade aller Linearkombinationen $\sum_{\nu=1}^{n} r_\nu F_\nu,\ r_\nu \in R$, durch n_0 beschränkt. Wegen Satz 2 enthielte $R[X]$ dann nur Polynome vom Grad $\leq n_0$.

5) Es ist $\operatorname{erz}_{\mathbb{Z}} \mathbb{Q} = \infty$, d.h. der $\mathbb{Z}$-Modul der rationalen Zahlen ist nicht endlich erzeugbar. Wir deuten den Beweis, der Überlegungen aus der elementaren Zahlentheorie benutzt, an: Gäbe es rationale Zahlen $\dfrac{a_1}{b_1}, \ldots, \dfrac{a_n}{b_n} \in \mathbb{Q},\ a_1, \ldots, a_n, b_1, \ldots, b_n \in \mathbb{Z}$, so daß $\mathbb{Q} = \mathbb{Z}\,\dfrac{a_1}{b_1} + \cdots + \mathbb{Z}\,\dfrac{a_n}{b_n}$ wäre, so ließe sich jede rationale Zahl in der Form $\dfrac{a}{b}$ mit $a \in \mathbb{Z},\ b = b_1 \cdot \ldots \cdot b_n$ schreiben. Das ist aber nicht richtig, denn für eine Primzahl $p > b_1 \cdot \ldots \cdot b_n$ läßt sich der Stammbruch $\dfrac{1}{p}$ sicher nicht in der angegebenen Form schreiben.

6) Man kann zeigen, daß die $\mathbb{R}$-Vektorräume $C^{(r)}$ der in einem abgeschlossenen Intervall $[a, b] \subset \mathbb{R}$ mindestens r-mal stetig differenzierbaren Funktionen (vgl. Kap. II, § 1.2, Beispiel 9) nicht endlich erzeugbar sind.

7) Ist $\varphi : M \to N$ ein *Epimorphismus*, so gilt

$$\operatorname{erz} N \leq \operatorname{erz} M \leq \operatorname{erz}(\operatorname{Ker} \varphi) + \operatorname{erz} N,$$

speziell sind die Restklassenmoduln endlich erzeugbarer Moduln wieder endlich erzeugbar. (Die behaupteten Ungleichungen folgen sofort aus Satz 3.)

Warnung. Für *Monomorphismen* $\varphi : M \to N$ gilt i. allg. keineswegs $\operatorname{erz} M \leq \operatorname{erz} N$. Ist z.B. $N := R$ der Polynomring $\mathbb{Z}[X_1, X_2]$ in 2 Unbestimmten (statt $\mathbb{Z}$ kann jeder Koeffizientenring stehen!) und $M := RX_1 + RX_2$ das von X_1 und X_2 erzeugte Ideal in R, so gilt (vgl. Kap. II, § 2.1):

$$\operatorname{erz} M = 2 > 1 = \operatorname{erz} R.$$

Wählt man für R den Polynomring $\mathbb{Z}[X_1, X_2, \ldots]$ in abzählbar unendlich vielen Unbestimmten, so ist $M := \sum_{v=1}^{\infty} R X_v$, ein Ideal in R, das nicht einmal endlich erzeugbar ist: $\operatorname{erz} M = \infty$, obwohl $M \subset R$ und $\operatorname{erz} R = 1$. Dieses Phänomen, daß endlich erzeugbare Moduln nicht endlich erzeugbare Untermoduln enthalten, führt zur Definition der sog. noetherschen Moduln (vgl. Suppl. § 1).

Es sei $E' \subset M$ und E eine *endliche* Teilmenge von M mit der Eigenschaft $E \subset [E']$. Dann gibt es bereits eine *endliche* Teilmenge E'' von E', so daß $E \subset [E'']$. Jedes $x \in E$ läßt sich nämlich als Linearkombination von endlich vielen Elementen aus E' schreiben; insgesamt werden daher nur endlich viele Elemente aus E' benötigt, um alle Elemente aus E darzustellen. Hieraus folgt insbesondere:

Satz 5. *Der R-Modul M sei endlich erzeugbar. Dann enthält jedes Erzeugendensystem von M bereits ein endliches Erzeugendensystem.*

Beweis. Sei E ein endliches und E' ein beliebiges Erzeugendensystem von M. Wegen $E \subset [E'] = M$ gibt es also eine endliche Teilmenge $E'' \subset E'$ mit $E \subset [E'']$. Dann ist $M = [E] \subset [[E'']] = [E'']$.   □

Ein Erzeugendensystem eines endlich erzeugbaren R-Moduls M enthält i. allg. *kein* Erzeugendensystem mit $\operatorname{erz}_R M$ Elementen. Hierzu das folgende

Beispiel. Der Ring $\mathbb{Z}$ wird als $\mathbb{Z}$-Modul von der Menge $\{2, 3\}$ erzeugt, denn es ist $n = 3n - 2n$ für alle $n \in \mathbb{Z}$. Es ist $\operatorname{erz}_{\mathbb{Z}} \mathbb{Z} = 1$, jedoch wird $\mathbb{Z}$ weder von $\{2\}$ noch von $\{3\}$ erzeugt.

Wir sehen somit: Ein endliches Erzeugendensystem E von M mit mehr als $\operatorname{erz}_R M$ Elementen kann *minimal* sein in dem Sinne, daß keine echte Teilmenge von E ein Erzeugendensystem von M ist. In wichtigen Fällen indessen, z. B. bei Vektorräumen, werden wir später sehen, daß man aus jedem Erzeugendensystem stets ein Erzeugendensystem mit genau $\operatorname{erz}_R M$ Elementen auswählen kann.

3. Zyklische Moduln. — Unter den endlich erzeugbaren Moduln $\neq 0$ sind naturgemäß die *zyklischen* Moduln, d.h. die Moduln mit $\operatorname{erz} M = 1$ (vgl. Bemerkung 2 des letzten Abschnittes) am einfachsten zu handhaben. Ihre Struktur wird übersichtlich beschrieben durch

Satz 6. *Ein R-Modul $M \neq 0$ ist genau dann zyklisch, wenn er zu einem Restklassenmodul $R/\mathfrak{a}$, $\mathfrak{a} \neq R$, isomorph ist. Alsdann gilt: $\mathfrak{a} = \operatorname{Ann} M$.*

Ist M zyklisch, so ist jeder Endomorphismus von M eine Homothetie, d.h. $\operatorname{End}_R M = R_M$.

Beweis. Sei M zyklisch, also $M = Rx$ mit $x \neq 0$. Dann ist die Abbildung $r \mapsto rx$ ein R-Modulepimorphismus, dessen Kern ersichtlich gerade das Annullatorideal $\operatorname{Ann} M$ ist. Also hat man einen Isomorphismus $R/\operatorname{Ann} M \xrightarrow{\sim} M$.

Besteht umgekehrt eine Isomorphie $R/\mathfrak{a} \xrightarrow{\sim} M$, so erhält man über den Restklassenepimorphismus $R \to R/\mathfrak{a}$ einen Epimorphismus $\pi\colon R \to M$. Dann wird M von $x := \pi(1)$ erzeugt, und man bemerkt, daß $\mathfrak{a} = \operatorname{Ann} M$ ist.

Jeder Endomorphismus φ eines zyklischen Moduls $M = R\,x$ ist durch den Wert $\varphi(x)$ eindeutig bestimmt. Falls $\varphi(x) = r\,x, r \in R$, so folgt $\varphi = r \cdot \mathrm{id}$, d.h. φ ist eine Homothetie. $\qquad\square$

4. Summenmoduln. — Ist I eine Menge und $(A_i)_{i \in I}$ eine Familie von Untermoduln des R-Moduls M, so ist i.allg. $\bigcup_{i \in I} A_i$ kein Untermodul von M. Man geht zur linearen Hülle $\left[\bigcup_{i \in I} A_i\right]$ über und definiert

Def. 7 (*Summenmodul*). *Der Modul* $\left[\bigcup_{i \in I} A_i\right]$ *heißt der Summenmodul der Untermoduln* $(A_i)_{i \in I}$ *oder auch ihre Summe. Man schreibt:*

$$\sum_{i \in I} A_i := \left[\bigcup_{i \in I} A_i\right].$$

Ist die Menge I endlich, etwa $I = \{1, \ldots, n\}$, so schreibt man den Summenmodul häufig in der Form

$$A_1 + \cdots + A_n \quad \text{oder} \quad \sum_{i=1}^{n} A_i.$$

Für $n = 2$ wurde der Begriff des Summenmoduls bereits in Kap. II, §2.1 eingeführt. Die Übereinstimmung der beiden Definitionen ergibt sich als Spezialfall aus dem folgenden

Satz 8. *Für jede Familie* $(A_i)_{i \in I}$ *von Untermoduln von* M *gilt:*

$$\sum_{i \in I} A_i = \left\{ \sum_{i \in I} x_i;\ x_i \in A_i,\ x_i = 0 \text{ für fast alle } i \in I \right\}^2.$$

Beweis. Wir bezeichnen die in der zu beweisenden Gleichung rechts stehende Menge mit A und setzen $E := \bigcup_{i \in I} A_i$. Dann sind also die Inklusionen $[E] \subset A$ und $A \subset [E]$ zu bestätigen.

Sei zunächst $x \in [E]$. Nach Satz 2 ist x eine endliche Linearkombination $\sum_{\mu=1}^{m} r_\mu v_\mu$ von Vektoren $v_1, \ldots, v_m \in E$ mit Koeffizienten $r_1, \ldots, r_m \in R$. Jedes v_μ liegt in irgendeinem A_i; es gilt dann auch $r_\mu v_\mu \in A_i$. Wir sehen: $x = \sum_{i \in I} x_i$ mit $x_i \in A_i$, wo alle x_i (bis auf höchstens m) verschwinden. Es folgt $x \in A$, d.h. $[E] \subset A$.

Sei umgekehrt $x \in A$, also $x = \sum_{i \in I} x_i$, $x_i \in A_i$, $x_i = 0$ für fast alle $i \in I$. Dann gilt $x_i \in E$ für alle i und also $\sum x_i \in [E]$ (als Linearkombination *endlich* vieler Elemente $\neq 0$ mit Koeffizienten $r_i := 1 \in R$). Es folgt $x \in [E]$, d.h. die zweite Inklusion $A \subset [E]$. $\qquad\square$

---

[2] Die Redeweise „für fast alle $i \in I$" bedeutet: „mit Ausnahme von höchstens endlich vielen $i \in I$" (vgl. Kap. I, §5.1). Für solche Familien ist die Summe wohldefiniert.

Ist $E_i \subset A_i$ ein Erzeugendensystem des R-Moduls A_i, so wird $\sum\limits_{i \in I} A_i$ von $\bigcup\limits_{i \in I} E_i$ erzeugt; speziell gilt also für endliche Indexmengen:

$$\operatorname{erz}\left(\sum_{\nu=1}^{n} A_\nu\right) \leq \sum_{\nu=1}^{n} \operatorname{erz} A_\nu.$$

§ 2. Direkte Summen

1. Direkte Summen von Untermoduln. — In einer Summe $\sum\limits_{i \in I} A_i$ wird i. allg. ein Element x auf verschiedene Arten als endliche Summe $\sum x_i$, $x_i \in A_i$, darstellbar sein. Dies führt zu folgender

Def. 1 *(Direkte Summe von Untermoduln). Eine Summe* $\sum\limits_{i \in I} A_i$ *einer Familie* $(A_i)_{i \in I}$ *von Untermoduln von M heißt direkt (in M), wenn sich jedes Element von* $\sum\limits_{i \in I} A_i$ *auf genau eine Weise in der Form*

$$\sum_{i \in I} x_i, \quad x_i \in A_i, \ x_i = 0 \ \textit{für fast alle } i \in I,$$

darstellen läßt.

Beispiele. 1) Wir haben in Nr. 1, Beispiel 3, gesehen, daß die n Einheitsvektoren $e_1, \ldots, e_n$ den R-Modul R^n erzeugen, d.h. daß $R^n = \sum\limits_{\nu=1}^{n} R e_\nu$ ist. Wir zeigen:

Die Summe $\sum\limits_{\nu=1}^{n} R e_\nu$ *ist direkt in R^n.*

Beweis. Besitzt $x \in R^n$ die Darstellungen

$$x = \sum_{\nu=1}^{n} r_\nu e_\nu = \sum_{\nu=1}^{n} r'_\nu e_\nu, \quad r_\nu, r'_\nu \in R,$$

so folgt

$$0 = (0, \ldots, 0) = \sum_{\nu=1}^{n} (r_\nu - r'_\nu) e_\nu = (r_1 - r'_1, \ldots, r_n - r'_n),$$

d.h. $r_\nu = r'_\nu$ für alle $\nu \in \mathbb{N}_n$. Die Darstellung von x ist mithin eindeutig.

2) Der Polynomring $R[X]$ in einer Unbestimmten X über R ist als R-Modul die (abzählbar unendliche) Summe der zyklischen Untermoduln RX^i. Die Summe $R[X] = \sum\limits_{i \in \mathbb{N}} RX^i$ (vgl. Kap. I, § 5) ist direkt in $R[X]$.

Satz 2. *Für jede Familie* $(A_i)_{i \in I}$ *von Untermoduln von M sind die folgenden Aussagen äquivalent:*

i) *Die Summe* $\sum\limits_{i \in I} A_i$ *ist direkt in M.*

ii) *Aus*

$$0 = \sum_{i \in I} x_i, \quad x_i \in A_i, \ x_i = 0 \ \textit{für fast alle } i \in I,$$

folgt stets: $x_i = 0$ *für alle* $i \in I$.

iii) *Für jeden Index* $j \in I$ *gilt* $A_j \cap \sum_{i \in I \smallsetminus \{j\}} A_i = 0$.

Beweis. i) $\Rightarrow$ ii). Trivial, da $0 = \sum_{i \in I} 0$, $0 \in A_i$, *eine* und nach Voraussetzung dann *die* Darstellung von 0 ist.

ii) $\Rightarrow$ iii): Sei $x_j \in A_j \cap \sum_{i \in I \smallsetminus \{j\}} A_i$, etwa

$$x_j = \sum_{i \in I \smallsetminus \{j\}} x_i, \quad x_i \in A_i, \ x_i = 0 \ \text{für fast alle } i \in I.$$

Dann folgt $0 = \sum_{i \in I \smallsetminus \{j\}} x_i + (-x_j)$. Da nach Voraussetzung die Darstellung der 0 eindeutig ist, ergibt sich $(-x_j) = 0$, d.h. $x_j = 0$, d.h. $A_j \cap \sum_{i \in I \smallsetminus \{j\}} A_i = 0$.

iii) $\Rightarrow$ i): Seien

$$\sum_{i \in I} x_i = \sum_{i \in I} x_i', \quad x_i, x_i' \in A_i, \ x_i = 0, \ x_i' = 0 \ \text{für fast alle } i \in I,$$

zwei Darstellungen desselben Elements. Für festes $j \in I$ gilt dann

$$x_j - x_j' = \sum_{i \in I \smallsetminus \{j\}} (x_i' - x_i), \quad \text{d.h.} \quad x_j - x_j' \in A_j \cap \sum_{i \in I \smallsetminus \{j\}} A_i.$$

Nach Voraussetzung folgt $x_j - x_j' = 0$, d.h. $x_j = x_j'$ für den beliebig gewählten Index $j \in I$. $\qquad\square$

2. Direkte Produkte und direkte Summen. — Wir haben im letzten Abschnitt immer vorausgesetzt, daß die Moduln A_i Untermoduln eines vorgegebenen Moduls sind. Man kann indessen für *jede* Familie $(M_i)_{i \in I}$ von R-Moduln eine (abstrakte) Summe definieren. Ausgangspunkt ist das direkte Produkt

$$\prod_{i \in I} M_i = \{(x_i)_{i \in I}; \ x_i \in M_i \ \text{für alle } i \in I\}$$

dieser Moduln, das jedenfalls ein R-Modul ist (vgl. Kap. II, § 1.2, Beispiel 6). In $\prod_{i \in I} M_i$ betrachten wir folgende Teilmenge

$$\bigoplus_{i \in I} M_i := \{(x_i)_{i \in I}; \ x_i \in M_i, \ x_i = 0 \ \text{für fast alle } i \in I\}.$$

Man verifiziert sofort:

$\bigoplus_{i \in I} M_i$ *ist ein* R*-Untermodul von* $\prod_{i \in I} M_i$. *Es gilt* $\bigoplus_{i \in I} M_i = \prod_{i \in I} M_i$ *genau dann, wenn die Teilmenge* $I_0 := \{i \in I; \ M_i \neq 0\}$ *von* I *endlich ist (also sicher stets, wenn* I *selbst endlich ist).*

Wir führen nun folgende Redeweise ein

Def. 3 *(Direkte Summe). Der R-Modul $\bigoplus_{i\in I} M_i$ heißt die direkte Summe der Familie $(M_i)_{i\in I}$.*

Im Falle der endlichen Indexmenge $I=\mathbb{N}_m$ schreiben wir anstelle von $\bigoplus_{\mu\in\mathbb{N}_m} M_\mu$ auch $M_1\oplus\cdots\oplus M_m$.

Um direkte Summen $\bigoplus_{i\in I} M_i$ zu untersuchen, betrachten wir (wie im Falle endlicher Indexmengen) für jeden Index $j\in I$ die beiden R-Homomorphismen

$$\iota_j\colon M_j\to\prod_{i\in I} M_i,\quad x_j\mapsto(y_i)_{i\in I}\quad\text{mit}\quad y_i:=0\quad\text{für}\quad i\ne j\quad\text{und}\quad y_i:=x_j\quad\text{für}\quad i=j,$$

$$\pi_j\colon\prod_{i\in I} M_i\to M_j,\quad (x_i)_{i\in I}\mapsto x_j.$$

Es gilt wie früher:

$$\pi_j\circ\iota_i=0\quad\text{für}\quad j\ne i\quad\text{und}\quad \pi_j\circ\iota_i=\mathrm{id}\quad\text{für}\quad j=i.$$

Wir zeigen nun:

Satz 4. *Es gilt:*

$$\bigoplus_{i\in I} M_i=\sum_{i\in I}\iota_i(M_i),$$

Die Summe $\sum_{i\in I}\iota_i(M_i)$ ist direkt in $\prod_{i\in I} M_i$; jedes $x\in\bigoplus_{i\in I} M_i$ schreibt sich (eindeutig) in der Form

$$x=\sum_{i\in I}\iota_i\big(\pi_i(x)\big),\quad wo\ \iota_i\big(\pi_i(x)\big)\in\iota_i(M_i).$$

Beweis. Ersichtlich gilt $\iota_j(M_j)\subset\bigoplus_{i\in I} M_i$ für alle $j\in I$ und also $\sum_{i\in I}\iota_i(M_i)\subset\bigoplus_{i\in I} M_i$.

Für jedes $x=(x_i)_{i\in I}\in\prod_{i\in I} M_i$ gilt $\pi_i(x)=x_i$, $i\in I$. Falls $x\in\bigoplus_{i\in I} M_i$, so verschwinden fast alle x_i, und man kann die (endliche) Summe

$$x':=\sum_{i\in I}\iota_i(x_i)$$

bilden. Es gilt $x'\in\sum_{i\in I}\iota_i(M_i)$ und $\pi_j(x')=\sum_{i\in I}(\pi_j\circ\iota_i)(x_i)=x_j$ für alle $j\in I$.

Daraus folgt $x'=x$. Damit ist die Inklusion $\bigoplus_{i\in I} M_i\subset\sum_{i\in I}\iota_i(M_i)$ und also die Gleichheit beider Moduln gezeigt; überdies hat sich die Gleichung

$$x=\sum_{i\in I}\iota_i\big(\pi_i(x)\big)\quad\text{für alle}\quad x\in\bigoplus_{i\in I} M_i$$

ergeben. Es bleibt zu zeigen, daß die Summe $\sum_{i\in I}\iota_i(M_i)$ direkt in $\prod_{i\in I} M_i$ ist, d.h., daß aus einer Gleichung

$$0=\sum_{i\in I}\iota_i(v_i)\quad\text{mit}\quad v_i\in M_i,\quad v_i=0\ \text{für fast alle}\ i\in I,$$

stets $v_i = 0$ für alle $i \in I$ folgt. Das ergibt sich aber sofort durch Anwendung von π_j:

$$0 = \pi_j(0) = \sum_{i \in I} (\pi_j \circ \iota_i)(v_i) = v_j, \quad j \in I.$$

Damit ist auch die Eindeutigkeit der Darstellung $x = \sum_{i \in I} \iota_i(\pi_i(x))$ klar. $\qquad\square$

Jede Abbildung $\iota_j: M_j \to \prod_{i \in I} M_i$ ist injektiv. Es ist in der Literatur üblich, die Moduln M_j mit ihren Bildern $\iota_j(M_j)$ in $\prod_{i \in I} M_i$ zu identifizieren. Dann ist also:

$$\bigoplus_{i \in I} M_i = \sum_{i \in I} M_i \subset \prod_{i \in I} M_i.$$

Ist $(A_i)_{i \in I}$ eine Familie von Untermoduln eines Moduls M, so ist neben der Summe $\sum_{i \in I} A_i$, die ein Untermodul von M ist, nach dem Vorausgehenden auch die (abstrakte) direkte Summe $\bigoplus_{i \in I} A_i$ dieser Moduln als Untermodul von $\prod_{i \in I} A_i$ definiert. Dabei „vergißt" man also, daß zwischen den A_i als Untermoduln von M Relationen bestehen können. Man hat den natürlichen Epimorphismus

$$\bigoplus_{i \in I} A_i \to \sum_{i \in I} A_i, \quad (x_i)_{i \in I} \mapsto \sum_{i \in I} x_i,$$

dessen Kern gerade diese Relationen mißt. Die Summe $\sum_{i \in I} A_i$ ist direkt in M (im Sinne von Def. 1) genau dann, wenn dieser Epimorphismus ein Isomorphismus ist. Man identifiziert dann beide Moduln miteinander; in diesem Sinne gilt also

$$R^n = \bigoplus_{\nu=1}^{n} Re_\nu = Re_1 \oplus \cdots \oplus Re_n, \quad R[X] = \bigoplus_{i \in \mathbb{N}} RX^i.$$

Wichtige Beispiele direkter Summen erhält man wie folgt: Es seien A, A' Untermoduln von M und $\rho: M \to M/A$, $\rho': M \to M/A'$ die Restklassenepimorphismen.

Durch $x \mapsto (\rho(x), \rho'(x))$ wird eine Abbildung $\sigma: M \to M/A \oplus M/A'$ definiert. Der Leser verifiziert mühelos, daß σ ein R-Homomorphismus mit $\operatorname{Ker} \sigma = A \cap A'$ ist. Wir zeigen nun:

Ist $M = A + A'$ die Summe von A und A', so ist σ surjektiv.

Beweis. Seien $w, w' \in M$ beliebig vorgegeben. Nach Voraussetzung gibt es Vektoren $v \in A, v' \in A'$ mit $w' - w = v' - v$. Für $x := w - v = w' - v'$ gilt dann $\rho(x) = \rho(w) = \bar{w}$, $\rho'(x) = \rho'(w') = \bar{w'}$ wegen $v \in A = \operatorname{Ker} \rho$, $v' \in A' = \operatorname{Ker} \rho'$. Also folgt $\sigma(x) = (\bar{w}, \bar{w'})$, d.h. die Surjektivität von σ. $\qquad\square$

Aus dem Isomorphiesatz (vgl. Kap. II, § 3.2) erhalten wir unmittelbar:

Satz 5. *Ist M die Summe der Untermoduln A, A', so gibt es einen natürlichen Isomorphismus*
$$M/A \cap A' \overset{\sim}{\longrightarrow} M/A \oplus M/A'.$$

Zur Illustration sei $M := R := \mathbb{Z}$, $A := a\mathbb{Z}$, $A' := b\mathbb{Z}$ mit teilerfremden natürlichen Zahlen $a, b > 1$. Dann gilt $\mathbb{Z} = A + A'$ und $A \cap A' = ab\mathbb{Z}$; man hat also einen $\mathbb{Z}$-Isomorphismus

$$\mathbb{Z}/ab\mathbb{Z} \xrightarrow{\sim} \mathbb{Z}/a\mathbb{Z} \oplus \mathbb{Z}/b\mathbb{Z}$$

(vgl. das Beispiel aus Kap. II, § 3.2).

Dies zeigt, daß die direkte Summe zyklischer Moduln wieder zyklisch sein kann.

3. Projektionen. Fixpunktmoduln. — Ist ein Modul M die direkte Summe $M = A \oplus A'$ zweier Untermoduln A, A', so ist jedes Element $x \in M$ eindeutig in der Form $x = v + v'$, $v \in A$, $v' \in A'$ darstellbar, und es wird durch die Zuordnung $x \mapsto v$ eine Abbildung $\pi: M \to M$ definiert (die von A und A' abhängt!). Der Leser verifiziert unmittelbar, daß π ein Endomorphismus von M ist (offenbar ist π eine Surjektion von M auf A komponiert mit der Injektion $A \to M$) und daß gilt:

$$\operatorname{Im} \pi = A, \quad \operatorname{Ker} \pi = A', \quad \pi^2 = \pi.$$

Wir nennen $\pi: M \to M$ *die Projektion von M auf A längs A'.*

Beispiel. Es sei $M = \mathbb{R}^2$ die Ebene, es seien A und A' zwei verschiedene Geraden durch den Nullpunkt des $\mathbb{R}^2$. Man überlegt sich sofort, daß $\mathbb{R}^2 = A \oplus A'$ und daß die Projektion von $\mathbb{R}^2$ auf A längs A' genau die Abbildung ist, die auch in der elementaren Geometrie so bezeichnet wird (vgl. Fig. 3).

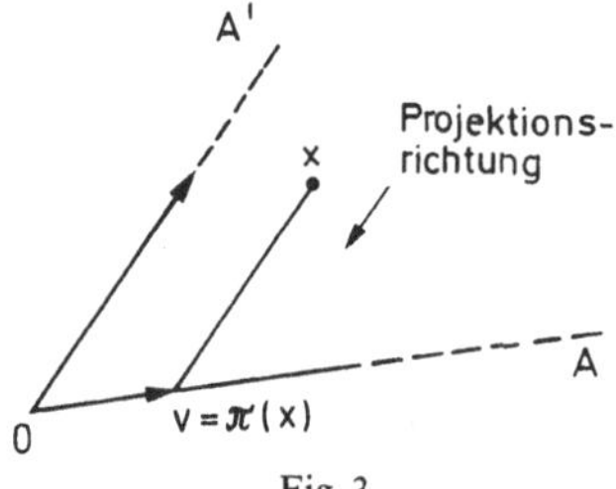

Fig. 3

Wir wollen nun zeigen, daß die eben notierte Gleichung $\pi^2 = \pi$ für Projektionen charakteristisch ist. Es ist vorteilhaft, allgemeiner vorzugehen und zunächst bei gegebenem Endomorphismus $\varphi: M \to M$ auch den Endomorphismus

$$\operatorname{id} - \varphi: M \to M, \quad x \mapsto x - \varphi(x),$$

zu betrachten, der die Abweichung zwischen φ und der Identität mißt. Man bemerkt sogleich

$$M = \operatorname{Im} \varphi + \operatorname{Im}(\operatorname{id} - \varphi), \quad 0 = \operatorname{Ker} \varphi \cap \operatorname{Ker}(\operatorname{id} - \varphi).$$

Die erste Gleichung ist klar, da $x = \varphi(x) + (\operatorname{id} - \varphi)(x)$ für alle $x \in M$ gilt, die zweite Gleichung erhält man sofort, wenn man beachtet:

$$\operatorname{Ker}(\operatorname{id} - \varphi) = \{x \in M; \varphi(x) = x\}.$$

Diese letzte Gleichung besagt, daß $\mathrm{Ker}(\mathrm{id}-\varphi)$ gerade die Menge aller Fixpunkte von φ ist, die somit ein Untermodul von M ist. Wir setzen abkürzend:

$$\mathrm{Fix}\,\varphi := \mathrm{Ker}(\mathrm{id}-\varphi).$$

Ersichtlich hat man stets:

$$\mathrm{Fix}\,\varphi \subset \mathrm{Im}\,\varphi, \quad \mathrm{Fix}\,\varphi \cap \mathrm{Ker}\,\varphi = 0, \quad \mathrm{Fix}(\mathrm{id}-\varphi) = \mathrm{Ker}\,\varphi.$$

Nach diesen Vorbemerkungen folgt nun schnell:

Satz 6. *Folgende Aussagen über einen Endomorphismus* $\varphi: M \to M$ *sind äquivalent:*

i) $\varphi^2 = \varphi$.
ii) $\mathrm{Fix}\,\varphi = \mathrm{Im}\,\varphi$.
iii) $M = \mathrm{Fix}\,\varphi \oplus \mathrm{Ker}\,\varphi$.

Alsdann ist φ *die Projektion auf* $\mathrm{Fix}\,\varphi$ *längs* $\mathrm{Ker}\,\varphi$.

Beweis. i) $\Rightarrow$ ii): Es ist $\mathrm{Im}\,\varphi \subset \mathrm{Fix}\,\varphi$ zu zeigen: Sei $x \in \mathrm{Im}\,\varphi$, etwa $x = \varphi(y)$. Anwendung von φ liefert: $\varphi(x) = \varphi^2(y) = \varphi(y) = x$, also $x \in \mathrm{Fix}\,\varphi$.

ii) $\Rightarrow$ iii): Sei $x \in \mathrm{Im}(\mathrm{id}-\varphi)$, etwa $x = (\mathrm{id}-\varphi)(y)$. Anwendung von φ liefert: $\varphi(x) = \varphi(y) - \varphi^2(y) = 0$, da $\varphi(y) \in \mathrm{Im}\,\varphi = \mathrm{Fix}\,\varphi$. Also gilt $\mathrm{Im}(\mathrm{id}-\varphi) \subset \mathrm{Ker}\,\varphi$. Nun folgt:

$$M = \mathrm{Im}\,\varphi + \mathrm{Im}(\mathrm{id}-\varphi) = \mathrm{Fix}\,\varphi + \mathrm{Ker}\,\varphi.$$

Wegen $\mathrm{Fix}\,\varphi \cap \mathrm{Ker}\,\varphi = 0$ ist diese Summe direkt.

iii) $\Rightarrow$ i): Für jedes $x = u + v$, $u \in \mathrm{Fix}\,\varphi$, $v \in \mathrm{Ker}\,\varphi$ gilt $\varphi(x) = u$. Also ist φ die Projektion auf $\mathrm{Fix}\,\varphi$ längs $\mathrm{Ker}\,\varphi$, und es gilt $\varphi^2(x) = \varphi(u) = u = \varphi(x)$, d.h. $\varphi^2 = \varphi$. $\qquad\square$

Die Gleichung $\varphi^2 = \varphi$ hat $(\mathrm{id}-\varphi)^2 = \mathrm{id}-\varphi$ zur Folge und umgekehrt. Dies bedeutet:

Ist $\varphi: M \to M$ *die Projektion auf* $\mathrm{Fix}\,\varphi$ *längs* $\mathrm{Ker}\,\varphi$, *so ist* $\mathrm{id}-\varphi: M \to M$ *die Projektion auf* $\mathrm{Fix}(\mathrm{id}-\varphi) = \mathrm{Ker}\,\varphi$ *längs* $\mathrm{Ker}(\mathrm{id}-\varphi) = \mathrm{Fix}\,\varphi$ *(und umgekehrt).*

4. Direkte Summanden. Supplemente. — Nicht jeder Untermodul $A \neq 0$ eines R-Moduls M kann in einer direkten Summenzerlegung von M vorkommen; d.h. es existiert zu gegebenem A nicht notwendig ein Untermodul A' mit $A \oplus A' = M$. So gibt es z.B. für den $\mathbb{Z}$-Modul $\mathbb{Z}$ überhaupt keine Darstellung $\mathbb{Z} = A \oplus A'$ mit Idealen $A \neq 0$, $A' \neq 0$ (Beweis!). Dies rechtfertigt folgende

Def. 7 *(Direkter Summand, Supplement). Ein Untermodul A von M heißt ein direkter Summand von M, wenn es einen Untermodul A' von M gibt, so daß gilt: $M = A \oplus A'$. Jeder solche Untermodul A' heißt ein Supplement von A in M.*

Beispiel. Ist A eine Gerade durch den Nullpunkt des $\mathbb{R}^2$, so ist *jede* von A verschiedene Gerade A' durch den Nullpunkt ein Supplement von A in $\mathbb{R}^2$. Man sieht somit, daß Supplemente nicht eindeutig bestimmt sind. Es gilt aber offensichtlich:

Satz 8. *Besitzt A ein Supplement A′ in M, so induziert die Projektion von M auf A′ längs A einen Isomorphismus $A' \overset{\sim}{\longrightarrow} M/A$.*

Insbesondere sind je zwei Supplemente zu A als R-Moduln isomorph. □

Aus Satz 6 folgt unmittelbar:

Ein Untermodul A von M ist genau dann ein direkter Summand von M, wenn es einen Endomorphismus $\varphi: M \to M$ gibt, so daß gilt:

$$\varphi^2 = \varphi, \qquad \mathrm{Im}\,\varphi = A.$$

Alsdann ist $A' := \mathrm{Ker}\,\varphi$ ein Supplement von A in M.

Dies impliziert

Satz 9 *(Fortsetzungssatz). Ist A ein direkter Summand von M, so läßt sich jeder Homomorphismus $\psi: A \to N$ fortsetzen zu einem Homomorphismus $\hat{\psi}: M \to N$, d.h. es gibt ein $\hat{\psi} \in \mathrm{Hom}_R(M, N)$ mit $\hat{\psi}(x) = \psi(x)$ für alle $x \in A$.*

Beweis. Man wähle ein $\varphi \in \mathrm{End}_R M$ mit $\varphi^2 = \varphi$, $\mathrm{Im}\,\varphi = A$ und setze $\hat{\psi} := \psi \circ \varphi$. Es ist $\hat{\psi}(\varphi(x)) = \psi(\varphi(x))$ für alle $x \in M$. □

Wir bemerken noch:

Jeder direkte Summand A eines endlich erzeugbaren Moduls M ist endlich erzeugbar: es gilt $\mathrm{erz}\,A \leq \mathrm{erz}\,M$.

Zum Beweis hat man nur festzustellen, daß es Epimorphismen $M \to A$ gibt (etwa Projektionen auf A längs Supplementen) und also Bemerkung 7 aus § 1.2 anwendbar ist. Man beachte, daß die soeben bewiesene Aussage keineswegs für beliebige Untermoduln von M richtig ist (vgl. die Warnung in § 1.2).

Wenn jeder Untermodul eines (endlich erzeugbaren) R-Moduls ein direkter Summand ist, so ist die Struktur von M besonders übersichtlich. Man nennt M dann einen *halbeinfachen* Modul. Wir untersuchen diese Moduln genauer in Suppl. § 2 und geben dort Struktursätze für halbeinfache Moduln an. In die Klasse der halbeinfachen Moduln ordnen sich insbesondere die (endlich erzeugbaren) Vektorräume ein, die wir allerdings noch gesondert behandeln werden (vgl. § 6).

Der Begriff des direkten Summanden ist ein zentraler Begriff der linearen Algebra. So werden wir sehen, daß die Theorie der Vektorräume und allgemeiner die Theorie der halbeinfachen Moduln ihre Durchsichtigkeit und Eleganz vor allem der Tatsache verdankt, daß hier jeder Untermodul ein direkter Summand ist.

5. Fittingsches Lemma. — Jeder Endomorphismus φ eines R-Moduls M mit der Eigenschaft $\varphi = \varphi^2$ bestimmt direkte Summanden von M, nämlich $\mathrm{Ker}\,\varphi$ und $\mathrm{Im}\,\varphi\,(= \mathrm{Fix}\,\varphi)$ (vgl. Abschnitt 3). Dieses Ergebnis läßt sich sofort anwenden auf Endomorphismen $\varphi: M \to M$, die anstelle von $\varphi^2 = \varphi$ allgemeiner die Gleichung

$$\varphi^n = \varphi^{n+1} \qquad \text{für geeignetes } n \in \mathbb{N}$$

erfüllen. Dann ist nämlich auch $\varphi'' = (\varphi'')^2$ und somit

$$M = \operatorname{Ker}\varphi'' \oplus \operatorname{Im}\varphi''.$$

Wir beschreiben im folgenden eine interessante Verallgemeinerung dieses Konstruktionsprinzips für direkte Summanden. Die Idee ist, mit jedem Endomorphismus $\varphi\colon M \to M$ zugleich auch *alle* iterierten Endomorphismen $\varphi^i\colon M \to M$ und die zugehörigen Moduln $\operatorname{Ker}\varphi^i$ und $\operatorname{Im}\varphi^i$ zu betrachten, $i \in \mathbb{N}$. Diese Moduln bilden in natürlicher Weise eine „aufsteigende Kette von Untermoduln"

$$0 \subset \operatorname{Ker}\varphi \subset \operatorname{Ker}\varphi^2 \subset \cdots \subset \operatorname{Ker}\varphi^i \subset \operatorname{Ker}\varphi^{i+1} \subset \cdots$$

bzw. eine „absteigende Kette von Untermoduln"

$$M \supset \operatorname{Im}\varphi \supset \operatorname{Im}\varphi^2 \supset \cdots \supset \operatorname{Im}\varphi^i \supset \operatorname{Im}\varphi^{i+1} \supset \cdots.$$

Offensichtlich gilt

$$\varphi(\operatorname{Im}\varphi^i) = \operatorname{Im}\varphi^{i+1} \subset \operatorname{Im}\varphi^i;$$

$$\operatorname{Ker}\varphi^i = \varphi^{-1}(\operatorname{Ker}\varphi^{i-1}), \quad \text{also} \quad \varphi(\operatorname{Ker}\varphi^i) \subset \operatorname{Ker}\varphi^{i-1} \subset \operatorname{Ker}\varphi^i$$

für alle $i \geq 1$; daher sind alle diese Moduln φ-stabil.

Wir setzen nun

$$M_0 := M_0(\varphi) := \bigcup_{i=1}^{\infty} \operatorname{Ker}\varphi^i, \quad M_1 := M_1(\varphi) := \bigcap_{i=1}^{\infty} \operatorname{Im}\varphi^i.$$

Genau dann ist φ injektiv bzw. surjektiv, wenn $M_0(\varphi) = 0$ bzw. $M_1(\varphi) = M$ (Beweis!) Weiter gilt:

$M_0(\varphi)$ *und* $M_1(\varphi)$ *sind* φ-*stabile Untermoduln.*

Beweis. M_1 ist als Durchschnitt von φ-stabilen Untermoduln wieder ein φ-stabiler Untermodul. Für M_0 ist die Aussage richtig, da jede Vereinigung $A := \bigcup_{i=1}^{\infty} A_i$ einer aufsteigenden Kette $0 \subset A_1 \subset A_2 \subset \cdots$ von φ-stabilen Untermoduln ein φ-stabiler Untermodul ist: Man hat $0 \in A$, weiter gibt es zu je zwei Elementen $x, y \in A$ einen Index j mit $x, y \in A_j$. Daher gilt $r\,x + s\,y \in A_j \subset A$ für alle $r, s \in R$ sowie $\varphi(x) \in A_j \subset A$. $\qquad\qquad\square$

Im Falle $\varphi'' = \varphi^{n+1}$ gilt $M_0(\varphi) = \operatorname{Ker}\varphi''$, $M_1(\varphi) = \operatorname{Im}\varphi''$ und also

$$M = M_0(\varphi) \oplus M_1(\varphi).$$

Für beliebiges $\varphi \in \operatorname{End} M$ kann man diese Gleichung nicht erwarten.

Beispiele. 1) Sei $M := R := \mathbb{Z}$ und $\varphi\colon \mathbb{Z} \to \mathbb{Z}$ die Homothetie $x \mapsto 2\,x$. Dann ist φ injektiv, d.h. $M_0 = 0$; doch es gilt $\operatorname{Im}\varphi^i = 2^i\mathbb{Z}$, d.h. $M_1 = \bigcap_{i=1}^{\infty} 2^i\mathbb{Z} = 0$. Es gilt also

$$M_0(\varphi) \cap M_1(\varphi) = 0, \quad \text{aber} \quad M_0(\varphi) + M_1(\varphi) = 0 \neq M.$$

2) Sei $R := \mathbb{Z}$, $M := \mathbb{Z}[X_1, \ldots, X_n, \ldots]$ der Polynomring in unendlich vielen Unbestimmten über $\mathbb{Z}$ und $\varphi\colon M \to M$ der durch

$$1 \mapsto 1, \quad X_1 \mapsto 0, \quad X_2 \mapsto X_1, \ldots, X_n \mapsto X_{n-1}, \ldots$$

bestimmte $\mathbb{Z}$-Homomorphismus. Jetzt ist φ surjektiv, d.h. $M_1 = M$; doch es gilt $\text{Ker}\,\varphi = MX_1$ und allgemeiner $\text{Ker}\,\varphi^i = \sum\limits_{\nu=1}^{i} MX_\nu$, d.h. $M_0 = \sum\limits_{\nu=1}^{\infty} MX_\nu$. Hier hat man zwar

$$M = M_0(\varphi) + M_1(\varphi), \quad \text{aber} \quad M_0(\varphi) \cap M_1(\varphi) = M_0(\varphi) \neq 0.$$

Die beiden Beispiele beschreiben bereits eine typische Situation; im 1. Fall werden die Bilder schrittweise echt kleiner, und alle Kerne bleiben gleich; im 2. Fall werden die Kerne schrittweise echt größer, während alle Bilder gleich bleiben.

Wir zeigen nun:

Satz 10. *Es sei* $\varphi: M \to M$ *ein R-Endomorphismus, derart, daß es einen Index* $m \geq 1$ *gibt mit* $\text{Ker}\,\varphi^m = \text{Ker}\,\varphi^{m+1}$. *Dann gilt* $\text{Ker}\,\varphi^m = \text{Ker}\,\varphi^{m+\mu}$ *für alle* $\mu \geq 1$ *(man sagt, daß die aufsteigende Kette der Kerne ab m stationär wird), speziell* $M_0(\varphi) = \text{Ker}\,\varphi^m$. *Überdies gilt:*

$$\text{Ker}\,\varphi^m \cap \text{Im}\,\varphi^m = 0, \quad \textit{insbesondere also } M_0(\varphi) \cap M_1(\varphi) = 0.$$

Für den induzierten Homomorphismus $\varphi \mid M_0 : M_0(\varphi) \to M_0(\varphi)$ *gilt:* $\left(\varphi(M_0)\right)^m = 0$.

Beweis. Da $\text{Ker}\,\varphi^{m+\mu} = \varphi^{-1}(\text{Ker}\,\varphi^{m+(\mu-1)})$ für alle $\mu \geq 1$ gilt, so folgt durch Induktion nach μ sofort

$$\text{Ker}\,\varphi^{m+\mu} = \varphi^{-1}(\text{Ker}\,\varphi^m) = \text{Ker}\,\varphi^{m+1} = \text{Ker}\,\varphi^m \quad \text{für alle } \mu \geq 1,$$

somit $M_0 = \bigcup\limits_{i=1}^{\infty} \text{Ker}\,\varphi^i = \text{Ker}\,\varphi^m$.

Sei nun $x \in \text{Ker}\,\varphi^m \cap \text{Im}\,\varphi^m$, also $\varphi^m(x) = 0$ und $x = \varphi^m(y)$ mit $y \in M$. Es folgt $\varphi^{2m}(y) = \varphi^m(x) = 0$, also $y \in \text{Ker}\,\varphi^{2m}$. Wegen $\text{Ker}\,\varphi^{2m} = \text{Ker}\,\varphi^m$ folgt $y \in \text{Ker}\,\varphi^m$, also $x = \varphi^m(y) = 0$. $\qquad\square$

Schließlich gilt: $(\varphi \mid M_0)^m = \varphi^m \mid M_0 = \varphi^m \mid \text{Ker}\,\varphi^m = 0$.

Korollar. *Ist* $\varphi \in \text{End}_R M$ *ein Epimorphismus und wird die aufsteigende Kette der Kerne* $\text{Ker}\,\varphi^i$ *stationär, so ist* φ *ein Automorphismus.*

Beweis. Die Gleichung $M_0 \cap M_1 = 0$ zusammen mit $M_1 = M$ liefert $M_0 = 0$. Somit ist φ injektiv. $\qquad\square$

Satz 11. *Es sei* $\varphi: M \to M$ *ein R-Endomorphismus, derart, daß es einen Index* $n \geq 1$ *gibt mit* $\text{Im}\,\varphi^n = \text{Im}\,\varphi^{n+1}$. *Dann gilt* $\text{Im}\,\varphi^n = \text{Im}\,\varphi^{n+\nu}$ *für alle* $\nu \geq 1$ *(d.h. die absteigende Kette der Bilder ist ab n stationär), speziell* $M_1(\varphi) = \text{Im}\,\varphi^n$. *Überdies gilt:*

$$M = \text{Ker}\,\varphi^n + \text{Im}\,\varphi^n, \quad \textit{insbesondere also } M = M_0(\varphi) + M_1(\varphi).$$

Der induzierte Homomorphismus $\varphi \mid M_1 : M_1(\varphi) \to M_1(\varphi)$ *ist surjektiv.*

Beweis. Da $\operatorname{Im} \varphi^{n+v} = \varphi(\operatorname{Im} \varphi^{n+v-1})$, $v \geq 1$, so folgt

$$\operatorname{Im} \varphi^{n+v} = \varphi(\operatorname{Im} \varphi^n) = \operatorname{Im} \varphi^{n+1} = \operatorname{Im} \varphi^n$$

für alle $v \geq 1$ durch vollständige Induktion, somit also $M_1 = \bigcap_{i=1}^{\infty} \operatorname{Im} \varphi^i = \operatorname{Im} \varphi^n$.

Sei nun $x \in M$ beliebig. Es gibt ein $y \in M$ mit $\varphi^{2n}(y) = \varphi^n(x)$. Es folgt $\varphi^n(x - \varphi^n(y)) = 0$ und somit

$$x = \varphi^n(y) + (x - \varphi^n(y)) \quad \text{mit} \quad \varphi^n(y) \in \operatorname{Im} \varphi^n \quad \text{und} \quad x - \varphi^n(y) \in \operatorname{Ker} \varphi^n.$$

Die Gleichung $\varphi(M_1) = M_1$ gilt wegen $\varphi(\operatorname{Im} \varphi^n) = \operatorname{Im} \varphi^{n+1} = \operatorname{Im} \varphi^n$. $\qquad\square$

Korollar. *Ist $\varphi \in \operatorname{End}_R M$ ein Monomorphismus und wird die absteigende Kette der Bilder $\operatorname{Im} \varphi^i$ stationär, so ist φ ein Automorphismus.*

Beweis. Die Gleichung $M = M_0 + M_1$ zusammen mit $M_0 = 0$ liefert $M = M_1$. Somit ist φ surjektiv. $\qquad\square$

Kombination der Sätze 10 und 11 führt zu

Satz 12 (*Fittingsches Lemma*). *Es sei $\varphi : M \to M$ ein R-Endomorphismus derart, daß es Indizes $m, n \in \mathbb{N}$ mit $\operatorname{Ker} \varphi^m = \operatorname{Ker} \varphi^{m+1}$ und $\operatorname{Im} \varphi^n = \operatorname{Im} \varphi^{n+1}$ gibt.*

Dann gilt

$$M = M_0(\varphi) \oplus M_1(\varphi) = \operatorname{Ker} \varphi^b \oplus \operatorname{Im} \varphi^b \quad \text{mit} \quad b := \max\{m, n\}\,[3].$$

Die induzierte Abbildung $\varphi \mid M_1 : M_1(\varphi) \to M_1(\varphi)$ ist bijektiv, es gilt $(\varphi \mid M_0)^b = 0$.

Beweis. Nach Satz 10 und 11 gilt $M_0 \cap M_1 = 0$ und $M = M_0 + M_1$, also $M = M_0 \oplus M_1$. Wegen $b \geq m$, $b \geq n$ folgt weiter

$$M_0 = \operatorname{Ker} \varphi^m = \operatorname{Ker} \varphi^b, \qquad M_1 = \operatorname{Im} \varphi^n = \operatorname{Im} \varphi^b.$$

Da $\varphi(M_1) = M_1$ und $\operatorname{Ker} \varphi \cap M_1 \subset M_0 \cap M_1 = 0$, so ist $\varphi \mid M_1$ bijektiv. Die Gleichung $(\varphi \mid M_0)^b = 0$ folgt nach Satz 10. $\qquad\square$

Der kleinste Index p bzw. q mit $M_0 \subset \operatorname{Ker} \varphi^p$ bzw. $M_1 = \operatorname{Im} \varphi^q$ ist jeweils eine Invariante von φ. Es gilt $p = q$. Dies sieht man wie folgt:
Aus $\varphi^q(M_0) \subset M_0 \cap \operatorname{Im} \varphi^q \subset M_0 \cap M_1 = 0$ folgt $M_0 \subset \operatorname{Ker} \varphi^q$. Die Minimalität von p liefert $q \geq p$. Weiter gilt:

$$\operatorname{Im} \varphi^p = \varphi^p(M) = \varphi^p(M_0 \oplus M_1) \subset \varphi^p(M_0) \oplus M_1 = M_1$$

wegen $\varphi^p(M_0) \subset \varphi^p(\operatorname{Ker} \varphi^p) = 0$.
Die Minimalität von q erzwingt $p \geq q$. $\qquad\square$

In Anbetracht der Sätze 10, 11 und 12 wird man nach solchen Moduln suchen, bei denen *jede aufsteigende* bzw. *jede absteigende* Kette von Untermoduln stationär wird. Moduln der ersten Art heißen *noethersch*, Moduln der zweiten Art heißen *artinsch*; beide Arten werden im Supplement genauer untersucht. Die Korollare zu den Sätzen 10 und 11 implizieren:

---

[3] Es ist $\max\{m, n\} := m$, falls $m \geq n$ ist, und $\max\{m, n\} := n$ sonst.

Jeder surjektive Endomorphismus eines noetherschen Moduls und jeder injektive Endomorphismus eines artinschen Moduls ist ein Automorphismus.

Es sei hier schon erwähnt, daß ein surjektiver Endomorphismus eines endlich erzeugbaren Moduls M stets bijektiv ist (vgl. Satz 5.6.3). Die schon im Abschnitt 4 erwähnten halbeinfachen Moduln sind sowohl noethersch als auch artinsch (vgl. Suppl. § 2). Daher gilt für *jeden* Endomorphismus eines halbeinfachen Moduls das Fittingsche Lemma. Da endlich erzeugbare Vektorräume halbeinfach und somit ebenfalls noethersch und artinsch sind (vgl. Korollar zu Satz 6.7), gilt auch speziell für alle Endomorphismen endlich erzeugbarer Vektorräume das Fittingsche Lemma.

§ 3. Freie Moduln

Bei gegebenem Grundring R besteht die wohl einfachste Konstruktion von R-Moduln darin, direkte Summen von R mit sich selbst zu bilden. Dies führt zu den Moduln R^n, $n \geq 1$, und allgemeiner zum Begriff des *freien* R-Moduls. Es wird sich zeigen, daß den freien Moduln aus mannigfachen Gründen eine besondere Bedeutung zukommt; u.a. lassen sich lineare Abbildungen zwischen solchen Moduln besonders übersichtlich beschreiben.

1. Lineare Unabhängigkeit. Freiheit. — Den Begriff des freien Moduls stützen wir auf den Begriff der Basis. Wir bereiten die Einführung dieses Begriffes vor durch folgende

Def. 1 (*Linear unabhängig, frei*). *Eine Familie $(x_i)_{i \in I}$ von Elementen eines R-Moduls M heißt linear unabhängig oder auch frei, wenn aus jeder Gleichung*

$$\sum_{i \in I} r_i x_i = 0, \quad r_i \in R, \quad r_i = 0 \quad \text{für fast alle } i \in I,$$

stets folgt: $r_i = 0$ für alle $i \in I$.

Eine Familie, die nicht frei ist, heißt linear abhängig.

Wir notieren sofort (Beweis!):

Eine Familie $(x_i)_{i \in I}$ in M ist genau dann linear abhängig, wenn es endlich viele verschiedene Elemente $i_1, \ldots, i_n \in I$ und Ringelemente $r_1, \ldots, r_n$ gibt, die nicht sämtlich verschwinden (d.h. $r_\nu \neq 0$ für mindestens ein $\nu \in \{1, \ldots, n\}$), so daß gilt:

$$\sum_{\nu=1}^{n} r_\nu x_{i_\nu} = 0.$$

Wir geben nun einige Beispiele:

1) Die Familie, die nur aus dem Nullelement $0 \in M$ besteht, ist linear abhängig, denn es ist z.B. $1 \cdot 0 = 0$.

2) Ein Element $r \in R$, aufgefaßt als Familie in R, ist genau dann frei, wenn r Nichtnullteiler in R ist.

3) In einem zyklischen Modul $M = Rx$, $x \neq 0$ (z. B. $M = R$) ist jede Familie, die mindestens zwei Elemente x_1, x_2 enthält, linear abhängig. Das ist klar im Falle $x_1 = x_2 = 0$; andernfalls gilt $x_1 = rx$, $x_2 = sx$, wo $r, s \in R$ nicht beide verschwinden, und es besteht die nichttriviale Gleichung $sx_1 + (-r)x_2 = 0$.

4) Ein R-Modul M mit Ann $M \neq \{0\}$ (z. B. ein Restklassenmodul $R/\mathfrak{a}$ mit $\mathfrak{a} \neq 0$) enthält keine freien Elemente, da für jedes $x \in M$ gilt: $ax = 0$ für alle $a \in$ Ann M.

5) Die Familie $(e_\nu)_{\nu \in \mathbb{N}_n}$ in R^n der Einheitsvektoren $e_1 = (1, 0, \ldots, 0), \ldots$, $e_n = (0, \ldots, 0, 1)$ ist frei in R^n.

6) Im $\mathbb{Z}$-Modul $\mathbb{Q}$ sind je zwei Elemente q, q' linear abhängig. Gilt nämlich

$$q = \frac{a}{b}, \qquad q' = \frac{a'}{b'}, \qquad a, a', b, b' \in \mathbb{Z}, \qquad b \neq 0, \qquad b' \neq 0,$$

so hat man $(a'b)q + (-ab')q' = 0$, wobei $a'b \neq 0$ bzw. $ab' \neq 0$, falls $q' \neq 0$ bzw. $q \neq 0$. Der Fall $q = q' = 0$ ist aber trivial.

7) In einem Vektorraum ist jeder Vektor $x \neq 0$ frei, denn aus $rx = 0$ folgt stets $r = 0$ nach der Kürzungsregel.

Jede Teilfamilie einer freien Familie ist frei. Anders formuliert: Enthält eine Familie eine linear abhängige Teilfamilie, so ist sie selbst linear abhängig.

Die folgenden beiden Freiheitskriterien sind bisweilen nützlich:

Satz 2. *Eine Familie $(x_i)_{i \in I}$ in M ist genau dann frei, wenn die folgenden beiden Bedingungen erfüllt sind:*

1) *Es gilt:* $\sum_{i \in I} R x_i = \bigoplus_{i \in I} R x_i$.

2) *Jedes Element x_i, $i \in I$, ist frei in M.*

Beweis. Es ist klar, daß 1) und 2) für freie Familien gelten. Seien umgekehrt 1) und 2) für die Familie $(x_i)_{i \in I}$ erfüllt. Hat man dann die Gleichung

$$0 = \sum_{i \in I} r_i x_i, \qquad r_i \in R, \qquad r_i = 0 \quad \text{für fast alle } i \in I,$$

so folgt zunächst $r_i x_i = 0$ für alle $i \in I$ wegen 1). Aus 2) resultiert weiter: $r_i = 0$ für alle $i \in I$. $\square$

Satz 3. *Es sei $(x_i)_{i \in I}$ eine Familie in M; es sei $\varphi: M \to N$ ein Homomorphismus und $I_\varphi := \{i \in I; x_i \in \text{Ker } \varphi\}$. Dann ist die Familie $(x_i)_{i \in I}$ sicher dann frei in M, wenn*

1) *die Teilfamilie $(x_i)_{i \in I_\varphi}$ frei in M (d.h. in $\text{Ker } \varphi$) ist und*

2) *die Bildfamilie $(\varphi(x_i))_{i \in I \smallsetminus I_\varphi}$ frei in N ist.*

Beweis. Aus einer Gleichung

$$\sum_{i\in I_\varphi} r_i x_i + \sum_{i\in I\setminus I_\varphi} s_i x_i = 0 \qquad (\textit{fast alle } r_i, s_i \textit{ sind } 0)$$

folgt durch Anwendung von φ wegen $x_i \in \operatorname{Ker}\varphi$ für alle $i \in I_\varphi$:

$$\sum_{i\in I\setminus I_\varphi} s_i \varphi(x_i) = 0,$$

also $s_i = 0$ für *alle* $i \in I \setminus I_\varphi$ wegen 2). In der verbleibenden Gleichung $\sum_{i\in I_\varphi} r_i x_i = 0$ verschwinden dann ebenfalls *alle* r_i wegen 1). $\qquad\square$

2. Basen. Freie Moduln. Koordinatensysteme. – Es sei $(x_i)_{i\in I}$ eine Familie von Elementen aus M.

Def. 4 *(Basis). Die Familie $(x_i)_{i\in I}$ heißt eine Basis von M, wenn sie*

1) *frei ist und*
2) *ein Erzeugendensystem von M ist.*

Dann folgt sofort:

Satz 5. *Die Familie $(x_i)_{i\in I}$ ist genau dann eine Basis von M, wenn sich jedes Element von M auf genau eine Weise als (endliche) Linearkombination der x_i, $i\in I$, mit Koeffizienten aus R darstellen läßt.*

Beweis. Ist $(x_i)_{i\in I}$ eine Basis von M, so schreibt sich jedes $x\in M$ in der Form

$$x = \sum_{i\in I} r_i x_i, \qquad r_i \in R, \qquad r_i = 0 \quad \text{für fast alle } i\in I,$$

da $(x_i)_{i\in I}$ ein Erzeugendensystem von M ist.

Hat man eine weitere solche Darstellung $\sum_{i\in I} r_i' x_i$ für x, so folgt:

$$\sum_{i\in I} (r_i - r_i') x_i = 0, \qquad r_i - r_i' = 0 \quad \text{für fast alle } i\in I,$$

und also $r_i - r_i' = 0$ für alle $i\in I$, da die Familie $(x_i)_{i\in I}$ frei ist.

Die Umkehrung ergibt sich unmittelbar, da schon aus der eindeutigen Darstellbarkeit der 0 als Linearkombination der x_i, $i\in I$, die Freiheit der Familie $(x_i)_{i\in I}$ folgt. $\qquad\square$

Nicht jeder R-Modul besitzt eine Basis. Ist z.B. $\mathfrak{a} \neq 0$ ein Ideal $\neq R$ in R, so hat $M := R/\mathfrak{a} \neq 0$ überhaupt keine freien Elemente (vgl. Nr. 1, Beispiel 4) und also speziell keine Basis.

Def. 6 *(Freier Modul). Ein R-Modul M heißt frei, wenn er eine Basis besitzt.*

Jeder Modul R^n, $n \geq 1$, ist frei; die Einheitsvektoren bilden eine Basis. Allgemein gilt nun, daß ein Modul genau dann frei ist, wenn er direkte Summe von zu R isomorphen Moduln ist, nämlich:

Satz 7. *Ein Modul M ist genau dann frei, wenn es eine Familie $(x_i)_{i\in I}$ in M gibt, so daß folgendes gilt:*

1) $M = \bigoplus\limits_{i\in I} R\,x_i.$

2) *Jeder Modul $R\,x_i$ ist vermöge $r \mapsto r\,x_i$, $r\in R$, isomorph zu R, $i\in I$.*

Jede solche Familie ist eine Basis von M.

Beweis. Es sei M frei und es sei $(x_i)_{i\in I}$ eine Basis von M. Nach Satz 2 gilt $M = \bigoplus\limits_{i\in I} R\,x_i$, und jedes x_i, $i\in I$, ist frei in M. Daher gilt $r\,x_i=0$ nur für $r=0$, d.h. die R-lineare Abbildung $r \mapsto r\,x_i$ von R in $R\,x_i$ ist injektiv. Da sie R auf $R\,x_i$ abbildet, handelt es sich um einen Isomorphismus. Mithin gelten 1) und 2).

Sei umgekehrt $(x_i)_{i\in I}$ eine Familie, so daß 1) und 2) gelten. Wegen 1) handelt es sich um ein Erzeugendensystem von M, die Bedingung 2) beinhaltet, daß jedes Element x_i, $i\in I$, frei in M ist. Nach Satz 2 ist somit die Familie $(x_i)_{i\in I}$ frei in M und also eine Basis von M. $\qquad\square$

Unser Satz zeigt insbesondere, daß freie Moduln $\neq 0$ Untermoduln enthalten, die zu R isomorph sind. Freie Moduln $\neq 0$ sind also treu, d.h. Ann $M=0$ (vgl. Kap. II, § 1.5).

Es ist bequem und nützlich, den Nullmodul als freien Modul (mit der leeren Menge als Basis) aufzufassen.

Aus der *linearen* Geometrie ist das von Descartes herrührende Verfahren bekannt, Punkte in der Ebene bzw. im Raum nach Wahl eines Koordinatensystems durch die Angabe von zwei bzw. drei reellen Zahlen festzulegen und so geometrische Probleme einer rechnerischen Behandlung zugänglich zu machen. Es handelt sich bei der Wahl der Koordinatenachsen um nichts anderes als um die Wahl von zwei bzw. drei linear unabhängigen Vektoren, welche die Ebene $\mathbb{R}^2$ bzw. den Raum $\mathbb{R}^3$ aufspannen (Einheitsvektoren in Koordinatenrichtungen), d.h. um die Wahl einer Basis des Vektorraumes, den die „Vektoren" (im anschaulichen Sinn) der Ebene bzw. des dreidimensionalen Raumes nach Vorgabe eines Anfangspunktes (Nullpunktes) bilden.

In Analogie zu dieser Situation nennt man häufig jeden Isomorphismus φ eines R-Moduls M auf einen freien Modul der Form $\bigoplus\limits_{i\in I} R_i$, wo $R_i := R$ für alle $i\in I$, ein *Koordinatensystem auf M*. Genau wie im eben angedeuteten Anschauungsbeispiel ist dann jedes $x\in M$ via φ durch eine wohlbestimmte Familie

$$(r_i)_{i\in I}, \quad r_i \in R, \quad r_i = 0 \quad \text{für fast alle } i\in I$$

von „Koordinaten" eindeutig charakterisiert, und umgekehrt entspricht jeder solchen Familie von Koordinaten via φ^{-1} eindeutig ein Element von M. Die kanonische Basis der „Einheitsvektoren"

$$(e_i)_{i\in I}, \quad e_i := (r_j)_{j\in I} \quad \text{mit } r_i := 1, \quad r_j := 0 \quad \text{für } j \neq i$$

von $\bigoplus\limits_{i \in I} R_i$ wird vermöge φ^{-1} zu einer Basis $(x_i)_{i \in I}$ (mit $x_i := \varphi^{-1}(e_i)$) von M geliftet; umgekehrt gibt jede Basis $(x_i)_{i \in I}$ von M Anlaß zu einem *Koordinatenisomorphismus* von $M = \bigoplus\limits_{i \in I} R x_i$ auf $\bigoplus\limits_{i \in I} R_i$, da $r x_i \mapsto r$ ein Isomorphismus $R x_i \to R_i$ ist. Wahl eines Koordinatensystems ist also nichts anderes als Wahl einer Basis.

Wir notieren noch folgende Verallgemeinerung des ersten Freiheitskriteriums:

Sei M die direkte Summe der Moduln A_i, $i \in I$. Jeder Modul A_i sei frei, und es sei $(x_{ij})_{j \in J_i}$ eine Basis von A_i, $i \in I$. Dann ist M frei; und die Familie $(x_{ij})_{i \in I,\, j \in J_i}$ ist eine Basis von M.

Der Beweis sei dem Leser als Übungsaufgabe empfohlen. Überraschenderweise ist die letzte Aussage nicht umkehrbar, d.h. direkte Summanden freier Moduln sind nicht notwendig frei. So hat man z.B. (vgl. § 2.2) für alle $a, b \in \mathbb{N}^+$, a, b teilerfremd, die $\mathbb{Z}$-Modulisomorphie

$$\mathbb{F}_{ab} \xrightarrow{\sim} \mathbb{F}_a \oplus \mathbb{F}_b.$$

Nun sind $\mathbb{F}_a$ und $\mathbb{F}_b$ auch $\mathbb{F}_{ab}$-Moduln, und diese Isomorphie ist sogar eine $\mathbb{F}_{ab}$-Modulisomorphie (Beweis!). Indessen sind $\mathbb{F}_a$ und $\mathbb{F}_b$ als $\mathbb{F}_{ab}$-Moduln *nicht frei*.

3. Epimorphismen mit freien Bildmoduln. — Der folgende Satz ist die Grundlage für viele Aussagen in der linearen Algebra.

Satz 8. *Ist $\pi: M \to F$ ein Epimorphismus des R-Moduls M auf einen freien R-Modul F, so ist $\operatorname{Ker} \pi$ ein direkter Summand von M. Genauer gilt:*

$$M = \operatorname{Ker} \pi \oplus \left(\bigoplus_{i \in I} R x_i\right)$$

für jede Familie $(x_i)_{i \in I}$ in M, deren Bildfamilie $(\pi(x_i))_{i \in I}$ eine Basis von F ist.

Beweis. Da F frei ist, gibt es Basen $(y_i)_{i \in I}$ in F. Da π surjektiv ist, existieren dann auch Familien $(x_i)_{i \in I}$ in M, so daß $(\pi(x_i))_{i \in I}$ eine Basis in F ist. Sei $(x_i)_{i \in I}$ irgendeine solche Familie in M. Nach Satz 3 ist sie frei in M, also

$$A := \sum_{i \in I} R x_i = \bigoplus_{i \in I} R x_i.$$

Aus Satz 1.3, Aussage 2, folgt ferner:

$$M = \operatorname{Ker} \pi + A.$$

Es bleibt $\operatorname{Ker} \pi \cap A = 0$ zu zeigen. Sei also $x \in \operatorname{Ker} \pi \cap A$. Dann gilt eine Gleichung

$$x = \sum_{i \in I} r_i x_i, \qquad r_i \in R, \qquad r_i = 0 \quad \text{für fast alle } i \in I.$$

Anwendung von π liefert:

$$0 = \pi(x) = \sum_{i \in I} r_i \pi(x_i), \quad \text{also} \quad r_i = 0 \quad \text{für alle } i \in I$$

wegen der Freiheit der Familie $(\pi(x_i))_{i \in I}$. Somit gilt $0 = \operatorname{Ker} \pi \cap A$ und folglich $M = \operatorname{Ker} \pi \oplus A$. $\qquad\square$

Als Anwendung von Satz 8 beweisen wir einen wichtigen Satz über „freie abelsche Gruppen".

Satz 9. *Es sei F ein freier $\mathbb{Z}$-Modul und $(x_\mu)_{1 \leq \mu \leq m}$ eine Basis von F. Dann ist jeder Untermodul A von F frei, und es gibt Basen von A mit höchstens m Elementen.*

Beweis. Durch vollständige Induktion nach m. Im Falle $m=1$ ist $F=\mathbb{Z}\,x_1$ zum $\mathbb{Z}$-Modul $\mathbb{Z}$ isomorph, und wir wissen nach Satz 1.2.7, daß jeder Untermodul A von $\mathbb{Z}$ die Form $n\mathbb{Z}$ besitzt. Mithin ist in diesem Falle A stets frei, und es gibt eine Basis von A mit höchstens einem Element.

Sei nun $m>1$. Es gilt

$$F=F'\oplus\mathbb{Z}\,x_m \quad \text{mit} \quad F':=\mathbb{Z}\,x_1\oplus\cdots\oplus\mathbb{Z}\,x_{m-1}.$$

Wir betrachten die natürliche Surjektion $\rho\colon F\to\mathbb{Z}\,x_m$. Setzt man $B:=\rho(A)$, so induziert ρ einen $\mathbb{Z}$-Modulepimorphismus $\pi\colon A\to B$. Der Modul $B\subset\mathbb{Z}\,x_m$ ist nach Induktionsbeginn frei und besitzt eine Basis aus höchstens einem Element. Daher besteht nach Satz 8 eine Gleichung

$$(*) \qquad\qquad A=\operatorname{Ker}\pi\oplus A', \quad \text{wo} \quad A'=0 \quad \text{oder} \quad A'\simeq\mathbb{Z}.$$

Nun gilt $\operatorname{Ker}\pi\subset\operatorname{Ker}\rho=F'$. Da $\{x_1,\ldots,x_{m-1}\}$ eine Basis von F' aus $m-1$ Elementen ist, so ist $\operatorname{Ker}\pi$ nach Induktionsannahme frei, und es gibt eine Basis von $\operatorname{Ker}\pi$ mit höchstens $m-1$ Elementen. Wegen $(*)$ ist dann auch A frei, und es gibt eine Basis von A mit höchstens m Elementen. $\square$

Bemerkung. Im vorstehenden Beweis wird vom Grundring $\mathbb{Z}$ „nur" benutzt, daß jeder Untermodul $\neq 0$ von $\mathbb{Z}$ frei und zyklisch ist. Der Satz 9 gilt also allgemeiner für freie Moduln über solchen Ringen R, die mit $\mathbb{Z}$ diese Eigenschaften gemeinsam haben. Solche Ringe nennt man *Hauptidealringe*; sie sind notwendig nullteilerfrei (warum?).

4. Ergänzungssatz. Aufspaltung exakter Sequenzen. — Satz 8 wird häufig auch als ein „Ergänzungssatz" ausgesprochen:

Satz 10 *(Ergänzungssatz). Es sei A ein Untermodul von M, so daß M/A frei ist, und es sei $E=(x_i)_{i\in I}$ ein Erzeugendensystem von M, so daß die Bildfamilie $\big(\pi(x_i)\big)_{i\in I}$ eine Basis von M/A enthält. ($\pi:=$ Restklassenabbildung). Dann ist A ein direkter Summand von M, und es gibt eine Teilfamilie $E'\subset E$ mit der Eigenschaft:*

$$M=A\oplus\Big(\bigoplus_{x\in E'}R\,x\Big).$$

Ist A selbst frei, so ist auch M frei, und jede Basis von A läßt sich durch Hinzunahme von Elementen aus E' zu einer Basis von M ergänzen.

Beweis. Folgt unmittelbar aus Satz 8. $\square$

Ein weiterer Aspekt von Satz 8 läßt sich sehr einprägsam durch die folgenden Formulierungen ausdrücken:

Satz 11. *Sei*

$$0 \longrightarrow N \xrightarrow{\;\iota\;} M \xrightarrow{\;\pi\;} F \longrightarrow 0$$

eine exakte Sequenz von R-Moduln. Der Modul F sei frei. Dann gibt es einen Monomorphismus $\psi: F \to M$, so daß gilt:

$$\pi \circ \psi = \mathrm{id} \quad und \quad M = \mathrm{Im}\,\iota \oplus \mathrm{Im}\,\psi = \mathrm{Ker}\,\pi \oplus \mathrm{Im}\,\psi.$$

Beweis. Nach Satz 8 gibt es zu $\mathrm{Ker}\,\pi = \mathrm{Im}\,\iota$ ein Supplement A' in M. Die Abbildung $\pi\,|\,A': A' \to F$ ist ein Isomorphismus. Wir definieren ψ durch $z \mapsto (\pi\,|\,A')^{-1}(z)$, $z \in F$. Dann gilt $\pi \circ \psi = \mathrm{id}$ und $M = \mathrm{Im}\,\iota \oplus \mathrm{Im}\,\psi$ wegen $\mathrm{Im}\,\psi = A'$.   □

Bemerkung. Die Abbildung ψ ist von dem in M gewählten Supplement A' von $\mathrm{Ker}\,\pi$ abhängig und natürlich nicht eindeutig bestimmt; es gibt i. allg. unendlich viele Monomorphismen mit der in Satz 11 behaupteten Eigenschaft. Identifiziert man $\mathrm{Im}\,\psi \subset M$ mit F vermöge ψ, so wird F zu einem Supplement von $\mathrm{Ker}\,\pi \simeq N$ in M. Die Abbildung π ist dann die Projektion von M längs $\mathrm{Ker}\,\pi \simeq N$ auf $\mathrm{Im}\,\psi \simeq F$.

Man sagt allgemein, daß eine exakte Sequenz

$$0 \longrightarrow M' \xrightarrow{\;\pi'\;} M \xrightarrow{\;\pi\;} M'' \longrightarrow 0$$

von R-Moduln *aufspaltet*, wenn $\mathrm{Im}\,\pi'$ ein direkter Summand von M ist; dann ist M isomorph zu $M' \oplus M''$. Man kann nun Satz 11 auch so formulieren:

Eine exakte Sequenz
$$0 \to N \to M \to F \to 0$$

von R-Moduln spaltet sicher dann auf, wenn F frei ist.

§ 4. Freiheitsgrad von Moduln

Nicht freie Moduln können freie Untermoduln $\neq 0$ enthalten; z. B. ist der $\mathbb{Z}$-Modul $\mathbb{Q}$ nicht frei (er ist *nicht* zyklisch, und je zwei Elemente aus $\mathbb{Q}$ sind linear abhängig, vgl. § 1.2, Bemerkung 5) und § 3.1, Beispiel 6)), doch gilt $\mathbb{Z} \subset \mathbb{Q}$. Wir ordnen nun jedem Modul M eine Zahl zu, welche ein Maß ist für die „maximale Größe" freier Untermoduln von M. Zum besseren Verständnis des Folgenden sei vorweg bemerkt, daß in jeder freien Familie $(x_i)_{i \in I}$ zwei Elemente $x_\mu, x_\nu, \mu \neq \nu$, stets voneinander verschieden sind, weil sonst die nichttriviale Beziehung $1 \cdot x_\mu + (-1) x_\nu = 0$ bestünde.

1. Freiheitsgrad. – Wir treffen folgende

Def. 1 *(Freiheitsgrad). Der R-Modul M hat (über R) den Freiheitsgrad $n \in \mathbb{N}$, in Zeichen:*
$$\mathrm{fg}_R M = n \quad oder \quad \mathrm{fg}\, M = n,$$

wenn die folgenden beiden Bedingungen erfüllt sind:

1) *Für jede freie Familie $(x_i)_{i \in I}$ in M ist die Indexmenge I endlich, und zwar gilt:* $|I| \leq n$.

2) *Es gibt eine freie Familie $(x_i)_{i \in I}$ in M mit $|I| = n$.*

Hat M nicht endlichen Freiheitsgrad, so setzen wir:

$$\mathrm{fg}_R M := \infty \quad oder \quad \mathrm{fg}\, M = \infty.$$

Die Gleichung $\mathrm{fg}\, M = \infty$ besagt, daß es zu jedem $n \in \mathbb{N}$ eine freie Familie $(x_i)_{i \in I}$ in M mit $|I| \geq n$ gibt.

Es erhebt sich die Frage, ob ein Zusammenhang zwischen den Zahlen $\mathrm{fg}\, M$ und $\mathrm{erz}\, M$, die beide auf ihre Weise ein Maß für die Größe von M sind, besteht. Das Beispiel des $\mathbb{Z}$-Moduls $\mathbb{Q}$, wo

$$\mathrm{fg}\, \mathbb{Q} = 1, \quad \mathrm{erz}\, \mathbb{Q} = \infty$$

ist, zeigt, daß Freiheitsgrad und Erzeugendenzahl nicht notwendig übereinstimmen. Wir werden später erst mit Hilfe der Determinantentheorie (Kap. V) sehen, daß für endlich erzeugbare Moduln M stets gilt: $\mathrm{fg}\, M \leq \mathrm{erz}\, M$. Die Gleichung $\mathrm{fg}\, M = 0$ besagt, daß M keine freien Elemente enthält. Anders als im Falle der Funktion erz läßt sich also aus $\mathrm{fg}\, M = 0$ nicht $M = 0$ folgern. Selbst freie Moduln können Untermoduln $A \neq 0$ mit $\mathrm{fg}\, A = 0$ enthalten: ist z. B. $a \neq 0$ ein Nullteiler im Ring R, so gilt $R\,a \neq 0$, aber $\mathrm{fg}\, R\,a = 0$. Solche Beispiele sind aber nur für Ringe mit Nullteilern möglich, denn wir zeigen nun:

Satz 2. *Es sei R ein Integritätsring und F ein freier R-Modul. Dann ist jedes Element $x \in F \setminus \{0\}$ frei in F.*

Insbesondere ist jeder Untermodul A von F mit $\mathrm{fg}\, A = 0$ der Nullmodul.

Beweis. Wir wählen eine Basis $(x_i)_{i \in I}$ von F und haben eine Gleichung

$$x = r_{i_1} x_{i_1} + \cdots + r_{i_m} x_{i_m}, \quad r_{i_\mu} \in R, \quad 1 \leq \mu \leq m,$$

wo wenigstens ein Koeffizient $\neq 0$ ist. Seit etwa $r_{i_1} \neq 0$. Für jedes $r \in R$ ist dann $r\, r_{i_1}$ der i_1-te Koeffizient von $r\,x$. Da R nullteilerfrei ist, folgt $r\, r_{i_1} \neq 0$ und also $r\,x \neq 0$ für alle $r \neq 0$. Somit ist x frei in F. $\qquad\qquad\square$

2. Die Gradungleichung $\mathrm{fg}\, M \geq \mathrm{fg}\, \mathrm{Ker}\, \varphi + \mathrm{fg}\, \mathrm{Im}\, \varphi.$ — Recht schnell einzusehen ist:

Satz 3 *(Gradungleichung). Für jeden R-Homomorphismus $\varphi: M \to N$ gilt:*

$$\mathrm{fg}\, M \geq \mathrm{fg}\, \mathrm{Ker}\, \varphi + \mathrm{fg}\, \mathrm{Im}\, \varphi.$$

Beweis. Man wähle freie Familien $(x_i)_{i \in I}$ in $\mathrm{Ker}\, \varphi$ und $(y_j)_{j \in J}$ in $\mathrm{Im}\, \varphi$ mit $I \cap J = \varnothing$, $|I| = \mathrm{fg}\, \mathrm{Ker}\, \varphi$, $|J| = \mathrm{fg}\, \mathrm{Im}\, \varphi$ sowie $x_j \in \varphi^{-1}(y_j)$, $j \in J$.

Die Familie $(x_i)_{i \in I \cup J}$ erfüllt die Bedingungen 1) und 2) von Satz 3.3 und ist daher frei. Somit ist

$$\operatorname{fg} M \geq |I \cup J| = |I| + |J| = \operatorname{fg} \operatorname{Ker} \varphi + \operatorname{fg} \operatorname{Im} \varphi\,^4. \qquad \square$$

Man kann Satz 3 auch so formulieren:

Für jede exakte Sequenz

$$0 \longrightarrow M' \xrightarrow{\ \psi\ } M \xrightarrow{\ \varphi\ } N \longrightarrow 0$$

von R-Moduln ist $\operatorname{fg} M \geq \operatorname{fg} M' + \operatorname{fg} N$.

Es ist nämlich M' isomorph zu $\psi(M') = \operatorname{Ker} \varphi$ und $N = \operatorname{Im} \varphi$. Die Gradungleichung liefert als

Korollar. *Für jeden Untermodul A von M gilt:*

$$\operatorname{fg} M \geq \operatorname{fg} A + \operatorname{fg} M/A.$$

Zum Beweis wende man Satz 3 auf den Restklassenepimorphismus $M \to M/A$ an.

Es ist naheliegend zu fragen, ob sogar die Gleichung $\operatorname{fg} M = \operatorname{fg} \operatorname{Ker} \varphi + \operatorname{fg} \operatorname{Im} \varphi$ gilt. Das ist allgemein nicht der Fall; die Gleichheit kann durch Nullteiler in R gestört werden! So hat man für jedes $a \in R$ die exakte Sequenz

$$0 \to R\,a \to R \xrightarrow{\ \rho\ } R/R\,a \to 0,$$

also

$$1 = \operatorname{fg} R \geq \operatorname{fg} R\,a + \operatorname{fg}_R R/R\,a.$$

Ist nun $a \neq 0$ ein Nullteiler in R, dann gilt $\operatorname{fg}_R R\,a = 0 = \operatorname{fg}_R R/R\,a$ und $1 = \operatorname{fg} R \neq \operatorname{fg} R\,a + \operatorname{fg} R/R\,a = 0$.

Die Gleichheit kann sogar gestört sein, wenn M isomorph zur direkten Summe $\operatorname{Ker} \varphi \oplus \operatorname{Im} \varphi$ ist. Besitzt R Nullteiler a, b, so daß $a + b$ kein Nullteiler ist (z. B. $a = \bar{2}$, $b = \bar{3}$ im Ring $\mathbb{Z}/6\,\mathbb{Z}$), dann setzen wir $M := R\,a \oplus R\,b \subset R^2$. Die Projektion von M auf $R\,b$ längs $R\,a$ besitzt $R\,b$ als Bild und $R\,a$ als Kern. Es ist $\operatorname{fg} R\,a = \operatorname{fg} R\,b = 0$, aber $\operatorname{fg} M \geq 1$ (das Element $(\bar{a}, \bar{b})$ ist frei in M).

3. Die Gradgleichung $\operatorname{fg} M = \operatorname{fg} \operatorname{Ker} \varphi + \operatorname{fg} \operatorname{Im} \varphi$. − Das Hauptresultat dieses Abschnittes ist, daß die Gradungleichung des Satzes 3 eine Gleichung wird, wenn der Grundring R nullteilerfrei ist.

Satz 4 *(Gradgleichung). Es sei R ein Integritätsring und $\varphi \colon M \to N$ ein R-Modulhomomorphismus. Dann gilt:*

$$\operatorname{fg} M = \operatorname{fg} \operatorname{Ker} \varphi + \operatorname{fg} \operatorname{Im} \varphi.$$

Beweis. Wir brauchen nur die Ungleichung

$$\operatorname{fg} M \leq \operatorname{fg} \operatorname{Ker} \varphi + \operatorname{fg} \operatorname{Im} \varphi$$

---

[4] Es sei $\infty + \infty := \infty$, $\infty + n := n + \infty := \infty$ für alle $n \in \mathbb{N}$.

zu beweisen. Sei zunächst $m := \text{fg}\, M < \infty$, sei $\{x_1, \ldots, x_m\}$ eine freie Familie in M. Die Bildfamilie $(\varphi(x_\mu))_{1 \le \mu \le m}$ enthalte etwa eine freie Familie mit l Elementen und keine freie Familie mit $l+1$ Elementen. Dann gilt $0 \le l \le m$, und wir können so numerieren, daß die Familie $\{\varphi(x_1), \ldots, \varphi(x_l)\}$ frei ist. Falls $l = m$, so ist die zu beweisende Ungleichung bereits klar. Sei also $l < m$. Dann sind für jedes $\mu = l+1, \ldots, m$ die Vektoren $\varphi(x_\mu),\ \varphi(x_1), \ldots, \varphi(x_l)$ linear abhängig, es gibt also eine nichttriviale Darstellung des Nullvektors, etwa

$$r_\mu\, \varphi(x_\mu) + \sum_{\lambda=1}^{l} r_{\mu\lambda}\, \varphi(x_\lambda) = 0, \qquad r_\mu,\ r_{\mu\lambda} \in R,\ \mu = l+1, \ldots, m.$$

Es gilt notwendig $r_\mu \neq 0$, da sonst wegen der linearen Unabhängigkeit der $\varphi(x_1), \ldots, \varphi(x_l)$ auch alle $r_{\mu\lambda}$ verschwinden würden, was nicht sein kann. Wir setzen nun:

$$v_\mu := r_\mu\, x_\mu + \sum_{\lambda=1}^{l} r_{\mu\lambda}\, x_\lambda \in M, \qquad \mu = l+1, \ldots, m.$$

Dann gilt $v_\mu \in \text{Ker}\, \varphi$; überdies behaupten wir:

Die Familie $\{v_{l+1}, \ldots, v_m\}$ *ist frei in* $\text{Ker}\, \varphi$, *d.h.* $\text{fg}\,\text{Ker}\, \varphi \ge m - l$.

Sei etwa $\sum_{\mu=l+1}^{m} c_\mu v_\mu = 0$, $c_\mu \in R$. Durch Einsetzen und Umordnung ergibt sich:

$$\sum_{\mu=l+1}^{m} c_\mu r_\mu x_\mu + \sum_{\lambda=1}^{l} \left(\sum_{\mu=l+1}^{m} c_\mu r_{\mu\lambda} \right) x_\lambda = 0.$$

Da die Elemente $x_1, \ldots, x_l, x_{l+1}, \ldots, x_m$ nach Voraussetzung linear unabhängig in M sind, folgt: $c_\mu r_\mu = 0$ für $\mu = l+1, \ldots, m$. Da stets $r_\mu \neq 0$, ergibt sich weiter $c_\mu = 0$ für $\mu = l+1, \ldots, m$ *wegen der Nullteilerfreiheit von* R. Damit ist die Freiheit der Familie $\{v_{l+1}, \ldots, v_m\}$ und also die Ungleichung $m \le \text{fg}\,\text{Ker}\, \varphi + l$ bewiesen. Da $m = \text{fg}\, M$ und jedenfalls $l \le \text{fg}\,\text{Im}\, \varphi$ nach Definition von l, so sind wir im Falle $m < \infty$ fertig.

Ist $\text{fg}\, M = \infty$, so soll die Gradgleichung bedeuten, daß mindestens einer der beiden Moduln $\text{Ker}\, \varphi$ und $\text{Im}\, \varphi$ einen unendlichen Freiheitsgrad besitzt. Der Beweis verläuft analog. Ist schon $\text{fg}\,\text{Im}\, \varphi = \infty$, so ist man fertig. Im anderen Falle konstruiert man wie oben die jetzt unendliche freie Familie (v_μ) in $\text{Ker}\, \varphi$. $\quad\square$

Korollar. *Ist* R *nullteilerfrei, so gilt*

$$\text{fg}\, M = \text{fg}\, A + \text{fg}\, M/A$$

für jeden Untermodul A *eines* R-*Moduls* M. *Außerdem gilt für die direkte Summe* $M \oplus N$ *zweier* R-*Moduln*

$$\text{fg}\, M \oplus N = \text{fg}\, M + \text{fg}\, N.$$

Beweis. Diese Aussagen folgen unmittelbar aus Satz 4, wenn man zum einen für φ den Restklassenepimorphismus $M \to M/A$ und zum anderen die kanonische Projektion $M \oplus N \to N$ auf N längs M wählt. $\quad\square$

Aus dem Korollar folgt speziell:

Für jeden Integritätsring R und alle $m \in \mathbb{N}^+$ gilt:

$$\mathrm{fg}_R\, R^m = m.$$

Beweis. Durch vollständige Induktion nach m. Für $m=1$ ist die Aussage richtig: $\mathrm{fg}_R\, R = 1$ (vgl. § 3.1, Beispiel 3). Der Induktionsschluß ergibt sich wegen $R^m = R \oplus R^{m-1}$ aus dem Korollar. $\qquad\square$

4. Folgerungen aus der Gradgleichung. — Eine unmittelbare Anwendung der Gradgleichung und ihres Korollars ist

Satz 5. *Ist R nullteilerfrei, so gilt für zwei Untermoduln A, A' des R-Moduls M stets:*

$$\mathrm{fg}\, A + \mathrm{fg}\, A' = \mathrm{fg}(A + A') + \mathrm{fg}(A \cap A').$$

Beweis. In der direkten Summe $M \oplus M$ bildet die Menge

$$B := \{(x, x');\ x \in A,\ x' \in A'\} = A \oplus A'$$

einen R-Untermodul; es gilt also nach dem Korollar zur Gradgleichung

$$(1) \qquad\qquad \mathrm{fg}\, B = \mathrm{fg}\, A + \mathrm{fg}\, A'.$$

Wir definieren folgende Abbildungen:

$$\iota:\ A \cap A' \to B, \qquad\qquad \iota(x) := (x, x),$$
$$\psi:\ B \to A + A' \subset M, \qquad \psi(x, x') := x - x'.$$

Der Leser verifiziert leicht, daß ι und ψ zwei R-lineare Abbildungen sind und daß die Sequenz

$$0 \longrightarrow A \cap A' \overset{\iota}{\longrightarrow} B \overset{\psi}{\longrightarrow} A + A' \longrightarrow 0$$

exakt ist. Damit folgt nach der Gradgleichung:

$$(1') \qquad\qquad \mathrm{fg}\, B = \mathrm{fg}(A \cap A') + \mathrm{fg}(A + A').$$

Aus (1) und (1') folgt die Behauptung. $\qquad\square$

Häufig wird Satz 5 mit Hilfe des Isomorphiesatzes 2.3.4 bewiesen. Danach gibt es einen R-Isomorphismus $A/A \cap A' \overset{\sim}{\longrightarrow} (A + A')/A'$. Das Korollar zur Gradgleichung liefert:

$$\mathrm{fg}\, A = \mathrm{fg}(A \cap A') + \mathrm{fg}\, A/A \cap A',$$
$$\mathrm{fg}(A + A') = \mathrm{fg}\, A' + \mathrm{fg}(A + A')/A'.$$

Da die jeweils letzten Summanden übereinstimmen, folgt die Behauptung. $\qquad\square$

Um eine weitere wichtige Folgerung aus der Gradgleichung abzuleiten, notieren wir zunächst:

Besitzt der R-Modul M ein Erzeugendensystem von m Elementen, $m \in \mathbb{N}^+$, so gibt es einen R-Epimorphismus $\psi: R^m \to M$.

Beweis. Sei $(x_i)_{i \in \mathbb{N}_m}$ ein Erzeugendensystem von M und $(e_i)_{i \in \mathbb{N}_m}$ die Basis der Einheitsvektoren von R^m. Weil sich jedes Element von R^m *eindeutig* in der Form $\sum\limits_{i=1}^{m} r_i\, e_i$, $r_i \in R$, darstellen läßt, wird durch die Zuordnung

$$\sum_{i=1}^{m} r_i\, e_i \mapsto \sum_{i=1}^{m} r_i\, x_i$$

eine Abbildung $\psi: R^m \to M$ definiert. Es ist unmittelbar einsichtig, daß ψ R-linear und surjektiv ist. $\qquad\square$

Bemerkung. Die obige Aussage ist in dem allgemeineren Satz 5.2 enthalten. Nun folgt leicht:

Satz 6. *Für jeden endlich erzeugbaren R-Modul M über einem Integritätsring R besteht die Beziehung*

$$\mathrm{erz}_R\, M \geq \mathrm{fg}_R\, M\,.$$

Es gilt $\mathrm{erz}_R\, M = \mathrm{fg}_R\, M$ genau dann, wenn M ein freier R-Modul ist.

Beweis. Sei $m := \mathrm{erz}_R\, M$ und $\psi: R^m \to M$ ein Epimorphismus. Aus der Gradgleichung folgt:

$$\mathrm{fg}_R\, \mathrm{Ker}\,\psi + \mathrm{fg}_R\, M = \mathrm{fg}_R\, R^m = m = \mathrm{erz}_R\, M\,,$$

also $\mathrm{erz}_R\, M \geq \mathrm{fg}_R\, M$.

Ist M ein freier R-Modul, so hat jede Basis von M mindestens $\mathrm{erz}_R\, M$ Elemente; es gilt dann also auch $\mathrm{erz}_R\, M \leq \mathrm{fg}_R\, M$.

Schließlich folgt aus der Beziehung $\mathrm{erz}_R\, M = \mathrm{fg}_R\, M$ die Gleichung $\mathrm{fg}\,\mathrm{Ker}\,\psi = 0$ und damit $\mathrm{Ker}\,\psi = \{0\}$ nach Satz 2. Dann ist M vermöge ψ zu R^m isomorph und somit ein freier R-Modul nach Satz 3.7. $\qquad\square$

Aus Satz 6 erhält man als

Korollar. *Es sei R nullteilerfrei und M ein endlich erzeugbarer freier R-Modul. Dann hat jede Basis von M genau $\mathrm{erz}_R\, M$ Elemente. Speziell ist $\mathrm{erz}_R\, R^m = m = \mathrm{fg}_R\, R^m$.*

Wir werden später unter Benutzung der Determinantentheorie sehen, daß die Aussage von Satz 6 sogar für beliebige Grundringe richtig ist.

Als weitere Folgerung aus der Gradgleichung erhält man

Satz 7. *Ist R nullteilerfrei, so ist jeder Epimorphismus $\psi: F \to F$ eines endlich erzeugbaren freien R-Moduls F ein Automorphismus.*

Beweis. Die Gradgleichung $\mathrm{fg}\, F = \mathrm{fg}\,\mathrm{Ker}\,\varphi + \mathrm{fg}\,\mathrm{Im}\,\varphi$ liefert $\mathrm{fg}\,\mathrm{Ker}\,\varphi = 0$ wegen $\mathrm{Im}\,\varphi = F$. Hieraus folgt $\mathrm{Ker}\,\varphi = \{0\}$ nach Satz 2. Mithin ist φ auch injektiv.

Der vorstehende Satz bleibt ebenfalls noch richtig, wenn R Nullteiler hat (Korollar zu Satz 5.3.3). Doch gilt kein entsprechender Satz (auch nicht über Integritätsringen), wenn φ ein Monomorphismus ist. Dann hat man zwar $\mathfrak{fg}\,\mathrm{Im}\,\varphi = \mathfrak{fg}\,F$, und hieraus läßt sich nach der Gradgleichung noch $\mathfrak{fg}\,F/\mathrm{Im}\,\varphi = 0$ folgern. Doch mehr als diese Tatsache, daß „$\mathrm{Im}\,\varphi$ immerhin so groß ist, daß $M/\mathrm{Im}\,\varphi$ keine freien Elemente besitzt", läßt sich nicht feststellen. So sind z. B. alle Homothetien $\lambda_n \colon \mathbb{Z} \to \mathbb{Z}$, $x \mapsto n\,x$, $n \neq 0$, Monomorphismen, aber für $n \neq \pm 1$ keine Epimorphismen ($\mathbb{Z}/\mathrm{Im}\,\lambda_n = \mathbb{Z}/n\,\mathbb{Z}$ ist $\neq 0$, aber endlich).

Wir zeigen abschließend:

Satz 8. *Es sei M ein R-Modul, so daß jeder R-Epimorphismus $M \to M$ ein Automorphismus ist; es sei $\varphi \in \mathrm{End}_R\,M$. Dann gilt:*

1) *Existiert ein $\psi \in \mathrm{End}_R\,M$ mit $\varphi \circ \psi = \mathrm{id}$ (Rechtsinverses!), so gilt bereits $\varphi \in \mathrm{Aut}_R\,M$ und $\varphi^{-1} = \psi$.*

2) *Existiert ein $\psi \in \mathrm{End}_R\,M$ mit $\psi \circ \varphi = \mathrm{id}$ (Linksinverses!), so gilt bereits $\varphi \in \mathrm{Aut}_R\,M$ und $\varphi^{-1} = \psi$.*

Beweis. ad 1) Sei $\psi \in \mathrm{End}_R\,M$ und $\varphi \circ \psi = \mathrm{id}$. Damit ist φ surjektiv und also bereits ein Automorphismus von M. Wegen $\varphi^{-1} \circ \varphi = \mathrm{id}$ folgt

$$\psi = \mathrm{id} \circ \psi = (\varphi^{-1} \circ \varphi) \circ \psi = \varphi^{-1}(\varphi \circ \psi) = \varphi^{-1} \circ \mathrm{id} = \varphi^{-1}.$$

ad 2) Jetzt ist ψ surjektiv und also nach 1) bijektiv. Da $\varphi = \psi^{-1}$, so ist auch φ bijektiv. $\qquad\square$

Neben den in Satz 7 beschriebenen Moduln erfüllen alle noetherschen Moduln die Voraussetzung von Satz 8. Wie schon in § 2.5 erwähnt, werden wir in Kap. V zeigen, daß sogar *alle* endlich erzeugbaren R-Moduln die Voraussetzung von Satz 8 erfüllen.

§ 5. Lineare Abbildungen freier Moduln

Mit F wird immer ein (nicht notwendig endlich erzeugbarer) freier R-Modul bezeichnet. Ist F endlich erzeugbar, so ist jede Basis von F endlich, denn jede Basis enthält nach Satz 1.5 eine endliche Basis und stimmt dann natürlich mit dieser überein.

1. Lineare Fortsetzung von Abbildungen. — Für zwei R-Moduln M, N ist jede lineare Abbildung von M in N schon durch ihre Werte auf einem Erzeugendensystem von M vollständig bestimmt. Es gilt nämlich

Satz 1. *Ist E ein Erzeugendensystem von M und sind $\varphi_1, \varphi_2 \in \mathrm{Hom}_R(M, N)$ mit $\varphi_1(x) = \varphi_2(x)$ für alle $x \in E$, so ist $\varphi_1 = \varphi_2$.*

Beweis. Für jedes $x = \sum\limits_{\mu=1}^{m} r_\mu\, x_\mu \in M,\ r_\mu \in R,\ x_\mu \in E$ gilt

$$\varphi_1(x) = \sum_{\mu=1}^{m} r_\mu\, \varphi_1(x_\mu) = \sum_{\mu=1}^{m} r_\mu\, \varphi_2(x_\mu) = \varphi_2(x). \qquad \square$$

Für freie Moduln läßt sich diese Aussage wesentlich verschärfen:

Satz 2. *Es sei F ein freier R-Modul mit einer Basis $(x_i)_{i\in I}$ und N ein beliebiger R-Modul. Dann gibt es zu jeder Familie $(y_i)_{i\in I}$ von Elementen $y_i \in N$ genau eine lineare Abbildung $\varphi\colon F \to N$, so daß $\varphi(x_i) = y_i$ für alle $i\in I$ ist.*

Ist die Familie $(y_i)_{i\in I}$ frei in N, so ist φ injektiv. Ist die Familie $(y_i)_{i\in I}$ ein Erzeugendensystem von N, so ist φ surjektiv.

Beweis. Wir zeigen die Existenz von φ. Die Eindeutigkeit folgt dann aus Satz 1. Jedes $x\in F$ schreibt sich *eindeutig* in der Form

$$x = \sum_{i\in I} r_i\, x_i, \qquad r_i \in R,\ r_i = 0 \text{ für fast alle } i\in I.$$

Daher wird durch

$$\varphi(x) := \sum_{i\in I} r_i\, y_i, \qquad x\in M,$$

in eindeutiger Weise eine Abbildung $\varphi\colon F\to N$ definiert, die offenbar für alle $i\in I$ die Bedingung $\varphi(x_i) = y_i$ erfüllt. Es ist mühelos einzusehen, daß φ auch R-linear ist.

Es gilt $x\in\operatorname{Ker}\varphi$ genau dann, wenn $0 = \varphi(x) = \sum\limits_{i\in I} r_i\, y_i$. Im Falle einer freien Familie $(y_i)_{i\in I}$ folgt daraus $r_i = 0$ für alle $i\in I$, d.h. $x = 0$, d.h. φ ist injektiv. Die letzte Aussage des Satzes folgt unmittelbar. $\qquad \square$

In der Situation des eben bewiesenen Satzes sagt man häufig, die Abbildung $\varphi\colon F\to N$ entstehe aus den vorgegebenen Werten $\varphi(x_i) = y_i$, $i\in I$, durch *lineare Fortsetzung.*

Wir heben noch eine wichtige Folgerung aus Satz 2 besonders hervor:

Korollar. *Es sei F frei und $(x_i)_{i\in I}$ eine Basis von F; es sei N ein beliebiger R-Modul und $(y_i)_{i\in I}$ eine Familie in N. Dann ist $(y_i)_{i\in I}$ genau dann eine Basis von N, wenn die lineare Abbildung $\varphi\colon F\to N$ mit $\varphi(x_i) = y_i$, $i\in I$, ein Isomorphismus ist.*

Denn: Ist $(y_i)_{i\in I}$ ein linear unabhängiges Erzeugendensystem, so ist φ injektiv und surjektiv, also ein Isomorphismus. Ist umgekehrt φ bijektiv, so sieht man leicht, daß die Familie $(y_i)_{i\in I}$ den R-Modul N erzeugt und frei ist (der Leser führe den Beweis durch). $\qquad \square$

Ist $(x_i)_{i\in I}$ ein Erzeugendensystem des R-Moduls M, so ist aufgrund von Satz 1 für jeden R-Modul N die Abbildung

$$\operatorname{Hom}_R(M, N) \to \prod_{i\in I} N_i, \qquad \text{wo } N_i := N, \qquad \varphi \mapsto (\varphi(x_i))_{i\in I},$$

injektiv. Man sieht unmittelbar, daß sie R-linear ist. Satz 2 besagt, daß im Falle eines freien Moduls F mit $(x_i)_{i\in I}$ als Basis diese Abbildung auch surjektiv ist. Damit ist gezeigt:

Satz 3. *Ist F ein freier R-Modul und $(x_i)_{i\in I}$ eine Basis von F, so wird durch*

$$\varphi \mapsto (\varphi(x_i))_{i\in I}$$

ein R-Modulisomorphismus

$$\mathrm{Hom}_R(F, N) \xrightarrow{\ \sim\ } \prod_{i\in I} N_i, \qquad N_i := N,$$

definiert.   □

Ist speziell F endlich erzeugbar, so ist die Indexmenge I endlich, und es gilt:

$$\prod_{i\in I} N_i = \bigoplus_{i\in I} N_i, \qquad N_i := N.$$

Nehmen wir noch zusätzlich an, daß N ein freier R-Modul ist, so ist auch $\bigoplus_{i\in I} N_i$ frei.

Dies bedeutet:

Sind F, N freie R-Moduln und ist F endlich erzeugbar, so ist auch $\mathrm{Hom}_R(F, N)$ frei.

Der Leser zeige als Übungsaufgabe, daß für $F := R := \mathbb{Z}$ und $N := \mathbb{F}_2$ der $\mathbb{Z}$-Modul $\mathrm{Hom}_{\mathbb{Z}}(\mathbb{Z}, \mathbb{F}_2)$ *nicht frei* ist.

Als Anwendung von Satz 2 zeigen wir, daß jeder R-Modul M als Restklassenmodul F/A eines freien Moduls F nach einem Untermodul A darstellbar ist.

Satz 4. *Zu jedem R-Modul M gibt es eine exakte R-Modulsequenz*

$$0 \to A \to F \to M \to 0$$

mit einem freien R-Modul F. Es gilt erz $F =$ erz M, *falls M endlich erzeugbar ist.*

Beweis. Sei $(x_i)_{i\in I}$ ein Erzeugendensystem von M (und zwar sei $I = \{1, \dots, m\}$, wenn $m := $ erz $M < \infty$). Wir bilden die direkte Summe $F := \bigoplus_{i\in I} R_i$, wo $R_i := R$ für alle $i \in I$. Dann ist F frei, und die Einheitsvektoren $(e_i)_{i\in I}$ mit

$$e_i := (\delta_{ij})_{j\in I}, \qquad \delta_{ij} := \begin{cases} 1 & \text{für } i = j \\ 0 & \text{für } i \neq j \end{cases}$$

bilden eine Basis von F [5]. Nach Satz 2 gibt es einen R-Homomorphismus $\varphi \colon F \to M$ mit $\varphi(e_i) = x_i$, $i \in I$. Es gilt $\varphi(F) = M$, denn alle Elemente x_i des Erzeugendensystems von M liegen in $\varphi(F)$. Setzt man $A := \mathrm{Ker}\,\varphi$, so ist die R-Sequenz

$$0 \longrightarrow A \xrightarrow{\ \iota\ } F \xrightarrow{\ \varphi\ } M \longrightarrow 0,$$

wo ι die natürliche Injektion bezeichnet, exakt.   □

---

[5] Das hier definierte Symbol δ_{ij} bezeichnet man als *Kroneckersymbol* [nach dem Mathematiker L. Kronecker (1823–1891)]. Wir werden es noch häufig verwenden.

2. Dual und Bidual freier Moduln. — Es ist naheliegend, bei vorgegebener Basis $X = (x_i)_{i \in I}$ von F für jedes $i \in I$ die Linearform $x_i^* : F \to R$ zu betrachten, die durch die Gleichungen

$$x_i^*(x_j) = \delta_{ij}, \quad j \in I,$$

eindeutig bestimmt ist (Satz 2). Aus diesen Formen bildet man alle Linearkombinationen, also den Summenmodul $\sum_{i \in I} R\, x_i^*$ in F^*. Wir zeigen:

Satz 5. *Jedes $x^* \in \sum_{i \in I} R\, x_i^*$ schreibt sich eindeutig in der Form*

$$x^* = \sum_{i \in I} x^*(x_i) \cdot x_i^*, \quad x^*(x_i) = 0 \; \text{für fast alle } i \in I.$$

Speziell ist die Familie $(x_i^*)_{i \in I}$ frei in F^* und die Summe $\sum_{i \in I} R\, x_i^*$ direkt in F^*.

Es gilt $F^* = \sum_{i \in I} R\, x_i^*$ genau dann, wenn F endlich erzeugbar ist. In diesem Falle ist die Familie $(x_i^*)_{i \in I}$ eine Basis von F^*.

Beweis. Sei $x^* = \sum_{i \in I} r_i\, x_i^*$, $r_i \in R$, fast alle $r_i = 0$, beliebig in $\sum_{i \in I} R\, x_i^*$ gewählt. Anwendung von $x^* \in F^*$ auf $x_j \in F$ liefert:

$$x^*(x_j) = \sum_{i \in I} r_i\, x_i^*(x_j) = \sum_{i \in I} r_i\, \delta_{ij} = r_j, \quad j \in I.$$

Speziell folgt (für $x^* = 0$) die Freiheit der Familie $(x_i^*)_{i \in I}$ in F^* sowie die Gleichung

$$\sum_{i \in I} R_i^* = \bigoplus_{i \in I} R\, x_i^* \quad \text{in } F^*.$$

Ist F endlich erzeugbar, so ist die Indexmenge I für jede Basis $(x_i)_{i \in I}$ von F endlich. Daher kann man für jedes $x^* \in F^*$ die Form

$$\lambda := \sum_{i \in I} x^*(x_i) \cdot x_i^* \in \sum_{i \in I} R\, x_i^*$$

bilden. Es gilt

$$\lambda(x_j) = \sum_{i \in I} x^*(x_i) \cdot x_i^*(x_j) = \sum_{i \in I} x^*(x_i)\, \delta_{ij} = x^*(x_j) \quad \text{für alle } j \in I.$$

Daher stimmen λ und x^* auf einem Erzeugendensystem von F überein, und es folgt $x^* = \lambda \in \sum_{i \in I} R\, x_i^*$, d.h. $F^* = \sum_{i \in I} R\, x_i^*$.

Ist F nicht endlich erzeugbar, so ist für jede Basis $(x_i)_{i \in I}$ von F die Indexmenge I unendlich. Durch die Gleichungen

$$\mu(x_i) := 1 \quad \text{für alle } i \in I$$

wird dann (nach Satz 2) eine Linearform $\mu \in F^*$ bestimmt, die nicht zu $\bigoplus_{i \in I} R\, x_i^*$ gehört. $\qquad\square$

Der Leser zeigt übrigens mühelos (mittels Satz 3), daß bei beliebiger Basis $(x_i)_{i \in I}$ von F vermöge

$$F^* = \Big(\bigoplus_{i \in I} R\, x_i\Big)^* \to \prod_{i \in I} R\, x_i^*, \qquad \lambda \mapsto \big(\lambda(x_i) \cdot x_i^*\big)_{i \in I}$$

ein R-Isomorphismus von F^* auf das direkte Produkt $\prod_{i \in I} R\, x_i^*$ gegeben wird, der die in F^* direkte Summe $\sum_{i \in I} R\, x_i^*$ auf den Untermodul $\bigoplus_{i \in I} R\, x_i^*$ des direkten Produkts abbildet. Es gilt $\bigoplus_{i \in I} R\, x_i^* = \prod_{i \in I} R\, x_i^*$ genau dann, wenn I endlich ist.

Def. 6 *(Duale Basis). Die durch die Basis $(x_i)_{i \in I}$ von F eindeutig bestimmte freie Familie $(x_j^*)_{j \in I}$ von F^* mit $x_j^*(x_i) = \delta_{ij}$ heißt die zur Basis $(x_i)_{i \in I}$ duale Familie von F^*. Ist I endlich, so heißt $(x_j^*)_{j \in I}$ die zu $(x_i)_{i \in I}$ duale Basis von F^*.*

Nach Satz 2 existiert zu jeder Basis $X = (x_i)_{i \in I}$ von F genau ein R-Homomorphismus

$$\mathsf{X}_X \colon F \to F^* \qquad \text{mit } \mathsf{X}_X(x_i) = x_i^*, \quad i \in I.$$

Aus Satz 5 folgt sofort, daß X_X injektiv ist und den Modul $\bigoplus_{i \in I} R\, x_i^* \subset F^*$ zum Bild hat (d. h. $\operatorname{Im} \mathsf{X}_X = \bigoplus_{i \in I} R\, x_i^*$). Für endlich erzeugbare freie R-Moduln F (und nur für solche) ist X_X ein Isomorphismus.

Bemerkung. Man beachte, daß der Monomorphismus $\mathsf{X}_X \colon F \to F^*$ nicht kanonisch ist: er wird nicht durch „innere" Eigenschaften von F definiert, sondern hängt wesentlich (wie das ja auch durch die Notation ausgedrückt wird) von der willkürlichen Basiswahl in F ab.

Wir haben im Kap. II, § 4.4 gesehen, daß jeder R-Modul M einen kanonischen Homomorphismus $\Phi_M \colon M \to M^{**}$ in sein Bidual gestattet, der jedem $x \in M$ die durch $\lambda \mapsto \lambda(x)$, $\lambda \in M^*$, definierte R-Linearform $\hat{x} \colon M^* \to R$ zuordnet. Im allgemeinen ist Φ_M weder injektiv noch surjektiv. Wir zeigen hier:

Satz 7. *Sei F frei und $(x_i)_{i \in I}$ eine Basis von F, sei $(x_j^*)_{j \in I}$ die zugehörige duale freie Familie in F^*. Dann gilt:*

$$(*) \qquad\qquad \Phi_F(x_i)(x_j^*) = x_j^*(x_i) = \delta_{ij}, \qquad i, j \in I.$$

Die Familie $\big(\Phi_F(x_i)\big)_{i \in I}$ ist frei in F^{**} und Φ_F also injektiv.

Ist I endlich, so ist $\big(\Phi_F(x_i)\big)_{i \in I}$ die zu $(x_j^*)_{j \in I}$ gehörende duale Basis von F^{**}, und Φ_F ist ein Isomorphismus.

Beweis. Die Gleichungen $(*)$ ergeben sich unmittelbar aus der Definition von Φ_F. Jede lineare Relation

$$\sum_{i \in I} r_i\, \Phi_F(x_i) = 0, \qquad r_i = 0 \text{ für fast alle } i \in I,$$

liefert, wenn man sie auf x_j^* anwendet:

$$0 = \sum_{i \in I} r_i \, \Phi_F(x_i)(x_j^*) = \sum_{i \in I} r_i \, \delta_{ij} = r_j \quad \text{für alle } j \in I.$$

Ist I endlich, so ist $(x_j^*)_{j \in I}$ eine Basis von F^* und $\big(\Phi_F(x_i)\big)_{i \in I}$ wegen $(*)$ die dazu duale Basis. Dann ist Φ_F auch surjektiv. $\qquad\square$

Im Kap. II, § 4.3 haben wir jedem R-Homomorphismus $\varphi \in \mathrm{Hom}_R(M, N)$ den durch $\lambda \mapsto \lambda \circ \varphi$, $\lambda \in N^*$, definierten R-Homomorphismus $\varphi^* \in \mathrm{Hom}_R(N^*, M^*)$ zugeordnet. Die so gewonnene Abbildung $*\colon \mathrm{Hom}_R(M, N) \to \mathrm{Hom}_R(N^*, M^*)$ erwies sich selbst als R-linear und wir sahen (Satz 2.4.10): $\Phi_N \circ \varphi = \varphi^{**} \circ \Phi_M$. Wir zeigen nun als

Korollar zu Satz 7. *Ist F frei, so ist der kanonische Homomorphismus*

$$*\colon \mathrm{Hom}_R(M, F) \to \mathrm{Hom}(F^*, M^*)$$

für jeden R-Modul M ein Monomorphismus.

Beweis. Sei $\varphi \in \mathrm{Hom}(M, F)$ und $\varphi^* = 0$. Dann ist auch $\varphi^{**} = 0$, und es folgt: $\Phi_F \circ \varphi = \varphi^{**} \circ \Phi_M = 0$. Da Φ_F nach Satz 7 injektiv ist, ergibt sich $\varphi(M) = 0$, d.h. $\varphi = 0$. $\qquad\square$

Weitere wichtige Sätze über duale Moduln und duale Abbildungen werden wir in der Theorie der Vektorräume herleiten (vgl. § 6, 5—7). Das dort entwickelte Dualitätsprinzip beruht wesentlich auf dem natürlichen Isomorphismus $\Phi_F\colon F \to F^{**}$.

3. Invarianz der Basislänge. Rang. — Wir wollen an dieser Stelle noch einen wichtigen Satz über freie Moduln beweisen, der für Integritätsringe bereits aus den Ergebnissen von § 4.4 folgt und der noch einmal in verschärfter Form mit Hilfe der Determinantentheorie bewiesen wird (vgl. Kap. V). Der Satz lautet:

Satz 8. *Es seien m, n positive Zahlen und R ein beliebiger kommutativer Ring mit Einselement. Dann gibt es genau dann einen R-Epimorphismus (bzw. R-Isomorphismus),*

$$\varphi\colon R^m \to R^n, \quad \text{wenn } m \geq n \text{ ist (bzw. wenn } m = n \text{ ist).}$$

Bemerkung. Den Beweis führen wir unter Benutzung des Funktors „Verkleinerung des Grundringes". Wir verwenden dabei entscheidend, daß der Ring R wenigstens ein maximales Ideal (bzw. ein Primideal) besitzt (vgl. Kap. II, § 2.5).

Beweis von Satz 8. Im Falle $m \geq n$ ist R^n ein direkter Summand von R^m; folglich gibt es dann einen Epimorphismus $R^m \to R^n$.

Sei nun umgekehrt $\varphi\colon R^m \to R^n$ ein Epimorphismus. Wir wählen ein maximales Ideal $\mathfrak{m}$ in R. Dann ist $K := R/\mathfrak{m}$ ein Körper, und $R^m/\mathfrak{m}R^m$ sowie $R^n/\mathfrak{m}R^n$ sind K-Vektorräume (vgl. Kap. II, § 2.5 bzw. 4.1). Die Abbildung $\varphi\colon R^m \to R^n$ induziert nach Satz 2.4.2 eine K-lineare Abbildung

$$\varphi_{\mathfrak{m}}\colon R^m/\mathfrak{m}R^m \to R^n/\mathfrak{m}R^n.$$

Ist φ ein Epimorphismus (bzw. Isomorphismus), so ist auch φ_m ein Epimorphismus (bzw. Isomorphismus) (Korollar zu Satz 2.4.2). Nun sind nach Kap. II, § 4.2 für alle $d \geq 1$ die K-Vektorräume $R^d/\mathfrak{m}\,R^d$ und $(R/\mathfrak{m})^d = K^d$ zueinander isomorph. Somit gibt φ Anlaß zu einem Epimorphismus

$$K^m \to K^n.$$

Hieraus folgt $m = \mathfrak{fg}_K K^m \geq \mathfrak{fg}_K K^n = n$ nach der Gradgleichung (Satz 4.4) und dem Korollar zu Satz 4.6.

Ist φ ein Isomorphismus, so liefert die Gradgleichung $m = n$.   □

Bemerkung. Der Beweis von Satz 8 liefert allgemeiner, daß für jeden R-Modul M, zu dem ein maximales Ideal $\mathfrak{m} \subset R$ existiert mit $\mathfrak{m}\,M \neq M$, eine Epimorphie (bzw. Isomorphie) $M^m \to M^n$ nur im Falle $m \geq n$ (bzw. $m = n$) möglich ist.

Korollar *(Invarianz der Basislänge). Es sei M ein endlich erzeugbarer freier R-Modul. Dann besteht jede Basis von M aus genau $\mathrm{erz}_R M$ Elementen.*

Beweis. Der Modul M besitze eine Basis mit n Elementen, $n \geq \mathrm{erz}_R M$. Dann gibt es einen Isomorphismus $\sigma : M \to R^n$. Außerdem gibt es natürlich einen Epimorphismus $\psi : R^{\mathrm{erz}\,M} \to M$. Die Abbildung $\sigma \circ \psi : R^{\mathrm{erz}\,M} \to R^n$ ist ein R-Epimorphismus. Daraus folgt $\mathrm{erz}_R M \geq n$.   □

Das soeben bewiesene Resultat rechtfertigt folgende

Def. 9 *(Rang). Unter dem Rang eines endlich erzeugbaren freien R-Moduls M, in Zeichen: $\mathrm{rg}_R M$ oder $\mathrm{rg}\,M$, versteht man die Anzahl der Elemente einer Basis von M.*

Die Einführung eines neuen Wortes und Symbols für die Erzeugendenzahl ist eigentlich überflüssig, jedoch allgemein üblich.

Es gilt:

$$\mathrm{erz}_R M = \mathrm{rg}_R M \leq \mathfrak{fg}_R M.$$

Wir wissen bereits, daß für Integritätsringe auch $\mathrm{rg}_R M = \mathfrak{fg}_R M$ gilt und werden, wie schon erwähnt, in Kap. V sehen, daß dies auch für Ringe mit Nullteilern richtig bleibt.

Bemerkung zur Notation. Bedauerlicherweise gibt es bis heute in der linearen Algebra keine allgemein verbindlichen Redeweisen für die von uns eingeführten Begriffe „Erzeugendenzahl, Freiheitsgrad, Rang". So bezeichnet man häufig den Freiheitsgrad als Rang und gelegentlich die Erzeugendenzahl als Corang. Der Leser hat sich bei entsprechender Lektüre jeweils auf die Notationen der Autoren einzustellen.

4. Ein Struktursatz über den Endomorphismenring $\mathrm{End}_R F$. — Jede Homothetie $\lambda = r \cdot \mathrm{id}$, $r \in R$, eines beliebigen R-Moduls M *kommutiert* mit jedem Endomorphismus von M:

$$\varphi \circ \lambda = \lambda \circ \varphi \qquad \text{für alle } \varphi \in \mathrm{End}_R M.$$

Für freie Moduln gilt die Umkehrung in folgendem verschärften Sinne:

Satz 10. *Es sei $F \neq 0$ ein freier R-Modul und $\psi\colon F \to F$ ein R-Endomorphismus, der mit jedem R-Automorphismus $\chi\colon F \to F$ kommutiert:*

$$\psi \circ \chi = \chi \circ \psi \quad \textit{für alle } \chi \in \mathrm{Aut}_R F.$$

Dann ist ψ eine Homothetie von F, also $\psi \in R_F \simeq R \subset \mathrm{End}_R F$.

Beweis. Es sei $(x_i)_{i \in I}$ eine Basis von F. Ist I einelementig, so gilt $F \simeq R$, und die Behauptung ist klar wegen $R \simeq R_F = \mathrm{End}_R F$. Wir dürfen I daher als mindestens zweielementig voraussetzen. Zu jedem Indexpaar $p, q \in I$, $q \neq p$, gibt es, da $(x_i)_{i \in I}$ eine Basis von F ist, nach Satz 2 einen Endomorphismus $\chi_{pq}\colon F \to F$ mit

$$\chi_{pq}(x_p) = x_p + x_q, \quad \chi_{pq}(x_i) = x_i \quad \text{für alle } i \in I, \quad i \neq p.$$

Der durch $x_p \mapsto x_p - x_q, x_i \mapsto x_i$ für $i \neq p$, gegebene Endomorphismus $F \to F$ ist invers zu χ_{pq} (Beweis!), daher gilt $\chi_{pq} \in \mathrm{Aut}\, F$. Wir zeigen nun:

Ist $\psi \in \mathrm{End}\, F$ mit allen χ_{pq} vertauschbar, so ist ψ eine Homothetie.

Sei $p \in I$ beliebig. Wir haben eine Gleichung

$$(*) \qquad \psi(x_p) = r x_p + \sum_{i \neq p} r_i x_i, \quad r, r_i \in R, \quad \text{fast alle } r_i = 0.$$

Dies hat für alle $q \neq p$ zur Folge:

$$(\chi_{pq} \circ \psi)(x_p) = r \chi_{pq}(x_p) + \sum_{i \neq p} r_i \chi_{pq}(x_i)$$

$$= r(x_p + x_q) + \sum_{i \neq p} r_i x_i = r x_q + \psi(x_p),$$

$$(\psi \circ \chi_{pq})(x_p) = \psi(x_p + x_q) = \psi(x_p) + \psi(x_q),$$

also wegen $\chi_{pq} \circ \psi = \psi \circ \chi_{pq}$:

$$\psi(x_q) = r x_q \quad \text{für alle } q \in I, \quad q \neq p.$$

Für x_p selbst erhält man, wenn man den vorstehenden Schluß auf ein $x_m, m \in I, m \neq p$, (anstelle von x_p) anwendet, analog eine Gleichung $\psi(x_p) = s x_p$ mit $s \in R$. Die Eindeutigkeit der Darstellung $(*)$ erzwingt $s = r$. Somit folgt $\psi(x_i) = r x_i$ für alle $i \in I$ und also $\psi = r \cdot \mathrm{id}$. $\qquad\square$

Als Anwendung des soeben bewiesenen Satzes bestimmen wir das *Zentrum* der Gruppe Aut F, also (vgl. Kap. I, § 2.4) den Normalteiler $\{\psi \in \mathrm{Aut}\, F; \chi \circ \psi = \psi \circ \chi$ für alle $\chi \in \mathrm{Aut}\, F\}$ von Aut F.

Korollar. *Ist $F \neq 0$ ein freier R-Modul, so ist das Zentrum der Gruppe $\mathrm{Aut}_R F$ der R-Automorphismen von F die Einheitengruppe R_F^* des Homothetienringes von F.*

Denn: Ist $\psi \in \operatorname{Aut} F$ aus dem Zentrum von Aut F, so auch ψ^{-1}; daher sind beide Abbildungen nach Satz 10 Homothetien von F, d.h. $\psi \in R_F^*$. Umgekehrt ist trivial, daß alle Elemente von R_F^* im Zentrum von Aut F liegen. □

Man sieht speziell, daß ein freier Modul F mit einer mindestens zweielementigen Basis niemals eine kommutative Automorphismengruppe besitzt, da z.B. alle Automorphismen von F, die zwei verschiedene Basiselemente vertauschen, keine Homothetien sind.

§ 6. Endlichdimensionale Vektorräume

In diesem Paragraphen bezeichnet K stets einen Körper und V einen endlich erzeugbaren Vektorraum über K.

1. Freiheit und Basen. — Wir beginnen mit einem Kriterium dafür, welche Erzeugendensysteme von V Basen sind.

Satz 1. *Es sei $E = \{v_1, \ldots, v_m\}$ ein minimales Erzeugendensystem von V (d.h. keine echte Teilmenge von E erzeuge V). Dann ist die Familie $(v_\mu)_{1 \le \mu \le m}$ eine Basis von V. Insbesondere ist V frei.*

Beweis. Wir dürfen $m \ge 1$ annehmen. Es ist nur zu zeigen, daß die Familie $(v_\mu)_{1 \le \mu \le m}$ frei in V ist. Angenommen es bestünde eine Gleichung

$$\sum_{\mu=1}^{m} r_\mu v_\mu = 0, \quad r_\mu \in K \text{ mit } r_{\mu_0} \ne 0 \text{ für ein } \mu_0 \in \{1, \ldots, m\}.$$

Dann ist, da K ein Körper ist, r_{μ_0} eine Einheit in K, und es folgt:

$$v_{\mu_0} = \sum_{\mu \in \mathbf{N}_m \smallsetminus \{\mu_0\}} (-r_{\mu_0}^{-1} r_\mu) v_\mu .$$

Damit würde V schon von den $(m-1)$ Elementen $v_1, \ldots, v_{\mu_0-1}, v_{\mu_0+1}, \ldots, v_m$ erzeugt, was der Minimalität von E widerspricht. □

Bemerkung. Im vorstehenden Beweis wird die Voraussetzung, daß der Grundring ein Körper ist, entscheidend benutzt, um mittels Division durch r_{μ_0} den Vektor v_{μ_0} zu separieren. Wir wissen, daß für Moduln über Integritätsringen (z.B. für $M := R := \mathbb{Z}$ und $E := \{2, 3\}$) die Aussage des Satzes falsch ist (vgl. § 1.2). Aus Satz 1 folgt nun:

Korollar. *Sei V ein endlich erzeugbarer Vektorraum. Dann ist V frei, und jedes (evtl. auch unendliche) Erzeugendensystem E von V enthält eine Basis (d.h. es gibt eine Basis $(v_i)_{i \in I}$ von V mit $v_i \in E$ für alle $i \in I$).*

Beweis. Da V endlich erzeugbar ist, so enthält E ein endliches Erzeugenden-system $\{v_1, \ldots, v_n\}$. Aus diesen Vektoren läßt sich (evtl. sind einige Vektoren fort-zulassen!) ein minimales Erzeugendensystem auswählen. Dieses Erzeugenden-system ist nach Satz 1 eine Basis von V. $\qquad\Box$

Erzeugendensysteme von V mit $\mathrm{erz}_K V$ Elementen sind notwendig minimal und also Basen von V. Somit sehen wir: $\mathrm{erz}_K V \leq \mathrm{fg}_K V$. Es gilt auch die Umkehrung, denn das Korollar zu Satz 4.6 ist für Vektorräume richtig, da Körper nullteilerfrei sind. Wir sehen somit:

Satz 2. *Für jeden endlich erzeugbaren Vektorraum V gilt:*

$$\mathrm{erz}_K V = \mathrm{fg}_K V.$$

Jede Basis von V enthält $\mathrm{erz}_K V$ Elemente.

Wir stellen nun die verschiedenen Möglichkeiten, Basen eines Vektorraumes zu charakterisieren, systematisch zusammen:

Satz 3. *Die folgenden Aussagen über m Vektoren $v_1, \ldots, v_m \in V$ sind äquivalent:*

i) *Die Familie $(v_\mu)_{1 \leq \mu \leq m}$ ist eine Basis von V.*

ii) *Die Menge $\{v_1, \ldots, v_m\}$ ist ein Erzeugendensystem von V mit $m = \mathrm{erz}_K V$ Elementen.*

iii) *Die Menge $\{v_1, \ldots, v_m\}$ ist ein minimales Erzeugendensystem von V.*

iv) *Die Familie $(v_\mu)_{1 \leq \mu \leq m}$ ist frei und hat $m = \mathrm{erz}_K V$ Elemente.*

v) *Die Familie $(v_\mu)_{1 \leq \mu \leq m}$ ist eine maximale freie Familie, d.h. es gibt keine freie Familie $(w_\nu)_{1 \leq \nu \leq n}$ in V mit $m < n$ und $w_1 = v_1, \ldots, w_m = v_m$.*

Beweis. Da Basen Erzeugendensysteme mit $\mathrm{erz}\, V$ Elementen sind, so folgt ii) aus i). Da jedes Erzeugendensystem mindestens $\mathrm{erz}\, V$ Elemente enthalten muß, folgt iii) aus ii). Im Satz 1 wird ausgesagt, daß i) aus iii) folgt. Da Basen frei sind und genau $\mathrm{erz}\, V$ Elemente haben, folgt iv) aus i). Da es nach Definition von $\mathrm{fg}\, V = \mathrm{erz}\, V$ nicht mehr als $\mathrm{erz}\, V$ freie Elemente in V gibt, folgt v) aus iv). Es bleibt zu zeigen, daß v) wieder i) impliziert, d.h. daß der von $v_1, \ldots, v_m$ erzeugte Vektorraum

$$U := \sum_{\mu=1}^{m} K v_\mu$$

ganz V ist. Wäre $U \neq V$, so gäbe es einen Vektor $w \in V \smallsetminus U$. Dann wäre aber im Widerspruch zur Maximalität die aus $v_1, \ldots, v_m, w$ bestehende Familie frei, denn in einer Gleichung

$$\sum_{\mu=1}^{m} r_\mu v_\mu + r\, w = 0, \qquad r_1, \ldots, r_m \in K,$$

gilt zunächst $r = 0$, da sonst $w = \sum_{\mu=1}^{m} (-r^{-1} r_\mu) v_\mu \in U$, und dann folgt weiter

$$r_1 = \cdots = r_m = 0,$$

da $(v_\mu)_{1 \leq \mu \leq m}$ frei ist. Also muß $U = V$ gelten. $\qquad\Box$

2. Ergänzungssatz und Austauschsatz von Steinitz. — Für endlich erzeugbare Vektorräume nimmt der Ergänzungssatz 3.10 folgende einfache Gestalt an:

Satz 4 *(Ergänzungssatz). Jeder Untervektorraum U eines endlich erzeugbaren Vektorraumes V ist ein direkter Summand in V. Genauer gilt:*

Ist E ein Erzeugendensystem von V, so gibt es eine Teilmenge $E' \subset E$ mit der Eigenschaft

$$V = U \oplus \left(\bigoplus_{v \in E'} K v \right).$$

Beweis. Wir betrachten die exakte Sequenz

$$0 \longrightarrow U \longrightarrow V \overset{\rho}{\longrightarrow} V/U \longrightarrow 0, \qquad \rho := \text{Restklassenabbildung}.$$

Die Bildmenge $\{\rho(x); x \in E\}$ von E ist ein Erzeugendensystem von $\rho(V) = V/U$ und enthält nach dem Korollar zu Satz 1 eine Basis $\{\bar{v}_i\}_{i \in I}$ von V/U. Mithin ist Satz 3.10 anwendbar. $\qquad\square$

Der Ergänzungssatz läßt sich auch folgendermaßen formulieren:

Es sei E ein endliches Erzeugendensystem von V. Dann läßt sich jede freie Familie $(v_j)_{1 \le j \le p}$ von Vektoren aus V durch Hinzunahme von Vektoren aus E zu einer Basis von V ergänzen.

Denn: Die Vektoren $v_1, \ldots, v_p$ bilden eine Basis des Untervektorraums

$$U := \sum_{j=1}^{p} K v_j,$$

zu dem nach dem Ergänzungssatz eine Teilmenge $E' \subset E$ existiert, so daß gilt:

$$V = U \oplus \left(\bigoplus_{v \in E'} K v \right).$$

Wegen $V = \left(\bigoplus_{j=1}^{p} K v_j \right) \oplus \left(\bigoplus_{v \in E'} K v \right)$ folgt die Behauptung. $\qquad\square$

Das soeben hergeleitete Resultat ist ersichtlich äquivalent mit dem berühmten sogenannten

Austauschsatz *(E. Steinitz).*[6] *Es seien I und J disjunkte endliche Mengen und $(v_i)_{i \in I}$, $(v_j)_{j \in J}$ Familien in V mit folgenden Eigenschaften:*

1) Die Familie $(v_i)_{i \in I}$ erzeugt V.

2) Die Familie $(v_j)_{j \in J}$ ist frei.

Dann gibt es eine Teilmenge I' von I, so daß die „Vereinigungsfamilie"

$$(v_k)_{k \in I' \cup J}$$

eine Basis von V ist.

Die Bezeichnung „Austauschsatz" wird verständlich, wenn man die Aussage dieses Satzes so interpretiert, daß man eine Teilfamilie $(v_i)_{i \in I \smallsetminus I'}$ von $(v_i)_{i \in I}$ gegen die Familie $(v_j)_{j \in J}$ von linear unabhängigen Vektoren so „austauschen" kann, daß eine Basis entsteht. Der Leser beachte, daß wegen $\text{erz}_K V = \text{fg}_K V$ die Beziehung $|I| \ge |J|$ besteht.

---

[6] Nach dem Mathematiker Ernst Steinitz (1871 – 1928).

Eine unmittelbare Folgerung aus Satz 4 und dem Fortsetzungssatz 2.9 ist der

Faktorisierungssatz *(für Vektorraumhomomorphismen). Es seien V, W_1, W_2 drei K-Vektorräume, W_1 sei endlich erzeugbar. Es seien $\varphi\colon V \to W_1$, $\mu\colon V \to W_2$ Homomorphismen mit $\operatorname{Ker}\varphi \subset \operatorname{Ker}\mu$. Dann existiert ein Homomorphismus $\lambda\colon W_1 \to W_2$, so daß gilt: $\mu = \lambda \circ \varphi$.*

Beweis: Sei $\rho\colon V \to V/\operatorname{Ker}\varphi$ der Restklassenepimorphismus. Nach dem Faktorisierungssatz 2.3.2 gibt es einen K-Homomorphismus $\bar\mu\colon V/\operatorname{Ker}\varphi \to W_2$ mit der Eigenschaft $\mu = \bar\mu \circ \rho$; nach dem Isomorphiesatz 2.3.3 existiert weiter ein K-Isomorphismus $\bar\varphi\colon V/\operatorname{Ker}\varphi \to \operatorname{Im}\varphi \subset W_1$ mit $\varphi = \bar\varphi \circ \rho$. Sei

$$\lambda' := \bar\mu \circ \bar\varphi^{-1}\colon \operatorname{Im}\varphi \to W_2.$$

Da $\operatorname{Im}\varphi$ nach Satz 4 ein direkter Summand von W_1 ist, läßt sich λ' nach Satz 2.9 zu einem K-Homomorphismus

$$\lambda\colon W_1 \to W_2$$

fortsetzen. Für alle $x \in V$ gilt:

$$\mu(x) = \bar\mu \circ \rho(x) = \bar\mu \circ \bar\varphi^{-1}\big(\bar\varphi(\rho(x))\big) = \lambda' \circ \varphi(x) = \lambda \circ \varphi(x),$$

d.h. $\mu = \lambda \circ \varphi$. $\qquad\square$

Bemerkung. Würde man φ als surjektiv vorausgesetzt haben, so wäre die gewonnene Aussage nichts anderes als die Faktorisierungsaussage von Satz 2.3.2.

3. Dimensionstheorie. – In der Theorie der Vektorräume gibt man üblicherweise folgende

Def. 5 *(Dimension). Unter der Dimension eines endlich erzeugbaren K-Vektorraumes V, in Zeichen: $\dim_K V$ oder kürzer: $\dim V$, versteht man die Anzahl der Elemente einer Basis von V (also den Rang des freien K-Moduls V).*

Diese Definition ist aufgrund von Satz 2 sinnvoll, da zwei Basen von V stets die gleiche endliche Anzahl von Elementen besitzen. Es gilt

$$\dim V = \operatorname{erz} V = \operatorname{fg} V (= \operatorname{rg} V).$$

Statt endlich erzeugbar nennt man V häufig auch *endlichdimensional.*

Die Wortwahl „Dimension" für die beiden gleichen Zahlen $\operatorname{erz}_K V$ und $\operatorname{fg}_K V$ ist historisch bedingt und entspringt der anschaulichen Deutung. Die $\mathbb{R}$-Vektorräume $\mathbb{R}$, $\mathbb{R}^2$ und $\mathbb{R}^3$ mit den Dimensionen eins, zwei und drei kann man durch die Gerade, die Ebene und den Raum repräsentieren, die auch im elementargeometrischen Sinne die „Dimensionen" eins, zwei und drei haben.

Für Anwendungen in der Abbildungstheorie ist nun grundlegend

Satz 6 *(Dimensionsformel). Ist $\varphi\colon V \to W$ ein K-Vektorraumhomomorphismus, so gilt für jeden Untervektorraum U von V die Dimensionsformel*

$$\dim U = \dim(U \cap \operatorname{Ker}\varphi) + \dim\big(\varphi(U)\big).$$

Beweis. Wir bezeichnen hier bei gegebenem $U \subset V$ mit $\varphi_U \colon U \to W$ die Beschränkung von φ auf U; sie ist wieder K-linear. Wir wenden die Gradgleichung des § 4.3 auf φ_U an. Wegen $\mathrm{fg}_K \equiv \dim_K$ erhalten wir:

$$\dim U = \dim \operatorname{Ker} \varphi_U + \dim \operatorname{Im} \varphi_U.$$

Es gilt aber offensichtlich: $\operatorname{Ker} \varphi_U = U \cap \operatorname{Ker} \varphi$ und $\operatorname{Im} \varphi_U = \varphi(U)$.

Wir sehen insbesondere:

Jeder K-Homomorphismus $\varphi \colon V \to W$ ist *dimensionserniedrigend*:

$$\dim \varphi(U) \leq \dim U \quad \text{für alle Untervektorräume } U \subset V.$$

Jeder Monomorphismus $\varphi \colon V \to W$ ist *dimensionserhaltend*:

$$\dim \varphi(U) = \dim U \quad \text{für alle Untervektorräume } U \subset V.$$

Wir notieren auch noch die folgenden speziellen Dimensionsformeln (die z.B. aus den entsprechenden Formeln für den Freiheitsgrad, § 4.3 – 4, resultieren):

Für je zwei Untervektorräume U, U' von V gilt:

1) $\dim V = \dim U + \dim V/U$.
2) $\dim U + \dim U' = \dim(U + U') + \dim(U \cap U')$.

Aus 1) liest man z.B. noch ab:

Jeder Untervektorraum U eines endlichdimensionalen Vektorraumes V ist endlichdimensional, genauer:

$$\dim U \leq \dim V.$$

Natürlich ist dies auch deswegen klar, weil $\dim_K \equiv \mathrm{erz}_K$ und U ein direkter Summand von V ist (vgl. § 2.4).

Die Kraft des Dimensionsbegriffes liegt darin, daß vermöge $\dim_K \equiv \mathrm{fg}_K$ obige Dimensionsformeln gelten und daß vermöge $\dim_K \equiv \mathrm{erz}_K$ aus $\dim_K V = 0$ auf $V = 0$ geschlossen werden kann. Wir gewinnen so nämlich

Satz 7. *Es seien U und U' Untervektorräume von V, so daß gilt*

$$U' \subset U \quad \text{und} \quad \dim U' = \dim U.$$

Dann folgt $U' = U$.

Beweis. Die Dimensionsformel 1) (mit $V := U$ und $U := U'$) liefert $\dim U/U' = 0$, also $U/U' = 0$, d.h. $U' = U$. $\square$

Der eben bewiesene Satz ist verantwortlich dafür, daß in einem endlichdimensionalen Vektorraum V *jede aufsteigende* und *jede absteigende* Kette von Unterräumen stationär wird (vgl. hierzu § 2.5). Genauer gilt:

Korollar zu Satz 7. *Es sei V ein n-dimensionaler Vektorraum und*

$$U_0 \subset U_1 \subset \cdots \subset U_i \subset \cdots \qquad bzw. \qquad W_0 \supset W_1 \supset \cdots \supset W_j \supset \cdots$$

eine aufsteigende bzw. eine absteigende Kette von Untervektorräumen von V. Dann hat jede Menge

$$I := \{i \in \mathbb{N}; \ U_i \subsetneqq U_{i+1}\}, \qquad J := \{j \in \mathbb{N}; \ W_j \supsetneqq W_{j+1}\}$$

höchstens n Elemente, d.h. beide Ketten enthalten höchstens n echte Inklusionen und werden also stationär.

Beweis. Aus den Ketten gewinnt man die „Ketten von Ungleichungen":

$$\dim U_0 \leq \dim U_1 \leq \cdots \leq \dim U_i \leq \cdots,$$

$$\dim W_0 \geq \dim W_1 \geq \cdots \geq \dim W_j \geq \cdots.$$

Jedesmal, wenn eine Inklusion $U_i \subset U_{i+1}$ bzw. $W_j \supset W_{j+1}$ echt ist, gilt $\dim U_i < \dim U_{i+1}$ bzw. $\dim W_j > \dim W_{j+1}$ (wegen Satz 7). Da $\dim U_i \leq n$ und $\dim W_j \leq n$ für alle i,j gilt, können solche Dimensionssprünge in jeder Kette höchstens n-mal auftreten. $\qquad\square$

4. Rang eines Homomorphismus. Bijektivitätskriterien. — Mit V, W und P bezeichnen wir stets endlichdimensionale K-Vektorräume.

Def. 8 *(Rang). Für jeden K-Homomorphismus $\varphi: V \to W$ nennen wir*

$$\operatorname{rg} \varphi := \dim(\operatorname{Im} \varphi) \qquad (= \operatorname{rg} \operatorname{Im} \varphi)$$

den Rang von φ.

Nach Definition ist $\operatorname{rg}\varphi$ als Rang des Bildraumes eine natürliche Zahl mit $\operatorname{rg}\varphi \leq \dim W$ (da $\operatorname{Im}\varphi \subset W$). Die Dimensionsformel des Satzes 6 (mit $U = V$) besagt:

$$\operatorname{rg}\varphi = \dim V - \dim(\operatorname{Ker}\varphi),$$

also speziell: $\operatorname{rg}\varphi \leq \dim V$. Daher hat man die Ungleichung

$$\operatorname{rg}\varphi \leq \min\{\dim V, \dim W\}.$$

Wir notieren folgende Rechenregeln:

Satz 9. *Für alle $\varphi \in \operatorname{Hom}_K(V, W)$, $\psi \in \operatorname{Hom}_K(W, P)$ gilt:*

1) $\operatorname{rg}\psi \circ \varphi = \operatorname{rg}\psi \,|\, \operatorname{Im}\varphi = \operatorname{rg}\varphi - \dim(\operatorname{Im}\varphi \cap \operatorname{Ker}\psi)$.
2) $\operatorname{rg}\psi \circ \varphi = \operatorname{rg}\psi$, *falls φ surjektiv.*
3) $\operatorname{rg}\psi \circ \varphi = \operatorname{rg}\varphi$, *falls ψ injektiv.*
4) $\operatorname{rg}\varphi + \operatorname{rg}\psi - \dim W \leq \operatorname{rg}\psi \circ \varphi \leq \min\{\operatorname{rg}\varphi, \operatorname{rg}\psi\}$.

Beweis. 1) Mit $\psi' := \psi | \operatorname{Im} \varphi$ hat man $\operatorname{Im} \psi \circ \varphi = \psi(\operatorname{Im} \varphi) = \operatorname{Im} \psi'$, also $\operatorname{rg} \psi \circ \varphi = \operatorname{rg} \psi'$. Wegen $\operatorname{Ker} \psi' = \operatorname{Im} \varphi \cap \operatorname{Ker} \psi$ folgt weiter:

$$\operatorname{rg} \psi' = \dim(\operatorname{Im} \varphi) - \dim(\operatorname{Ker} \psi') = \operatorname{rg} \varphi - \dim(\operatorname{Im} \varphi \cap \operatorname{Ker} \psi).$$

2) Wegen $\operatorname{Im} \varphi = W$ gilt $\psi | \operatorname{Im} \varphi = \psi$, so daß 1) die Behauptung liefert.

3) Wegen $\operatorname{Ker} \psi = 0$ gilt $\dim(\operatorname{Im} \varphi \cap \operatorname{Ker} \psi) = 0$, so daß wieder 1) die Behauptung liefert.

4) Aus 1) folgt $\operatorname{rg} \psi \circ \varphi \leq \operatorname{rg} \varphi$ und weiter $\operatorname{rg} \psi \circ \varphi \leq \operatorname{rg} \psi$ wegen $\dim \psi(\operatorname{Im} \varphi) \leq \dim \psi(W)$, also $\operatorname{rg} \psi \circ \varphi \leq \min \{\operatorname{rg} \varphi, \operatorname{rg} \psi\}$. Weiter gilt

$$\dim(\operatorname{Im} \varphi \cap \operatorname{Ker} \psi) \leq \dim \operatorname{Ker} \psi = \dim W - \operatorname{rg} \psi,$$

woraus $\operatorname{rg} \psi \circ \varphi \geq \operatorname{rg} \varphi + \operatorname{rg} \psi - \dim W$ wegen 1) folgt. $\qquad\square$

Der folgende Satz demonstriert die Nützlichkeit des Rangbegriffes.

Satz 10. *Es sei* $\varphi\colon V \to W$ *ein Vektorraumhomomorphismus. Dann gilt:*

1) *Es ist* φ *injektiv genau dann, wenn* $\operatorname{rg} \varphi = \dim V$.
2) *Es ist* φ *surjektiv genau dann, wenn* $\operatorname{rg} \varphi = \dim W$.
3) *Es ist* φ *bijektiv genau dann, wenn* $\dim V = \operatorname{rg} \varphi = \dim W$.

Beweis. ad 1): Die Gleichung $\operatorname{rg} \varphi = \dim V$ ist gleichbedeutend mit $\dim(\operatorname{Ker} \varphi) = 0$, d.h. $\operatorname{Ker} \varphi = 0$.

ad 2): Die Gleichung $\operatorname{rg} \varphi = \dim W$ besagt $\dim(\operatorname{Im} \varphi) = \dim W$, also $\operatorname{Im} \varphi = W$ nach Satz 7.

ad 3): Folgt trivial aus 1) und 2). $\qquad\square$

Korollar. *Die folgenden Aussagen über einen Endomorphismus* $\varphi\colon V \to V$ *eines endlichdimensionalen Vektorraumes* V *sind äquivalent:*

   i) φ *ist injektiv.*
   ii) φ *ist surjektiv.*
   iii) φ *ist bijektiv.*
   iv) $\operatorname{rg} \varphi = \dim V$.

Denn: Jetzt gilt $V = W$ und also $\dim V = \dim W$. Nach Satz 10 sind aber i) $-$ iii) jeweils zu iv) äquivalent. $\qquad\square$

Man beachte, daß bei Vektorräumen also auch die Injektivität eines Endomorphismus die Bijektivität erzwingt; damit wird diese Theorie einfacher als die Theorie der endlich erzeugbaren freien Moduln über Integritätsringen (vgl. Satz 4.7). Natürlich sind die hier gemachten Aussagen nur für endlichdimensionale Vektorräume richtig. So gibt es z. B. im Polynomring $K[X]$, der ein unendlichdimensionaler Vektorraum über K mit der Basis $(X^\nu)_{\nu \geq 0}$ ist, Endomorphismen φ, ψ mit

$$\varphi(X^\nu) = X^{\nu+1}, \quad \nu \geq 0 \quad \text{und} \quad \psi(X^\nu) = X^{\nu-1}, \quad \nu \geq 1, \quad \psi(1) = 0.$$

Es gilt $\psi \circ \varphi(X^\nu) = X^\nu$ für alle $\nu \geq 0$, also $\psi \circ \varphi = \mathrm{id}$. Doch sind weder φ noch ψ Automorphismen.

5. Verschwindungsräume. — In der Schule lernt man, daß Geraden bzw. Ebenen im Anschauungsraum $\mathbb{R}^3$ durch lineare Gleichungen beschrieben werden können. Um solche Aussagen über die Darstellbarkeit von Untervektorräumen als Nullstellenmengen von Linearformen zu präzisieren, führen wir unter Heranziehung des Dualraumes folgenden Begriff ein.

Def. 11 *(Verschwindungsraum). Ist U ein Untervektorraum von V, so heißt die Menge*

$$U^\perp := \{\lambda \in V^*;\ \lambda(v) = 0 \text{ für alle } v \in U\} = \{\lambda \in V^*;\ \mathrm{Ker}\,\lambda \supset U\}$$

der Verschwindungsraum von U.

Offensichtlich ist $U^\perp$ ein Untervektorraum von V^*. Es gilt $0^\perp = V^*$ und $V^\perp = 0 \subset V^*$. Weiter ist klar, daß für zwei Untervektorräume U, U' von V mit $U \subset U'$ stets $U'^\perp \subset U^\perp$ gilt.

Der Verschwindungsraum $U^\perp$ bestimmt U vollständig. Das folgt aus der Existenz „vieler" Linearformen, nämlich:

Zu jedem Vektor $v \in V \smallsetminus U$ gibt es eine Linearform $\lambda \in U^\perp$ mit $\lambda(v) = 1$.

Beweis. Wegen $v \notin U$ ist die Summe $U + Kv$ direkt, und nach Satz 4 gibt es ein Supplement W zu $U \oplus Kv$ in V. Für jedes $y = u + rv + w \in V = U \oplus Kv \oplus W$ sei $\lambda(y) := r$. Dann gilt $\lambda \in V^*$, $\lambda(U) = 0$, $\lambda(v) = 1$. $\qquad\square$

Nun ergibt sich sofort:

Satz 12. *Für jeden Untervektorraum U von V gilt:*

$$U = \bigcap_{\lambda \in U^\perp} \mathrm{Ker}\,\lambda.$$

Beweis. Da $U \subset \mathrm{Ker}\,\lambda$ für jedes $\lambda \in U^\perp$, so gilt sicher $U \subset \bigcap_{\lambda \in U^\perp} \mathrm{Ker}\,\lambda$. Sei umgekehrt $v \in \mathrm{Ker}\,\lambda$ für alle $\lambda \in U^\perp$. Wäre $v \notin U$, so gäbe es nach dem Bewiesenen eine Linearform $\lambda \in U^\perp$ mit $\lambda(v) = 1$. Das widerspricht der Voraussetzung $\lambda(v) = 0$ für alle $\lambda \in U^\perp$. Also gilt $v \in U$. $\qquad\square$

Korollar. *Sind U, U' zwei Untervektorräume von V und gilt $U^\perp = U'^\perp$, so gilt bereits $U = U'$.*

Es ist üblich, jeden Untervektorraum H von V, der als Kern einer Linearform $\lambda \in V^* \smallsetminus 0$ auftritt, eine *Hyperebene* in V zu nennen. Satz 12 besagt also, daß jeder Untervektorraum $U \neq V$ der Durchschnitt aller U umfassenden Hyperebenen von V ist.

6. Dimensionsformel dim U + dim $U^\perp$ = dim V **und Ranggleichung** rg φ = rg φ^*. – Verschwindungsräume treten als Kerne und Bilder dualer Abbildungen auf. Es gelten die folgenden Beziehungen:

Satz 13. *Für jedes* $\varphi \in \mathrm{Hom}_K(V, W)$ *gilt:*

1) Ker φ^* = (Im $\varphi)^\perp$,
2) Im φ^* = (Ker $\varphi)^\perp$.

Beweis. 1) Für $\lambda \in W^*$ gilt $\lambda \in (\mathrm{Im}\ \varphi)^\perp$ genau dann, wenn $\lambda \circ \varphi(v) = 0$ ist für alle $v \in V$. Dies trifft genau dann zu, wenn $\varphi^*(\lambda) = 0$, d.h. wenn $\lambda \in \mathrm{Ker}\ \varphi^*$ ist. Damit ist 1) bewiesen.

2) Ist $\mu \in \mathrm{Im}\ \varphi^*$, also $\mu = \lambda \circ \varphi$ mit $\lambda \in W^*$, so gilt $\mu(v) = 0$ für alle $v \in \mathrm{Ker}\ \varphi$, d.h. $\mu \in (\mathrm{Ker}\ \varphi)^\perp$. Somit gilt jedenfalls Im $\varphi^* \subset (\mathrm{Ker}\ \varphi)^\perp$. Sei nun $\mu \in (\mathrm{Ker}\ \varphi)^\perp$, d.h. Ker $\varphi \subset \mathrm{Ker}\ \mu$. Nach dem Faktorisierungssatz für Vektorraumhomomorphismen (s. Nr. 2) gibt es ein $\lambda \in W^*$ mit $\mu = \lambda \circ \varphi$, also $\mu = \varphi^*(\lambda)$. Somit folgt auch $(\mathrm{Ker}\ \varphi)^\perp \subset \mathrm{Im}\ \varphi^*$. $\qquad\square$

Korollar. *Ist* $\varphi: V \to W$ *injektiv, so ist* $\varphi^*: W^* \to V^*$ *surjektiv mit* $\varphi(V)^\perp$ *als Kern:* $V^* \simeq W^*/\varphi(V)^\perp$.

Beweis. Es gilt Im φ^* = (Ker $\varphi)^\perp = 0^\perp = V^*$. $\qquad\square$

Als Anwendung berechnen wir die Dimension von Verschwindungsräumen. Vorweg bemerken wir (vgl. Satz 5.5):

$$\dim V = \dim V^*.$$

Damit ergibt sich

Satz 14. *Für jeden Untervektorraum* $U \subset V$ *gilt:*

$$\dim U + \dim U^\perp = \dim V.$$

Beweis. Es bezeichne $\iota: U \to V$ die kanonische Injektion. Nach dem Korollar ist dann $\iota^*: V^* \to U^*$ surjektiv mit Ker $\iota^* = U^\perp$. Daher gilt die Dimensionsformel

$$\dim V^* = \dim U^* + \dim U^\perp.$$

Wegen dim V^* = dim V, dim U^* = dim U, folgt die Behauptung. $\qquad\square$

Aus den Sätzen 13 und 14 folgt mühelos:

Satz 15 *(Ranggleichung). Für alle Homomorphismen* $\varphi: V \to W$ *gilt:*

$$\mathrm{rg}\ \varphi = \mathrm{rg}\ \varphi^*.$$

Beweis. Es gilt rg φ^* = dim(Im φ^*) = dim V − dim Ker φ^* = dim Im φ = rg φ. $\square$

Der eben bewiesenen Aussage wird im nächsten Kapitel in der Theorie der Matrizen eine große Bedeutung zukommen.

Bemerkung. Die Resultate dieses Abschnittes lassen sich auch wie folgt gewinnen: Man beweist zunächst Satz 14, indem man eine Basis $(v_\rho)_{1 \le \rho \le d}$ von U wählt, sie zu einer Basis $(v_\nu)_{1 \le \nu \le n}$ von V fortsetzt, die duale Basis $(v_\nu^*)_{1 \le \nu \le n}$ von V^* bildet und dann direkt nachrechnet, daß gilt

$$U^\perp = \bigoplus_{i=d+1}^{n} K\,v_i^*.$$

Zum Beweis der Ranggleichung $\dim \operatorname{Im} \varphi = \dim \operatorname{Im} \varphi^*$ genügt Satz 14 und die Aussage 1) von Satz 13:

$$\dim \operatorname{Im} \varphi^* = \dim V^* - \dim \operatorname{Ker} \varphi^* = \dim V - \dim(\operatorname{Im} \varphi)^\perp = \dim \operatorname{Im} \varphi.$$

Nun folgt die 2. Aussage von Satz 13 (ohne Heranziehung des Faktorisierungssatzes für Vektorraumhomomorphismen), indem man neben $\operatorname{Im} \varphi^* \subset (\operatorname{Ker} \varphi)^\perp$ noch die Gleichung $\dim \operatorname{Im} \varphi^* = \dim(\operatorname{Ker} \varphi)^\perp$ herleitet:

$$\dim \operatorname{Im} \varphi^* = \dim \operatorname{Im} \varphi = \dim V - \dim \operatorname{Ker} \varphi = \dim(\operatorname{Ker} \varphi)^\perp.$$

Die genaue Durchführung sei dem Leser als Übungsaufgabe empfohlen.

7. Dualitätsprinzip für endlichdimensionale Vektorräume. — Die in Satz 14 hergestellte Dimensionsbeziehung zwischen $\dim U$ und $\dim U^\perp$ präzisiert die intuitive Vorstellung, daß eine lineare Bedingungsgleichung ($= \text{Linearform} \ne 0$) stets eine Dimensionsverkleinerung um 1 bewirkt. Wir verfolgen das noch genauer in den beiden Extremfällen $\dim U = \dim V - 1$ und $\dim U = 1$. Im ersten Fall besagt unser Satz, daß alsdann der Verschwindungsraum $U^\perp$ eine Gerade ($= 1$-dimensionaler Untervektorraum) in V^* ist: Unterräume $U \ne V$ maximaler Dimensionen sind also die Nullstellenmengen *einer* Linearform, d.h. Hyperebenen; zwei Linearformen $\ne 0$ mit gleicher Nullstellenmenge sind stets linear abhängig. Im zweiten Fall ist $U^\perp$ eine Hyperebene in V^*, und man sieht, daß man zur linearen Darstellung von Geraden in V stets mindestens $\dim V - 1$ „lineare Gleichungen" benötigt.

Das Wechselspiel zwischen Untervektorräumen und ihren Verschwindungsräumen wird präzisiert im sog. *Dualitätsprinzip.* Wir bezeichnen mit $\mathfrak{B}$ bzw. $\mathfrak{B}^*$ die Menge *aller* K-Untervektorräume von V bzw. V^*. Dann gibt der Übergang zu Verschwindungsräumen Anlaß zu der Abbildung

$$\perp: \mathfrak{B} \to \mathfrak{B}^*, \qquad U \mapsto U^\perp,$$

die wegen $U = \bigcap_{\lambda \in U^\perp} \operatorname{Ker} \lambda$ injektiv ist. Um weitere Informationen über diese Abbildung zu gewinnen, ziehen wir den natürlichen Homomorphismus $\Phi_V \colon V \to V^{**}$ von V in sein Bidual V^{**} heran, der jedem $v \in V$ die Linearform $\hat{v} \colon V^* \to K,\ \lambda \mapsto \lambda(v)$, zuordnet. Nach Satz 5.7 ist Φ_V bijektiv, daher induziert Φ_V (nach Satz 2.2.5) eine Bijektion

$$\mathfrak{B} \to \mathfrak{B}^{**}, \qquad U \mapsto \Phi_V(U),$$

wo $\mathfrak{B}^{**}$ die Menge aller Unterräume von V^{**} bezeichnet. Zwischen dieser Abbildung und der uns interessierenden Abbildung $\perp: \mathfrak{B} \to \mathfrak{B}^*$ besteht nun folgender fundamentaler Zusammenhang:

$$\Phi_V(U) = U^{\perp\perp} := (U^\perp)^\perp \quad \text{für alle } U \in \mathfrak{B}.$$

Das sieht man wie folgt ein: Für jedes $v \in U$ gilt $\hat{v}(\lambda) = \lambda(v) = 0$ für alle $\lambda \in U^\perp$, d.h. $\hat{v} \in U^{\perp\perp}$. Somit gilt jedenfalls $\Phi_V(U) \subset U^{\perp\perp}$. Gleichheit folgt, wenn $\Phi_V(U)$ und $U^{\perp\perp}$ gleichdimensional sind. Es gilt $\dim \Phi_V(U) = \dim U$, da Φ_V bijektiv ist. Zweimalige Anwendung von Satz 14 (zusammen mit $\dim V = \dim V^*$) führt ebenfalls zu

$$\dim U^{\perp\perp} = \dim V^* - \dim U^\perp$$

$$= \dim V - (\dim V - \dim U) = \dim U. \qquad \square$$

Nun folgt schnell

Satz 16 *(Dualitätssatz). Die Abbildung*

$$^\perp\colon \mathfrak{B} \to \mathfrak{B}^*, \qquad U \mapsto U^\perp$$

ist bijektiv, für $\hat{U} \in \mathfrak{B}^*$ ist $U := \bigcap_{\lambda \in \hat{U}} \operatorname{Ker} \lambda$ das Urbild. Darüber hinaus gilt:

$$(U + U')^\perp = U^\perp \cap U'^\perp, \qquad (U \cap U')^\perp = U^\perp + U'^\perp \quad \text{für alle } U, U' \in \mathfrak{B}.$$

Beweis. Wir bemerkten bereits, daß $^\perp\colon \mathfrak{B} \to \mathfrak{B}^*$ und also aus gleichem Grunde auch $^\perp\colon \mathfrak{B}^* \to \mathfrak{B}^{**}$ injektiv ist. Dann ist aber für jedes $\hat{U} \in \mathfrak{B}^*$ der Raum $U := \Phi_V^{-1}(\hat{U}^\perp) \in \mathfrak{B}$ ein $^\perp$-Urbild von $\hat{U}$, denn es gilt

$$(U^\perp)^\perp = \Phi_V(U) = (\hat{U})^\perp \quad \text{und also } U^\perp = \hat{U}.$$

Damit ist die Bijektivität verifiziert; wegen Satz 12 ist klar, daß $\bigcap_{\lambda \in \hat{U}} \operatorname{Ker} \lambda$ das Urbild von $\hat{U}$ ist.

Da eine Linearform $\lambda\colon V \to K$ auf einer Summe $U + U'$ genau dann verschwindet, wenn $\lambda(U) = \lambda(U') = 0$ ist, so folgt die 1. Gleichung unmittelbar. „Dualisierung" dieser Gleichung liefert

$$(U^\perp + U'^\perp)^\perp = U^{\perp\perp} \cap U'^{\perp\perp} = \Phi_V(U) \cap \Phi_V(U') = \Phi_V(U \cap U') = ((U \cap U')^\perp)^\perp$$

und also die 2. Gleichung wegen der Injektivität von $^\perp$. $\qquad \square$

Kapitel IV. Lineare Abbildungen und Matrizen

In diesem Kapitel werden die linearen Abbildungen zwischen R-Moduln mit Hilfe des Matrizenkalküls untersucht. Der Einfachheit halber beschränken wir uns auf *endlich erzeugbare* Moduln. Mit m, n werden stets positive natürliche Zahlen bezeichnet.

§ 1. Der R-Modul $R^{(m,n)}$ der (m, n)-Matrizen. Darstellung linearer Abbildungen durch Matrizen

1. Matrizen. — Wir wissen, daß ein R-Homomorphismus $\varphi\colon M \to N$ durch seine Werte auf einem Erzeugendensystem $\{x_1, \ldots, x_m\}$ von M festgelegt ist. Man „beherrscht" also φ, wenn man die m Bildvektoren $\varphi(x_1), \ldots, \varphi(x_m) \in N$ kennt. Wählt man ein Erzeugendensystem $\{y_1, \ldots, y_n\}$ von N, so stellt sich jeder Vektor $\varphi(x_\mu)$ als Linearkombination der y_ν dar:

$$
(1)\quad
\begin{aligned}
\varphi(x_1) &= a_{11}\, y_1 + a_{12}\, y_2 + \cdots + a_{1\nu}\, y_\nu + \cdots + a_{1n}\, y_n \\
\varphi(x_2) &= a_{21}\, y_1 + a_{22}\, y_2 + \cdots + a_{2\nu}\, y_\nu + \cdots + a_{2n}\, y_n \\
&\ \ \vdots \qquad\ \ \vdots \qquad\ \ \vdots \qquad\qquad \vdots \qquad\qquad\ \vdots \\
\varphi(x_\mu) &= a_{\mu 1}\, y_1 + a_{\mu 2}\, y_2 + \cdots + a_{\mu\nu}\, y_\nu + \cdots + a_{\mu n}\, y_n \\
&\ \ \vdots \qquad\ \ \vdots \qquad\ \ \vdots \qquad\qquad \vdots \qquad\qquad\ \vdots \\
\varphi(x_m) &= a_{m1}\, y_1 + a_{m2}\, y_2 + \cdots + a_{m\nu}\, y_\nu + \cdots + a_{mn}\, y_n.
\end{aligned}
$$

Der Homomorphismus $\varphi\colon M \to N$ ist somit vollständig bestimmt durch die $m \cdot n$ Skalare $a_{\mu\nu} \in R$. Die Gestalt der Gl. (1) legt es nahe, diese Skalare in Form eines „rechteckigen Schemas"

$$
(2)\quad
\begin{pmatrix}
a_{11} & a_{12} \ldots a_{1\nu} \ldots a_{1n} \\
a_{21} & a_{22} \ldots a_{2\nu} \ldots a_{2n} \\
\vdots & \vdots \qquad \vdots \qquad \vdots \\
a_{\mu 1} & a_{\mu 2} \ldots a_{\mu\nu} \ldots a_{\mu n} \\
\vdots & \vdots \qquad \vdots \qquad \vdots \\
a_{m1} & a_{m2} \ldots a_{m\nu} \ldots a_{mn}
\end{pmatrix}
$$

anzuordnen. Solche Schemata aus m „Zeilen" und n „Spalten" nennt man (m, n)-Matrizen. Genauer sagt man:

Def. 1 $((m, n)$-*Matrix)*. *Eine Abbildung*

$$A: \mathbb{N}_m \times \mathbb{N}_n \to R, \qquad m, n \in \mathbb{N}^+,$$

heißt eine (m, n)-Matrix oder kurz eine Matrix über R.

Wir bezeichnen Matrizen über R durchweg mit den Buchstaben $A, B, C, \ldots$ und benutzen zur Vereinfachung die folgenden Abkürzungen

$$a_{\mu\nu} := A(\mu, \nu), \qquad b_{\mu\nu} := B(\mu, \nu), \qquad c_{\mu\nu} := C(\mu, \nu), \ldots \quad (\mu, \nu) \in \mathbb{N}_m \times \mathbb{N}_n.$$

Die Skalare $a_{\mu\nu}$ heißen die *Elemente* der Matrix A. Für festes $\mu \in \mathbb{N}_m$ heißt die $(1, n)$-Matrix $z_\mu := (a_{\mu\nu})_{1 \le \nu \le n}$ die μ-te *Zeile* von A; bei festem $\nu \in \mathbb{N}_n$ heißt die $(m, 1)$-Matrix $s_\nu := (a_{\mu\nu})_{1 \le \mu \le m}$ die ν-te *Spalte* (oder auch Kolonne) von A. Die Familie $(a_{ii})_{1 \le i \le \min\{m, n\}}$ heißt die *Hauptdiagonale* von A; alle diese Redeweisen werden verständlich aufgrund der Darstellungsweise (2).

Die Menge aller (m, n)-Matrizen über R bezeichnen wir mit $R^{(m, n)}$. Es gilt also:

$$R^{(m, n)} = \mathrm{Abb}(\mathbb{N}_m \times \mathbb{N}_n, R).$$

Damit folgt trivial (vgl. auch Kap. II, § 1.3):

Satz 2. *Die Menge aller (m, n)-Matrizen über R bildet einen R-Modul. Matrizenaddition und Skalarenmultiplikation werden gegeben durch*

$$(A + B)(\mu, \nu) := A(\mu, \nu) + B(\mu, \nu) = a_{\mu\nu} + b_{\mu\nu},$$

$$A, B \in R^{(m, n)}, (\mu, \nu) \in \mathbb{N}_m \times \mathbb{N}_n, r \in R,$$

$$(r A)(\mu, \nu) := r A(\mu, \nu) = r a_{\mu\nu}, \qquad\qquad \square$$

Das Nullelement in $R^{(m, n)}$ ist die Nullabbildung $A \in R^{(m, n)}$, d.h. $A(\mu, \nu) = 0$ für alle $(\mu, \nu) \in \mathbb{N}_m \times \mathbb{N}_n$; diese Matrix bezeichnen wir auch mit 0.

Es ist allgemein üblich, eine (m, n)-Matrix A in Form des rechteckigen Schemas (2) zu schreiben: abkürzend schreibt man $A = (a_{\mu\nu})$. Die Schemadarstellung ist nützlich und suggestiv; Linearkombinationen $a A + b B$, $a, b \in R$, zweier (m, n)-Matrizen $A = (a_{\mu\nu})$, $B = (b_{\mu\nu})$ schreiben sich in der Form

$$\begin{pmatrix} a\,a_{11} + b\,b_{11}, & a\,a_{12} + b\,b_{12}, & \ldots, & a\,a_{1n} + b\,b_{1n} \\ \vdots & \vdots & & \vdots \\ a\,a_{m1} + b\,b_{m1}, & a\,a_{m2} + b\,b_{m2}, & \ldots, & a\,a_{mn} + b\,b_{mn} \end{pmatrix}.$$

Wir bezeichnen mit E_{ij} diejenige (m, n)-Matrix, bei der im Schnittpunkt der i-ten Zeile mit der j-ten Spalte das Einselement $1 \in R$ steht und deren übrige Elemente sämtlich 0 sind. Unter Verwendung des Kroneckersymbols gilt offensichtlich:

$$E_{ij}(\mu, v) = (\delta_{i\mu} \cdot \delta_{jv}), \qquad \mu \in \mathbb{N}_m, \; v \in \mathbb{N}_n.$$

Dann folgt trivial (zum Rangbegriff vgl. Kap. III, § 5.3):

Satz 3. *Für jede (m,n)-Matrix $A = (a_{\mu v})$ gilt:*

$$A = \sum_{i=1}^{m} \left(\sum_{j=1}^{n} a_{ij} E_{ij} \right).$$

Die Familie $(E_{ij})_{(i,j)\in \mathbb{N}_m \times \mathbb{N}_n}$ bildet eine Basis von $R^{(m,n)}$, speziell ist $R^{(m,n)}$ ein freier R-Modul vom Range $m \cdot n$. □

Eine $(1,n)$-Matrix heißt auch ein *Zeilenvektor;* es gilt $R^{(1,n)} = R^n$.

Eine $(m,1)$-Matrix wird *Spaltenvektor* genannt, wir setzen abkürzend $R_m := R^{(m,1)}$.

2. Transposition von Matrizen. — Es gibt keine echten inneren Gründe dafür (nur die suggestive Gestalt der Gleichungen (1)!), daß wir im Abschnitt 1 die den Endomorphismus φ charakterisierenden $m \cdot n$ Skalare $a_{\mu v}$ zu einer (m,n)-Matrix mit m Zeilen und n Spalten zusammenfaßten. Mit demselben Recht hätte man etwa auch aus diesen Skalaren die „gespiegelte" Matrix, welche die n Zeilen $(a_{1v} \ldots a_{mv})$, $v = 1, \ldots, n$, und die m Spalten $(a_{\mu 1} \ldots a_{\mu n})$, $\mu = 1, \ldots, m$, besitzt, bilden können. Wir präzisieren diese Redeweise. Dazu ordnen wir jeder (m,n)-Matrix $A \colon \mathbb{N}_m \times \mathbb{N}_n \to R$ die (n,m)-Matrix $A^t \colon \mathbb{N}_n \times \mathbb{N}_m \to R$ zu, die durch

$$A^t(v, \mu) := A(\mu, v), \qquad v \in \mathbb{N}_n, \; \mu \in \mathbb{N}_m,$$

definiert ist.

In Schemaschreibweise heißt dies:

$$A = \begin{pmatrix} a_{11} \ldots a_{1v} \ldots a_{1n} \\ \vdots \quad\; \vdots \quad\; \vdots \\ a_{\mu 1} \ldots a_{\mu v} \ldots a_{\mu n} \\ \vdots \quad\; \vdots \quad\; \vdots \\ a_{m1} \ldots a_{mv} \ldots a_{mn} \end{pmatrix}, \quad A^t = \begin{pmatrix} a_{11} \ldots a_{\mu 1} \ldots a_{m1} \\ \vdots \quad\; \vdots \quad\; \vdots \\ a_{1v} \ldots a_{\mu v} \ldots a_{mv} \\ \vdots \quad\; \vdots \quad\; \vdots \\ a_{1n} \ldots a_{\mu n} \ldots a_{mn} \end{pmatrix},$$

d.h. die μ-te Zeile der Matrix A wird die μ-te Spalte der Matrix A^t und die v-te Spalte von A wird die v-te Zeile von A^t.

Wir nennen A^t die *transponierte* oder *gespiegelte* Matrix zu A; wir sagen auch, daß A^t aus A durch Spiegelung an der Hauptdiagonalen entsteht. Die Transponierte eines Zeilenvektors ist ein Spaltenvektor und umgekehrt. Aus Gründen der Raumersparnis schreibt man einen Spaltenvektor $s \in R_m$ mit den Koordinaten $a_1, \ldots, a_m \in R$ gern gespiegelt als Zeilenvektor, also $s^t = (a_1 \ldots a_m) \in R^m$.

Satz 4. *Die Abbildung $A \mapsto A^t$ ist ein R-Modulisomorphismus*

$$^t\colon R^{(m,\,n)} \to R^{(n,\,m)},$$

es gilt also

$$(aA + bB)^t = aA^t + bB^t, \quad A, B \in R^{(m,\,n)}, \quad a, b \in R.$$

Ferner gilt:

$$(A^t)^t = A.$$

Beweis. Durch direktes Nachrechnen. $\square$

Für $m = 1$ haben wir die Isomorphie $R^n \xrightarrow{\sim} R_n$, die also Zeilenvektoren in Spaltenvektoren überführt.

3. Darstellung linearer Abbildungen durch Matrizen. Darstellungsisomorphismen. — Im ersten Abschnitt haben wir gesehen, daß jede lineare Abbildung $\varphi\colon M \to N$ zu einer (m, n)-Matrix $A = (a_{\mu v})$ Anlaß gibt, sobald Erzeugendensysteme $\{x_1, \ldots, x_m\}$ und $\{y_1, \ldots, y_n\}$ von M und N fixiert sind. Diese „Beschreibung" der Homomorphismen $\varphi \in \mathrm{Hom}(M, N)$ durch Matrizen $A \in R^{(m,\,n)}$ stiftet indessen noch keine Abbildung

$$\mathrm{Hom}(M, N) \to R^{(m,\,n)}.$$

Dazu ist vielmehr nötig, daß die Matrix $(a_{\mu v})$ eindeutig durch φ bestimmt ist, d.h. daß in (1) die Darstellung der Elemente $\varphi(x_\mu)$ als Linearkombination der $y_1, \ldots, y_n$ eindeutig ist. Dies trifft genau dann zu, wenn $y_1, \ldots, y_n \in N$ linear unabhängig sind, d.h. wenn die Familie $(y_v)_{1 \le v \le n}$ eine Basis von N bildet.

Der Leser wird erwarten, daß wir jetzt die Abbildung $\varphi \mapsto A$ studieren. Es ist aber für den weiteren Aufbau der Theorie viel besser, statt dessen die Abbildung

$$\mathrm{Hom}(M, N) \to R^{(n,\,m)}, \quad \varphi \mapsto A^t = (a_{\mu v})^t$$

zu betrachten. Die Vorteile hierfür werden im folgenden noch mehrfach ersichtlich, insbesondere bei der Matrizenmultiplikation in §§ 2, 3.

Wir treffen also an dieser Stelle eine erst durch später zu gewinnende Einsichten motivierte Verabredung. Wir fassen zusammen:

Es seien M und N endlich erzeugte R-Moduln, N sei frei. Es sei $\{x_1, \ldots, x_m\}$ ein Erzeugendensystem von M und $(y_v)_{v \in \mathbb{N}_n}$ eine Basis von N. Dann wird durch die Zuordnung

$$\varphi \mapsto A^t = (a_{\mu v})^t,$$

wobei die Elemente $a_{\mu v} = A(\mu, v)$ gemäß (1) zu wählen sind, eine Abbildung

$$\Theta\colon \mathrm{Hom}(M, N) \to R^{(n,\,m)}$$

definiert.

Wir „vergessen" fortan, daß $\Theta(\varphi)$ als Transponierte eingeführt wurde und schreiben direkt

$$\Theta(\varphi) =: F = \begin{pmatrix} f_{11} & \cdots & f_{1m} \\ \vdots & & \vdots \\ f_{n1} & \cdots & f_{nm} \end{pmatrix} \in R^{(n,\,m)} \quad \text{(also } F = A^t\text{)}.$$

Wir nennen diese (n,m)-Matrix F *die Darstellung von* $\varphi\colon M\to N$ *bzgl. des Erzeugendensystems* $\{x_1,\ldots,x_m\}$ *von M und der Basis* $(y_\nu)_{\nu\in\mathbb{N}_n}$ *von N*; sie erfüllt die Gleichungen

$$\varphi(x_\mu)=\sum_{\nu=1}^{n} f_{\nu\mu}\,y_\nu,\qquad \mu\in\mathbb{N}_m;$$

die μ-te Spalte von F liefert also die Koordinaten des Bildvektors $\varphi(x_\mu)$ bzgl. der Basis $(y_\nu)_{\nu\in\mathbb{N}_n}$ von N.

Wir behalten vorstehende Bezeichnungen bei und zeigen:

Satz 5. *Die Abbildung* $\Theta\colon \mathrm{Hom}(M,N)\to R^{(n,\,m)}$ *ist ein R-Modulmonomorphismus. Ist zusätzlich M frei und* $(x_\mu)_{1\le\mu\le m}$ *eine Basis von M, so ist* Θ *ein Isomorphismus.*

Beweis. Wir zeigen zunächst, daß Θ linear ist. Seien $\varphi,\varphi'\in\mathrm{Hom}(M,N)$ und $a,a'\in R$. Es gelte $\Theta(\varphi)=:F=(f_{\nu\mu})$, $\Theta(\varphi')=:F'=(f'_{\nu\mu})$, d.h. also

$$\varphi(x_\mu)=\sum_{\nu=1}^{n} f_{\nu\mu}\,y_\nu,\qquad \varphi'(x_\mu)=\sum_{\nu=1}^{n} f'_{\nu\mu}\,y_\nu,\qquad \mu\in\mathbb{N}_m.$$

Es folgt

$$(a\,\varphi+a'\,\varphi')(x_\mu)=\sum_{\nu=1}^{n} (a f_{\nu\mu}+a' f'_{\nu\mu})\,y_\nu,\qquad \mu\in\mathbb{N}_m,$$

d.h.

$$\Theta(a\,\varphi+a'\,\varphi')=aF+a'F'=a\,\Theta(\varphi)+a'\,\Theta(\varphi').$$

Sei nun $\varphi\in\mathrm{Ker}\,\Theta$, d.h. $\Theta(\varphi)=F=0$. Dies bedeutet $\varphi(x_\mu)=0$, $\mu\in\mathbb{N}_m$, und somit $\varphi(x)=0$ für alle $x\in M$, da die Elemente $x_1,\ldots,x_m$ den Modul M erzeugen. Also gilt $\varphi=0$, d.h. Θ ist injektiv.

Ist zusätzlich $(x_\mu)_{1\le\mu\le m}$ eine Basis von M, so liegt *jede* (n,m)-Matrix $F=(f_{\nu\mu})_{(\nu,\mu)\in\mathbb{N}_n\times\mathbb{N}_m}$ im Bild von Θ. Setzt man nämlich

$$\varphi(x_\mu):=\sum_{\nu=1}^{n} f_{\nu\mu}\,y_\nu,\qquad \mu\in\mathbb{N}_m,$$

so gibt es nach Satz 3.5.2 einen Homomorphismus $\varphi\colon M\to N$, der diese vorgeschriebenen Werte annimmt. Es gilt $\Theta(\varphi)=F$ nach Konstruktion, d.h. in diesem Falle ist Θ zusätzlich epimorph und also isomorph. $\qquad\square$

Der in Satz 5 beschriebene Isomorphismus $\Theta\colon \mathrm{Hom}_R(M,N)\to R^{(n,\,m)}$ hängt wesentlich von den in M und N gewählten Basen $(x_\mu)_{1\le\mu\le m}$ und $(y_\nu)_{1\le\nu\le n}$ ab. Wir schreiben abkürzend $X:=(x_\mu)_{1\le\mu\le m}$, $Y:=(y_\nu)_{1\le\nu\le n}$ und anstelle von Θ fortan präziser Θ_{YX}. Wir nennen diese Abbildung den *Darstellungsisomorphismus* von $\mathrm{Hom}(M,N)$ bzgl. der Basen X,Y.

4. Duale Abbildungen und transponierte Matrizen. — Jeder Homomorphismus $\varphi\colon M\to N$ induziert vermöge $\lambda\mapsto\lambda\circ\varphi$, $\lambda\in N^*$, einen dualen Homomorphismus $\varphi^*\colon N^*\to M^*$ (vgl. Kap. II, § 4.3). Sind M und N frei vom Range m und n und sind

$X=(x_\mu)_{1\le\mu\le m}$ bzw. $Y=(y_\nu)_{1\le\nu\le n}$ Basen von M bzw. N, so sind auch die dualen Moduln M^* und N^* frei, und man kann in M^* bzw. N^* die zu X bzw. Y dualen Basen $X^*=(x_\mu^*)_{1\le\mu\le m}$ bzw. $Y^*=(y_\nu^*)_{1\le\nu\le n}$ auszeichnen (vgl. Kap. III, § 5.2). Es gilt nun:

Satz 6. *Wird $\varphi\colon M\to N$ bzgl. X und Y durch die Matrix F dargestellt, so wird $\varphi^*\colon N^*\to M^*$ bzgl. Y^* und X^* durch die transponierte Matrix F^t dargestellt, d.h. aus $F=\Theta_{YX}(\varphi)$ folgt $F^t=\Theta_{X^*Y^*}(\varphi^*)$.*

Beweis. Es sei $F=(f_{\nu\mu})\in R^{(n,m)}$, also

$$\varphi(x_\mu)=\sum_{\beta=1}^{n} f_{\beta\mu}\,y_\beta,\qquad \mu\in\mathbb{N}_m.$$

Nach Satz 3.5.5 gelten für φ^* die Gleichungen

$$\varphi^*(y_\nu^*)=\sum_{\mu=1}^{m}\left(\varphi^*(y_\nu^*)(x_\mu)\right)x_\mu^*,\qquad \nu\in\mathbb{N}_n.$$

Aus der Definition von φ^* als $\varphi^*(\lambda)=\lambda\circ\varphi$, $\lambda\in N^*$, folgt unter Beachtung von $y_\nu^*(y_\beta)=\delta_{\nu\beta}$:

$$\varphi^*(y_\nu^*)(x_\mu)=y_\nu^*(\varphi(x_\mu))=y_\nu^*\left(\sum_{\beta=1}^{n} f_{\beta\mu}\,y_\beta\right)=\sum_{\beta=1}^{n} f_{\beta\mu}\,y_\nu^*(y_\beta)=f_{\nu\mu},\qquad (\mu,\nu)\in\mathbb{N}_m\times\mathbb{N}_n.$$

Wir sehen

$$\varphi^*(y_\nu^*)=\sum_{\mu=1}^{m} f_{\nu\mu}\,x_\mu^*,\qquad \nu\in\mathbb{N}_n,\qquad \text{d.h. } \Theta_{X^*Y^*}(\varphi^*)=F^t. \qquad \square$$

Bemerkung. Aufgrund der durch den vorstehenden Satz gelieferten Beschreibung von φ^* und der für Matrizen üblichen Terminologie nennt man in der Literatur die zu φ duale Abbildung φ^* häufig auch die transponierte Abbildung von φ; man schreibt auch φ^t oder $^t\varphi$ statt φ^*.

Wir veranschaulichen die Situation von Satz 6 im folgenden Diagramm:

$$\begin{array}{ccc}
\mathrm{Hom}(M,N) & \xrightarrow{\ *\ } & \mathrm{Hom}(N^*,M^*)\\[2pt]
\Big\downarrow{\scriptstyle\Theta_{YX}} & & \Big\downarrow{\scriptstyle\Theta_{X^*Y^*}}\\[2pt]
R^{(n,m)} & \xrightarrow{\ t\ } & R^{(m,n)}
\end{array}$$

Hier bezeichnen $*$ bzw. ^{t} die kanonischen Homomorphismen $\varphi\mapsto\varphi^*$ bzw. $F\mapsto F^t$ und Θ_{YX} bzw. $\Theta_{X^*Y^*}$ die Darstellungsisomorphismen. Satz 6 besagt nun gerade, daß dieses Diagramm *kommutativ* ist, d.h. daß gilt

$$\Theta_{X^*Y^*}(\varphi^*)=(\Theta_{YX}(\varphi))^t\qquad\text{für alle }\varphi\in\mathrm{Hom}_R(M,N).$$

5. Darstellung linearer Abbildungen zwischen direkten Summen durch Matrizen. — Es trägt vielleicht zum besseren Verständnis des hier behandelten Gegenstandes bei, die Überlegungen des Abschnittes 3 in einem größeren Zusammenhang zu sehen und allgemein von zwei nicht notwendig freien R-Moduln

$$M = M_1 \oplus \cdots \oplus M_m, \qquad N = N_1 \oplus \cdots \oplus N_n,$$

auszugehen, die als direkte Summen gegeben sind. Wir stellen uns die Aufgabe, die linearen Abbildungen $M \to N$ aus den linearen Abbildungen $M_\mu \to N_\nu$ zwischen den vorkommenden direkten Summanden zusammenzusetzen. Wir gehen wie folgt vor: Es bezeichnen

$$\iota_\mu\colon M_\mu \to M, \quad \kappa_\nu\colon N_\nu \to N \quad \text{bzw.} \quad \pi_\mu\colon M \to M_\mu, \quad \rho_\nu\colon N \to N_\nu$$

jeweils die natürlichen Injektionen bzw. Surjektionen, $\mu = 1, \ldots, m$; $\nu = 1, \ldots, n$ (vgl. Kap. II, § 1.7). Dann wird jedem R-Homomorphismus $\varphi\colon M \to N$ vermöge

$$M_\mu \xrightarrow{\ \iota_\mu\ } M \xrightarrow{\ \varphi\ } N \xrightarrow{\ \rho_\nu\ } N_\nu$$

eine Kollektion von insgesamt mn Modulhomomorphismen $\varphi_{\mu\nu} := \rho_\nu\, \varphi\, \iota_\mu$ von M_μ in N_ν zugeordnet. Es gelten die Gleichungen

$$(*) \qquad
\begin{aligned}
\varphi &= \sum_{\alpha,\,\beta = 1}^{m,\,n} \kappa_\beta\, \varphi_{\alpha\beta}\, \pi_\alpha, \\[2mm]
\rho_\nu\, \varphi &= \sum_{\mu = 1}^{m} \varphi_{\mu\nu}\, \pi_\mu, \qquad \nu = 1, \ldots, n.
\end{aligned}$$

Beweis. Zwischen den Abbildungen ι_α, π_α und κ_β, ρ_β bestehen die Gleichungen (vgl. Kap II, § 1.7)

$$\mathrm{id}_M = \sum_{\alpha = 1}^{m} \iota_\alpha\, \pi_\alpha, \qquad \mathrm{id}_N = \sum_{\beta = 1}^{n} \kappa_\beta\, \rho_\beta.$$

Daraus folgt:

$$\varphi = \mathrm{id}_N \circ \varphi \circ \mathrm{id}_M = \left(\sum_{\beta = 1}^{n} \kappa_\beta\, \rho_\beta \right) \varphi \left(\sum_{\alpha = 1}^{m} \iota_\alpha\, \pi_\alpha \right) = \sum_{\alpha,\,\beta = 1}^{m,\,n} \kappa_\beta\, (\rho_\beta\, \varphi\, \iota_\alpha)\, \pi_\alpha = \sum_{\alpha,\,\beta = 1}^{m,\,n} \kappa_\beta\, \varphi_{\alpha\beta}\, \pi_\alpha.$$

Dies gibt weiter (mit μ statt α), da $\rho_\nu\, \kappa_\beta = 0$ für $\beta \neq \nu$ und $\rho_\nu\, \kappa_\nu = \mathrm{id}$ (vgl. Kap. II, § 1.7)

$$\rho_\nu\, \varphi = \sum_{\mu,\,\beta = 1}^{m,\,n} \rho_\nu\, \kappa_\beta\, \varphi_{\mu\beta}\, \pi_\mu = \sum_{\mu = 1}^{m} \varphi_{\mu\nu}\, \pi_\mu, \qquad \nu = 1, \ldots, n. \qquad \square$$

Wir zeigen nun:

Satz 7. *Die Abbildung*

$$\mathrm{Hom}_R(M, N) \to \bigoplus_{\mu,\,\nu = 1}^{m,\,n} \mathrm{Hom}_R(M_\mu, N_\nu), \qquad \varphi \mapsto (\varphi_{\mu\nu})_{1 \le \mu \le m,\, 1 \le \nu \le n},$$

ist ein R-Modulisomorphismus.

Beweis. Wir bezeichnen die in Rede stehende Abbildung vorübergehend mit Φ. Für alle $\varphi, \varphi' \in \mathrm{Hom}(M, N)$ und alle $r, r' \in R$ gilt stets $\rho_\nu(r\, \varphi + r'\, \varphi')\iota_\mu = r\, \rho_\nu\, \varphi\, \iota_\mu + r'\, \rho_\nu\, \varphi'\, \iota_\mu$, d.h. $(r\, \varphi + r'\, \varphi')_{\mu\nu} = r\, \varphi_{\mu\nu} + r'\, \varphi'_{\mu\nu}$, also ist $\Phi(r\, \varphi + r'\, \varphi') = r\, \Phi(\varphi) + r'\, \Phi(\varphi')$, d.h. Φ ist R-linear.

Φ ist injektiv, denn sind alle $\varphi_{\nu\mu}=0$, so folgt $\varphi=0$ nach Gleichung (∗). Um die Surjektivität von Φ zu zeigen, sei

$$(\varphi_{\mu\nu})_{\substack{1 \le \mu \le m \\ 1 \le \nu \le n}} \in \bigoplus_{\mu,\nu=1}^{m,n} \operatorname{Hom}(M_\mu, N_\nu)$$

beliebig. Dann ist aufgrund von Gleichung (∗) der R-Homomorphismus

$$\hat{\varphi} := \sum_{\alpha,\beta=1}^{m,n} \kappa_\beta\, \varphi_{\alpha\beta}\, \pi_\alpha \in \operatorname{Hom}(M,N)$$

ein Kandidat für ein Φ-Urbild. Wir behaupten also

$$\Phi(\hat{\varphi})=(\varphi_{\mu\nu}), \quad \text{d.h.} \quad \rho_\nu\, \hat{\varphi}\, \iota_\mu=\varphi_{\mu\nu} \quad \text{für alle } \mu\in\mathbb{N}_m,\ \nu\in\mathbb{N}_n.$$

Wörtlich wie beim Beweis der zweiten Gleichung (∗) sieht man:

$$\rho_\nu\, \hat{\varphi} = \sum_{\alpha=1}^{m} \varphi_{\alpha\nu}\, \pi_\alpha.$$

Wegen $\pi_\alpha \circ \iota_\mu=0$ für $\alpha \neq \mu$ und $\pi_\mu\, \iota_\mu=\operatorname{id}$ impliziert dies $\rho_\nu\, \hat{\varphi}\, \iota_\mu=\varphi_{\mu\nu}$ für alle $\mu\in\mathbb{N}_m,\ \nu\in\mathbb{N}_n$.   □

Satz 7 enthält Satz 5 als Spezialfall: Sind nämlich M und N frei, etwa

$$M=\bigoplus_{\mu=1}^{m} R, \quad N=\bigoplus_{\nu=1}^{n} R, \quad \text{also } M_\mu=R,\ N_\nu=R,$$

so ist $\varphi_{\mu\nu}\colon R \to R$ jeweils eine Homothetie, d.h. es gilt $\varphi_{\mu\nu}=a_{\mu\nu}\cdot\operatorname{id}$ mit einem wohlbestimmten Skalar $a_{\mu\nu}\in R$. Man erhält Θ, indem man der Homothetie $\varphi_{\mu\nu}$ den Skalar $a_{\mu\nu}$ zuordnet und aus diesen Skalaren die (n,m)-Matrix $(a_{\nu\mu})$ bildet.

§ 2. Multiplikation von Matrizen

1. Die allgemeine Multiplikation $R^{(m,n)} \times R^{(n,p)} \to R^{(m,p)}$. — Es seien M, N, P drei freie R-Moduln mit Basen

$$X=\{x_1,\ldots,x_m\}, \quad Y=\{y_1,\ldots,y_n\}, \quad Z=\{z_1,\ldots,z_p\}^1.$$

Je zwei R-Homomorphismen $\varphi\colon M\to N$, $\psi\colon N\to P$ geben vermöge Komposition zum R-Homomorphismus $\psi\circ\varphi\colon M\to P$ Anlaß. Es bestehen Gleichungen

$$\varphi(x_\mu)=\sum_{\nu=1}^{n} a_{\mu\nu}\, y_\nu, \quad \psi(y_\nu)=\sum_{\rho=1}^{p} b_{\nu\rho}\, z_\rho, \quad a_{\mu\nu},\, b_{\nu\rho}\in R,$$

$$\psi\circ\varphi(x_\mu)=\sum_{\rho=1}^{n} c_{\mu\rho}\, z_\rho, \quad c_{\mu\rho}\in R,$$

---

[1] Statt $X=(x_\mu)_{1\le\mu\le m}$ schreiben wir vielfach auch $X=\{x_1,\ldots,x_m\}$. Der Leser beachte, daß die Indizierung der Basiselemente wesentlich ist (Basen sind Familien!); ist z.B. $\{x_1,x_2\}$ eine Basis von $M \simeq R^2$, so ist $\{x_2,x_1\}$ eine weitere, von dieser verschiedene Basis. Man spricht aus diesen Gründen daher auch von *geordneten* Basen.

mit Matrizen $A=(a_{\mu v})\in R^{(m,\,n)}$, $B=(b_{v\rho})\in R^{(m,\,p)}$ und $C=(c_{\mu\rho})\in R^{(m,\,p)}$. Es ist leicht, die Elemente von C durch die Elemente von A und B auszudrücken. Durch Einsetzen gewinnt man:

$$(\psi\circ\varphi)(x_\mu)=\psi\left(\sum_{v=1}^{n}a_{\mu v}\,y_v\right)=\sum_{v=1}^{n}a_{\mu v}\,\psi(y_v)$$

$$=\sum_{v=1}^{n}a_{\mu v}\left(\sum_{\rho=1}^{p}b_{v\rho}\,z_\rho\right)=\sum_{\rho=1}^{p}\left(\sum_{v=1}^{n}a_{\mu v}\,b_{v\rho}\right)z_\rho.$$

Hieraus liest man ab:

$$c_{\mu\rho}=\sum_{v=1}^{n}a_{\mu v}\,b_{v\rho},\qquad \mu\in\mathbf{N}_m,\quad \rho\in\mathbf{N}_p.$$

Dies rechtfertigt folgende

Def. 1 (*Matrizenprodukt*). *Unter dem Produkt $A\cdot B$ einer Matrix $A=(a_{\mu v})\in R^{(m,\,n)}$ mit einer Matrix $B=(b_{v\rho})\in R^{(n,\,p)}$ versteht man die $(m,\,p)$-Matrix $C=(c_{\mu\rho})$, wobei*

$$c_{\mu\rho}=\sum_{v=1}^{n}a_{\mu v}\,b_{v\rho}$$

ist.

Man beachte, daß $AB:=A\cdot B$ nur dann definiert ist, wenn die Spaltenzahl von A gleich der Zeilenzahl von B ist. Die Vorschrift zur Berechnung von AB wird besonders übersichtlich, wenn man die rechteckige Schemaschreibweise verwendet:

$$\begin{pmatrix} a_{11} \cdots a_{1v} \cdots a_{1n}\\ \vdots\quad\vdots\quad\vdots\\ a_{\mu 1} \cdots a_{\mu v} \cdots a_{\mu n}\\ \vdots\quad\vdots\quad\vdots\\ a_{m1} \cdots a_{mv} \cdots a_{mn}\end{pmatrix}\cdot\begin{pmatrix} b_{11} \cdots b_{1\rho} \cdots b_{1p}\\ \vdots\quad\vdots\quad\vdots\\ b_{v1} \cdots b_{v\rho} \cdots b_{vp}\\ \vdots\quad\vdots\quad\vdots\\ b_{n1} \cdots b_{n\rho} \cdots b_{np}\end{pmatrix}=\begin{pmatrix} c_{11} \cdots c_{1\rho} \cdots c_{1p}\\ \vdots\quad\vdots\quad\vdots\\ c_{\mu 1} \cdots c_{\mu\rho} \cdots c_{\mu p}\\ \vdots\quad\vdots\quad\vdots\\ c_{m1} \cdots c_{m\rho} \cdots c_{mp}\end{pmatrix}.$$

Man erhält das Element $c_{\mu\rho}$ der Matrix $C=AB$, indem man jeweils das v-te Element der μ-ten Zeile von A mit dem v-ten Element der ρ-ten Spalte von B multipliziert, $1\le v\le n$, und die Produkte über alle $v\in\mathbf{N}_n$ addiert. Für $m=n=p=2$ ergibt sich so:

$$\begin{pmatrix} a_{11} & a_{12}\\ a_{21} & a_{22}\end{pmatrix}\cdot\begin{pmatrix} b_{11} & b_{12}\\ b_{21} & b_{22}\end{pmatrix}=\begin{pmatrix} a_{11}\,b_{11}+a_{12}\,b_{21} & a_{11}\,b_{12}+a_{12}\,b_{22}\\ a_{21}\,b_{11}+a_{22}\,b_{21} & a_{21}\,b_{12}+a_{22}\,b_{22}\end{pmatrix}.$$

2. Multiplikativität der Darstellungsisomorphismen. — Wir behalten die Bezeichnungen des vorangehenden Abschnittes bei. Man wird nach einem Zusammenhang zwischen den Darstellungsmatrizen

$$\Theta_{YX}(\varphi),\qquad \Theta_{ZY}(\psi),\qquad \Theta_{ZX}(\psi\circ\varphi)$$

fragen. Wir zeigen, daß Matrizenmultiplikation und Θ optimal miteinander verträglich sind.

Satz 2 *(Multiplikativität der Darstellungsisomorphismen). Für alle Homomorphismen* $\varphi\colon M \to N$, $\psi\colon N \to P$ *und alle Basen* X, Y, Z *von* M, N, P *gilt:*

$$\Theta_{ZX}(\psi \circ \varphi) = \Theta_{ZY}(\psi) \cdot \Theta_{YX}(\varphi),$$

wo rechts das Matrizenprodukt steht.

Beweis. Sei

$$\Theta_{YX}(\varphi) =: F = (f_{\nu\mu}) \in R^{(n,m)}, \qquad \Theta_{ZY}(\psi) =: G = (g_{\rho\nu}) \in R^{(p,n)},$$

also

$$\varphi(x_\mu) = \sum_{\nu=1}^{n} f_{\nu\mu}\, y_\nu, \quad \mu \in \mathbb{N}_m, \qquad \psi(y_\nu) = \sum_{\rho=1}^{p} g_{\rho\nu}\, z_\rho, \quad \nu \in \mathbb{N}_n.$$

Es folgt

$$\psi \circ \varphi(x_\mu) = \sum_{\nu=1}^{n} f_{\nu\mu}\, \psi(y_\nu) = \sum_{\nu=1}^{n} f_{\nu\mu}\left(\sum_{\rho=1}^{p} g_{\rho\nu}\, z_\rho \right) = \sum_{\rho=1}^{p}\left(\sum_{\nu=1}^{n} g_{\rho\nu} f_{\nu\mu} \right) z_\rho,$$

also $\Theta_{ZX}(\psi \circ \varphi) = G \cdot H$ nach Definition von Θ_{ZX} und des Matrizenproduktes. $\quad\square$

Wir verdeutlichen Satz 2 am Diagramm

$$
\begin{array}{ccc}
\mathrm{Hom}(N,P) \times \mathrm{Hom}(M,N) & \xrightarrow{\;\circ\;} & \mathrm{Hom}(M,P) \\
\Big\downarrow{\scriptstyle \Theta_{ZY}} \qquad \Big\downarrow{\scriptstyle \Theta_{YX}} & & \Big\downarrow{\scriptstyle \Theta_{ZX}} \\
R^{(p,n)} \quad \times \quad R^{(n,m)} & \xrightarrow{\;\cdot\;} & R^{(p,m)}
\end{array}
$$

wo die senkrechten Pfeile Darstellungsisomorphismen sind und der obere waagerechte Pfeil die Kompositionsabbildung ist:

Es gibt genau eine Abbildung $R^{(p,n)} \times R^{(n,m)} \to R^{(p,m)}$, *nämlich die Matrizenmultiplikation, die das Diagramm kommutativ macht.*

Bemerkung. Hätte man in der Definition von Θ im § 1.3 nicht die gespiegelte Matrix A^t, sondern A selbst benutzt, so hätte sich statt Kommutativität für Θ Antikommutativität eingestellt (d. h. in der Formel des Satzes 2 wären rechts die Faktoren vertauscht erschienen). Um dies zu verhindern, wurde A^t und nicht A verwendet.

3. Rechenregeln der Matrizenmultiplikation. — Es ist nützlich, die grundlegenden Multiplikationsregeln in einem Satz zusammenzufassen.

Satz 3. *Für alle* $r \in R$, *alle* A, A_1, $A_2 \in R^{(m,n)}$, *alle* B, B_1, $B_2 \in R^{(n,p)}$ *und alle* $C \in R^{(p,q)}$ *gilt:*

(a)
$$(rA)B = A(rB) = r(AB),$$

(b)
$$A(B_1 + B_2) = AB_1 + AB_2,$$

$$(A_1 + A_2)B = A_1 B + A_2 B,$$

(c)
$$(AB)C = A(BC),$$

(d)
$$(AB)^t = B^t A^t.$$

Beweis. Es handelt sich hier um nichts anderes als auf Matrizen übertragene Rechenregeln, die für Homomorphismen klar sind. Wir wollen das für das Assoziativgesetz (c) und für die Antikommutativitätsregel (d) erläutern. Wir wählen in den freien Moduln R_q, R_p, R_n, R_m der Spaltenvektoren jeweils die Basen T, Z, Y, X der Einheitsspaltenvektoren und bestimmen bei gegebenen Matrizen A, B, C die Homomorphismen

$$\gamma: R_q \to R_p, \quad \beta: R_p \to R_n, \quad \alpha: R_n \to R_m$$

so, daß gilt:

$$A = \Theta_{XY}(\alpha), \quad B = \Theta_{YZ}(\beta), \quad C = \Theta_{ZT}(\gamma).$$

Die Multiplikativität der Darstellungsisomorphismen Θ liefert

$$AB = \Theta_{XY}(\alpha)\,\Theta_{YZ}(\beta) = \Theta_{XZ}(\alpha \circ \beta), \quad BC = \Theta_{YZ}(\beta)\,\Theta_{ZT}(\gamma) = \Theta_{YT}(\beta \circ \gamma)$$

und weiter:

$$(AB)\,C = \Theta_{XZ}(\alpha \circ \beta) \cdot \Theta_{ZT}(\gamma) = \Theta_{XT}\big((\alpha \circ \beta) \circ \gamma\big),$$

$$A(BC) = \Theta_{XY}(\alpha) \cdot \Theta_{YT}(\beta \circ \gamma) = \Theta_{XT}\big(\alpha \circ (\beta \circ \gamma)\big).$$

Da für Homomorphismen (allgemeiner für Abbildungen) das Assoziativgesetz trivial ist:

$$(\alpha \circ \beta) \circ \gamma = \alpha \circ (\beta \circ \gamma),$$

so folgt die Behauptung $(AB)\,C = A(BC)$.

Um die Antikommutativitätsregel (d) abbildungstheoretisch zu verstehen, betrachten wir neben den Moduln R_m, R_n, R_p und ihren Basen X, Y, Z auch die dualen Moduln mit den entsprechenden dualen Basen X^*, Y^*, Z^*. Nach Satz 1.6 gilt, wenn wir die vorangehenden Notationen beibehalten und mit α^*, β^*, $(\alpha \circ \beta)^*$ jeweils die dualen Abbildungen bezeichnen:

$$A^t = \Theta_{Y^*X^*}(\alpha^*), \quad B^t = \Theta_{Z^*Y^*}(\beta^*), \quad (AB)^t = \Theta_{Z^*X^*}\big((\alpha \circ \beta)^*\big).$$

Die Multiplikativität von Θ zusammen mit $(\alpha \circ \beta)^* = \beta^* \circ \alpha^*$ liefert:

$$\Theta_{Z^*X^*}\big((\alpha \circ \beta)^*\big) = \Theta_{Z^*X^*}(\beta^* \circ \alpha^*) = \Theta_{Z^*Y^*}(\beta^*) \cdot \Theta_{Y^*X^*}(\alpha^*),$$

d.h. $(AB)^t = B^t A^t$. Die Antikommutativität der Dualbildung ist somit für die Antikommutativität der Matrizentransposition verantwortlich. $\qquad\square$

Man kann die Rechenregeln (a)–(d) natürlich auch direkt durch Nachrechnen verifizieren, ohne auf die Darstellungsisomorphismen Θ zurückzugreifen. Dies sei dem Leser als Übungsaufgabe empfohlen.

4. Der Isomorphismus $R^{(m,\,n)} \xrightarrow{\ \sim\ } \mathrm{Hom}_R(R_n, R_m)$. — Mittels Matrizenmultiplikation lassen sich in eleganter Weise *alle* Homomorphismen $R_n \to R_m$ beschreiben. Da das Produkt einer (m, n)-Matrix A mit einer $(n, 1)$-Matrix $x \in R^{(n,\,1)} = R_n$ eine $(m, 1)$-Matrix $A \cdot x \in R^{(m,\,1)} = R_m$ ist, so ist für jedes $A \in R^{(m,\,n)}$ die „Multiplikationsabbildung"

$$\alpha:\ R_n \to R_m, \qquad x \mapsto Ax,$$

definiert. Aus Satz 3 folgt unmittelbar, daß α ein R-Homomorphismus ist. Es ist einfach, die Darstellung $\Theta_{E'E}(\alpha)$ von α bzgl. der Basen $E := (e_v)_{1 \le v \le n}$ und $E' := (e'_\mu)_{1 \le \mu \le m}$ der Spalteneinheitsvektoren von R_n und R_m zu bestimmen. Es gilt:

$$Ae_v = \begin{pmatrix} a_{11} & \ldots & a_{1v} & \ldots & a_{1m} \\ \vdots & & \vdots & & \vdots \\ a_{n1} & \ldots & a_{nv} & \ldots & a_{nm} \end{pmatrix} \begin{pmatrix} 0 \\ \vdots \\ 1 \\ \vdots \\ 0 \end{pmatrix} = \begin{pmatrix} a_{1v} \\ \vdots \\ a_{nv} \end{pmatrix},$$

d.h. Ae_v ist der v-te Spaltenvektor von A, also:

$$\alpha(e_v) = \sum_{i=1}^{m} a_{iv}\, e'_i, \qquad v = 1, \ldots, n.$$

Dies bedeutet

$$\Theta_{E'E}(\alpha) = A,$$

d.h. die Ausgangsmatrix A selbst ist die Darstellung von α bzgl. der Basen E und E'.

Wir bezeichnen den durch m und n eindeutig bestimmten Darstellungsisomorphismus $\Theta_{E'E}:\ \mathrm{Hom}(R_n, R_m) \to R^{(m,\,n)}$ mit Θ_{mn}.

Damit folgt:

Jede Matrix $A \in R^{(m,\,n)}$ gibt vermöge $x \mapsto Ax$ Anlaß zu einer linearen Abbildung $\alpha:\ R_n \to R_m$. Die Abbildung

$$R^{(m,\,n)} \to \mathrm{Hom}_R(R_n, R_m), \qquad A \mapsto \alpha,$$

ist die Umkehrabbildung von Θ_{mn} (und also ein R-Modulisomorphismus).

Die zu A gehörende Abbildung α läßt sich vorteilhaft auch wie folgt beschreiben: es seien $s_1, \ldots, s_n \in R_m$ die Spaltenvektoren von $A = (a_{\mu v}) \in R^{(m,\,n)}$, also

$$A = (s_1, \ldots, s_n) \qquad \text{mit } s_v^t = (a_{1v}, a_{2v}, \ldots, a_{mv}) \in R^m.$$

Dann bestätigt man sofort:

$$\alpha(c) = \sum_{v=1}^{n} c_v\, s_v \qquad \text{für jeden Vektor } c^t = (c_1, \ldots, c_n) \in R^n.$$

Speziell sieht man:

Der Bildmodul $\mathrm{Im}\,\alpha$ ist der von den Spaltenvektoren $s_1, \ldots, s_n$ von A in R_m erzeugte Untermodul.

$$\mathrm{Im}\,\alpha = [s_1, \ldots, s_n] = R s_1 + \cdots + R s_n.$$

Der Leser wird fragen, warum Spaltenvektoren und nicht Zeilenvektoren benutzt werden. Natürlich kann man auch mittels Matrizenmultiplikation alle Homomorphismen $R^m \to R^n$ beschreiben: man multipliziert $A \in R^{(m,n)}$ (statt von rechts mit einer $(n,1)$-Matrix) von links mit einer $(1,m)$-Matrix $v \in R^{(1,m)} = R^m$ und gewinnt eine $(1,n)$-Matrix $vA \in R^n$. So entsteht eine Abbildung

$$\varphi \colon R^m \to R^n, \qquad v \mapsto vA,$$

die natürlich auch linear ist. Bezeichnet nun $E = (e_\mu)_{1 \le \mu \le m}$ bzw. $E' = (e'_v)_{1 \le v \le n}$ die Basis der Zeileneinheitsvektoren von R^m bzw. R^n, so ist

$$e_\mu A = (0, \ldots, 1, \ldots 0) \begin{pmatrix} a_{11} & \cdots & a_{1n} \\ \vdots & & \vdots \\ a_{\mu 1} & \cdots & a_{\mu n} \\ \vdots & & \vdots \\ a_{m1} & \cdots & a_{mn} \end{pmatrix} = (a_{\mu 1}, \ldots, a_{\mu n})$$

der μ-te Zeilenvektor von A, also

$$\varphi(e_\mu) = \sum_{v=1}^{m} a_{\mu v} e'_v, \qquad \text{d.h. } \Theta_{E'E}(\varphi) = A^t,$$

d.h. A^t und nicht A selbst wäre die Darstellung von φ. Bei diesem Vorgehen erweist es sich überdies (auch psychologisch) als nachteilig, daß die Matrix A, welche die Abbildung $v \mapsto vA$ stiftet, *rechts* vom Argumentvektor erscheint, während das Abbildungssymbol φ *links* steht: $\varphi(v) = vA$. Da es sich in der Literatur weitgehend durchgesetzt hat, daß Abbildungssymbol links vom Argument zu schreiben, ist es nur konsequent, sich dieser Situation beim Matrizenprodukt anzupassen und also Spaltenvektoren zu benutzen; dabei hat man die Vertauschung von m und n hinzunehmen.

Sind M und N freie Moduln mit Basen $X = (x_\mu)_{1 \le \mu \le m}$ und $Y = (y_v)_{1 \le v \le n}$, so bezeichnen wir mit μ_X bzw. v_Y den Koordinatenisomorphismus $M \to R_m$ bzw. $N \to R_n$, der also x_μ auf e'_μ, $1 \le \mu \le m$, und y_v auf e_v, $1 \le v \le n$, abbildet. Zu jedem $\varphi \in \operatorname{Hom}(M, N)$ gibt es genau ein $\hat\varphi \in \operatorname{Hom}(R_m, R_n)$, so daß das Diagramm

$$
\begin{array}{ccc}
M & \xrightarrow{\ \varphi\ } & N \\
{\scriptstyle \mu_X}\big\downarrow & & \big\downarrow{\scriptstyle v_Y} \\
R_m & \xrightarrow{\ \hat\varphi\ } & R_n
\end{array}
$$

kommutativ ist, nämlich $\hat\varphi := v_Y \circ \varphi \circ \mu_X^{-1}$.

Der Leser verifiziert direkt, daß gilt:

$$\hat\varphi(x) = F \cdot x \qquad \text{für alle } x \in R_n \text{ mit } F := \Theta_{YX}(\varphi) \in R^{(n,m)}.$$

Damit folgt (man beachte, daß jetzt m und n vertauscht auftreten): $\Theta_{nm}(\hat\varphi) = F$, d.h.

$$\Theta_{YX}(\varphi) = \Theta_{nm}(v_Y \circ \varphi \circ \mu_X^{-1}) \qquad \text{für alle } \varphi \in \operatorname{Hom}(M, N).$$

Damit ist der beliebige Darstellungsisomorphismus Θ_{YX} durch den „Standardisomorphismus" Θ_{nm} und durch die Koordinatenisomorphismen μ_X, v_Y ausgedrückt.

5. Skalarprodukt. — Vermöge Matrizenmultiplikation lassen sich alle Linearformen auf R_m (bzw. R^m) beschreiben. Das Produkt einer $(1, m)$-Matrix mit einer $(m, 1)$-Matrix ist eine $(1, 1)$-Matrix, also ein Skalar. Man hat somit eine Multiplikationsabbildung

$$R_m \times R_m \to R, \qquad (y, z) \mapsto y^t \cdot z,$$

die man das *Skalarprodukt* auf R_m nennt. Jeder Vektor $z \in R_m$ gibt Anlaß zu der Abbildung

$$\lambda_z\colon R_m \to R, \qquad \lambda_z(y) := y^t \cdot z, \qquad y \in R_m.$$

Ersichtlich ist λ_z linear, d.h. $\lambda_z \in (R_m)^*$. Man verifiziert unmittelbar:

Die Abbildung

$$R_m \to (R_m)^*, \qquad z \mapsto \lambda_z,$$

ist ein R-Isomorphismus, der die Basis der Einheitsspaltenvektoren von R_m auf ihre duale Basis abbildet.

Für alle $y, z \in R_m$ gilt: $\lambda_z(y) = \lambda_y(z)$.

In der Literatur werden häufig R_m und $(R_m)^*$ mittels dieses Isomorphismus identifiziert.

Der Leser beachte, daß bei obiger Bildung des Skalarproduktes $y^t \cdot z$ der *erste* Faktor transponiert ist. Transposition des zweiten Faktors würde eine (m, m)-Matrix liefern: ist nämlich $y^t = (y_1, \ldots, y_m)$ und $z^t = (z_1, \ldots, z_m)$, so gilt

$$y \cdot z^t = \begin{pmatrix} y_1 \\ \vdots \\ y_m \end{pmatrix} (z_1, \ldots, z_m) = \begin{pmatrix} y_1 z_1 & \ldots & y_1 z_m \\ \vdots & & \vdots \\ y_m z_1 & \ldots & y_m z_m \end{pmatrix}.$$

Zu jeder linearen Abbildung $\alpha\colon R_n \to R_m$, $x \mapsto A x$, $A \in R^{(m, n)}$, gehört die duale Abbildung $\alpha^*\colon (R_m)^* \to (R_n)^*$, $\lambda \mapsto \lambda \circ \alpha$. Identifiziert man $(R_m)^*$ bzw. $(R_n)^*$ mit R_m bzw. R_n vermöge des vom Skalarprodukt herrührenden Isomorphismus, so gilt also

$$\alpha^*\colon R_m \to R_n, \qquad z \mapsto B z,$$

mit einer wohlbestimmten Matrix $B \in R^{(n, m)}$. Es ist leicht, B zu bestimmen. Ist nämlich $\lambda_z \in (R_m)^*$ die zu $z \in R_m$ gehörende Linearform $y \mapsto y^t z$ (wie oben), so ist $\alpha^*(\lambda_z)$ die Linearform

$$x \mapsto \lambda_z(\alpha(x)) = \lambda_z(A x) = (A x)^t z = x^t (A^t z), \qquad x \in R_n,$$

d.h. $\alpha^*(\lambda_z)\colon R_n \to R$ gehört zum Vektor $A^t z \in R_n$. Damit folgt:

Satz 4. *Sei $A \in R^{(m, n)}$ und $\alpha\colon R_n \to R_m$, $x \mapsto A x$. Dann gilt:*

$$\alpha^*\colon R_m \to R_n, \qquad z \mapsto A^t z,$$

wenn R_m mit $(R_m)^*$ und R_n mit $(R_n)^*$ mittels des vom Skalarprodukt induzierten Isomorphismus identifiziert werden.

§3. Der Matrizenring $R^{(m,m)}$ und die allgemeine lineare Gruppe $\mathrm{GL}(m,R)$

1. Der Ring $R^{(m,m)}$. – Die Matrizen des Moduls $R^{(m,m)}$ besitzen m Zeilen und m Spalten. Man nennt sie deswegen auch *m-reihige* oder *quadratische* Matrizen. Der Modul $R^{(m,m)}$ hat die besondere Eigenschaft, daß er abgeschlossen ist bzgl. der Matrizenmultiplikation: Für $A, B \in R^{(m,m)}$ ist stets $A \cdot B \in R^{(m,m)}$. Satz 2.3 liefert darüber hinaus:

Satz 1. *Der R-Modul $R^{(m,m)}$ ist bzgl. der Matrizenmultiplikation ein Ring mit Einselement.*

Es ist $R^{(1,1)} = R$. Für $m \geq 2$ ist der Ring $R^{(m,m)}$ nicht kommutativ und nicht nullteilerfrei.

Beweis. Die Gültigkeit der Assoziativ- und Distributivgesetze für die Matrizenmultiplikation in $R^{(m,m)}$ folgt aus Satz 2.3. Die Matrix

$$E_m := (\delta_{\mu\nu}), \qquad \mu \in \mathbb{N}_m, \ \nu \in \mathbb{N}_m, \ \delta_{\mu\nu} \ \text{Kroneckersymbol},$$

ist das Einselement in $R^{(m,m)}$ (Beweis!).

Für $m \geq 2$ ist $R^{(m,m)}$ nicht kommutativ und nicht nullteilerfrei. So gilt z.B.

$$\begin{pmatrix} 1 & 0 \\ 0 & 0 \end{pmatrix} \cdot \begin{pmatrix} 0 & 1 \\ 0 & 0 \end{pmatrix} = \begin{pmatrix} 0 & 1 \\ 0 & 0 \end{pmatrix},$$

$$\begin{pmatrix} 0 & 1 \\ 0 & 0 \end{pmatrix} \cdot \begin{pmatrix} 1 & 0 \\ 0 & 0 \end{pmatrix} = \begin{pmatrix} 0 & 0 \\ 0 & 0 \end{pmatrix}.$$

Entsprechend kann man für beliebiges $m \geq 2$ schließen. $\qquad\square$

Das Einselement E_m des Ringes $R^{(m,m)}$ nennt man häufig auch die *m-reihige Einheitsmatrix*. In Schemadarstellung gilt:

$$E_m = \begin{pmatrix} 1 & 0 & \dots & 0 \\ 0 & 1 & \dots & 0 \\ \vdots & \vdots & \ddots & \vdots \\ 0 & 0 & \dots & 1 \end{pmatrix},$$

d.h. die Elemente außerhalb der Hauptdiagonalen sind null, und auf der Hauptdiagonalen selbst steht überall das Einselement von R. Es gilt:

$$E_m = \sum_{\mu=1}^{m} E_{\mu\mu},$$

wo E_{ij} die im §1.1 eingeführten Basisvektoren von $R^{(m,m)}$ bezeichnen.

Weil für je zwei Matrizen $A=(a_{\mu\nu})$, $B=(b_{\pi\rho})\in R^{(m,\,m)}$ die Gleichungen

$$A=\sum_{\mu,\,\nu=1}^{m} a_{\mu\nu}\,E_{\mu\nu},\qquad B=\sum_{\pi,\,\rho=1}^{m} b_{\pi\rho}\,E_{\pi\rho}$$

gelten, so folgt für ihr Produkt

$$AB=\sum_{\mu,\,\nu,\,\pi,\,\rho=1}^{m} a_{\mu\nu}\,b_{\pi\rho}\,E_{\mu\nu}\,E_{\pi\rho}\,,\qquad\left(\sum_{\mu,\,\nu,\,\pi,\,\rho=1}^{m}\,:=\sum_{\mu=1}^{m}\sum_{\nu=1}^{m}\sum_{\pi=1}^{m}\sum_{\rho=1}^{m}\right).$$

Man beherrscht daher grundsätzlich die Multiplikation im Matrizenring $R^{(m,\,m)}$, wenn man die m^4 Produkte $E_{\mu\nu}\,E_{\pi\rho}$ der Basiselemente als Linearkombination bzgl. der obigen Basis schreiben kann. Der Leser rechnet nun leicht nach, daß die folgenden Gleichungen bestehen:

$$(1)\qquad\qquad E_{\mu\nu}\,E_{\pi\rho}=\delta_{\nu\pi}\,E_{\mu\rho}\qquad\textit{für alle }\mu,\nu,\pi,\rho=1,\dots,m.$$

Damit folgt:

$$AB=\sum_{\mu,\,\nu,\,\pi,\,\rho=1}^{m} a_{\mu\nu}\,b_{\pi\rho}\,\delta_{\nu\pi}\,E_{\mu\rho}=\sum_{\mu,\,\rho=1}^{m}\left(\sum_{\nu=1}^{m} a_{\mu\nu}\,b_{\nu\rho}\right)E_{\mu\rho}\,,$$

und das Element $c_{\mu\rho}$ der Produktmatrix ist $\sum_{\nu=1}^{m} a_{\mu\nu}\,b_{\nu\rho}$, wie es nach der Multiplikationsregel auch sein muß.

Der Ring $R^{(m,\,m)}$ der quadratischen Matrizen ist für $m\geq 2$ sehr strukturreich und enthält interessante Unterringe. So bildet etwa die Menge aller sog. (unteren) „Dreiecksmatrizen"

$$\begin{pmatrix} a_{11} & 0 & \dots 0 \\ a_{21} & a_{22} & \dots 0 \\ \vdots & \vdots & \ddots\ \vdots \\ a_{m1} & a_{m2} & \dots a_{mm} \end{pmatrix},$$

d.h. die Menge aller Matrizen $A=(a_{\mu\nu})$ mit $a_{\mu\nu}=0$ für $\nu>\mu$, einen Unterring von $R^{(m,\,m)}$ (Beweis!). Die Transpositionsabbildung $A\mapsto A^{t}$ führt diesen Ring über in den Ring der sog. oberen Dreiecksmatrizen (das ist die Menge aller $A=(a_{\mu\nu})\in R^{(m,\,m)}$ mit $a_{\mu\nu}=0$ für $\mu>\nu$).

In diesen Unterringen ist der Unterring aller „Diagonalmatrizen"

$$\sum_{\mu=1}^{m} a_{\mu\mu}\,E_{\mu\mu}\,,\qquad a_{\mu\mu}\in R\,,$$

enthalten, der zum m-fachen ringtheoretischen Produkt des Ringes R mit sich selbst isomorph ist (Beweis!). Hierin liegt schließlich der zu R isomorphe Ring aller Vielfachen rE_m, $r\in R$, der Einheitsmatrix (Beweis!).

Jede Matrix $A \in R^{(m,m)}$ der Form

$$\begin{pmatrix} 0 & & 0 & \ldots & 0 \\ a_{21} & & 0 & \ldots & 0 \\ \vdots & \ddots & & \ddots & \vdots \\ a_{m1} & \ldots & a_{m(m-1)} & & 0 \end{pmatrix}, \qquad \text{d.h. } a_{\mu\nu} = 0 \quad \text{für } \nu \geq \mu,$$

ist *nilpotent*, es gilt sogar $A^m = 0$ für alle diese Matrizen (Beweis!).

2. Der Ringisomorphismus Θ_X: $\operatorname{End} M \to R^{(m,m)}$. — Ist M frei vom Range m, so gibt es zu je zwei Basen X, Y in M den Darstellungsisomorphismus

$$\Theta_{YX}: \operatorname{End} M \to R^{(m,m)}.$$

Für diese Abbildung gilt im Falle verschiedener Basen X, Y stets $\Theta_{YX}(\mathrm{id}) \neq E_m$ (vgl. auch § 4.1). Es ist naheliegend, die Abbildungen Θ_{XX}, die nur von der Wahl einer einzigen Basis X in M abhängen, besonders eingehend zu betrachten. *Wir schreiben abkürzend stets Θ_X statt Θ_{XX}.* Ersichtlich gilt $\Theta_X(\mathrm{id}) = E_m$. Darüber hinaus folgt wegen der Multiplikativität von Θ (Satz 2.2) sofort:

Satz 2. *Ist M frei vom Range m, so ist für jede Basis X von M die Abbildung*

$$\Theta_X: \operatorname{End} M \to R^{(m,m)}, \qquad \varphi \mapsto \Theta_X(\varphi),$$

ein Ringisomorphismus.

Es gilt

$$\Theta_X(r \cdot \mathrm{id}) = r E_m$$

für jede Homothetie $r \cdot \mathrm{id}$ bzgl. jeder Basis X, da ersichtlich $(r E_m)^t = r E_m$. Somit folgt

$$\Theta_X(R_M) = \{r E_m;\ r \in R\}$$

für den Homothetienring R_M von M.

3. Die Gruppe $\operatorname{GL}(m, R)$. — Eine wichtige Rolle in der Abbildungstheorie spielt die Einheitengruppe des Ringes $R^{(m,m)}$, die wir nun näher betrachten wollen.

Def. 3 (*Allgemeine lineare Gruppe*). *Die Gruppe der Einheiten im Ring $R^{(m,m)}$ heißt die allgemeine lineare Gruppe der Ordnung m über R. Sie wird mit $\operatorname{GL}(m, R)$ bezeichnet* (*General Linear Group*): $\operatorname{GL}(m, R) = (R^{(m,m)})^{\times}$.

Die Matrix E_m ist das neutrale Element von $\operatorname{GL}(m, R)$. Die Elemente von $\operatorname{GL}(m, R)$ sind also diejenigen Matrizen $A \in R^{(m,m)}$, zu denen es ein $B \in R^{(m,m)}$ gibt mit $AB = BA = E_m$. Die zu A inverse Matrix B wird wie üblich mit A^{-1} bezeichnet.

Der Leser verifiziert mühelos, da Ringisomorphismen Einheiten auf Einheiten abbilden und da $\operatorname{Aut} M = (\operatorname{End} M)^{\times}$:

Satz 4. *Ist M frei vom Range m und X eine Basis von M, so induziert der Ring-isomorphismus*

$$\Theta_X: \operatorname{End} M \to R^{(m,m)}$$

durch Einschränkung einen Gruppenisomorphismus

$$\Theta_X \colon \operatorname{Aut} M \to \operatorname{GL}(m, R).[2]$$

Als Anwendung notieren wir:

Sei R nullteilerfrei und $A \in R^{(m,m)}$. Dann gilt

1) Existiert ein $B \in R^{(m,m)}$ mit $AB = E_m$ (Rechtsinverses), so folgt $A \in \operatorname{GL}(m, R)$ und $A^{-1} = B$.

2) Existiert ein $B \in R^{(m,m)}$ mit $BA = E_m$ (Linksinverses), so folgt $A \in \operatorname{GL}(m, R)$ und $A^{-1} = B$.

Beweis. ad 1) Seien $\varphi, \psi \in \operatorname{End}_R M$ mit $\Theta_X(\varphi) = A$, $\Theta_X(\psi) = B$. Da Θ_X ein Ringisomorphismus ist, folgt $\varphi \circ \psi = \operatorname{id}$ wegen $AB = E_m$. Nach Satz 3.4.7 und Satz 3.4.8 gilt dann aber $\varphi \in \operatorname{Aut}_R M$ und $\psi = \varphi^{-1}$. Anwendung von Θ_X liefert $A \in \operatorname{GL}(m, R)$ und $B = A^{-1}$.

Die Behauptung 2) folgt analog aus denselben Sätzen.   □

Wir werden später mit Hilfe der Determinantentheorie zeigen, daß die soeben hergeleitete Aussage für beliebige kommutative Ringe mit Eins richtig ist, d.h. daß aus $AB = E_m$ (bzw. $BA = E_m$) stets $BA = E_m$ (bzw. $AB = E_m$) folgt.

Es gibt eine einfache, wichtige Charakterisierung der invertierbaren Matrizen durch Eigenschaften ihrer Zeilen- und Spaltenvektoren. Sie lautet:

Satz 5. *Für jede Matrix $A \in R^{(m,m)}$ sind die folgenden Aussagen äquivalent:*

   i) *A ist invertierbar.*
   ii) *A^t ist invertierbar.*
   iii) *Die Spaltenvektoren der Matrix A bilden eine Basis von R_m.*
   iv) *Die Zeilenvektoren der Matrix A bilden eine Basis von R^m.*

Beweis. i) $\Rightarrow$ ii): Nach Satz 2.3, Aussage (d), gilt $(AB)^t = B^t A^t$ für alle $A, B \in R^{(m,m)}$. Daher hat $AA^{-1} = A^{-1} A = E_m$ wegen $E_m^t = E_m$ zur Folge:

$$(A^{-1})^t A^t = A^t (A^{-1})^t = E_m, \quad \text{also } A^t \in \operatorname{GL}(m, R).$$

ii) $\Rightarrow$ i): Folgt wie oben mit A^t anstelle von A (wegen $(A^t)^t = A$).

i) $\Leftrightarrow$ iii): Es gilt $A \in \operatorname{GL}(m, R)$ genau dann, wenn $\alpha \colon R_m \to R_m$, $x \mapsto A x$, bijektiv ist. Nach dem Korollar zu Satz 3.5.2 ist α genau dann invertierbar, wenn die Bildfamilie $(\alpha(e_\mu))_{1 \le \mu \le m}$ der Basis der Einheitsvektoren eine Basis von R_m ist. Da $\alpha(e_\mu)$ gerade der μ-te Spaltenvektor s_μ der Matrix A ist, $\mu \in \mathbb{N}_m$ (vgl. § 2.4), so gilt also $A \in \operatorname{GL}(m, R)$ genau dann, wenn $(s_\mu)_{1 \le \mu \le m}$ eine Basis von R_m ist.

ii) $\Leftrightarrow$ iv): Die Zeilenvektoren von A bilden genau dann eine Basis von R^m, wenn die Spaltenvektoren der gespiegelten Matrix A^t eine Basis von R_m bilden. Die Behauptung folgt daher aus den Äquivalenzen i) $\Leftrightarrow$ iii) und i) $\Leftrightarrow$ ii).   □

---

[2] Zur Vermeidung schwerfälliger Symbolik bezeichnen wir die Abbildung $\Theta_X | \operatorname{Aut} M$ ebenfalls mit Θ_X.

4. Das Zentrum der Gruppe $\mathrm{GL}(m, R)$. – Wir haben im Kap. III, § 5.4 gesehen, daß für jeden freien R-Modul $F \neq 0$ das Zentrum der Gruppe Aut F die Einheitengruppe $R_F^\times$ des Homothetienringes von F ist. Dies liefert hier sofort, da Gruppenisomorphismen Zentren auf Zentren abbilden und da

$$\Theta_X(R_F^\times) = \{r\,E_m;\ r \in R^\times\}$$

ist (vgl. Nr. 3), daß gilt:

Satz 6. *Das Zentrum der Gruppe* $\mathrm{GL}(m, R)$ *besteht aus allen Vielfachen* $r\,E_m$ *der Einheitsmatrix, wobei* $r \in R^\times$ *ist.*

Wir haben in Wahrheit im Kap. III, § 5.4 mehr bewiesen, nämlich (vgl. den Beweis zu Satz 3.5.10) daß jedes $\psi \in \mathrm{End}\,F$, welches mit gewissen Automorphismen χ_{pq} vertauschbar ist, eine Homothetie sein muß. Wir wollen die Matrizen $\Theta_X(\chi_{pq})$ explizit angeben, wenn χ_{pq} bzgl. der Basis $X = \{x_1, \ldots, x_m\}$ gegeben ist.

Nach Definition war für alle $p \neq q$, $1 \leq p,\ q \leq m$ (vgl. den Beweis von Satz 3.5.10)

$$\chi_{pq}(x_\mu) = x_\mu, \quad \mu \in \mathbb{N}_m \smallsetminus \{p\}; \quad \chi_{pq}(x_p) = x_p + x_q.$$

Dies bedeutet:

$$B_{qp} := \Theta_X(\chi_{pq}) = E_m + E_{qp},$$

d.h.

$$B_{qp}(\mu, v) = \begin{cases} 1 & \text{falls } \mu = v \text{ oder falls } \mu = q \text{ und } v = p \\ 0 & \text{sonst.} \end{cases}$$

Ebenso wie im Beweis von Satz 3.5.10 erhalten wir nun:

Sei A eine (m, m)-Matrix derart, daß gilt

$$A \cdot B_{qp} = B_{qp} \cdot A \quad \text{für alle } p,\, q \in \mathbb{N}_m,\ p \neq q.$$

Dann gibt es ein $r \in R$, so daß $A = r\,E_m$.

Die hier auftretenden Matrizen B_{qp} werden uns im § 7.1 als sog. „Elementarmatrizen" erneut begegnen.

5. Antihomomorphismen. – Die Abbildung $^t\colon R^{(m,\,m)} \to R^{(m,\,m)}$ ist ein R-Modulisomorphismus, doch vertauscht sie bei Produkten die Reihenfolge der Faktoren:

$$(AB)^t = B^t A^t, \quad A,\, B \in R^{(m,\,m)}.$$

Dies hat zur Folge, daß die Transpositionsabbildung für $m \geq 2$ niemals ein Ringisomorphismus ist: denn dann ist $R^{(m,\,m)}$ nicht kommutativ, und es gibt folglich Matrizen $C, D \in R^{(m,\,m)}$ mit $CD \neq DC$. Für $A := C^t$, $B := D^t$ gilt:

$$(AB)^t = B^t A^t = DC \neq CD = A^t B^t = (BA)^t.$$

Man nennt die Transpositionsabbildung einen Antiisomorphismus (bzgl. der Ringstruktur). Allgemein benutzt man folgende Redeweise:

Def. 7 (*Antihomomorphismus*). *Eine Abbildung* $\alpha\colon H \to H'$ *einer Halbgruppe* H *in eine Halbgruppe* H' *heißt ein Antihomomorphismus, wenn gilt*:

$$\alpha(a\,b) = \alpha(b)\,\alpha(a) \quad \text{für alle } a,\, b \in H.$$

Eine Abbildung $\alpha\colon S \to S'$ *zwischen zwei (nicht notwendig kommutativen) Ringen* S, S' *mit Eins heißt ein Antiringhomomorphismus, wenn* α *ein Homomorphismus der unterliegenden additiven abelschen Gruppen* $(S, +) \to (S', +)$ *und ein Antihomomorphismus der unterliegenden multiplikativen Halbgruppen* $(S, \cdot) \to (S', \cdot)$ *mit* $\alpha(1) = 1$ *ist.*

Ist α *bijektiv, so nennt man* α *einen Antiringisomorphismus.*

Im Sinne dieser Definition gilt nun offensichtlich:

Satz 8. *Die Transpositionsabbildung* $^t\colon R^{(m,\,m)} \to R^{(m,\,m)}$ *ist ein Antiringisomorphismus.*

Wir notieren weiter (vgl. Satz 5):

Satz 9. *Die Gruppe* $\mathrm{GL}(m, R)$ *ist stabil unter der Transposition. Die Abbildung*

$$\mathrm{GL}(m, R) \to \mathrm{GL}(m, R), \quad A \mapsto A^t,$$

ist ein Antigruppenisomorphismus von $\mathrm{GL}(m, R)$ *auf sich. Es gilt*:

$$(A^t)^{-1} = (A^{-1})^t.$$

Dies ist, da $^t\colon R^{(m,\,m)} \to R^{(m,\,m)}$ ein Antiringisomorphismus ist, ein Spezialfall der folgenden allgemeineren Aussage:

Ist $\alpha\colon S \to S'$ *ein Antiringhomomorphismus, so gilt*

$$\alpha(s)^{-1} = \alpha(s^{-1}) \quad \text{für jede Einheit in } S.$$

Speziell hat man $\alpha(S^\times) \subset S'^\times$ *für die Einheitengruppen* $S^\times$, $S'^\times$ *von* S *und* S'. *Ist* α *bijektiv, so gilt* $\alpha(S^\times) = S'^\times$, *d.h.* $\alpha | S^\times\colon S^\times \to S'^\times$ *ist ein Antigruppenisomorphismus.*

Beweis. Für jedes $s \in S^\times$ existiert $s^{-1} \in S^\times$, und man hat $1 = s\,s^{-1} = s^{-1}\,s$. Dies liefert

$$1 = \alpha(1) = \alpha(s\,s^{-1}) = \alpha(s^{-1})\,\alpha(s) \quad \text{und} \quad 1 = \alpha(s^{-1}\,s) = \alpha(s)\,\alpha(s^{-1}).$$

Dann ist aber $\alpha(s^{-1})$ das Inverse von $\alpha(s)$ in S', d.h. $\alpha(s)^{-1} = \alpha(s^{-1})$. Die Inklusion $\alpha(S^\times) \subset S'^\times$ ist mitbewiesen.

Es bleibt $S'^\times \subset \alpha(S^\times)$ zu verifizieren, falls α bijektiv ist. Da ersichtlich $\alpha^{-1}\colon S' \to S$ ebenfalls ein Antiringhomomorphismus ist (Beweis!), so gilt

$$\alpha^{-1}(S'^\times) \subset S^\times$$

nach dem Bewiesenen. Anwendung von α liefert: $S'^\times \subset \alpha(S^\times)$. $\qquad\square$

Für jede Gruppe ist die Inversenabbildung $x \mapsto x^{-1}$ ein Antigruppenisomorphismus. Die Abbildung

$$\mathrm{GL}(m, R) \to \mathrm{GL}(m, R), \qquad A \mapsto (A^t)^{-1},$$

ist daher die Komposition zweier Antigruppenisomorphismen. Dies hat zur Folge:

Die Abbildung $\mathrm{GL}(m, R) \to \mathrm{GL}(m, R)$, $A \mapsto (A^t)^{-1}$ *ist ein Gruppenisomorphismus.*

Dies ist ein Spezialfall der folgenden allgemeineren Aussage:

Sind $\alpha\colon H \to H'$, $\alpha'\colon H' \to H''$ *Antihomomorphismen zwischen Halbgruppen, so ist* $\alpha' \circ \alpha\colon H \to H''$ *ein Homomorphismus.*

Für alle $a, b \in H$ gilt nämlich:

$$(\alpha' \circ \alpha)(a\,b) = \alpha'\big(\alpha(a\,b)\big) = \alpha'\big(\alpha(b)\,\alpha(a)\big) = \alpha'\big(\alpha(a)\big)\,\alpha'\big(\alpha(b)\big)$$

$$= (\alpha' \circ \alpha)(a) \cdot (\alpha' \circ \alpha)(b). \qquad \square$$

Die Matrix $(A^t)^{-1} = (A^{-1})^t$ wird häufig die zu $A \in \mathrm{GL}(m, R)$ *kontragrediente* Matrix genannt.

Bemerkung. Hätte man bei der Definition von Darstellungsisomorphismen die Matrix A und nicht A^t dem Homomorphismus $\varphi\colon M \to N$ zugeordnet, so wäre ein Antiringisomorphismus $\mathrm{Hom}(M, N) \to R^{(m,\,n)}$ entstanden. Die Komposition dieses Antiisomorphismus mit dem Antiisomorphismus $^t\colon R^{(m,\,n)} \to R^{(n,\,m)}$ liefert den Isomorphismus

$$\Theta_{YX}\colon \mathrm{Hom}(M, N) \to R^{(n,\,m)}$$

§ 4. Äquivalente und ähnliche Matrizen

Wir betrachten endlich erzeugbare freie R-Moduln M und N vom Range m und n mit vorgegebenen Basen $X = \{x_1, \ldots, x_m\}$ und $Y = \{y_1, \ldots, y_n\}$. Zu jedem $\varphi \in \mathrm{Hom}(M, N)$ bzw. $\sigma \in \mathrm{End}\,M$ gehören Matrizen $\Theta_{YX}(\varphi) \in R^{(n,\,m)}$ bzw. $\Theta_X(\sigma) \in R^{(m,\,m)}$. Das Motiv für diesen Paragraphen besteht in folgender Frage: Wie ändern sich diese Matrizen, wenn man statt X und Y andere Basen $X' = \{x'_1, \ldots, x'_m\}$ und $Y' = \{y'_1, \ldots, y'_m\}$ von M und N wählt?

1. Übergangsmatrix. Basistransformation. — Zwischen den Vektoren zweier Basen X und X' von M bestehen Gleichungen

$$(1) \qquad x_\mu = \sum_{\nu=1}^{m} t_{\nu\mu}\, x'_\nu, \qquad \mu \in \mathbb{N}_m.$$

Wir nennen $T := (t_{\mu\nu})$ die *Übergangsmatrix von* X *nach* X'.

Satz 1. *Die Übergangsmatrix T von X nach X' ist die Darstellungsmatrix der identischen Abbildung bzgl. der Basen X und X' von M:*

$$T = \Theta_{X'X}(\mathrm{id}_M) \in \mathrm{GL}(m, R).$$

Die inverse Matrix $T^{-1} = \Theta_{XX'}(\mathrm{id}_M)$ ist die Übergangsmatrix von X' nach X.

Beweis. Es ist nur zu zeigen, daß T invertierbar ist und daß die Gleichung $T^{-1} = \Theta_{XX'}(\mathrm{id}_M)$ gilt. Das folgt sofort aus den beiden Zeilen

$$\Theta_{X'X}(\mathrm{id}_M) \cdot \Theta_{XX'}(\mathrm{id}_M) = \Theta_{X'}(\mathrm{id}_M \circ \mathrm{id}_M) = \Theta_{X'}(\mathrm{id}_M) = E_m,$$

$$\Theta_{XX'}(\mathrm{id}_M) \cdot \Theta_{X'X}(\mathrm{id}_M) = \Theta_X(\mathrm{id}_M \circ \mathrm{id}_M) = \Theta_X(\mathrm{id}_M) = E_m. \qquad \square$$

Insbesondere lehrt Satz 1, daß es zu zwei Basen X, X' von M genau eine Übergangsmatrix von X nach X' gibt. Den Übergang von X nach X' mittels $\Theta_{X'X}(\mathrm{id}_M)$ bezeichnet man auch als *Basistransformation* oder *Basiswechsel*.

Wir benötigen noch den

Satz 2. *Zu jeder invertierbaren Matrix $T = (t_{\mu\nu}) \in \mathrm{GL}(m, R)$ gibt es (genau) eine Basis $X' = \{x'_1, \ldots, x'_m\}$ von M, so daß T die Übergangsmatrix von X nach X' ist.*

Beweis. Es gibt genau ein $\tau \in \mathrm{Aut}_R M$ mit $\Theta_X(\tau) = T^{-1}$. Wir setzen $x'_\mu := \tau(x_\mu)$, $\mu \in \mathbb{N}_m$. Nach dem Korollar zu Satz 3.5.2 ist $X' := \{x'_1, \ldots, x'_m\}$ eine Basis von M. Falls $T^{-1} = (f_{\mu\nu})$, so gilt $x'_\mu = \sum_{\nu=1}^{m} f_{\nu\mu} x_\nu$, also $T^{-1} = \Theta_{XX'}(\mathrm{id}_M)$. Daraus folgt $\Theta_{X'X}(\mathrm{id}_M) = T$ nach Satz 1. $\qquad \square$

Wir können nun zeigen:

Satz 3. *Die folgenden Aussagen über zwei Matrizen F, $F' \in R^{(n, m)}$ sind äquivalent:*

i) *Es gibt (bei vorgegebenen Basen X und Y in M und N) Basen X' bzw. Y' von M bzw. N und ein $\varphi \in \mathrm{Hom}(M, N)$, so daß gilt:*

$$F = \Theta_{YX}(\varphi), \qquad F' = \Theta_{Y'X'}(\varphi).$$

ii) *Es gibt Matrizen $S \in \mathrm{GL}(n, R)$, $T \in \mathrm{GL}(m, R)$, so daß gilt*

$$SF = F'T.$$

Sind i) *und* ii) *erfüllt, so ist T (bzw. S) die Übergangsmatrix von X nach X' (bzw. von Y nach Y').*

Beweis. i) $\Rightarrow$ ii): Wir setzen $S := \Theta_{Y'Y}(\mathrm{id}_N)$, $T := \Theta_{X'X}(\mathrm{id}_M)$. Dann gilt

$$SF = \Theta_{Y'Y}(\mathrm{id}_N) \cdot \Theta_{YX}(\varphi) = \Theta_{Y'X}(\mathrm{id}_N \circ \varphi) = \Theta_{Y'X}(\varphi),$$

$$F'T = \Theta_{Y'X'}(\varphi) \cdot \Theta_{X'X}(\mathrm{id}_M) = \Theta_{Y'X}(\varphi \circ \mathrm{id}_M) = \Theta_{Y'X}(\varphi).$$

ii) $\Rightarrow$ i): Wir wählen Basen X' bzw. Y' in M bzw. N, so daß T bzw. S die Übergangsmatrix von X nach X' bzw. von Y nach Y' ist. Dann gilt also $T = \Theta_{X'X}(\mathrm{id}_M)$ und $S^{-1} = \Theta_{YY'}(\mathrm{id}_N)$. Sei weiter $\varphi \in \mathrm{Hom}(M, N)$ das Θ_{YX}-Urbild von F, d.h. $F = \Theta_{YX}(\varphi)$. Dann gilt wie oben: $SF = \Theta_{Y'X}(\varphi)$ und folglich $F'T = \Theta_{Y'X}(\varphi)$ nach Voraussetzung. Dies impliziert:

$$F' = (F'T)\,T^{-1} = \Theta_{Y'X}(\varphi) \cdot \Theta_{XX'}(\mathrm{id}_M) = \Theta_{Y'X'}(\varphi \circ \mathrm{id}_M) = \Theta_{Y'X'}(\varphi). \qquad \square$$

2. Äquivalente Matrizen. — Wir stellen nun Matrizen statt Homomorphismen in den Mittelpunkt der Betrachtungen. Wie gewohnt betrachten wir (m, n)-Matrizen. Aus Satz 3 folgt unmittelbar:

Zwei Matrizen $A, B \in R^{(m, n)}$ stellen genau dann bzgl. geeigneter Basen in R_n und R_m denselben Homomorphismus $R_n \to R_m$ dar, wenn eine Gleichung

$$PA = BQ \quad \text{mit } P \in \mathrm{GL}(m, R), \quad Q \in \mathrm{GL}(n, R)$$

besteht.

Dies motiviert folgende

Def. 4 (*Äquivalente Matrizen*). *Zwei (m, n)-Matrizen $A, B \in R^{(m, n)}$ heißen zueinander äquivalent, in Zeichen A äq B, wenn es invertierbare Matrizen $P \in \mathrm{GL}(m, R)$ und $Q \in \mathrm{GL}(n, R)$ gibt, so daß gilt:*

$$B = PAQ^{-1}.$$

Dann folgt sofort, da Matrizenäquivalenz Endomorphismengleichheit bedeutet:

Die Relation äq in $R^{(m, n)}$ ist eine Äquivalenzrelation (vgl. Kap. 0).

Wir liefern für diese Aussage noch einen direkten matrizentheoretischen Beweis: Seien also $A, B, C \in R^{(m, n)}$ beliebig. Es ist jedenfalls A äq A, da $A = E_m A E_n^{-1}$ mit den jeweiligen Einheitsmatrizen in $\mathrm{GL}(m, R)$ bzw. $\mathrm{GL}(n, R)$ gilt. Mithin ist die Relation äq reflexiv.

Sei nun A äq B, etwa $A = SBT^{-1}$ mit $S \in \mathrm{GL}(m, R)$, $T \in \mathrm{GL}(n, R)$. Hieraus folgt $B = S^{-1}A(T^{-1})^{-1}$. Da $S^{-1} \in \mathrm{GL}(m, R)$ und $T^{-1} \in \mathrm{GL}(n, R)$, heißt dies: B äq A; die Relation äq ist also symmetrisch.

Es bleibt zu zeigen, daß äq auch transitiv ist. Seien also A äq B und B äq C, etwa $A = SBT^{-1}$ und $B = UCV^{-1}$ mit $S, U \in \mathrm{GL}(m, R)$, $T, V \in \mathrm{GL}(n, R)$. Dann folgt:
$$A = S(U C V^{-1})\,T^{-1} = (SU)\,C\,(TV)^{-1} \quad \text{mit} \quad SU \in \mathrm{GL}(m, R), \quad TV \in \mathrm{GL}(n, R),$$
also A äq C. $\qquad \square$

Der Leser beweist sofort: *Aus A äq B folgt A^t äq B^t, d.h. äq ist verträglich mit der Transposition.*

Vermöge der Relation äq wird der R-Modul $R^{(m, n)}$ somit in transpositionsinvariante Äquivalenzklassen eingeteilt. Jede Äquivalenzklasse beschreibt denselben Homomorphismus $\varphi \in \mathrm{Hom}(M, N)$. Sucht man also nach einer möglichst einfachen

Beschreibung von Homomorphismen, so heißt dies, daß man in diesen Äquivalenzklassen möglichst einfache Vertretermatrizen, sog. „Normalformen", sucht. Hier begegnet uns zum ersten Mal eines der in der linearen Algebra wichtigen Normalformprobleme.

Die Äquivalenzrelation äq ist sehr grob, so gilt z.B. im Falle $m = n$:

Eine Matrix $A \in R^{(m,m)}$ ist äquivalent zur Einheitsmatrix E_m genau dann, wenn $A \in \mathrm{GL}(m, R)$.

Denn: Eine Gleichung $A = P E_m Q^{-1}$ mit $P, Q \in \mathrm{GL}(m, R)$ zieht $A = PQ^{-1} \in \mathrm{GL}(m, R)$ nach sich. Umgekehrt gilt $A = A \cdot E_m \cdot E_m^{-1}$, d.h. A äq E_m für jedes $A \in \mathrm{GL}(m, R)$. $\square$

Die Äquivalenzklasse von E_m in $R^{(m,m)}$ ist also ganz $\mathrm{GL}(m, R)$, und man kann E_m als die „Normalform" dieser Äquivalenzklasse ansehen. Im nächsten Paragraphen werden wir feststellen, daß über einem Körper K der Modul $K^{(m,n)}$ vermöge äq stets in *endlich viele*, und zwar in genau min $\{m, n\}$ Äquivalenzklassen zerlegt wird.

3. Ähnliche Matrizen. — Wir spezialisieren nun die Betrachtungen. Im Fall $M = N$ liefert Satz 3 sofort:

Satz 5. *Die folgenden Aussagen über zwei quadratische Matrizen $A, B \in R^{(m,m)}$ sind äquivalent:*

i) *Es gibt (bei vorgegebener Basis X in M) eine Basis X' in M und ein $\sigma \in \mathrm{End}\, M$, so daß gilt:*

$$A = \Theta_X(\sigma), \qquad B = \Theta_{X'}(\sigma).$$

ii) *Es gibt eine Matrix $P \in \mathrm{GL}(m, R)$, so daß gilt:*

$$PA = BP.$$

Sind i) *und* ii) *erfüllt, so ist P die Übergangsmatrix von X nach X'.*

Zum Beweis hat man im Satz 3 lediglich $Y := X$, $Y' := X'$, $\varphi := \sigma$ und $F := A$, $F' := B$, $S := P (= T)$ zu setzen. $\square$

Wir passen uns der jetzt vorliegenden Situation durch folgende Redeweise an:

Def. 6. *(Ähnliche Matrizen). Zwei (m,m)-Matrizen $A, B \in R^{(m,m)}$ heißen zueinander ähnlich, in Zeichen: A ähn B, wenn es eine invertierbare Matrix $P \in \mathrm{GL}(m, R)$ gibt, so daß gilt:*

$$B = PAP^{-1}.$$

Entsprechend zur Situation bei äquivalenten Matrizen gilt nun:

Zwei Matrizen aus $R^{(m,m)}$ sind genau dann zueinander ähnlich, wenn sie bzgl. geeigneter Basen denselben Endomorphismus beschreiben. Speziell ist die Relation ähn in $R^{(m,m)}$ eine Äquivalenzrelation.

Natürlich ist letzteres auch wieder direkt matrizentheoretisch einzusehen. Wir verifizieren etwa die Transitivität von „ähn". Seien also $A, B, C \in R^{(m,m)}$ und

$$A \text{ ähn } B \quad \text{sowie} \quad B \text{ ähn } C, \quad \text{etwa } A = SBS^{-1} \text{ und } B = TCT^{-1}$$

mit $S, T \in \mathrm{GL}(m, R)$. Dann folgt

$$A = S(TCT^{-1}) S^{-1} = (ST) C (ST)^{-1} \quad \text{mit } ST \in \mathrm{GL}(m, R),$$

also A ähn C. $\qquad\qquad\qquad\qquad\qquad\qquad\qquad\qquad\qquad\qquad\qquad$ □

Die Ähnlichkeitsrelation ist auch transpositionsinvariant, d.h. A ähn B hat stets A^t ähn B^t zur Folge (Beweis!).

Da ähnliche Matrizen stets äquivalent sind, so liefert die Ähnlichkeitsrelation eine Einteilung von $R^{(m,m)}$ in Ähnlichkeitsklassen, die *kleiner* sind als die zu äq gehörenden Äquivalenzklassen. In der Tat ist die Ähnlichkeitsrelation sehr fein, so gilt z.B.:

Eine Matrix $A \in R^{(m,m)}$ ist ähnlich zur Matrix $r E_m$, $r \in R$, genau dann, wenn $A = r E_m$.

Denn: A ähn $r E_m$ heißt $A = S(r E_m) S^{-1}$ mit $S \in \mathrm{GL}(m, R)$, und dies hat, da $r E_m$ mit *allen* Matrizen aus $R^{(m,m)}$ kommutiert, die Gleichung $A = r E_m (S S^{-1}) = r E_m$ zur Folge. $\qquad\qquad\qquad\qquad\qquad\qquad\qquad\qquad\qquad\qquad\qquad$ □

Es gibt insbesondere stets *unendlich viele* Ähnlichkeitsklassen, wenn der Ring R unendlich viele Elemente hat. Das „Normalformproblem" für ähnliche Matrizen ist, selbst über Körpern, ungleich komplizierter als das entsprechende Problem für äquivalente Matrizen. Wir werden es im 2. Bande ausführlich behandeln.

4. Spurform Sp **für Matrizen.** — Für jede Matrix $A = (a_{\mu\nu}) \in R^{(m,m)}$ bezeichnet man die Summe der Elemente auf der Hauptdiagonalen als die *Spur* der Matrix A, in Zeichen

$$\mathrm{Sp}\, A = \sum_{\mu=1}^{m} a_{\mu\mu}.$$

Der Leser zeigt sofort:

Satz 7. *Die Abbildung*

$$\mathrm{Sp}: R^{(m,m)} \to R, \quad A \mapsto \mathrm{Sp}\, A,$$

ist eine R-Linearform. Es gilt

$$\mathrm{Sp}\, E_m = m \quad \text{und} \quad \mathrm{Sp}\, A^t = \mathrm{Sp}\, A \quad \text{für alle } A \in R^{(m,m)}.$$

Wir nennen Sp die *Spurform* auf $R^{(m,m)}$; es wird sich herausstellen, daß sie wichtige Eigenschaften hat.

Für zwei Matrizen $A = (a_{\mu\nu})$, $B = (b_{\mu\nu}) \in R^{(m,m)}$ gilt laut Definition

$$(*) \qquad \mathrm{Sp}(AB) = \sum_{\mu=1}^{m} \left(\sum_{\nu=1}^{m} a_{\mu\nu} b_{\nu\mu} \right).$$

Dies ist für $m \geq 2$ i. allg. von

$$\mathrm{Sp}\, A \cdot \mathrm{Sp}\, B = \left(\sum_{\mu=1}^{m} a_{\mu\mu} \right) \left(\sum_{\mu=1}^{m} b_{\mu\mu} \right)$$

verschieden, so haben z.B. die Basismatrizen E_{11} und E_{22} beide die Spur 1, doch gilt $E_{11} \cdot E_{22} = 0$ und also $1 = \mathrm{Sp}\, E_{11} \cdot \mathrm{Sp}\, E_{22} \neq \mathrm{Sp}\, E_{11} E_{22} = 0$. Die Spurform ist daher für $m \geq 2$ nicht multiplikativ. Doch besteht der wichtige

Satz 8. *Für alle Matrizen* $A = (a_{\mu\nu})$, $B = (b_{\mu\nu}) \in R^{(m,m)}$ *gilt:*

$$\mathrm{Sp}(AB) = \mathrm{Sp}(BA).$$

Beweis. Analog zur Gleichung $(*)$ gilt laut Definition

$$\mathrm{Sp}(BA) = \sum_{\mu=1}^{m} \left(\sum_{\nu=1}^{m} b_{\mu\nu} a_{\nu\mu} \right) = \sum_{\nu=1}^{m} \left(\sum_{\mu=1}^{m} b_{\nu\mu} a_{\mu\nu} \right).$$

Da R kommutativ ist, steht hier rechts aber gerade $\mathrm{Sp}(AB)$.   □

Der eben abgeleitete Satz ergibt das wichtige

Korollar. *Ähnliche Matrizen in* $R^{(m,m)}$ *besitzen die gleiche Spur.*

Beweis. Sind $A, B \in R^{(m,m)}$ und gilt $B = PAP^{-1}$ mit $P \in \mathrm{GL}(m, R)$, so ist

$$\mathrm{Sp}\, B = \mathrm{Sp}(PAP^{-1}) = \mathrm{Sp}(P^{-1} PA) = \mathrm{Sp}\, A. \qquad □$$

Das Korollar liefert eine einfache Möglichkeit, zueinander *nicht* ähnliche Matrizen zu konstruieren; so sind z.B. für $m = 2$ die Matrizen

$$\begin{pmatrix} a & b \\ c & d \end{pmatrix} \quad \text{und} \quad \begin{pmatrix} a & b \\ c & 0 \end{pmatrix}$$

nicht ähnlich, falls $d \neq 0$. Man beachte, daß Matrizen mit gleicher Spur nicht notwendig ähnlich sind, wie etwa das Beispiel der Matrizen

$$E_2 = \begin{pmatrix} 1 & 0 \\ 0 & 1 \end{pmatrix} \quad \text{und} \quad \begin{pmatrix} 1 & 1 \\ 0 & 1 \end{pmatrix}.$$

zeigt (Beweis!).

5. Spurform Sp für Endomorphismen. — Ist M ein freier R-Modul vom Range m und ist X eine Basis von M, so setzen wir

$$\mathrm{Sp}_X(\sigma) := \mathrm{Sp}\,\Theta_X(\sigma) \quad \text{für alle } \sigma \in \mathrm{End}\,M.$$

Da $\Theta_X \colon \mathrm{End}\,M \to R^{(m,m)}$ ein R-Modulisomorphismus ist, so ist die Abbildung

$$\mathrm{Sp}_X \colon \mathrm{End}\,M \to R$$

eine R-Linearform auf $\mathrm{End}\,M$ mit $\mathrm{Sp}(\mathrm{id}) = m \in R$. Weiter gilt

$$\mathrm{Sp}_X(\sigma \circ \tau) = \mathrm{Sp}_X(\tau \circ \sigma) \quad \text{für alle } \sigma, \tau \in \mathrm{End}\,M,$$

denn Θ_X ist auch ein Ringisomorphismus. Entscheidend ist nun:

Ist X' eine weitere Basis von M, so gilt $\mathrm{Sp}_X(\sigma) = \mathrm{Sp}_{X'}(\sigma)$ für alle $\sigma \in \mathrm{End}\,M$.

Das folgt einfach aus der Tatsache, daß die Matrizen $\Theta_{X'}(\sigma)$ und $\Theta_X(\sigma)$ zueinander ähnlich in $R^{(m,m)}$ sind und daher nach dem Korollar zu Satz 8 gleiche Spur haben. $\square$

Die Definition der Spurform für Endomorphismen ist somit unabhängig von der Basiswahl. Wir dürfen daher insbesondere Sp statt Sp_X schreiben. Wir nennen

$$\mathrm{Sp} \colon \mathrm{End}\,M \to R$$

die *Spurform für Endomorphismen;* sie ist R-linear, und es gilt:

$$\mathrm{Sp}(\mathrm{id}) = m \in R \quad \text{und} \quad \mathrm{Sp}(\sigma \circ \tau) = \mathrm{Sp}(\tau \circ \sigma) \quad \text{für alle } \sigma, \tau \in \mathrm{End}\,M.$$

Als Anwendung der Spurform zeigen wir:

Es sei $m \in \mathbb{N}$, $r \in R$ und $m \cdot r \neq 0$ in R (z.B. $m \neq 0$ und char $R = 0$). Ferner sei M ein freier R-Modul vom Range m. Dann gibt es keine Endomorphismen $\sigma, \tau \in \mathrm{End}\,M$, so daß die Gleichung

$$(\mathrm{o}) \qquad\qquad \sigma \circ \tau - \tau \circ \sigma = r \cdot \mathrm{id}$$

besteht.

Denn es wäre $m \cdot r = \mathrm{Sp}(r \cdot \mathrm{id}) = \mathrm{Sp}(\sigma \circ \tau) - \mathrm{Sp}(\tau \circ \sigma) = 0$. $\square$

Gleichungen der Form (o) kommen in der Quantentheorie als sog. Heisenbergsche *Unschärferelation* vor $\left(\text{mit } r := \dfrac{h}{2\pi i}\right)$. Dort sind indessen σ und τ „unbeschränkte Operatoren in einem unendlichdimensionalen Hilbertraum". Wir haben eben gesehen, daß in endlichdimensionalen Vektorräumen V über $\mathbb{R}$ oder $\mathbb{C}$ Gleichungen vom Heisenbergschen Typ nicht bestehen können. Es sei jedoch betont, daß die Voraussetzung $\dim V < \infty$ wesentlich ist. Ist z.B. $V = \mathbb{R}[X]$ der nicht endlichdimensionale Vektorraum aller Polynome in einer Unbestimmten X über $\mathbb{R}$, so bilden die „Differentiation $p \mapsto p'$" und die Homothetie „Multiplikation mit X" zwei Endomorphismen δ und μ von V, für die man unter Benutzung der Produktregel für die Differentiation sofort nachrechnet, daß gilt:

$$\delta \circ \mu - \mu \circ \delta = \mathrm{id} \qquad (\text{Beweis!}).$$

6. Invariante Charakterisierung der Spurform. — Es wird unter Mathematikern häufig die Ansicht vertreten, daß die im letzten Abschnitt gegebene Definition der Spur eines Endomorphismus abzulehnen sei, da sie mittels einer (willkürlich gewählten!) Basis gegeben wird und anschließend ein Beweis der „Unabhängigkeit der Definition von der Basiswahl" erforderlich ist. Die Argumente dafür und dagegen sind weitgehend philosophisch und ästhetisch und scheinen uns mathematisch leer. Indessen werden wir im Kap. V von einem sog. „höheren Standpunkt" eine direkte Definition der Spurform geben. Hier sei noch folgende invariante Charakterisierung angeführt:

Satz 9. *Es sei M ein freier R-Modul vom Range m und s: End $M \to R$ eine R-Linearform mit folgender Eigenschaft:*

$$s(\sigma \circ \tau) = s(\tau \circ \sigma) \quad \text{für alle } \sigma, \tau \in \text{End } M.$$

Dann ist s ein skalares Vielfaches der Spurform Sp auf End M, d.h. es gibt ein $c \in R$, so daß $s(\sigma) = c\, \text{Sp}(\sigma)$ für alle $\sigma \in \text{End } M$.

Ist m kein Nullteiler in R (z.B. $R = $ Integritätsring mit char $R = 0$ *), so gilt $s = \text{Sp}$, falls $s(\text{id}) = m$.*

Beweis. Da die Ringe End M und $R^{(m,\,m)}$ zueinander isomorph sind, genügt es, den Satz für Matrizenringe zu beweisen. Sei also s: $R^{(m,\,m)} \to R$ gegeben. Für jedes $A = (a_{\mu\nu}) \in R^{(m,\,m)}$ gilt dann $A = \sum\limits_{\mu,\,\nu=1}^{m} a_{\mu\nu} E_{\mu\nu}$ und folglich

$$s(A) = \sum_{\mu,\,\nu=1}^{m} a_{\mu\nu}\, s(E_{\mu\nu})$$

wegen der Linearität von s. Aus den Gleichungen (1) des § 3.1 gewinnt man nun die Gleichungen

$$E_{\mu\nu} = E_{\mu\alpha} E_{\alpha\nu} - E_{\alpha\nu} E_{\mu\alpha} \qquad \text{für alle } \alpha, \mu, \nu \in \mathbb{N}_m,\ \mu \neq \nu,$$

$$E_{\mu\mu} = E_{\mu\nu} E_{\nu\mu}, \qquad E_{\nu\nu} = E_{\nu\mu} E_{\mu\nu} \qquad \text{für alle } \mu, \nu \in \mathbb{N}_m \qquad \text{(Beweis!)}.$$

Hieraus folgt:

$$s(E_{\mu\nu}) = s(E_{\mu\alpha} E_{\alpha\nu}) - s(E_{\alpha\nu} E_{\mu\alpha}) = 0 \qquad \text{für alle } \mu, \nu \in \mathbb{N}_m,\ \mu \neq \nu,$$

$$s(E_{\mu\mu}) = s(E_{\mu\nu} E_{\nu\mu}) = s(E_{\nu\mu} E_{\mu\nu}) = s(E_{\nu\nu}) \qquad \text{für alle } \mu \in \mathbb{N}_m,\ \nu \in \mathbb{N}_m.$$

Somit sehen wir, wenn wir $c := s(E_{\mu\mu})$ setzen:

$$s(A) = c \sum_{\mu=1}^{m} a_{\mu\mu} = c\, \text{Sp } A \qquad \text{für alle } A \in R^{(m,\,m)}.$$

Ist zusätzlich $s(E_m) = m \in R$ und m kein Nullteiler in R, so gilt die Gleichung

$$m = s(E_m) = c\, \text{Sp}(E_m) = c\, m, \qquad \text{d.h. } m(1-c) = 0$$

und folglich $c = 1$. $\qquad\qquad\qquad\qquad\qquad\qquad\qquad\qquad\qquad\qquad\qquad\qquad\qquad\qquad\Box$

Als Anwendung zeigen wir noch:

Ist $m \geq 2$, so gibt es keinen R-linearen Ringhomomorphismus $R^{(m,m)} \to R$.

Beweis. Angenommen es gäbe doch einen solchen Homomorphismus s. Dann ist s eine R-Linearform, und es gilt, da R kommutativ ist:

$$s(AB) = s(A)\,s(B) = s(B)\,s(A) = s(BA) \quad \text{für alle } A, B \in R^{(m,m)}.$$

Mithin gilt $s = c \cdot \mathrm{Sp}$ mit $c \in R$. Für die Spurform impliziert dies

$$c \cdot \mathrm{Sp}(AB) = s(AB) = s(A)\,s(B) = c^2 \,\mathrm{Sp}\,A \cdot \mathrm{Sp}\,B \quad \text{für alle } A, B \in R^{(m,m)}.$$

Da $m \geq 2$, so gibt es nach Nr. 4 Matrizen A_0, B_0 mit $\mathrm{Sp}\,A_0 = \mathrm{Sp}\,B_0 = 1$ und $\mathrm{Sp}\,A_0\,B_0 = 0$. Also folgt

$$c^2 = 0, \quad \text{d. h. } c\,s(A) = 0 \text{ für alle } A \in R^{(m,m)}.$$

Wegen $s(E_m) = 1$ ergibt sich schließlich $c = 0$ und also $s = 0$. Die Nullabbildung ist aber kein Ringhomomorphismus. $\qquad\square$

§ 5. Matrizenkalkül über Körpern. Rang einer Matrix

Matrizen wurden eingeführt, um lineare Abbildungen zu beschreiben. Jede Aussage über Matrizen reflektiert eine Aussage über Homomorphismen und umgekehrt. Wir erläutern dieses Wechselspiel im folgenden am Rangbegriff. Der Grundring sei stets ein Körper K. Wir werden jeder Matrix $A \in K^{(m,n)}$ eine nichtnegative ganze Zahl $\leq \min\{m, n\}$ zuordnen, den *Rang* von A. Es wird sich u. a. zeigen, daß zwei Matrizen aus $K^{(m,n)}$ genau dann äquivalent sind, wenn sie den gleichen Rang besitzen.

1. Spaltenrang und Zeilenrang. — Zur Matrix $A \in K^{(m,n)}$ gehört die lineare Abbildung $\alpha: K_n \to K_m$, $x \mapsto A\,x$. Für jeden Vektor $x^t = (x_1, \ldots, x_n) \in K^n$ gilt $\alpha(x) = \sum_{v=1}^{n} x_v s_v$, wenn $s_1, \ldots, s_n \in K_m$ die Spaltenvektoren von A bezeichnen, speziell also:

$$\mathrm{Im}\,\alpha = K\,s_1 + \cdots + K\,s_n \quad (\text{vgl. } \S\,2.4).$$

Da der Rang von α die Dimension des Bildraumes $\mathrm{Im}\,\alpha$ ist (vgl. Def. 3.6.8), so folgt:

$$(1) \qquad\qquad \mathrm{rg}\,\alpha = \dim[s_1, \ldots, s_n].$$

Die transponierte Matrix $A^t \in K^{(n,m)}$ von A liefert vermöge $z \mapsto A^t z$, $z \in K_m$, die zu α duale Abbildung $\alpha^*: K_m \to K_n$ (vgl. § 2.5). Da die Spalten von A^t durch Transposition aus den Zeilen $z_1, \ldots, z_m \in K^n$ von A entstehen, so folgt entsprechend

$$(1^*) \qquad\qquad \mathrm{rg}\,\alpha^* = \dim[z_1, \ldots, z_m],$$

denn offensichtlich gilt $\dim[z_1^t, \ldots, z_m^t] = \dim[z_1, \ldots, z_m]$. Um die Essenz der Gln. (1) und (1*) nachdrücklich hervorzuheben, führen wir folgende Redeweise ein:

Def. 1 *(Spaltenrang, Zeilenrang). Sei $A \in K^{(m,n)}$. Die Dimension des von den Spaltenvektoren (bzw. Zeilenvektoren) der Matrix A erzeugten Vektorraumes in K_m (bzw. K^n) heißt der Spaltenrang (bzw. Zeilenrang) von A.*

Spaltenrang bzw. Zeilenrang von A sind also gerade die Maximalzahl der linear unabhängigen Spaltenvektoren bzw. Zeilenvektoren von A. Da die Spalten bzw. Zeilen von A die Zeilen bzw. Spalten der transponierten Matrix A^t sind, so gilt

$$\text{Spaltenrang von } A = \text{Zeilenrang von } A^t,$$

$$\text{Zeilenrang von } A = \text{Spaltenrang von } A^t.$$

Die Gln. (1) und (1*) besagen:

$$\text{Spaltenrang von } A = \text{rg } \alpha,$$

$$\text{Zeilenrang von } A = \text{rg } \alpha^*.$$

Diese Gleichungen lassen sich sofort auf „allgemeinere" Homomorphismen übertragen:

Satz 2. *Es seien V bzw. W endlichdimensionale K-Vektorräume mit Basen X bzw. Y. Für jeden Homomorphismus $\varphi: V \to W$ gilt dann:*

$$\text{rg } \varphi = \text{Spaltenrang der Darstellungsmatrix } \Theta_{YX}(\varphi),$$

$$\text{rg } \varphi^* = \text{Zeilenrang der Darstellungsmatrix } \Theta_{YX}(\varphi).$$

Beweis. Es bezeichne $\mu_X: V \to K_m$ bzw. $v_Y: W \to K_n$ den Koordinatenisomorphismus, der die Basis X bzw. Y auf die Basis der Einheitsvektoren von K_m bzw. K_n abbildet ($m := \dim V$, $n := \dim W$). Dann hat der Homomorphismus $\hat{\varphi} := v_Y \circ \varphi \circ \mu_X^{-1}$ von K_m in K_n denselben Rang wie φ. Es gilt nämlich:
$\text{rg } \hat{\varphi} = \text{rg}(v_Y \circ \varphi \circ \mu_X^{-1}) = \text{rg}(v_Y \circ \varphi) = \text{rg } \varphi$, weil μ_X^{-1} surjektiv und v_Y injektiv ist (vgl. Satz 3.6.9). Weil außerdem

$$\hat{\varphi}(v) = \Theta_{YX}(\varphi) \cdot v$$

ist (vgl. § 2.4), so folgt bereits die erste Gleichung.
Für die duale Abbildung $\varphi^*: W^* \to V^*$ gilt nun:

$$\text{rg } \varphi^* = \text{Spaltenrang der Darstellungsmatrix } \Theta_{X^*Y^*}(\varphi^*),$$

wo X^* bzw. Y^* die zu X bzw. Y duale Basis ist. Nach Satz 1.6 gilt

$$\Theta_{X^*Y^*}(\varphi^*) = \Theta_{YX}(\varphi)^t.$$

Da der Spaltenrang von $\Theta_{YX}(\varphi)^t$ der Zeilenrang von $\Theta_{YX}(\varphi)$ ist, so sind wir fertig. $\quad\square$

2. Ranggleichung für Matrizen. — Für jeden Homomorphismus $\varphi: V \to W$ zwischen endlichdimensionalen Vektorräumen V, W gilt die Ranggleichung $\operatorname{rg} \varphi = \operatorname{rg} \varphi^*$ (Satz 3.6.15). Aus den Überlegungen des ersten Abschnitts ergibt sich damit der wichtige

Satz 3. *Für jede Matrix $A \in K^{(m,\,n)}$ gilt: Spaltenrang von A = Zeilenrang von A.*

Dieser Satz ist für den Matrizenkalkül über Körpern von größter Bedeutung. Da er eine rein matrizentheoretische Aussage macht, muß er auch „homomorphismenfrei" beweisbar sein. Wir geben im folgenden einen rechnerischen Beweis, der die Gleichheit der in Rede stehenden Ränge auf die Vertauschung der Summationsreihenfolge in einer endlichen Doppelsumme zurückspielt.

Sei also $A = (a_{\mu\nu}) \in K^{(m,\,n)}$ gegeben. Wir bezeichnen mit p bzw. q den Zeilen- bzw. Spaltenrang von A und führen die Annahme $p \neq q$ zum Widerspruch. Wir dürfen $p > q$ annehmen (sonst betrachte man die transponierte Matrix A' anstelle von A). Es gibt Mengen $I \subset \{1, \dots, m\}$ bzw. $J \subset \{1, \dots, n\}$ mit p bzw. q Elementen, so daß gilt:

1) Die p Zeilenvektoren $z_i = (a_{i1}, \dots, a_{in})$, $i \in I$, sind linear unabhängig.

2) Jeder Spaltenvektor s_k, $k \notin J$, ist Linearkombination der q Spaltenvektoren s_j, $j \in J$.

Die p „verkürzten" Zeilenvektoren $z_i' := (a_{ij})_{j \in J} \in K^q$, $i \in I$, sind wegen $q < p$ linear abhängig; es gibt also p Skalare $c_i \in K$, $i \in I$, die nicht sämtlich verschwinden, so daß gilt:

$$(*) \qquad \sum_{i \in I} c_i z_i' = 0, \quad \text{d.h.} \ \sum_{i \in I} c_i a_{ij} = 0 \quad \text{für alle } j \in J.$$

Sei nun $\nu \notin J$. Nach 2) gilt eine Gleichung

$$s_\nu = \sum_{j \in J} r_j s_j, \quad r_j \in K, \quad \text{also } a_{i\nu} = \sum_{j \in J} r_j a_{ij} \quad \text{für alle } i \in \mathbb{N}_m.$$

Hieraus folgt (mittels Summenvertauschung und Benutzung von $(*)$ für $j \in J$):

$$\sum_{i \in I} c_i a_{i\nu} = \sum_{i \in I} c_i \Big(\sum_{j \in J} r_j a_{ij} \Big) = \sum_{j \in J} r_j \Big(\sum_{i \in I} c_i a_{ij} \Big) = 0 \quad \text{für jedes } \nu \notin J.$$

Damit ist gezeigt, daß die Gleichungen $\sum_{i \in I} c_i a_{i\nu} = 0$ für *alle* Indizes $\nu \in \mathbb{N}_n$ gelten.

Das ergibt die eine Gleichung

$$\sum_{i \in I} c_i z_i = 0,$$

die der linearen Unabhängigkeit der p Vektoren z_i, $i \in I$, widerspricht. Somit muß $p = q$ gelten. $\square$

Bemerkung. Die Gleichheit von Spaltenrang und Zeilenrang ist logisch äquivalent zur Ranggleichung $\operatorname{rg} \varphi = \operatorname{rg} \varphi^*$, d.h. zu Satz 3.6.15. Mit dem vorangehenden Beweis haben wir also zugleich einen zweiten Beweis für diesen Satz geliefert.

Def. 4 *(Rang einer Matrix). Unter dem Rang einer Matrix $A \in K^{(m,n)}$, in Zeichen:* rg A, *versteht man den Spaltenrang ($=$ Zeilenrang) von A.*

Es gilt also rg $A \leq \min\{m,n\}$. Weiter haben wir die Rechenregeln

Satz 5. *Für alle Matrizen $A \in K^{(m,n)}$, $B \in K^{(n,p)}$, gilt*

$$\operatorname{rg} A + \operatorname{rg} B - n \leq \operatorname{rg} AB \leq \min\{\operatorname{rg} A, \operatorname{rg} B\},$$

$$\operatorname{rg} AB = \operatorname{rg} B, \quad \textit{falls} \ \operatorname{rg} A = n,$$

$$\operatorname{rg} AB = \operatorname{rg} A, \quad \textit{falls} \ \operatorname{rg} B = n.$$

Der Leser mache sich klar, daß dies nichts anderes als Satz 3.6.9 in matrizentheoretischer Sprechweise ist.

Für Matrizen über beliebigen kommutativen Ringen R mit Eins ist ein Rangbegriff nicht sehr kräftig. Man könnte etwa in Verallgemeinerung der oben gegebenen Definition Spaltenrang und Zeilenrang einer Matrix $A \in R^{(m,n)}$ als die Maximalzahl linear unabhängiger Spaltenvektoren bzw. Zeilenvektoren definieren. Doch stimmen jetzt diese Zahlen nicht mehr notwendig überein, wie folgendes Beispiel zeigt:

Seien $a, b \in \mathbb{Z}$ zwei verschiedene Primzahlen (etwa $a = 2$, $b = 3$) und $n := ab$. Wir setzen $R := \mathbb{Z}/n\,\mathbb{Z}$ und betrachten die Matrix

$$A := \begin{pmatrix} \bar{a} & \bar{a} \\ \bar{b} & \bar{b} \end{pmatrix} \in R^{(2,2)} \qquad \text{(Querstriche bezeichnen Restklassen)}.$$

Wir behaupten:

$$\text{„Zeilenrang'' von } A = 0, \qquad \text{„Spaltenrang'' von } A = 1.$$

Es ist $\bar{a}, \bar{b} \neq 0$ in R, und wegen $\bar{b}(\bar{a}, \bar{a}) = 0 = \bar{a}(\bar{b}, \bar{b})$ folgt „Zeilenrang'' $A = 0$.

Es ist „Spaltenrang'' von $A \leq 1$. Aus $\bar{r} \cdot (\bar{a}/\bar{b})^t = 0$ folgt: $n = ab$ teilt $r\,a$ und n teilt $r\,b$. Weil a und b Primzahlen sind, teilt n dann schon r; also ist $\bar{r} = 0$ und Spaltenrang von $A = 1$.

3. Normalformensatz für äquivalente Matrizen. — In diesem Abschnitt studieren wir die Äquivalenzrelation „äq'' in $K^{(m,n)}$, $m, n \in \mathbb{N}^+$. *Äquivalente Matrizen haben notwendig den gleichen Rang,* da sie bzgl. geeigneter Basen denselben Homomorphismus beschreiben. Um die Umkehrung und mehr zu zeigen, führen wir folgende Redeweise ein:

Sei $r \leq \min\{m,n\}$ eine natürliche Zahl. Dann heißt die Matrix

$$U_r := (u_{\mu\nu}) \quad \textit{mit } u_{\mu\nu} := \begin{cases} 0 & \textit{für } \mu \neq \nu, \\ 1 & \textit{für } \mu = \nu \leq r, \\ 0 & \textit{für } \mu = \nu > r, \end{cases}$$

die Standardmatrix vom Range r in $K^{(m,n)}$.

Es ist klar, daß U_r den Rang r hat (die ersten r Zeilen sind linear unabhängig und alle weiteren Zeilen sind 0). Wir schreiben suggestiv auch

$$U_r = \begin{pmatrix} E_r & 0 \\ 0 & 0 \end{pmatrix}.$$

Es gilt nun:

Satz 6 (*Normalformensatz für äquivalente Matrizen*). *Eine* (m, n)-*Matrix* $A \in K^{(m, n)}$ *besitzt genau dann den Rang* r, *wenn sie zur Standardmatrix* U_r *äquivalent ist.*

Beweis. Jede zu U_r äquivalente Matrix hat wie U_r den Rang r. Wir gehen nun aus von einer Matrix $A \in K^{(m, n)}$ mit rg $A = r$ und betrachten wieder die Abbildung $\alpha: K_n \to K_m, x \mapsto A x$. Wegen $\Theta_{mn}(\alpha) = A$ genügt es zum Beweis des Satzes, Basen X, Y von K_n bzw. K_m zu bestimmen mit $\Theta_{YX}(\alpha) = U_r$. Wegen $\dim(\operatorname{Im}\alpha) = \operatorname{rg}\alpha = \operatorname{rg} A = r$ gilt $\dim(\operatorname{Ker}\alpha) = n - r$. Sei $\{x_{r+1}, \ldots, x_n\}$ eine Basis von Ker α. Wir wählen ein Supplement L von Ker α in K_n und eine Basis $\{x_1, \ldots, x_r\}$ von L. Wegen $L \cap \operatorname{Ker}\alpha = 0$ sind die r Vektoren $\alpha(x_1), \ldots, \alpha(x_r)$ in K_m linear unabhängig, können also zu einer Basis $Y := \{\alpha(x_1), \ldots, \alpha(x_r), y_{r+1}, \ldots, y_m\}$ von K_m ergänzt werden (vgl. Satz 3.6.4). Für die Basis $X := \{x_1, \ldots, x_n\}$ von K_n gilt nach Konstruktion $\Theta_{YX}(\alpha) = U_r$. $\square$

Als einfache Konsequenz sieht man, daß eine Matrix $A \in K^{(m, m)}$ genau dann invertierbar ist, wenn sie Maximalrang besitzt, d.h. wenn ihre Spaltenvektoren (bzw. Zeilenvektoren) eine Basis von K_m (bzw. K^m) bilden (vgl. auch Satz 3.5).

Weiter lehrt Satz 6, daß über einem Körper zwei (m, n)-Matrizen genau dann zueinander *äquivalent* sind, wenn sie *gleichrangig* sind.

§ 6. Lineare Gleichungen

Eine wichtige Anwendung findet der Matrizenkalkül in der Theorie der linearen Gleichungen. Wir diskutieren den Sachverhalt nicht nur über Körpern, sondern allgemeiner über kommutativen Ringen R mit Einselement.

1. Formulierung des Problems. Geometrische Interpretation. — Vorgegeben sind zwei positive natürliche Zahlen m, n und eine Matrix $A = (a_{\mu\nu}) \in R^{(m, n)}$ sowie ein Vektor $b = (b_\mu) \in R^{(m, 1)} = R_m$. Gesucht werden alle Vektoren $c = (c_\nu) \in R^{(n, 1)} = R_n$ mit der Eigenschaft

$$A c = b.$$

Nach den Regeln der Matrizenrechnung ist diese Gleichung äquivalent zu dem folgenden System von m Gleichungen

$$a_{11} c_1 + \cdots + a_{1n} c_n = b_1$$
$$\vdots \qquad\qquad \vdots \quad \vdots$$
$$a_{m1} c_1 + \cdots + a_{mn} c_n = b_m.$$

Es sind also alle Vektoren $c \in R_n$ zu ermitteln, für welche diese m Gleichungen gelten. Die folgende Redeweise ist historisch bedingt und allgemein üblich.

Def. 1. *(Lineares Gleichungssystem). Ein System von (formalen) Ausdrücken der Gestalt*

$$a_{11}\,\xi_1 + \cdots + a_{1n}\,\xi_n = b_1$$
$$\vdots \qquad\qquad \vdots \quad \vdots \qquad\quad a_{\mu v},\ b_\mu \in R$$
$$a_{m1}\,\xi_1 + \cdots + a_{mn}\,\xi_n = b_m$$

heißt ein lineares Gleichungssystem in n Unbestimmten $\xi_1, \ldots, \xi_n$ über R.[3] *Abgekürzt schreibt man dafür auch die eine lineare Gleichung*

$$A x = b,$$

wo x ein Spaltenvektor mit den Komponenten $\xi_1, \ldots, \xi_n$ ist.

Ist $b \in R_m$ der Nullvektor, so nennt man die Gleichung (das Gleichungssystem) $A x = 0$ *homogen*, andernfalls heißt es *inhomogen*.

Unter einer *Lösung* des linearen Gleichungssystems $A x = b$ *in R* versteht man jedes Element $c \in R_n$ mit der Eigenschaft $A c = b$, z.B. hat eine homogene Gleichung stets die *triviale* Lösung $c = 0$.[4]

Es ist möglich, daß eine lineare Gleichung nicht lösbar ist (d. h. es existiert keine Lösung, d.h. die Gleichungen in Def. 1 widersprechen einander) oder daß es „sehr viele" Lösungen gibt.

Beispiele. Sei $R := \mathbb{R}$. Das inhomogene lineare Gleichungssystem

$$4\,\xi_1 + 2\,\xi_2 = 1,$$
$$6\,\xi_1 + 3\,\xi_2 = 0$$

ist nicht lösbar; das homogene lineare Gleichungssystem

$$\xi_1 + \xi_2 = 0$$

hat die unendlich vielen Lösungen $c \in \mathbb{R}_2$ mit $c_1 := r$, $c_2 := -r$, $r \in \mathbb{R}$.

Aussagen über die Lösbarkeit einer linearen Gleichung $A x = b$ erhält man durch Untersuchung der *Koeffizientenmatrix A*. Man bedient sich vorteilhaft der suggestiven abbildungstheoretischen Sprechweisen, indem man die zur Matrix $A \in R^{(m,\,n)}$ gehörende lineare Abbildung

$$\alpha\colon\ R_n \to R_m, \qquad x \mapsto A x, \quad x \in R_n.$$

heranzieht. Dann kann man sagen:

Die lineare Gleichung $A x = b$ ist genau dann lösbar, wenn b im Bild von α liegt: $b \in \mathrm{Im}\,\alpha$, d.h. wenn die Faser $\alpha^{-1}(b)$ nicht leer ist.

---

[3] Der Leser möge es uns nachsehen, daß hier die „klassische" Notation verleugnet wird, indem die Unbestimmten nicht $x_1, \ldots, x_n$ heißen. Es erklärt sich damit, daß wir diese populären Symbole bereits in der Modultheorie abgenutzt haben.

[4] Die Gleichung $A x = b$ ist *keine* Gleichung in einer Halbgruppe. Wir haben den in Kap. I, § 1.5 eingeführten Lösungsbegriff auf die vorliegende Situation übertragen.

Die Faser $\alpha^{-1}(b)$ ist die Menge *aller* Lösungen der linearen Gleichung $Ax=b$. Speziell gilt:

Die Lösungsmenge eines homogenen linearen Gleichungssystems $Ax=0$ ist Ker $\alpha=\alpha^{-1}(0)$ *und also ein Untermodul von R_n.*

Jedes $c\in$ Ker $\alpha\smallsetminus\{0\}$ heißt eine *nichttriviale* Lösung der homogenen Gleichung. Die Menge *aller* Lösungen einer linearen Gleichung läßt sich wie folgt beschreiben:

Ist die lineare Gleichung $Ax=b$ lösbar, so erhält man alle Lösungen dieser Gleichung, indem man zu einer speziellen (partikulären) Lösung c_0 der inhomogenen Gleichung $Ax=b$ sämtliche Lösungen c der homogenen Gleichung $Ax=0$ addiert:

$$\alpha^{-1}(b)=c_0+\text{Ker }\alpha=\{c_0+c\,;\,c\in\text{Ker }\alpha\}.$$

Der Beweis ist trivial.

2. Allgemeine Lösbarkeitskriterien. — Wir bezeichnen mit $s_1,\ldots,s_n\in R_m$ die Spaltenvektoren von $A=(a_{\mu\nu})\in R^{(m,\,n)}$, also

$$A=(s_1,\ldots,s_n),\qquad s_\nu^t=(a_{1\nu},a_{2\nu},\ldots,a_{m\nu})\in R^m.$$

Dann gilt (vgl. §2.4):

$$\alpha(c)=Ac=\sum_{\nu=1}^{n}c_\nu s_\nu\qquad\text{für alle }c=(c_\nu)\in R_n,$$

woraus wir bereits ablesen:

Die homogene Gleichung $Ax=0$ hat genau dann nur die triviale Lösung, wenn die Spaltenvektoren von A linear unabhängig sind.

Das Bild Im α ist der von $s_1,\ldots,s_n$ in R_m erzeugte Untermodul $[s_1,\ldots,s_n]$. Da $b\in$ Im α mit der Gleichung $[\text{Im }\alpha,b]=\text{Im }\alpha$ äquivalent ist, so folgt:

Satz 2 *(Existenzkriterium für Lösbarkeit). Die folgenden Aussagen über eine Matrix $A=(s_1,\ldots,s_n)\in R^{(m,\,n)}$ und einen Vektor $b\in R_m$ sind äquivalent:*

i) *Die lineare Gleichung $Ax=b$ ist lösbar in R.*

ii) *Die von $s_1,\ldots,s_n$ und $s_1,\ldots,s_n,b$ in R_m erzeugten Untermoduln sind gleich:*

$$[s_1,\ldots,s_n]=[s_1,\ldots,s_n,b].$$

Wir sagen, daß die Gleichung $Ax=b$ *universell* lösbar ist, wenn sie für *jeden* Vektor $b\in R_m$ lösbar ist. Dies trifft genau dann zu, wenn Im $\alpha=[s_1,\ldots,s_n]=R_m$. Also gilt:

Satz 3 *(Kriterium für universelle Lösbarkeit). Eine lineare Gleichung $Ax=b$ ist genau dann universell lösbar, wenn die Spaltenvektoren von A den Modul R_m erzeugen.*

Wir sagen, daß die Gleichung $Ax=b$ *eindeutig* lösbar ist, wenn sie genau eine Lösung $c_0 \in R_n$ hat. Dies trifft genau dann zu, wenn die Faser $\alpha^{-1}(b) \subset R_n$ einelementig ist, d.h. wenn gilt $\{c_0\} = \alpha^{-1}(b) = c_0 + \text{Ker } \alpha$, d.h. wenn $\text{Ker } \alpha = 0$. Also folgt:

Satz 4 *(Kriterium für eindeutige Lösbarkeit). Die lineare Gleichung $Ax=b$ sei (überhaupt) lösbar in R. Dann sind äquivalent:*

   i) *Die Gleichung $Ax=b$ ist eindeutig lösbar.*

   ii) *Die homogene Gleichung $Ax=0$ hat nur die triviale Lösung, d.h. die Spaltenvektoren von A sind linear unabhängig.*

Korollar. *Ist die Gleichung $Ax=b_0$ für wenigstens einen Vektor b_0 eindeutig lösbar, so ist die Gleichung $Ax=b$ für $b \in R_m$ entweder überhaupt nicht oder aber eindeutig lösbar.*

Schließlich zeigen wir noch:

Satz 5 *(Kriterium für universelle und eindeutige Lösbarkeit). Für eine (m,n)-Matrix A sind folgende Aussagen äquivalent:*

   i) *Die Gleichung $Ax=b$ ist universell und eindeutig lösbar.*
   ii) *Es gilt $m=n$ und $A \in \text{GL}(n,R)$.*

Sind diese Bedingungen erfüllt, so wird für jedes b die Lösung c gegeben durch $c = A^{-1}b$.

Beweis. Es gilt i) genau dann, wenn $\alpha: R_n \to R_m$ bijektiv ist. Das gilt genau dann, wenn α ein R-Modulisomorphismus ist, d.h. wenn $n=m$ und $A \in \text{GL}(n,R)$ gilt (vgl. Satz 3.5.8). $\qquad\qquad\square$

3. Lösbarkeitskriterien für Körper. — Die Resultate des letzten Abschnittes lassen sich als Rangaussagen über die Matrix A formulieren, wenn man zusätzlich voraussetzt, daß R ein Körper K ist. Alsdann besteht nämlich die Gleichung $[s_1, \ldots, s_n] = [s_1, \ldots, s_n, b]$ von Satz 2 wegen $[s_1, \ldots, s_n] \subset [s_1, \ldots, s_n, b]$ genau dann, wenn diese K-Vektorräume *gleichdimensional* sind (Satz 3.6.7). Nun gilt

$$\dim [s_1, \ldots, s_n] = \text{rg } A = \text{rg } \alpha, \quad \dim [s_1, \ldots, s_n, b] = \text{rg}(A,b);$$

hierbei ist die Matrix $(A,b) \in K^{(m,n+1)}$ definiert als

$$(A,b) := \begin{pmatrix} a_{11} & \ldots & a_{1n} & b_1 \\ a_{21} & \ldots & a_{2n} & b_2 \\ \vdots & & \vdots & \vdots \\ a_{m1} & \ldots & a_{mn} & b_m \end{pmatrix}.$$

Damit ist bewiesen:

Satz 2′*(Existenzkriterium für Lösbarkeit). Folgende Aussagen über eine Matrix $A \in K^{(m,n)}$ und einen Vektor $b \in K_m$ sind äquivalent:*

   i) *Die Gleichung $Ax=b$ ist lösbar in K.*
   ii) $\text{rg } A = \text{rg}(A,b)$.

Man nennt die Matrix $(A, b) \in K^{(m, n+1)}$ die *erweiterte* oder auch *geränderte* Matrix der Gleichung $A x = b$.

Wir reformulieren nun die Sätze des letzten Abschnitts, soweit dies interessant ist; der Grundring R ist stets als Körper K vorausgesetzt.

Satz 3' *(Kriterium für universelle Lösbarkeit). Eine lineare Gleichung $A x = b$ ist genau dann universell lösbar, wenn* $\mathrm{rg}\, A = m$, *d.h. wenn die Zeilenvektoren von A linear unabhängig sind.*

Die Spaltenvektoren der (m, n)-Matrix A erzeugen nämlich K_m genau dann, wenn $\mathrm{rg}\, A = m$ ist. $\qquad\qquad\square$

Die Lösungsmenge $\mathrm{Ker}\,\alpha$ der homogenen Gleichung $A x = 0$ ist ein Untervektorraum von K_n der Dimension $n - \mathrm{rg}\, A$ (man benutze: $\dim \mathrm{Ker}\,\alpha = \dim K_n - \mathrm{rg}\,\alpha$).

Daraus folgt:

Genau dann besitzt die homogene Gleichung $A x = 0$ eine nichttriviale Lösung, wenn $\mathrm{rg}\, A < n$. *Dies ist z.B. stets dann richtig, wenn die Anzahl m der Gleichungen kleiner als die Anzahl n der „Unbestimmten" ist.*

Jetzt sieht man

Satz 4' *(Kriterium für eindeutige Lösbarkeit). Die Gleichung $A x = b$ sei lösbar in K. Dann sind äquivalent:*

i) *Die Gleichung $A x = b$ ist eindeutig lösbar.*
ii) $\mathrm{rg}\, A = n$.

Im Spezialfall $m = n$ heben wir noch hervor:

Satz 6. *Folgende Aussagen über eine Matrix $A \in K^{(n, n)}$ und ein $b \in K_n$ sind äquivalent:*

i) $A x = b$ *ist universell lösbar.*
ii) $A x = b$ *ist eindeutig lösbar.*
iii) $A x = 0$ *ist nur trivial lösbar.*
iv) $A \in \mathrm{GL}(n, K)$.

Jede Bedingung i), ii), iii) ist nämlich nach den vorangehenden Sätzen zur Rang-gleichung $\mathrm{rg}\, A = n$ äquivalent. Das ist aber mit $A \in \mathrm{GL}(n, K)$ gleichwertig. $\qquad\square$

Der letzte Satz drückt nichts anderes aus als die Tatsache, daß bei Vektor-raumhomomorphismen (zwischen endlichdimensionalen Vektorräumen der gleichen Dimension) die Eigenschaften „surjektiv", „injektiv" und „bijektiv" äquivalent sind.

4. Normalformenmethode. Alternativsatz. — Der Grundring sei weiterhin ein Körper K. Nach Satz 5.6 ist jede Matrix $A \in K^{(m, n)}$ vom Range r zur Standard-matrix $U_r \in K^{(m, n)}$ äquivalent, genauer: es gibt invertierbare Matrizen $P \in \mathrm{GL}(m, K)$, $Q \in \mathrm{GL}(n, K)$, so daß gilt:

$$PAQ = U_r = \begin{pmatrix} E_r & 0 \\ 0 & 0 \end{pmatrix}, \qquad E_r := \text{Einheitsmatrix in } K^{(r, r)}.$$

Kennt man Matrizen P, Q mit diesen Eigenschaften, so ist es leicht, alle Lösungen der Gleichung $Ax=b$ explizit zu beschreiben. Dies beruht auf der folgenden (trivialen)

Bemerkung. Seien $A, B \in K^{(m,n)}$, $b \in K_m$, $P \in GL(m, K)$, $Q \in GL(n, K)$ mit $PAQ=B$ gegeben. Dann ist $c \in K_n$ genau dann eine Lösung der Gleichung $Ax=b$, wenn $c' := Q^{-1} c \in K_n$ eine Lösung der Gleichung $Bx=Pb$ ist.

Zum Beweise ist nur zu sagen, daß wegen $A=P^{-1} B Q^{-1}$ die Gleichung $Ac=b$ mit $c \in K_n$ genau dann besteht, wenn $B(Q^{-1} c)=Pb$ gilt. $\qquad\square$

Nun folgt schnell:

Satz 7. *Seien $A \in K^{(m,n)}$, $b \in K_m$, $P \in GL(m, K)$, $Q \in GL(n, K)$ gegeben, es gelte $PAQ=U_r$. Dann sind folgende Aussagen äquivalent:*

   i) *Die Gleichung $Ax=b$ ist lösbar.*

   ii) *Die letzten $m-r$ Koordinaten des Vektors $Pb \in K_m$ verschwinden:*

$$Pb = \binom{a}{0}, \quad a \in K_r.$$

Ist diese Bedingung erfüllt, so bilden die Vektoren

$$c := Q \binom{a}{t}, \quad t \in K_{n-r}, \text{ beliebig,}$$

alle Lösungen der Gleichung $Ax=b$.

Beweis. Nach der Bemerkung gilt i) genau dann, wenn die Gleichung $U_r x = Pb$ lösbar ist. Für jeden Vektor $u=(u_v)_{1 \leq v \leq n} \in K_n$ hat man die Gleichung

$$U_r u = \begin{pmatrix} E_r & 0 \\ 0 & 0 \end{pmatrix} u = \binom{u'}{0} \quad \text{mit } u' = (u_\rho)_{1 \leq \rho \leq r} \in K_r.$$

Daher ist die Gleichung $U_r x = Pb$ genau dann lösbar, wenn der Vektor Pb die Gestalt $\binom{a}{0}$ mit $a \in K_r$ hat. Alsdann bilden die Spaltenvektoren

$$c' := \binom{a}{t}, \quad t \in K_{n-r}, \text{ beliebig,}$$

alle Lösungen der Gleichung $U_r x = Pb$. Nach der Bemerkung bilden folglich die Vektoren

$$c := Qc' = Q \binom{a}{t}, \quad t \in K_{n-r}, \text{ beliebig,}$$

alle Lösungen der Gleichung $Ax=b$. $\qquad\square$

Eine einfache Anwendung von Satz 7 ist

Satz 8 (*Alternativsatz*). *Folgende Aussagen über eine Matrix $A \in K^{(m,\,n)}$ und einen Vektor $b \in K_m$ sind äquivalent:*

  i) *Die Gleichung $A\,x = b$ ist lösbar.*

  ii) *Für jede Lösung $z \in K_m$ der transponierten homogenen Gleichung $A^t x = 0$ gilt $b^t z = 0$.*

Beweis. i) $\Rightarrow$ ii): Sei $c \in K_n$ und $A\,c = b$. Dann gilt $b^t = c^t A^t$, also

$$b^t z = (c^t A^t)\, z = c^t (A^t z) = c^t 0 = 0$$

für alle $z \in K_m$ mit $A^t z = 0$.

ii) $\Rightarrow$ i): Wir benutzen die Notationen von Satz 7. Es genügt zu zeigen, daß gilt:

$P b = \begin{pmatrix} a \\ 0 \end{pmatrix}$ mit $a \in K_r$. Da $Q^t A^t P^t = U_r^t$, so besteht nach der Bemerkung die Gleichung

$A^t z = 0$ für $z \in K_m$ genau dann, wenn für $z' := (P^t)^{-1}\, z \in K_m$ die Gleichung $U_r^t z' = 0$ gilt (wegen Transposition sind m und n vertauscht!). Da $b^t z = b^t P^t (P^t)^{-1} z = (P b)^t z'$, so besagt ii) genau:

Es gilt $(P b)^t z' = 0$ für alle $z' \in K_m$ mit $U_r^t z' = 0$.

Nun gilt für alle $\begin{pmatrix} 0 \\ v \end{pmatrix} \in K_m$, $v \in K_{m-r}$ beliebig, die Gleichung

$$U_r^t \begin{pmatrix} 0 \\ v \end{pmatrix} = \begin{pmatrix} E_r & 0 \\ 0 & 0 \end{pmatrix} \begin{pmatrix} 0 \\ v \end{pmatrix} = 0.$$

Somit folgt:

$$(P b)^t \begin{pmatrix} 0 \\ v \end{pmatrix} = 0 \quad \text{für alle } v \in K_{m-r}.$$

Das ist aber nur möglich, wenn die letzten $n - r$ Koordinaten von $P b$ verschwinden. $\qquad\square$

Der Alternativsatz ist nichts anderes als die Umformulierung der Gleichung

$$\operatorname{Im} \alpha = \bigcap_{\lambda \in \operatorname{Ker} \alpha^*} \operatorname{Ker} \lambda$$

in Matrizenterminologie (vgl. Satz 3.6.12 und 3.6.13). Um dies einzusehen, erinnern wir daran, daß jeder Vektor $z \in K_m$ vermöge $y \mapsto y^t z$, $y \in K_m$, eine Linearform $\lambda_z : K_m \to K$ bestimmt und daß die zu $\alpha : K_n \to K_m$ duale Abbildung α^* alsdann durch $z \mapsto A^t z$ gegeben wird; genauer (vgl. §2.5):

$$\alpha^*(\lambda_z)(x) = x^t (A^t z), \quad x \in K_n, \quad \text{falls } \lambda_z(y) = y^t z, \ y \in K_m.$$

Es gilt somit $\alpha^*(\lambda_z) = 0$, d.h. $\lambda_z \in \operatorname{Ker} \alpha^*$, genau dann, falls $A^t z = 0$. Da $v \in \operatorname{Ker} \lambda_z$ mit $\lambda_z(v) = v^t z = 0$ gleichbedeutend ist, folgt:

$$\bigcap_{\lambda \in \operatorname{Ker} \alpha^*} \operatorname{Ker} \lambda = \{ v \in K_m; \ v^t z = 0 \text{ für alle } z \in K_m \text{ mit } A^t z = 0 \}.$$

Die Aussage ii) des Alternativsatzes besagt also gerade: $b \in \bigcap\limits_{\lambda \in \mathrm{Ker}\, \alpha^*} \mathrm{Ker}\, \lambda$, während i) ausdrückt, daß b in $\mathrm{Im}\,\alpha$ liegt. Damit ist insbesondere ein zweiter Beweis für den Alternativsatz geführt.

5. Eliminationsmethode. — Für praktische Rechnungen sind die bisher dargelegten Lösungsverfahren nicht sehr geeignet. Im folgenden wird eine für Anwendungen besser taugliche Lösungsmethode beschrieben, die bereits von Gauß angegeben wurde und in einer sukzessiven Elimination der Unbestimmten besteht.

Gegeben ist über einem Körper K das lineare Gleichungssystem

$$(*) \qquad \begin{aligned} a_{11}\,\xi_1 + \cdots + a_{1n}\,\xi_n &= b_1 \\ \vdots \qquad\qquad \vdots \quad\; &\;\;\vdots \\ a_{m1}\,\xi_1 + \cdots + a_{mn}\,\xi_n &= b_m, \end{aligned}$$

wobei wir annehmen, daß links in jeder Zeile mindestens ein Koeffizient $\neq 0$ ist. Wir beginnen mit der letzten Zeile. Sei etwa $a_{mn} \neq 0$ (das kann immer durch Umstellung von Zeilen und Spalten erreicht werden; bei konkreter Rechnung, z.B. über $K = \mathbb{R}$, wird man es überdies so einrichten, daß a_{mn} unter allen $a_{\mu\nu}$ von größtem Absolutbetrag ist). Da K ein Körper ist, kann man die letzte Zeile nach ξ_n auflösen:

$$\xi_n = a_{mn}^{-1}\left(b_m - \sum_{\nu=1}^{n-1} a_{m\nu}\,\xi_\nu\right).$$

Wird dieser Ausdruck in die restlichen $m-1$ Gleichungen eingesetzt, so entsteht nach Ordnen ein lineares Gleichungssystem

$$(**) \qquad \begin{aligned} a'_{11}\,\xi_1 + \cdots + \;\; a'_{1\,n-1}\,\xi_{n-1} &= \; b'_1 \\ \vdots \qquad\qquad \vdots \qquad\quad &\;\;\;\vdots \\ a'_{m-1}\,\xi_1 + \cdots + a'_{m-1\,n-1}\,\xi_{n-1} &= b'_{m-1}, \end{aligned}$$

das „nur noch" aus $m-1$ Gleichungen in $n-1$ Unbestimmten besteht. Entscheidend (wenn auch evident) ist nun die Äquivalenz der folgenden beiden Aussagen über ein n-tupel $(c_1, \ldots, c_n)$, $c_\nu \in K$:

i) *Der Spaltenvektor $(c_1, \ldots, c_n)^t$ ist eine Lösung von $(*)$.*

ii) *Der Spaltenvektor $(c_1, \ldots, c_{n-1})^t$ ist eine Lösung von $(**)$, und es gilt:*

$$c_n = a_{mn}^{-1}\left(b_m - \sum_{\nu=1}^{n-1} a_{m\nu}\,c_\nu\right).$$

Man hat somit ξ_n *eliminiert* und muß nun das Gleichungssystem $(**)$ untersuchen. Hier betrachtet man zunächst diejenigen Zeilen, in denen links alle Koeffizienten verschwinden. Gibt es eine solche Zeile, wo rechts nicht 0 steht, so ist das System $(**)$ widerspruchsvoll, also unlösbar. Dann ist auch $(*)$ unlösbar, und man ist fertig. Verschwinden hingegen alle rechten Seiten der in Rede stehenden Zeilen, so lasse man diese einfach fort. Tritt der (seltene) Fall ein, daß gar keine Gleichung in (**) mehr übrigbleibt, so sind alle Spaltenvektoren $(c_1, \ldots, c_{n-1})^t$ Lösungen von (**). Bleiben hingegen Gleichungen übrig, so wiederhole man die ganze Prozedur. Erhält man nicht zwischendurch ein widerspruchsvolles Gleichungssystem, so gelangt man (nach höchstens $m-1$ Schritten) zu einer *einzigen* Gleichung

$$a_1 \xi_1 + \cdots + a_{k+1} \xi_{k+1} = b,$$

die mindestens einen Koeffizienten, etwa a_{k+1}, enthält, der nicht verschwindet.

Wählt man nun $c_1, \ldots, c_k \in K$ beliebig, so hat man in

$$(c_1, \ldots, c_{k+1})^t, \quad \text{wo } c_{k+1} = a_{k+1}^{-1}\left(b - \sum_{\rho=1}^{k} a_\rho c_\rho\right),$$

alle Lösungen der letzten Gleichung. Zu jeder solchen Lösung läßt sich mittels der ξ_{k+2} eliminierenden Gleichung ein c_{k+2} berechnen usw. rückwärts bis zu c_m. So gewinnt man alle Lösungen

$$(c_1, \ldots, c_k, c_{k+1}, \ldots, c_m)^t, \quad c_1, \ldots, c_k \in K \quad \text{beliebig},$$

von (*). — Man bemerkt, daß im Falle der Lösbarkeit für die hier auftretende Zahl k gilt: $k = n - \mathrm{rg}(a_{\mu\nu})$.

§ 7. Elementare Matrizenumformungen über Körpern

In diesem Paragraphen ist der Grundring stets ein Körper K. Der Normalformensatz 5.6 und sein Beweis liefern kein effektives Verfahren, eine vorgegebene Matrix $A \in K^{(m,n)}$ in die Matrix U_r überzuführen. Eine erste Schwierigkeit besteht schon darin, den Rang von A konkret zu bestimmen. Dies ist etwa für Diagonalmatrizen (die nur auf der Hauptdiagonalen von Null verschiedene Elemente besitzen) noch leicht: der Rang ist dann nämlich identisch mit der Anzahl dieser Elemente. Im allgemeinen ist die Rangbestimmung jedoch erheblich komplizierter. Man kann allerdings jede Matrix $A \in K^{(m,n)}$ „in endlich vielen Schritten umformen" zu einer Diagonalmatrix, ohne den Rang r zu verändern; anschließend kann man dann leicht die Überführung in die Matrix U_r gewinnen.

Dieses Umformungsverfahren wird im folgenden präzise dargelegt. Das entscheidende Hilfsmittel hierbei bilden die Elementarmatrizen. Zur Vermeidung späterer Wiederholungen führen wir sofort etwas allgemeinere Matrizen ein. Wir schreiben abkürzend stets E (statt E_m) für die Einheitsmatrix von $K^{(m,m)}$.

1. Die Matrizen $B_{\mu\nu}(b)$ und $D_\mu(d)$. Elementarmatrizen. — Es sei $\{E_{\mu\nu}\}_{1 \le \mu, \nu \le m}$ die kanonische Basis von $K^{(m,m)}$: alle Zeilen von $E_{\mu\nu}$ bis auf die μ-te Zeile sind also 0; in der μ-ten Zeile stehen überall Nullen, außer an der ν-ten Stelle. Dort steht die 1. Wir erinnern (vgl. § 3.1) an die

Produktregel. $E_{\mu\nu}E_{\pi\rho}=\delta_{\nu\pi}E_{\mu\rho}$ *für alle* μ, ν, π, $\rho\in\mathbb{N}_m$.

Wir ordnen nun jedem Indexpaar $(\mu,\nu)\in\mathbb{N}_m\times\mathbb{N}_m$, $\mu\neq\nu$, und jedem Skalar $b\in K$ die Matrix

$$B_{\mu\nu}(b):=E+bE_{\mu\nu}\in K^{(m,m)}$$

zu. Es gilt:

$$B_{\mu\nu}(a)\,B_{\mu\nu}(b)=B_{\mu\nu}(a+b)\quad\textit{für alle }a,b\in K.$$

Beweis. Durch Ausrechnen:

$$B_{\mu\nu}(a)\,B_{\mu\nu}(b)=(E+aE_{\mu\nu})(E+bE_{\mu\nu})=E+(a+b)\,E_{\mu\nu}+a\,b\,E_{\mu\nu}E_{\mu\nu}.$$

Es gilt aber $E_{\mu\nu}E_{\mu\nu}=0$ wegen $\mu\neq\nu$. $\qquad\qquad\square$

Da $B_{\mu\nu}(0)=E$, so folgt speziell:

$$B_{\mu\nu}(b)\in\mathrm{GL}(m,K),\quad\text{genauer: }B_{\mu\nu}(b)^{-1}=B_{\mu\nu}(-b),\quad b\in K.$$

Die Abbildung $b\mapsto B_{\mu\nu}(b)$ ist ein Monomorphismus $K\to\mathrm{GL}(m,K)$ der additiven Gruppe K in die allgemeine lineare Gruppe $\mathrm{GL}(m,K)$. (Der Leser beachte, daß stets $\mu\neq\nu$ vorausgesetzt wird!)

Die Menge aller Matrizen $B_{\mu\nu}(b)$ ist stabil bzgl. Matrizentransposition:

$$B_{\mu\nu}(b)^t=B_{\nu\mu}(b).$$

Wir betrachten weiter bei gegebenem $\mu\in\mathbb{N}_m$ für jedes $d\in K^\times=K\smallsetminus\{0\}$ die Matrix

$$D_\mu(d):=E+(d-1)\,E_{\mu\mu}\in K^{(m,m)}.$$

Hier gilt:

$$D_\mu(c)\cdot D_\mu(d)=D_\mu(c\,d)\quad\textit{für alle }c,d\in K^\times.$$

Beweis. Laut Definition hat man

$$\bigl(E+(c-1)\,E_{\mu\mu}\bigr)\bigl(E+(d-1)\,E_{\mu\mu}\bigr)=E+(c-1)\,E_{\mu\mu}+(d-1)\,E_{\mu\mu}+(c-1)(d-1)\,E_{\mu\mu}E_{\mu\mu}.$$

Wegen $E_{\mu\mu}E_{\mu\mu}=E_{\mu\mu}$ folgt hieraus

$$D_\mu(c)\,D_\mu(d)=E+[(c-1)+(d-1)+(c-1)(d-1)]\,E_{\mu\mu}$$

$$=E+(c\,d-1)\,E_{\mu\mu}=D_\mu(c\,d).\qquad\qquad\square$$

Da $D_\mu(1)=E$, so folgt diesmal

$$D_\mu(d)\in\mathrm{GL}(m,K),\quad\text{genauer }D_\mu(d)^{-1}=D_\mu(d^{-1}),\quad d\in K^\times.$$

Die Abbildung $d\mapsto D_\mu(d)$ ist ein Monomorphismus $K^\times\to\mathrm{GL}(m,K)$ der multiplikativen Gruppe $K^\times$ in die allgemeine lineare Gruppe $\mathrm{GL}(m,K)$. Es gilt: $D_\mu(d)^t=D_\mu(d)$.

Zwischen den Matrizen $B_{\mu\nu}(b)$ und $D_\mu(d)$ bestehen „Relationen". So gilt etwa

$$B_{\mu\nu}(db) = D_\mu(d)\, B_{\mu\nu}(b)\, D_\mu(d^{-1}), \qquad d \in K^\times,\ b \in K.$$

Zum Beweis rechnen wir die rechte Seite aus. Zunächst folgt:

$$D_\mu(d)(E + b\, E_{\mu\nu})\, D_\mu(d^{-1}) = E + b\bigl(E + (d-1)\, E_{\mu\mu}\bigr) E_{\mu\nu}\bigl(E + (d^{-1}-1)\, E_{\mu\mu}\bigr).$$

Da $E_{\mu\nu}\bigl(E + (d^{-1}-1)\, E_{\mu\mu}\bigr) = E_{\mu\nu} + (d^{-1}-1)\, E_{\mu\nu} E_{\mu\mu} = E_{\mu\nu}$ wegen $\mu \neq \nu$, so ergibt sich weiter:

$$D_\mu(d)\, B_{\mu\nu}(b)\, D_\mu(d^{-1}) = E + b\bigl(E + (d-1)\, E_{\mu\mu}\bigr) E_{\mu\nu}$$

$$= E + b\bigl(E_{\mu\nu} + (d-1)\, E_{\mu\nu}\bigr)$$

wegen $E_{\mu\mu} E_{\mu\nu} = E_{\mu\nu}$, und damit schließlich:

$$D_\mu(d)\, B_{\mu\nu}(b)\, D_\mu(d^{-1}) = E + b\, d\, E_{\mu\nu} = B_{\mu\nu}(db). \qquad \square$$

Durch Transposition und Vertauschung von μ und ν erhält man außerdem:

$$B_{\mu\nu}(db) = D_\nu(d^{-1}) \cdot B_{\mu\nu}(b) \cdot D_\nu(d).$$

Setzt man

$$B_{\mu\nu} := B_{\mu\nu}(1) = E + E_{\mu\nu}, \qquad \mu \neq \nu,$$

so sehen wir speziell

$$B_{\mu\nu}(d) = D_\mu(d)\, B_{\mu\nu}\, D_\mu(d^{-1}) = D_\nu(d^{-1})\, B_{\mu\nu}\, D_\nu(d), \qquad d \in K^\times,$$

d.h. die „allgemeine" Matrix $B_{\mu\nu}(d)$ läßt sich als Produkt aus der „speziellen" Matrix $B_{\mu\nu}$ und den Matrizen $D_\mu(d)$, $D_\mu(d^{-1})$ schreiben. Wir definieren nun:

Def. 1 *(Elementarmatrizen). Die Matrizen*

$$B_{\mu\nu} = E + E_{\mu\nu}, \qquad \mu \neq \nu,$$

sowie die Matrizen

$$D_\mu(d) = E + (d-1)\, E_{\mu\mu}, \qquad d \in K^\times,$$

heißen die Elementarmatrizen in $K^{(m,\,m)}$.

Bemerkung. Ist $\mathrm{Char}(K) \neq 2$, d.h. ist $1 + 1 \in K^\times$, so ist die bei der Definition der $B_{\mu\nu}$ getroffene Einschränkung $\mu \neq \nu$ insofern überflüssig, da alsdann gelten würde:

$$B_{\mu\mu} = E + E_{\mu\mu} = E + (1+1-1)\, E_{\mu\mu} = D_\mu(1+1) \in \mathrm{GL}(m, K).$$

2. Elementare Zeilenumformungen. — Sei $A = (a_{\mu\nu}) \in K^{(m,\,n)}$ mit den Zeilenvektoren $z_1, \ldots, z_m$ gegeben. Multipliziert man A *von links* mit der Elementarmatrix $B_{\mu\nu} \in \mathrm{GL}(m, K)$, so besitzt die Matrix

$$B_{\mu\nu} \cdot A = (E + E_{\mu\nu})\, A = A + E_{\mu\nu} \cdot A$$

die Zeilenvektoren

$$z_1, \ldots, z_{\mu-1}, \quad z_\mu + z_\nu, \quad z_{\mu+1}, \ldots, z_m.$$

Multiplikation der Matrix A *von links* mit der Elementarmatrix $D_\mu(d) \in \mathrm{GL}(m, K)$ liefert die Matrix

$$D_\mu(d) \cdot A = A\bigl(E + (d-1) E_{\mu\mu}\bigr) A = A + (d-1) E_{\mu\mu} \cdot A$$

mit den Zeilenvektoren

$$z_1, \ldots, z_{\mu-1}, \quad d \cdot z_\mu, \quad z_{\mu+1}, \ldots, z_m.$$

Wir fassen zusammen:

Satz 2. *Die Multiplikation $B_{\mu\nu} \cdot A$ bewirkt die Addition des ν-ten Zeilenvektors von A zum μ-ten Zeilenvektor.*

Die Multiplikation $D_\mu(d) \cdot A$ bewirkt die Multiplikation des μ-ten Zeilenvektors von A mit dem Skalar $d \in K^\times$.

Dies motiviert die folgende Definition der elementaren Zeilenumformungen:

Def. 3 *(Elementare Zeilenumformungen). Die Operationen*

(I) *Addition des ν-ten Zeilenvektors von A zum μ-ten Zeilenvektor, $\mu \neq \nu$, μ, $\nu \in \mathbf{N}_m$,*

(II) *Multiplikation eines Zeilenvektors von A mit einem von Null verschiedenen Element in K*

bezeichnet man als elementare Zeilenumformungen der Matrix A.

Aus elementaren Zeilenumformungen lassen sich durch Kombination und Iteration die folgenden weiteren Operationen erhalten, die man häufig ebenfalls noch als elementare Zeilenumformungen bezeichnet:

(III) *Addition des Zeilenvektors $d \cdot z_\nu$ zum Zeilenvektor z_μ, $d \in K^\times$, $\mu \neq \nu$, μ, $\nu \in \mathbf{N}_m$. (Dies ergibt die Matrix mit den Zeilenvektoren $z_1, \ldots, z_{\mu-1}, z_\mu + d z_\nu, z_{\mu+1}, \ldots, z_m.$)*

(IV) *Addition einer Linearkombination von i Zeilenvektoren $b_1 z_{\nu_1} + \cdots + b_i z_{\nu_i}$ ($1 \leq i \leq m$) zu einem von diesen verschiedenen Zeilenvektor z_μ, $\mu \neq \nu_1, \ldots, \mu \neq \nu_i$.*

(V) *Vertauschung zweier Zeilenvektoren.*

Wir überlegen kurz, durch welche Linksmultiplikation diese Operationen erzielt werden.

Satz 4. *Die Multiplikation $B_{\mu\nu}(d) \cdot A$, wo*

$$B_{\mu\nu}(d) = D_\nu(d^{-1}) \cdot B_{\mu\nu} D_\nu(d) = D_\mu(d) \cdot B_{\mu\nu} \cdot D_\mu(d^{-1}), \quad d \neq 0,$$

bewirkt die Addition von $d z_\nu$ zu z_μ, $\mu \neq \nu$. Allgemeiner bewirkt die Multiplikation

$$B_{\mu\nu_1}(b_1) B_{\mu\nu_2}(b_2) \ldots B_{\mu\nu_i}(b_i) \cdot A, \quad b_1, \ldots, b_i \in K,$$

die Addition von $b_1 z_{\nu_1} + \cdots + b_i z_{\nu_i}$ zu z_μ, $\mu \neq \nu_1, \ldots, \mu \neq \nu_i$.

Die Matrix

$$D_\mu(-1)\, B_{\mu\nu}(-1)\, B_{\nu\mu}\, B_{\mu\nu}(-1)\cdot A$$

entsteht aus A durch Vertauschung des μ-ten Zeilenvektors von A mit dem ν-ten Zeilenvektor, $\mu\neq\nu$.

Die Beweise verlaufen direkt, so zeigt etwa das folgende Schema, wie man die Vertauschung der Vektoren z_μ und z_ν realisiert:

$$\begin{pmatrix} z_\mu \\ z_\nu \end{pmatrix} \xrightarrow{\;B_{\mu\nu}(-1)\;} \begin{pmatrix} z_\mu - z_\nu \\ z_\nu \end{pmatrix} \xrightarrow{\;B_{\nu\mu}\;} \begin{pmatrix} z_\mu - z_\nu \\ z_\mu \end{pmatrix} \xrightarrow{\;B_{\mu\nu}(-1)\;} \begin{pmatrix} -z_\nu \\ z_\mu \end{pmatrix} \xrightarrow{\;D_\mu(-1)\;} \begin{pmatrix} z_\nu \\ z_\mu \end{pmatrix}. \qquad \square$$

3. Elementare Spaltenumformungen. — Völlig analog zu den elementaren Zeilenumformungen werden die *elementaren Spaltenumformungen* definiert (man ersetze in Def. 3 das Wort „Zeilen" durch „Spalten").

Die elementaren Spaltenumformungen der Matrix $A\in K^{(m,\,n)}$ werden realisiert durch Multiplikation *von rechts* mit Elementarmatrizen in $GL(n,K)$. Sie können durch Transponieren leicht auf elementare Zeilenumformungen zurückgeführt werden.

Die wichtigsten Aussagen in diesem Zusammenhang sind:

Satz 5. *Die Multiplikation $A\cdot B_{\nu\mu}$, $B_{\nu\mu}\in GL(n,K)$, bewirkt die Addition des ν-ten Spaltenvektors von A zum μ-ten Spaltenvektor, $\mu\neq\nu$. (Man beachte die Vertauschung von μ und ν gegenüber Satz 2.)*

Die Multiplikation $A\cdot D_\nu(d)$, $D_\nu(d)\in GL(n,K)$, bewirkt die Multiplikation des ν-ten Spaltenvektors von A mit dem Skalar $d\in K^\times$.

Beweis. Nach Satz 2 bedeutet die Multiplikation $B_{\mu\nu}\cdot A^t$ (bzw. $D_\nu(d)\cdot A^t$) die Addition des ν-ten Zeilenvektors von A^t zum μ-ten Zeilenvektor von A^t (bzw. die Multiplikation des ν-ten Zeilenvektors mit $d\in K^\times$). Durch Transponieren erhält man

$$(B_{\mu\nu}\cdot A^t)^t = A\cdot(B_{\mu\nu})^t = A\cdot B_{\nu\mu}, \qquad (D_\nu(d)\cdot A^t)^t = A\cdot D_\nu(d)$$

und damit die Behauptung. $\qquad\square$

Ebenso gilt:

Satz 6. *Vertauscht man in der Matrix A den μ-ten Spaltenvektor mit dem ν-ten Spaltenvektor, $\mu\neq\nu$, so erhält man die Matrix*

$$A\cdot B_{\nu\mu}(-1)\, B_{\mu\nu}\, B_{\nu\mu}(-1)\, D_\mu(-1).$$

Beweis. Folgt durch Transponieren aus Satz 4. $\qquad\square$

4. Herstellung der Normalform. — Da Elementarmatrizen invertierbar sind, besitzen sie maximalen Rang. Daher folgt aus Satz 5.6:

Geht die Matrix $B\in K^{(m,\,n)}$ aus der Matrix $A\in K^{(m,\,n)}$ durch mehrfache elementare Zeilenumformungen (und elementare Spaltenumformungen) hervor, so ist $\operatorname{rg} B=\operatorname{rg} A$.

Wir zeigen darüber hinaus den fundamentalen

Satz 7. *Sei* $A \in K^{(m,n)}$ *und sei* $r := \mathrm{rg}\, A$. *Dann gibt es ein (endliches) Produkt S von Elementarmatrizen in* $\mathrm{GL}(m, K)$ *und ein (endliches) Produkt T von Elementarmatrizen in* $\mathrm{GL}(n, K)$, *so daß gilt:*

$$SAT = U_r = \begin{pmatrix} E_r & 0 \\ 0 & 0 \end{pmatrix}.$$

Dies läßt sich auch so formulieren:

Jede Matrix $A \in K^{(m,n)}$ *vom Range* r *läßt sich in endlich vielen Schritten durch elementare Spaltenumformungen und elementare Zeilenumformungen in die Standardmatrix* U_r *vom Range* r *überführen.*

Beweis. Wir dürfen $r > 0$ annehmen. Durch Ausführung von elementaren Zeilen- und Spaltenumformungen von A können wir erreichen, daß das erste Element in der Hauptdiagonalen 1 ist. Durch Zeilen- und Spaltenumformungen vom Typ (III) können wir erreichen, daß außer diesem Element 1 in der ersten Spalte und in der ersten Zeile nur Nullen stehen. Nun vergessen wir die erste Zeile und die erste Spalte und stellen die gleiche Situation in der zweiten Zeile und zweiten Spalte her usw. Dieses Verfahren können wir wegen $\mathrm{rg}\, A = r$ bis zur r-ten Zeile und r-ten Spalte fortsetzen, da der Rang hierbei nach der eingangs gemachten Bemerkung nicht verändert wird. Anschließend finden wir in den restlichen $n - r$ Zeilen keine von Null verschiedenen Elemente mehr, da andernfalls $\mathrm{rg}\, A > r$ wäre. $\qquad\square$

Es sei hier noch gesagt, daß man bei etwas mehr Sorgfalt mittels der Methode der elementaren Zeilen- und Spaltenumformungen auch einen weiteren Beweis für die Übereinstimmung von Zeilenrang und Spaltenrang einer Matrix $A \in K^{(m,n)}$ geben kann.

Wir notieren einige Folgerungen aus Satz 7:

Folgerung 1. *Jede invertierbare Matrix* $A \in \mathrm{GL}(m, K)$ *ist ein Produkt von Elementarmatrizen aus* $\mathrm{GL}(m, K)$.

Beweis. Nach Satz 7 gibt es (mit $m = n$) Produkte S bzw. T von Elementarmatrizen aus $\mathrm{GL}(m, K)$, so daß für die m-rangige Matrix A^{-1} gilt: $SA^{-1}T = U_m = E$. Dies besagt $A = TS$. $\qquad\square$

Folgerung 2. *Jede invertierbare Matrix* $A \in \mathrm{GL}(m, K)$ *kann allein durch elementare Zeilenumformungen (bzw. allein durch elementare Spaltenumformungen) in die Einheitsmatrix E überführt werden.*

Beweis. Nach Folgerung 1 ist $B := A^{-1}$ ein Produkt von Elementarmatrizen. In der Gleichung $E = BA = AB$ entspricht die Links- bzw. Rechtsmultiplikation mit B aber den elementaren Zeilen- bzw. Spaltenumformungen. $\qquad\square$

Folgerung 3. *Sei* $A \in \mathrm{GL}(m, K)$. *Man erhält die zu* A *inverse Matrix* A^{-1}, *indem man die elementaren Zeilenumformungen (bzw. Spaltenumformungen), welche* A *in* *die Einheitsmatrix E überführen, in derselben Reihenfolge an der Einheitsmatrix durchführt.*

Beweis. Nach Folgerung 1 ist $B := A^{-1}$ ein Produkt von Elementarmatrizen. Die Behauptung folgt nun aus der Gleichung

$$A^{-1} = BE = EB.$$

5. Nähere Beschreibung der Produktdarstellung invertierbarer Matrizen durch Elementarmatrizen. — Aufgrund von Folgerung 1 zu Satz 7 ist jede invertierbare Matrix $A \in \mathrm{GL}(m, K)$ ein endliches Produkt von Matrizen $B_{\mu\nu}(b)$ und $D_\mu(d)$, b, $d \neq 0$. Diese Matrizen treten in einer bestimmten Reihenfolge als Faktoren auf und sind i. allg. nicht miteinander vertauschbar. Wir werden nun sehen, daß man stets eine Darstellung finden kann, in der außer *einem* Faktor $D_1(d)$ ganz links nur noch Faktoren $B_{\mu\nu}(b)$ vorkommen.

Satz 8. *Zu jeder Matrix* $A \in \mathrm{GL}(m, K)$ *gibt es endlich viele Matrizen* $B_{\mu_1\nu_1}(b_1), \ldots, B_{\mu_t\nu_t}(b_t) \in \mathrm{GL}(m, K)$ *sowie ein* $d \in K^\times$, *so daß gilt:*

$$A = D_1(d) \, B_{\mu_1\nu_1}(b_1) \ldots B_{\mu_t\nu_t}(b_t).$$

Der Beweis beruht auf folgenden Rechenregeln für die Matrizen $D_\mu(d)$, $B_{\mu\nu}(b)$:

Hilfssatz 9. *In* $\mathrm{GL}(m, K)$ *gelten für alle* $b \in K$, $d \in K^\times$, *die Gleichungen*

1) $D_\mu(d) \, B_{\mu\nu}(b) = B_{\mu\nu}(d\,b) \, D_\mu(d)$,
2) $D_\nu(d) \, B_{\mu\nu}(b) = B_{\mu\nu}(d^{-1}\,b) \, D_\nu(d)$,
3) $D_\mu(d) \, B_{\pi\rho}(b) = B_{\pi\rho}(b) \, D_\mu(d)$,   *falls* $\pi \neq \mu$, $\rho \neq \mu$, $\rho \neq \pi$,
4) $D_\nu(d) = B_{1\nu}(-1) \, B_{\nu 1} \, B_{1\nu}(-1) \, D_1(d) \, B_{\nu 1}(-1) \, B_{1\nu} \, B_{\nu 1}(-1)$ *für* $\nu \neq 1$.

Beweis. ad 1). Wurde schon in Nr. 1 bewiesen.

ad 2). Folgt aus der Gleichung $B_{\mu\nu}(db) = D_\nu(d^{-1}) \, B_{\mu\nu}(b) \, D_\nu(d)$ in Nr. 1 (mit d^{-1} anstelle von d).

ad 3). Es gilt:

$$D_\mu(d) \, B_{\pi\rho}(b) = \left(E + (d-1) \, E_{\mu\mu}\right) \left(E + b \, E_{\pi\rho}\right)$$
$$= E + (d-1) \, E_{\mu\mu} + b \, E_{\pi\rho} + (d-1) \, b \, E_{\mu\mu} \, E_{\pi\rho}.$$

Hier verschwindet wegen $\mu \neq \pi$ der letzte Summand. Rechnet man das Produkt $B_{\pi\rho}(b) \, D_\mu(d)$ aus, so erhält man die gleichen ersten drei Summanden, während als vierter Summand jetzt $(d-1) \, b \, E_{\pi\rho} \, E_{\mu\mu}$ auftritt. Er verschwindet wieder wegen $\mu \neq \rho$.

ad 4). Vertauscht man in $D_1(d) \in \mathrm{GL}(m, K)$ die erste Spalte mit der ν-ten Spalte, $\nu \neq 1$, und anschließend die erste Zeile mit der ν-ten Zeile, so erhält man die Matrix $D_\nu(d)$. Dies wird nach Satz 6 und Satz 4 durch die folgende Gleichung ausgedrückt:

$$D_\nu(d) = D_1(-1) \, B_{1\nu}(-1) \, B_{\nu 1} \, B_{1\nu}(-1) \, D_1(d) \, B_{\nu 1}(-1) \, B_{1\nu} \, B_{\nu 1}(-1) \, D_1(-1).$$

Wegen $D_\nu(d) = D_1(-1) D_\nu(d) D_1(-1)$ (Beweis!) und $D_1(-1)^{-1} = D_1(-1)$ folgt hieraus durch Multiplikation von links und rechts mit $D_1(-1)$ die Behauptung.   □

Nun ist der Beweis von Satz 8 trivial: Wir gehen aus von irgendeiner Produktdarstellung von A durch Matrizen $D_\nu(c)$, $B_{\mu\nu}(b)$. In diesem Produkt ersetze man jede Matrix $D_\nu(c)$, $\nu > 1$, gemäß der Gleichung 4) des Hilfssatzes durch ein Produkt aus Matrizen der Form $B_{\mu\nu}(b)$ und $D_1(c)$. Dann geht A über in ein Produkt aus Matrizen $B_{\mu\nu}(b)$ und $D_1(c)$. Jeder Faktor $D_1(c)$ läßt sich nun nach vorne ziehen, da jeweils eine Gleichung der Form $B_{\mu\nu}(b) D_1(c) = D_1(c) B_{\pi\rho}(b')$ gilt (man verwende die Gleichungen 1), 2), 3) des Hilfssatzes). So gelangt man zu einer Gleichung $A = D_1(c_1) D_1(c_2) \cdots D_1(c_j) B$, wo B nur noch aus Faktoren $B_{\mu_i \nu_i}(b_i)$ besteht. Mit $d := c_1 \cdot \ldots \cdot c_j \in K^\times$ folgt die Behauptung.   □

Bemerkung. Es wird sich später herausstellen (vgl. Kap. V, § 3.5), daß das Element $d \in K^\times$ für jede Matrix $A \in GL(m, K)$ eindeutig bestimmt ist. Es ist nämlich nichts anderes als die *Determinante von A.* Es wäre interessant, die Eindeutigkeit von d bereits hier durch Rechnen festzustellen. Damit hätte man dann über Körpern einen elementaren Zugang zur Determinantentheorie ohne Benutzung von Multilinearformen.

§ 8. Die spezielle lineare Gruppe. Transvektionen und Dilatationen

1. Definition der Gruppe $SL(m, K)$. — Wir interessieren uns näher für die Menge derjenigen Matrizen $A \in GL(m, K)$, welche Satz 7.8 mit der zusätzlichen Forderung $d = 1$ erfüllen. Das ist also im Falle $m \geq 2$ genau die Menge

$$SL(m, K) := \left\{ A \in GL(m, K); \; A = \prod_{i=1}^{t} B_{\mu_i \nu_i}(b_i), \; b_i \in K, \; \mu_i \neq \nu_i, \; t \geq 1 \right\}.$$

Der Vollständigkeit halber setzen wir noch $SL(1, K) := \{(1)\}$. Man bemerkt als erstes

Satz 1. *Die Menge* $SL(m, K)$ *ist eine transpositionsstabile Untergruppe von* $GL(m, K)$.

Beweis. Nach Definition ist $SL(m, K)$ eine Unterhalbgruppe von $GL(m, K)$. Wegen $B_{\mu\nu}(b)^{-1} = B_{\mu\nu}(-b)$ ist mit $A \in SL(m, K)$ auch stets $A^{-1} \in SL(m, K)$. Mithin ist $SL(m, K)$ nach Satz 1.2.2 eine Untergruppe von $GL(m, K)$. Wegen $B_{\mu\nu}(b)^t = B_{\nu\mu}(b)$ ist mit $A \in SL(m, K)$ stets $A^t \in SL(m, K)$.   □

Man nennt $SL(m, K)$ die *spezielle lineare Gruppe (der Ordnung m) über K.*

Wir können nun den Satz 7.8 auch so formulieren:

Zu jeder Matrix $A \in GL(m, K)$ *gibt es ein Element* $d \in K^\times$ *und eine Matrix* $B \in SL(m, K)$, *so daß gilt:*

$$A = D_1(d) B.$$

Das Rechnen in der Gruppe $SL(m, K)$ wird erleichtert durch folgende

Rechenregel. *Es gilt* $D_1(d)\, BD_1(d^{-1}) \in SL(m, K)$ *für alle* $B \in SL(m, K)$, $d \in K^\times$.

Dies folgt unmittelbar aus den Gleichungen 1), 2) und 3) von Hilfssatz 7.9.   □

Als Anwendung ergibt sich schnell

Satz 2. a) *(Produktregel). Seien* $A_i = D_1(d_i)\, B_i$, $B_i \in SL(m, K)$, $d_i \in K^\times$, *beliebig,* $i = 1, 2$. *Dann gibt es ein* $C \in SL(m, K)$, *so daß* $A_1 A_2 = D_1(d_1 d_2)\, C$ *ist.*

b) *(Inversenregel). Zu jedem* $A = D_1(d)\, B$, $B \in SL(m, K)$, $d \in K^\times$, *gibt es ein* $C \in SL(m, K)$, *so daß* $A^{-1} = D_1(d^{-1})\, C$ *ist.*

Beweis. ad a). Wegen $B_1 \in SL(m, K)$ gilt:

$$C' := D_1(d_2^{-1})\, B_1\, D_1(d_2) \in SL(m, K).$$

Es besteht die Gleichung:

$$A_1 A_2 = D_1(d_1)\, B_1\, D_1(d_2)\, B_2 = D_1(d_1)\, D_1(d_2)\, C'\, B_2.$$

Mit $C := C'\, B_2 \in SL(m, K)$ (wegen $B_2 \in SL(m, K)$!) und $D_1(d_1)\, D_1(d_2) = D_1(d_1 d_2)$ folgt die Behauptung.

ad b). Wir setzen $C := D_1(d)\, B^{-1}\, D_1(d^{-1})$. Dann gilt $C \in SL(m, K)$ wegen $B^{-1} \in SL(m, K)$, und es folgt:

$$A^{-1} = B^{-1}\, D_1(d^{-1}) = D_1(d^{-1})\, D_1(d)\, B^{-1}\, D_1(d^{-1}) = D_1(d^{-1})\, C.   □$$

2. Die Inklusion $\mathrm{Kom}\, GL(m, K) \subset SL(m, K)$ **und die Gleichung** $\mathrm{Kom}\, GL(m, K)$ $= SL(m, K)$. — Als wichtige Konsequenz aus Satz 2 notieren wir

Satz 3. *Für je zwei Matrizen* $A_1, A_2 \in GL(m, K)$ *gilt:*

$$A_1 A_2 A_1^{-1} A_2^{-1} \in SL(m, K).$$

Beweis. Wir schreiben $A_i = D_1(d_i)\, B_i$, $B_i \in SL(m, K)$, $d_i \in K^\times$, $i = 1, 2$. Nach der Produkt- und der Inversenregel gibt es Matrizen $C_1, C_2 \in SL(m, K)$ mit

$$A_1 A_2 = D_1(d_1 d_2)\, C_1, \quad A_1^{-1} A_2^{-1} = D_1(d_1^{-1} d_2^{-1})\, C_2.$$

Hierzu gibt es wieder nach der Produktregel ein $C_3 \in SL(m, K)$ mit

$$A_1 A_2 A_1^{-1} A_2^{-1} = D_1(d_1 d_2 d_1^{-1} d_2^{-1})\, C_3 = C_3.   □$$

Wir haben soeben gesehen, daß die spezielle lineare Gruppe $SL(m, K)$ die Menge aller Kommutatoren und also die Kommutatorgruppe von $GL(m, K)$ umfaßt:

$$\mathrm{Kom}\, GL(m, K) \subset SL(m, K) \text{ für alle } K \text{ und alle } m \geq 1.$$

Dies impliziert (vgl. Satz 1.2.17):

Die Gruppe $SL(m, K)$ *ist ein Normalteiler in der Gruppe* $GL(m, K)$.

Man kann somit die Faktorgruppe $GL(m, K)/SL(m, K)$ bilden. Sie ist abelsch (warum?); es gilt sogar:

$$GL(m, K)/SL(m, K) \simeq K^\times,$$

doch können wir das hier noch nicht einsehen (vgl. Kap. V, § 3.5). In der Tat wissen wir in diesem Paragraphen noch nicht einmal, daß i. allg. gilt: $SL(m, K) \neq GL(m, K)$ für $m \geq 2$. Elementare Beweise von „Nichtdarstellbarkeitsaussagen" wie

$$D_1(d) \notin SL(m, K) \quad \text{für} \quad d \neq 1 \quad \text{und} \quad m \geq 2$$

sind nämlich sehr mühsam. Andererseits mag es an dieser Stelle, wo noch keine Determinanten zur Verfügung stehen, überraschen, daß alle Matrizen

$$A := \begin{pmatrix} a & 0 \\ 0 & a^{-1} \end{pmatrix}, \quad a \in K^\times,$$

zur $SL(2, K)$ gehören; man rechnet nämlich sofort nach:

$$A = \begin{pmatrix} 1 & a-1 \\ 0 & 1 \end{pmatrix} \begin{pmatrix} 1 & 0 \\ 1 & 1 \end{pmatrix} \begin{pmatrix} 1 & a^{-1}-1 \\ 0 & 1 \end{pmatrix} \begin{pmatrix} 1 & 0 \\ -a & 1 \end{pmatrix}.$$

Wir zeigen nun, daß die Gruppe $SL(m, K)$ fast immer die Kommutatorgruppe von $GL(m, K)$ ist. Genauer:

Satz 4. *Besitzt der Körper K mindestens 3 Elemente, so gilt:*

$$\operatorname{Kom} GL(m, K) = SL(m, K) \quad \text{für alle } m \geq 1.$$

Beweis. Der Fall $m = 1$ ist trivial. Sei also $m \geq 2$. Wir müssen die Inklusion $SL(m, K) \subset \operatorname{Kom} GL(m, K)$ verifizieren. Dazu genügt es zu zeigen, daß zu jeder Matrix $B_{\mu\nu}(b)$ Matrizen $A, B \in GL(m, K)$ existieren mit $ABA^{-1}B^{-1} = B_{\mu\nu}(b)$. Da K mindestens 3 Elemente hat, gibt es ein $d \in K$ mit $d(d-1) \neq 0$. Wir setzen

$$A := D_\mu(d), \quad B := B_{\mu\nu}(b(d-1)^{-1}).$$

Dann gilt nach Hilfssatz 7.9, Gleichung 1):

$$\begin{aligned}
ABA^{-1}B^{-1} &= D_\mu(d)\, B_{\mu\nu}(b(d-1)^{-1})\, D_\mu(d^{-1})\, B_{\mu\nu}(-b(d-1)^{-1}) \\
&= B_{\mu\nu}(db(d-1)^{-1})\, B_{\mu\nu}(-b(d-1)^{-1}) \\
&= B_{\mu\nu}(db(d-1)^{-1} - b(d-1)^{-1}) = B_{\mu\nu}(b). \qquad \square
\end{aligned}$$

Bemerkung. Besitzt K nur zwei Elemente, d.h. ist $K = \mathbb{F}_2$, so bleibt die Aussage von Satz 4 richtig, wenn man zusätzlich noch $m \neq 2$ voraussetzt (dies werden wir im Abschnitt 4 beweisen). Dagegen gilt

$$\operatorname{Kom} GL(2, \mathbb{F}_2) \neq SL(2, \mathbb{F}_2);$$

dies verifiziert der Leser etwa wie folgt: zunächst gilt $SL(2, \mathbb{F}_2) = GL(2, \mathbb{F}_2)$, da es wegen $\mathbb{F}_2^\times = \{1\}$ keine Matrizen $D_\mu(d) \neq$ Einheitsmatrix gibt. Man zeigt nun leicht, daß die Gruppe GL(2, $\mathbb{F}_2$) zur symmetrischen Gruppe $\mathfrak{S}_3$ isomorph ist. Hier wissen wir aber (vgl. Kap. I, § 3.4): Kom $\mathfrak{S}_3 \neq \mathfrak{S}_3$.

Zur Anwendung im Abschnitt 4 (Beweis von Satz 9) notieren wir noch:

Satz 5. *Die Gruppe* Kom SL(m, K) *ist stets ein Normalteiler in* GL(m, K).

Dies ist ein Spezialfall von

Satz 6. *Ist U ein Normalteiler einer Gruppe G, so ist* Kom U *ebenfalls ein Normalteiler in G.*

Beweis. Wir haben zu zeigen, daß für jedes $g \in G$ und jedes $w \in$ Kom U gilt: $g w g^{-1} \in$ Kom U. Nach Definition der Kommutatorgruppe ist w ein endliches Produkt

$$w = \prod_{i=1}^{t} u_i v_i u_i^{-1} v_i^{-1},$$

wo $u_i, v_i \in U$ sind. Dann gilt auch

$$u_i' := g u_i g^{-1} \in U, \quad v_i' := g v_i g^{-1} \in U,$$

da U ein Normalteiler in G ist. Man rechnet nun nach:

$$g w g^{-1} = \prod_{i=1}^{t} u_i' v_i' u_i'^{-1} v_i'^{-1}.$$

Dies besagt: $g w g^{-1} \in$ Kom U.   □

Man beachte, daß die Eigenschaft, Normalteiler zu sein, nicht erblich ist: Ist U ein Normalteiler in G und H ein Normalteiler in U, so ist H im allgemeinen nicht Normalteiler in G.

3. Geometrische Charakterisierung der Elementarmatrizen $B_{\mu\nu}(b)$. — Mit V wird wieder ein m-dimensionaler Vektorraum über dem Körper K bezeichnet, $1 \leq m < \infty$. In Anlehnung an die Notation GL(m, K) schreiben wir im folgenden durchweg GL(V) statt Aut$_K V$. Zu jeder Basis X von V haben wir den Isomorphismus

$$\Theta_X: \mathrm{GL}(V) \to \mathrm{GL}(m, K) \quad (\text{vgl. § 3}).$$

Weil jede Matrix in GL(m, K) ein Produkt von Elementarmatrizen ist, „erzeugen" diejenigen Automorphismen von V, die vermöge Θ_X durch Elementarmatrizen dargestellt werden, die Gruppe GL(V). Diese „Elementarautomorphismen" lassen sich geometrisch charakterisieren. Das Hilfsmittel dazu ist der Begriff des Fixpunktraumes eines Endomorphismus $\varphi: V \to V$, also die Menge

$$\mathrm{Fix}\ \varphi = \{v \in V;\ \varphi(v) = v\} = \mathrm{Ker}(\mathrm{id} - \varphi) \quad (\text{vgl. Kap. III. § 2.3}).$$

Es gilt Fix $\varphi = V$ genau dann, wenn $\varphi = \mathrm{id}$. Für Endomorphismen $\varphi \neq \mathrm{id}$ ist Fix φ also höchstens $(m-1)$-dimensional. Nennen wir wie schon früher jeden $(m-1)$-

dimensionalen Untervektorraum von V eine *Hyperebene in V*, so sind also die einfachsten Automorphismen $\neq$ id diejenigen, deren Fixpunktraum eine Hyperebene ist. Wir werden sehen, daß sich diese Automorphismen vollständig charakterisieren lassen.

Satz 7. *Die folgenden Aussagen über einen Automorphismus $\varphi \in GL(V)$, $\varphi \neq$ id, eines m-dimensionalen Vektorraumes V, $m \geq 2$, sind äquivalent:*

i) *Es gibt eine Basis Y von V, so daß gilt $\Theta_Y(\varphi) = B_{21}$.*

ii) *Es gibt eine Linearform $\alpha \in V^*$, $\alpha \neq 0$, und einen Vektor $y \in$ Fix φ, $y \neq 0$, so daß $\varphi(v) = v + \alpha(v)\, y$ für alle $v \in V$.*

iii) *Der Fixpunktraum* Fix φ *ist eine Hyperebene in V, und jede φ-stabile Gerade ist in* Fix φ *enthalten.*

iv) *Zu jeder Elementarmatrix $B_{\mu\nu}(b)$, $\mu, \nu \in \mathbb{N}_m$, $\mu \neq \nu$, $b \in K^\times$, gibt es eine Basis X von V, so daß gilt: $\Theta_X(\varphi) = B_{\mu\nu}(b)$.*

Beweis. i) $\Rightarrow$ ii): Nach Voraussetzung gilt:

$$\varphi(y_i) = y_i \text{ für } i \neq 1 \text{ und } \varphi(y_1) = y_1 + y_2,$$

wenn $Y = \{y_1, \ldots, y_m\}$ ist. Es folgt

$$\varphi(v) = v + a_1 y_2, \quad \text{falls } v = \sum_{i=1}^{m} a_i y_i.$$

Nun definiert die Zuordnung $v \mapsto a_1$ eine Linearform $\alpha: V \to K$. Mit $y := y_2$ gilt daher

$$\varphi(v) = v + \alpha(v)\, y.$$

Wegen $\varphi \neq$ id muß $\alpha \neq 0$ gelten. Nach Definition gilt $y \neq 0$ und $\varphi(y) = y$.

ii) $\Rightarrow$ iii): Die Gleichung $\varphi(v) = v$ besteht genau dann, wenn $\alpha(v) = 0$. Daher folgt Fix $\varphi = $ Ker α, wegen $\alpha \neq 0$ ist Fix φ eine Hyperebene in V.

Sei nun $K w$, $w \neq 0$, eine φ-stabile Gerade in V, d.h. es gebe ein $c \in K$ mit $\varphi(w) = c\, w$. Dies liefert

$$c\, w = w + \alpha(w)\, y \quad \text{oder} \quad (c-1)\, w = \alpha(w)\, y.$$

Nochmalige Anwendung von φ führt wegen $\varphi(y) = y$ zur Gleichung

$$(c-1)\, c\, w = (c-1)\, w \quad \text{oder} \quad (c-1)^2\, w = 0.$$

Wir folgern $c = 1$, d.h. $w \in$ Fix φ.

iii) $\Rightarrow$ iv): Sei $u \notin$ Fix φ. Dann gilt $V = $ Fix $\varphi \oplus K u$, und es besteht folglich eine Gleichung

$$\varphi(u) = w + c\, u \quad \text{mit } w \in \text{Fix } \varphi, \quad c \in K.$$

Für $z:=w+(c-1)\,u$ gilt dann

$$\varphi(z)=w+(c-1)\,\varphi(u)=w+(c-1)\,w+(c-1)\,c\,u=c\,z,$$

d.h. der Untervektorraum Kz ist φ-stabil. Dies impliziert $z=w+(c-1)\,u\in\mathrm{Fix}\,\varphi$ und also $c=1$ wegen $w\in\mathrm{Fix}\,\varphi$, $u\notin\mathrm{Fix}\,\varphi$. Somit gilt

$$\varphi(u)=u+w \quad \text{mit } w\neq 0 \quad (\text{da sonst } u\in\mathrm{Fix}\,\varphi).$$

Seien nun $b\in K^{\times}$ und $\mu,\,v\in\mathbb{N}_m$ gegeben. Es gibt eine Basis $(x_i)_{i\in\mathbb{N}_m\setminus\{v\}}$ von $\mathrm{Fix}\,\varphi$ mit $x_\mu:=b^{-1}\,w$. Setzt man $x_v:=u$, so ist $\{x_1,\dots,x_m\}$ eine Basis von V, für die gilt:

$$\varphi(x_i)=x_i \quad \text{für } i\neq v, \quad \varphi(x_v)=x_v+b\,x_\mu,$$

d.h. $\Theta_X(\varphi)=B_{\mu v}(b)$.

iv) $\Rightarrow$ i): trivial. $\qquad\qquad\square$

Wir notieren ein wichtiges

Korollar. *Sei $m\geq 2$. Dann sind je zwei Elementarmatrizen*

$$B_{\mu v}(b),\ B_{ij}(c)\in\mathrm{SL}(m,K)\setminus\{E\}, \quad (\mu\neq v,\, i\neq j),$$

zueinander ähnlich.

Beweis. Wir wählen eine Basis Y von V und ein $\varphi\in\mathrm{End}\,V$ mit $\Theta_Y(\varphi)=B_{21}$. Nach Satz 7, iv) gibt es Basen X und X' von V, so daß gilt:

$$\Theta_X(\varphi)=B_{\mu v}(b), \quad \Theta_{X'}(\varphi)=B_{ij}(c).$$

Also beschreiben $B_{\mu v}(b)$ und $B_{ij}(c)$ bzgl. der Basen X und X' denselben Endomorphismus. Mithin sind $B_{\mu v}(b)$ und $B_{ij}(c)$ zueinander ähnlich. $\qquad\square$

4. Die Gleichung $\mathrm{Kom}\,\mathrm{SL}(m,K)=\mathrm{SL}(m,K)$. — Im Abschnitt 2 haben wir gezeigt, daß für jeden Körper K mit mindestens 3 Elementen die Gleichung

$$\mathrm{Kom}\,\mathrm{GL}(m,K)=\mathrm{SL}(m,K) \quad \text{für alle } m\geq 1$$

gilt, daß aber für $K:=\mathbb{F}_2$ und $m:=2$ diese Gleichung nicht besteht. Hier werden wir nun sehen, daß dies der einzige Ausnahmefall ist, d.h. es gilt:

$$\mathrm{Kom}\,\mathrm{GL}(m,\mathbb{F}_2)=\mathrm{SL}(m,\mathbb{F}_2) \quad \text{für alle } m\neq 2.$$

Wir zeigen sogar mehr, nämlich:

Satz 8. *Die Gleichung*

$$\mathrm{Kom}\,\mathrm{SL}(m,K)=\mathrm{SL}(m,K)$$

gilt für alle Körper K und alle $m\geq 1$ mit Ausnahme der beiden Fälle, in denen $m=2$ und $K=\mathbb{F}_2$ oder $K=\mathbb{F}_3$ ist.

Bemerkung. Da die Inklusionen

$$\mathrm{Kom}\,\mathrm{SL}(m,K)\subset\mathrm{Kom}\,\mathrm{GL}(m,K)\subset\mathrm{SL}(m,K)$$

stets gelten, so impliziert Satz 8 in der Tat die Gleichung $\mathrm{Kom}\,\mathrm{GL}(m,K)=\mathrm{SL}(m,K)$ für alle $m\neq 2$. Die Gruppen $\mathrm{SL}(2,\mathbb{F}_2)$ und $\mathrm{SL}(2,\mathbb{F}_3)$ sind übrigens wirklich von ihren Kommutatorgruppen verschieden; letzteres mag überraschen, da $\mathrm{Kom}\,\mathrm{GL}(2,\mathbb{F}_3)=\mathrm{SL}(2,\mathbb{F}_3)$ nach Satz 4 gilt.

Wir werden Satz 8 aus folgender Aussage gewinnen, die einschränkungslos für alle $m\geq 2$ und alle Körper K gilt.

Satz 9. *Die Gleichung* $\mathrm{SL}(m,K)=\mathrm{Kom}\,\mathrm{SL}(m,K)$ *gilt stets dann, wenn die Gruppe* $\mathrm{Kom}\,\mathrm{SL}(m,K)$ *wenigstens eine Elementarmatrix* $B_{ij}(c)\neq E$ *enthält* $(i\neq j)$.

Beweis. Da $\mathrm{SL}(m,K)$ von den Matrizen $B_{\mu\nu}(b)$, $\mu\neq\nu$, erzeugt wird, genügt es zu zeigen, daß jede Matrix $B_{\mu\nu}(b)$, $b\neq 0$, zu $\mathrm{Kom}\,\mathrm{SL}(m,K)$ gehört. Nach dem Korollar zu Satz 7 gibt es eine Matrix $A\in\mathrm{GL}(m,K)$ mit

$$B_{\mu\nu}(b)=AB_{ij}(c)\,A^{-1}.$$

Da $\mathrm{Kom}\,\mathrm{SL}(m,K)$ nach Satz 5 ein Normalteiler in $\mathrm{GL}(m,K)$ ist, so gilt mit $B_{ij}(c)\in\mathrm{Kom}\,\mathrm{SL}(m,K)$ auch $B_{\mu\nu}(b)\in\mathrm{Kom}\,\mathrm{SL}(m,K)$. $\square$

Wir beweisen nun Satz 8. Es genügt zu zeigen:

Ist $m>2$ oder hat K mindestens 4 Elemente, so enthält $\mathrm{Kom}\,\mathrm{SL}(m,K)$ stets eine Elementarmatrix $B_{ij}(c)\neq E$.

Sei zunächst $m=2$. Die Matrizen

$$B:=\begin{pmatrix}1 & 1\\ 0 & 1\end{pmatrix}\quad\text{und}\quad A:=\begin{pmatrix}a & 0\\ 0 & a^{-1}\end{pmatrix},\quad a\neq 0,$$

liegen beide in $\mathrm{SL}(2,K)$ (vgl. Nr. 2), und es gilt, wie man durch Nachrechnen verifiziert:

$$ABA^{-1}B^{-1}=\begin{pmatrix}a & 0\\ 0 & a^{-1}\end{pmatrix}\begin{pmatrix}1 & 1\\ 0 & 1\end{pmatrix}\begin{pmatrix}a^{-1} & 0\\ 0 & a\end{pmatrix}\begin{pmatrix}1 & -1\\ 0 & 1\end{pmatrix}=\begin{pmatrix}1 & a^2-1\\ 0 & 1\end{pmatrix}.$$

Da K mindestens 4 Elemente hat, kann man $a\in K^{\times}$ so wählen, daß

$$a^2-1=(a+1)\cdot(a-1)\neq 0$$

(warum?). Also ist $ABA^{-1}B^{-1}\in\mathrm{Kom}\,\mathrm{SL}(2,K)$ die Elementarmatrix $B_{12}(a^2-1)\neq E$.

Sei nun $m>2$. Dann existiert neben $S:=B_{12}\in\mathrm{SL}(m,K)$ auch die Matrix $T:=B_{23}\in\mathrm{SL}(m,K)$; wir behaupten:

$$STS^{-1}T^{-1}=B_{12}\,B_{23}\,B_{12}(-1)\,B_{23}(-1)=B_{13}\in\mathrm{Kom}\,\mathrm{SL}(m,K).$$

Das ergibt sich durch Ausrechnen:

$$B_{12} B_{23} B_{12}(-1) B_{23}(-1) = (E + E_{12})(E + E_{23})(E - E_{12})(E - E_{23})$$

$$= (E + E_{12} + E_{23} + E_{13})(E - E_{12} - E_{23} + E_{13})$$

$$= E + E_{12} + E_{23} + E_{13} - E_{12} - E_{23} - E_{13} + E_{13}$$

$$= E + E_{13} = B_{13}.$$

Da $B_{13} \neq E$, so sind wir fertig. $\square$

5. Geometrische Charakterisierung der Elementarmatrizen $D_\mu(d)$. — Der nächste Satz charakterisiert die Elementarmatrizen $D_\mu(d)$:

Satz 10. *Die folgenden Aussagen über einen Automorphismus $\varphi \in \mathrm{GL}(V)$, $\varphi \neq \mathrm{id}$, eines m-dimensionalen Vektorraumes $V \neq 0$ sind äquivalent:*

i) *Es gibt eine Basis Y von V und ein $d \in K^\times$, $d \neq 1$, so daß gilt $\Theta_Y(\varphi) = D_1(d)$.*

ii) *Es gibt eine Linearform $\alpha \in V^*$, $\alpha \neq 0$, und einen Vektor $y \notin \mathrm{Fix}\, \varphi$, so daß $\varphi(v) = v + \alpha(v)\, y$.*

iii) *Der Fixpunktraum $\mathrm{Fix}\, \varphi$ ist eine Hyperebene in V, und es gibt eine nicht in $\mathrm{Fix}\, \varphi$ enthaltene φ-stabile Gerade.*

iv) *Es gibt ein $d \in K^\times$, $d \neq 1$, und zu jedem $\mu \in \mathbb{N}_m$ eine Basis X von V, so daß gilt: $\Theta_X(\varphi) = D_\mu(d)$.*

Beweis: i) $\Rightarrow$ ii): Nach Voraussetzung gilt:

$$\varphi(y_i) = y_i \quad \text{für } i \neq 1 \text{ und } \varphi(y_1) = d y_1,$$

wenn $Y = \{y_1, \ldots, y_m\}$ ist. Es folgt

$$\varphi(v) = v + a_1(d-1)\, y_1, \quad \text{falls } v = \sum_{i=1}^{m} a_i\, y_i \text{ ist}.$$

Nun definiert $v \mapsto a_1(d-1)$ eine Linearform $\alpha: V \to K$. Mit $y := y_1$ gilt daher

$$\varphi(v) = v + \alpha(v)\, y.$$

Weiter gilt $\alpha \neq 0$ wegen $\varphi \neq \mathrm{id}$. Nach Definition ist $y \neq 0$ und $\varphi(y) = d y$. Da $d \neq 1$ sein muß, so sieht man: $y \notin \mathrm{Fix}\, \varphi$.

ii) $\Rightarrow$ iii): Wie im Beweis von Satz 7 folgt $\mathrm{Fix}\, \varphi = \mathrm{Ker}\, \alpha$ und daher $\dim(\mathrm{Fix}\, \varphi) = m - 1$ wegen $\alpha \neq 0$.

Die vom Vektor y erzeugte Gerade ist nicht in $\mathrm{Fix}\, \varphi$ enthalten; sie ist jedoch φ-stabil, denn es gilt

$$\varphi(y) = y + \alpha(y)\, y = \big(1 + \alpha(y)\big)\, y.$$

iii) $\Rightarrow$ iv): Nach Voraussetzung gibt es einen Vektor $u \notin \mathrm{Fix}\,\varphi$ und ein $d \in K$ mit $\varphi(u) = du$. Es gilt $d \in K^\times \setminus \{1\}$ wegen $\varphi \in \mathrm{Aut}\,V \setminus \{\mathrm{id}\}$. Zu jedem $\mu \in \mathbb{N}_m$ gibt es eine Basis $X = \{x_1, \ldots, x_m\}$ von V mit $x_\mu = u$ und $x_i \in \mathrm{Fix}\,\varphi$ für $i \neq \mu$. Offensichtlich gilt $\Theta_X(\varphi) = D_\mu(d)$.

iv) $\Rightarrow$ i): trivial. $\qquad\qquad\qquad\qquad\qquad\qquad\qquad\qquad\qquad\qquad\qquad$ $\square$

Man gewinnt jetzt als Korollar, daß für jedes $d \in K^\times$ alle Matrizen $D_\mu(d)$, $\mu \in \mathbb{N}_m$, zueinander ähnlich sind.

6. Transvektionen und Dilatationen. — Die Eigenschaft iii) der Sätze 7 und 10 ist geometrisch, sie impliziert z.B. sofort, daß es unmöglich ist, zu einem Automorphismus $\varphi \neq \mathrm{id}$ Basen X und X' in V zu finden mit $\Theta_X(\varphi) = B_{\mu\nu}(b)$ und $\Theta_{X'}(\varphi) = D_\rho(d)$. Wir benutzen die Essenz der Eigenschaften iii) entscheidend in folgender

Def. 11 *(Transvektion, Dilatation). Es sei $\varphi \in \mathrm{GL}(V)$ ein Automorphismus, dessen Fixpunktraum $\mathrm{Fix}\,\varphi$ eine Hyperebene in V ist. Dann nennen wir φ eine Transvektion, wenn jede φ-stabile Gerade in $\mathrm{Fix}\,\varphi$ enthalten ist. Andernfalls heißt φ eine Dilatation.*

Nun können wir notieren:

Ein Automorphismus $\varphi \neq \mathrm{id}$ von V ist eine Transvektion bzw. eine Dilatation genau dann, wenn es eine Basis X von V gibt, so daß gilt: $\Theta_X(\varphi) = B_{\mu\nu}(b)$ bzw. $\Theta_X(\varphi) = D_\mu(d)$ (mit geeigneten Indizes μ, ν und Skalaren b, d).

Transvektionen und Dilatationen φ haben miteinander die Darstellung

$$\varphi(v) = v + \alpha(v)\,y, \quad v \in V,$$

gemeinsam, wo $\alpha \neq 0$ eine Linearform und $y \neq 0$ ein fester Vektor ist (vgl. jeweils ii)). Es gilt $\mathrm{Ker}\,\alpha = \mathrm{Fix}\,\varphi$. Dabei ist φ eine Transvektion bzw. Dilatation genau dann, wenn $y \in \mathrm{Fix}\,\varphi$ bzw. $y \notin \mathrm{Fix}\,\varphi$. Der Leser beweise zur Übung:

Die Gerade Ky ist durch φ eindeutig bestimmt, genauer: Sind y, $y' \in V$ und α, $\alpha' \in V^*$ so beschaffen, daß

$$\varphi(v) = v + \alpha(v)\,y \quad und \quad \varphi(v) = v + \alpha'(v)\,y', \quad v \in V,$$

so gibt es einen Skalar $c \in K^\times$ mit $y' = c\,y$, $\alpha' = c^{-1}\,\alpha$.

Darüber hinaus gilt noch:

Ist φ eine Dilatation, so ist die Gerade Ky die einzige nicht in $\mathrm{Fix}\,\varphi$ enthaltene φ-stabile Gerade in V.

Bemerkung. Aus der elementaren Geometrie des $\mathbb{R}^3$ sind die Parallelverschiebungen (Translationen) bekannt. Man wählt einen Vektor $y \in \mathbb{R}^3$ und ordnet jedem Vektor $x \in \mathbb{R}^3$ den Vektor $x + y$ zu. Jede solche Translation $\mathbb{R}^3 \to \mathbb{R}^3$ ist bijektiv, allerdings im Falle $y \neq 0$ *nicht* $\mathbb{R}$-linear. Durch das Vorschalten einer Linearform $\alpha \colon \mathbb{R}^3 \to \mathbb{R}$ vor y gewinnt man $\mathbb{R}$-lineare Abbildungen $v \mapsto v + \alpha(v)\,y$, die im Falle $1+\alpha(y)\neq0$ auch bijektiv sind. In diesem Sinne sind Transvektionen und Dilatationen die natürlichen $\mathbb{R}$-linearen Analoga der Parallelverschiebungen. Mit φ ist auch φ^{-1} eine Transvektion bzw. Dilatation, es gilt z.B.

Wird die Transvektion φ durch

$$\varphi(v)=v+\alpha(v)\,y,\qquad \alpha\neq0,\quad y\in\mathrm{Ker}\,\alpha\smallsetminus0,\quad v\in V,$$

dargestellt, so hat φ^{-1} die Darstellung

$$\varphi^{-1}(v)=v-\alpha(v)\,y,\qquad v\in V.$$

Der Beweis ergibt sich durch direktes Nachrechnen.

7. Die Gruppe $\mathrm{SL}(V)$. — Um unsere Aussagen bequem formulieren zu können, verabreden wir vorweg, die identische Abbildung sowohl als Transvektion wie auch als Dilatation auffassen zu wollen. Die Menge aller Transvektionen bzw. Dilatationen eines m-dimensionalen Vektorraumes V über K, $1\leq m<\infty$, werde mit $T(V)$ bzw. $D(V)$ bezeichnet. Es gilt $T(V)=\{\mathrm{id}\}$ genau dann, wenn $m=1$; es gilt $D(V)=\{\mathrm{id}\}$ genau dann, wenn $K=\mathbb{F}_2$. Der Satz 7.8 reformuliert sich wie folgt:

Jeder Automorphismus $\varphi\in\mathrm{GL}(V)$ ist ein endliches Produkt

$$\varphi=\delta\circ\tau_1\circ\cdots\circ\tau_t,\qquad \delta\in D(V),\qquad \tau_1,\ldots,\tau_t\in T(V).$$

Ist nämlich X eine Basis von V, so gilt für $A:=\Theta_X(\varphi)\in\mathrm{GL}(m,K)$ nach Satz 7.8 eine Gleichung $A=D_1(d)\,B_{\mu_1\nu_1}(b_1)\ldots B_{\mu_t\nu_t}(b_t)$; setzt man

$$\delta:=\Theta_X^{-1}\big(D_1(d)\big),\qquad \tau_i:=\Theta_X^{-1}\big(B_{\mu_i\nu_i}(b_i)\big),\quad 1\leq i\leq t,$$

so folgt $\delta\in D(V)$, $\tau_1,\ldots,\tau_t\in T(V)$ und weiter $\varphi=\delta\circ\tau_1\circ\cdots\circ\tau_t$, da Θ_X ein Gruppenisomorphismus ist. $\qquad\qquad\qquad\qquad\qquad\qquad\qquad\qquad\square$

In Analogie zur Gruppe $\mathrm{SL}(m,K)$ führen wir die Menge

$$\mathrm{SL}(V):=\{\tau_1\circ\cdots\circ\tau_t\,;\,\tau_i\in T(V),\,t\geq1\}$$

aller endlichen Produkte von Transvektionen ein. Dann ist also jedes $\varphi\in\mathrm{GL}(V)$ ein Produkt

$$\varphi=\delta\circ\psi\quad\text{mit }\delta\in D(V),\quad\psi\in\mathrm{SL}(V).$$

Für eindimensionale Vektorräume V gilt $\mathrm{SL}(V)=\{\mathrm{id}\}$.

Wir zeigen nun:

Satz 12. *Für jede Basis X von V gilt:*

$$\Theta_X(\mathrm{SL}(V))=\mathrm{SL}(m,K).$$

Die Menge $\mathrm{SL}(V)$ ist ein Normalteiler in $\mathrm{GL}(V)$.

Beweis. Es gilt $SL(m,K) \subset \Theta_X(SL(V))$, denn jede Matrix $A \in SL(m,K)$ schreibt sich in der Form $A = B_{\mu_1 \nu_1}(b_1) \dots B_{\mu_t \nu_t}(b_t)$, woraus folgt

$$\Theta_X^{-1}(A) = \Theta_X^{-1}\big(B_{\mu_1 \nu_1}(b_1)\big) \cdot \ \dots \ \cdot \Theta_X^{-1}\big(B_{\mu_t \nu_t}(b_t)\big)$$

und also $\Theta_X^{-1}(A) \in SL(V)$, da alle Faktoren rechts Transvektionen sind.

Um die umgekehrte Inklusion $\Theta_X(SL(V)) \subset SL(m,K)$ zu verifizieren, braucht man nur zu zeigen, daß $\Theta_X(\tau) \in SL(m,K)$ für jede Transvektion τ gilt.

Nach Satz 7 gibt es eine Basis X' von V mit $\Theta_{X'}(\tau) = B_{\mu\nu}(b) \in SL(m,K)$. Die Matrizen $\Theta_X(\tau)$ und $\Theta_{X'}(\tau)$ sind ähnlich, d.h. es gibt ein $B \in GL(m,K)$ mit $\Theta_X(\tau) = B\,\Theta_{X'}(\tau)\,B^{-1}$. Da $SL(m,K)$ ein Normalteiler in $GL(m,K)$ ist, folgt $\Theta_X(\tau) \in SL(m,K)$.

Weil $\Theta_X \colon GL(V) \to GL(m,K)$ ein Gruppenisomorphismus ist, so folgt jetzt aus Satz 1.2.15, daß $SL(V)$ ein Normalteiler in $GL(V)$ ist. $\qquad\square$

Kapitel V. Determinanten

Die Determinantentheorie und der Kalkül zur Lösung linearer Gleichungssysteme bilden in nahezu allen Bereichen der Mathematik ein elementares und äußerst nützliches Hilfsmittel. Wir werden deswegen in diesem Kapitel ausführlich und in relativ allgemeiner Form darauf eingehen. Einige einfache Tatsachen aus der Theorie der multilinearen, alternierenden Abbildungen sind grundlegend und werden zunächst zusammengestellt. Wie üblich bezeichnet R stets einen kommutativen Ring mit Einselement.

§ 1. Multilineare und alternierende Abbildungen

1. Multilineare Abbildungen. Beispiele. – Es seien $M_1, \ldots, M_p$, N endlich viele R-Moduln. Wir betrachten spezielle Abbildungen der Produktmenge $M_1 \times M_2 \times \cdots \times M_p = \underset{i=1}{\overset{p}{\times}} M_i$ in den R-Modul N. Dazu treffen wir die folgende

Def. 1 (*Multilineare Abbildung*). *Eine Abbildung*

$$\alpha: \underset{i=1}{\overset{p}{\times}} M_i \to N$$

heißt multilinear (oder linear in jedem Argument oder p-fach linear), wenn für alle $\rho \in \mathbb{N}_p$ und für beliebige $z_j \in M_j$, $j \neq \rho$, die Abbildungen

$$\alpha_\rho: M_\rho \to N, \quad z \mapsto \alpha(z_1, \ldots, z_{\rho-1}, z, z_{\rho+1}, \ldots, z_p), \quad z \in M_\rho,$$

jeweils R-linear sind.

Die Menge aller multilinearen Abbildungen von $\underset{i=1}{\overset{p}{\times}} M_i$ in N bezeichnen wir mit $L(M_1, \ldots, M_p; N)$, die Elemente aus $L(M_1, \ldots, M_p; R)$ nennt man üblicherweise *Multilinearformen* oder auch *p-Formen*. Ist $M_1 = M_2 = \ldots = M_p =: M$, so schreiben wir statt $L(M_1, \ldots, M_p; N)$ durchweg $L_p(M, N)$. Im Falle $p = 2$ ist statt des Ausdrucks „2-fach linear" die Bezeichnung „bilinear" gebräuchlich. Die Menge $L(M_1, \ldots, M_p; N)$ ist ein R-Untermodul des R-Moduls $\mathrm{Abb}(M_1 \times \cdots \times M_p, N)$

aller Abbildungen von $M_1 \times \cdots \times M_p$ in N. Offenbar ist $L(M_\rho; N) = \mathrm{Hom}(M_\rho, N)$. Für $p \geq 2$ sind multilineare Abbildungen i.allg. aber keine Homomorphismen des direkten Summenmoduls $\overset{p}{\underset{i=1}{\oplus}} M_i$ in den Modul N.

Beispiele. 1) Das einfachste Beispiel einer 2-fach linearen Abbildung ist die Skalarmultiplikation in einem R-Modul M:

$$R \times M \to M, \quad (r, x) \mapsto r\,x.$$

Die Bilinearität folgt hier unmittelbar aus der Kommutativität von R und den charakteristischen Eigenschaften der Moduloperationen. Die Skalarmultiplikation ist aber *keine* lineare Abbildung des R-Moduls $R \oplus M$ in M: dann müßte nämlich für alle $r, s \in R$ und alle $x, y \in M$ wegen $(r, x) + (s, y) = (r+s, x+y)$ gelten:

$$r\,x + s\,y = (r+s)(x+y) = r\,x + r\,y + s\,x + s\,y,$$

d.h. $r\,y + s\,x = 0$. Dies ist aber nur für $M = 0$ möglich. Der „Kern" dieser bilinearen Abbildung, d.h. die Menge $\{(r, x) \in R \times M;\ r\,x = 0\}$, ist im Falle $M = R$ bei nullteilerfreiem R die Menge $\{(r, s) \in R^2;\ r = 0 \text{ oder } s = 0\}$. Dies ist kein Untermodul von R^2.

2) Das Bild einer bilinearen Abbildung $M_1 \times M_2 \to N$ ist i.allg. ebenfalls kein R-Modul in N: Ist $\{e_1, e_2\}$ eine Basis von R^2 und $\{f_1, \ldots, f_4\}$ eine Basis von R^4, so gibt es eine bilineare Abbildung $\alpha \colon R^2 \times R^2 \to R^4$ mit

$$\alpha(e_1, e_1) = f_1, \quad \alpha(e_1, e_2) = f_2,$$
$$\alpha(e_2, e_1) = f_3, \quad \alpha(e_2, e_2) = f_4;$$

für $x = r_1 e_1 + r_2 e_2,\ y = s_1 e_1 + s_2 e_2 \in R^2$ ist

$$\alpha(x, y) = r_1 s_1 f_1 + r_1 s_2 f_2 + r_2 s_1 f_3 + r_2 s_2 f_4.$$

Für jedes Element $a_1 f_1 + a_2 f_2 + a_3 f_3 + a_4 f_4$ des Bildes $\alpha(R^2 \times R^2)$ gilt also $a_1 a_4 = a_2 a_3$. Daher ist $f_1 + f_4 \notin \alpha(R^2 \times R^2)$ (wegen $1 \cdot 1 \neq 0 \cdot 0 = 0$). Somit ist $\alpha(R^2 \times R^2)$ nicht Untermodul von R^4.

3) Für zwei R-Moduln M und N ist die Abbildung $\mathrm{Hom}(M, N) \times M \to N$, $(\varphi, z) \mapsto \varphi(z)$ offenbar 2-fach linear. Speziell ist die Abbildung $M^* \times M \to R$, $(\varphi, z) \mapsto \varphi(z)$ 2-fach linear.

4) Das im Kap. IV, § 2.5, eingeführte Skalarprodukt $R_m \times R_m \to R$, $(y, z) \mapsto y^t z$ ist eine Bilinearform (Beweis!).

Mit multilinearen Abbildungen aus $L_p(M; N)$ rechnet man wie folgt:

Satz 2. *Sind $y_1, \ldots, y_m \in M$ beliebig und sind $z_1, \ldots, z_p \in M$ durch Gleichungen*

$$z_i = \sum_{\mu=1}^{m} a_{i\mu} y_\mu, \quad i \in \mathbb{N}_p,$$

gegeben, so gilt

$$\alpha(z_1, \dots, z_p) = \sum_{(\mu_1, \dots, \mu_p) \in (\mathbb{N}_m)^p} \left(\prod_{i=1}^{p} a_{i\mu_i} \right) \alpha(y_{\mu_1}, \dots, y_{\mu_p})$$

für alle Elemente $\alpha \in L_p(M, N)$.

Beweis. Man zeigt durch vollständige Induktion nach k, daß für alle $k \in \mathbb{N}_p$ gilt:

$$\alpha(z_1, \dots, z_p) = \sum_{(\mu_1, \dots, \mu_k) \in (\mathbb{N}_m)^k} \left(\prod_{i=1}^{k} a_{i\mu_i} \right) \alpha(y_{\mu_1}, \dots, y_{\mu_k}, z_{k+1}, \dots, z_p).$$

Für $k = p$ ist das die Behauptung. $\qquad\square$

Korollar. *Es sei* $\{y_1, \dots, y_m\}$ *ein Erzeugendensystem von* M, *und es seien* $\alpha, \alpha' \in L_p(M, N)$ *so beschaffen, daß gilt:*

$$\alpha(y_{\mu_1}, \dots, y_{\mu_p}) = \alpha'(y_{\mu_1}, \dots, y_{\mu_p}) \quad \textit{für alle } (\mu_1, \dots, \mu_p) \in \mathbb{N}_m^p.$$

Dann folgt $\alpha = \alpha'$.

2. Alternierende und schiefsymmetrische multilineare Abbildungen. — Wir betrachten im folgenden nur noch spezielle multilineare Abbildungen und treffen zu dem Zweck die

Def. 3 *(Alternierende multilineare Abbildung). Eine multilineare Abbildung* $\alpha \in L_p(M, N)$ *heißt* alternierend, *wenn für jedes Element* $(z_1, \dots, z_p) \in M^p$, *welches zwei übereinstimmende Komponenten besitzt (etwa* $z_i = z_j$ *mit* $1 \le i < j \le p$*), gilt:*

$$\alpha(z_1, \dots, z_p) = 0.$$

Man sieht sofort:

Die Gesamtheit aller alternierenden Elemente von $L_p(M, N)$ *bildet einen R-Untermodul von* $L_p(M, N)$.

Wir notieren sogleich wichtige Eigenschaften alternierender Abbildungen.

Satz 4. *Jede alternierende Abbildung* $\alpha \in L_p(M, N)$ *ist schiefsymmetrisch, d.h. für jedes p-Tupel* $(z_1, \dots, z_p) \in M^p$ *und jede Transposition* $\tau \in \mathfrak{S}_p$ *gilt:*

$$\alpha(z_{\tau(1)}, z_{\tau(2)}, \dots, z_{\tau(p)}) = -\alpha(z_1, z_2, \dots, z_p).$$

Beweis. Seien $i, j \in \mathbb{N}_p$, $1 \le i < j \le p$, und sei $\tau(i) = j$, $\tau(j) = i$. Wir betrachten das Element $(v_1, \dots, v_p) \in M^p$, wo

$$v_k := z_k \quad \text{für alle } k \in \mathbb{N}_p \smallsetminus \{i, j\}, \qquad v_i := v_j := z_i + z_j.$$

Dann gilt, weil α alternierend ist:

$$0 = \alpha(v_1, \ldots, v_p) = \alpha(z_1, \ldots, z_{i-1}, z_i + z_j, \ldots, z_{j-1}, z_i + z_j, \ldots, z_p)$$

$$= \alpha(z_1, \ldots, z_{i-1}, z_i, \ldots, z_{j-1}, z_i, \ldots, z_p) + \alpha(z_1, \ldots, z_p) +$$

$$+ \alpha(z_1, \ldots, z_{i-1}, z_j, \ldots, z_{j-1}, z_i, \ldots, z_p) + \alpha(z_1, \ldots, z_{i-1}, z_j, \ldots, z_{j-1}, z_j, \ldots, z_p).$$

Auf der rechten Seite der letzten Gleichung verschwinden der erste und der letzte Summand, da jeweils zwei Argumente übereinstimmen. Wegen

$$(z_1, \ldots, z_{i-1}, z_j, \ldots, z_{j-1}, z_i, \ldots, z_p) = (z_{\tau(1)}, \ldots, z_{\tau(i)}, \ldots, z_{\tau(j)}, \ldots, z_{\tau(p)})$$

folgt daher: $\alpha(z_{\tau(1)}, \ldots, z_{\tau(p)}) = -\alpha(z_1, \ldots, z_p)$. $\qquad\qquad\square$

Satz 5. *Ist die multilineare Abbildung $\alpha \in L_p(M, N)$ schiefsymmetrisch, so gilt für jede Permutation $\sigma \in \mathfrak{S}_p$ und für alle $(z_1, \ldots, z_p) \in M^p$ die Gleichung:*

$$\alpha(z_{\sigma(1)}, \ldots, z_{\sigma(p)}) = \operatorname{sgn} \sigma \cdot \alpha(z_1, \ldots, z_p).$$

Beweis. Nach Satz 1.3.5 ist σ ein Produkt von Transpositionen: $\sigma = \tau_1 \circ \ldots \circ \tau_q$. Wir führen Induktion nach q; der Fall $q = 1$ ist nach Definition erledigt. Hat man die Behauptung für $q-1$ schon gezeigt, so setzt man $\sigma' := \tau_2 \circ \ldots \circ \tau_q$ und erhält unter Benutzung der Induktionsvoraussetzung

$$\alpha(z_{\sigma(1)}, \ldots, z_{\sigma(p)}) = \alpha(z_{\tau_1(\sigma'(1))}, \ldots, z_{\tau_1(\sigma'(p))})$$

$$= -\alpha(z_{\sigma'(1)}, \ldots, z_{\sigma'(p)}) = -\operatorname{sgn} \sigma' \cdot \alpha(z_1, \ldots, z_p) = \operatorname{sgn} \sigma \cdot \alpha(z_1, \ldots, z_p).$$
$$\square$$

In wichtigen Fällen ist Satz 4 umkehrbar. Es gilt nämlich

Satz 6. *Ist $2 := 1 + 1 \in R$ nicht Nullteiler von N (d.h. folgt aus $2x = 0$, $x \in N$, stets $x = 0$), so ist jede schiefsymmetrische Abbildung $\alpha \in L_p(M, N)$ auch alternierend.*

Beweis. Sei $(z_1, \ldots, z_p) \in M^p$ mit $z_i = z_j$, wo $i \neq j$. Bezeichnet wieder $\tau \in \mathfrak{S}_p$ die i mit j vertauschende Transposition, so ist

$$-\alpha(z_1, \ldots, z_p) = \alpha(z_{\tau(1)}, \ldots, z_{\tau(p)}) = \alpha(z_1, \ldots, z_p),$$

d.h. $2\alpha(z_1, \ldots, z_p) = 0$. Da 2 kein Nullteiler in N ist, folgt $\alpha(z_1, \ldots, z_p) = 0$, d.h. α ist alternierend. $\qquad\qquad\square$

Im soeben bewiesenen Satz ist die Bedingung, daß 2 kein Nullteiler von N sein darf, wesentlich. Für jeden Ring R ist die Multiplikation

$$\alpha : R \times R \to R, \qquad \alpha(x, y) := x\,y$$

bilinear, und es gilt:

$$\alpha(x, y) = \alpha(y, x) = -\alpha(y, x), \qquad \text{falls } 1 + 1 = 0 \text{ in } R, \text{ z.B. für } R := \mathbb{F}_2.$$

Also ist α für solche Ringe zugleich symmetrisch und schiefsymmetrisch, aber nicht alternierend, denn es ist $\alpha(1,1)=1\neq0$. Die Voraussetzung von Satz 6 ist für alle Vektorräume über einem Körper K mit Char $K\neq2$ erfüllt.

Eine wichtige *schiefsymmetrische* und alternierende bilineare Abbildung im Anschauungsraum $\mathbb{R}^3$ ist das *Vektorprodukt* (Kreuzprodukt, äußeres Produkt)

$$\mathbb{R}^3\times\mathbb{R}^3\to\mathbb{R}^3,\quad (x,y)\mapsto x\times y,$$

das wie folgt explizit definiert werden kann, wenn eine Basis $\{e_1,e_2,e_3\}$ im $\mathbb{R}^3$ gegeben ist: Für $x=a_1e_1+a_2e_2+a_3e_3$, $y=b_1e_1+b_2e_2+b_3e_3$ setzt man: $x\times y:=c_1e_1+c_2e_2+c_3e_3$ mit

$$c_1:=a_2b_3-a_3b_2,\quad c_2:=a_3b_1-a_1b_3,\quad c_3:=a_1b_2-a_2b_1.$$

Durch Nachrechnen bestätigt man, daß eine schiefsymmetrische bilineare Abbildung vorliegt.

3. Rechenregeln für alternierende Formen. – Den Modul der alternierenden p-Formen auf einem R-Modul M bezeichnen wir abkürzend mit $\Lambda^p M$.

Als erstes Resultat notieren wir:

Satz 7. *Ist M endlich erzeugbar, so gilt:*

$$\Lambda^p M=0\quad\textit{für alle } p>\mathrm{erz}_R M.$$

Beweis. Sei $m:=\mathrm{erz}_R M$ und $\{y_1,\ldots,y_m\}$ ein Erzeugendensystem von M, sei $p>m$ und $\lambda\in\Lambda^p M$. Dann ist $\lambda(y_{i_1},\ldots,y_{i_p})=0$ für alle $(i_1,\ldots,i_p)\in\mathbb{N}_m^p$, da hier wegen $p>m$ nicht alle y_{i_ν} verschieden sind. Das Korollar zu Satz 2 liefert die Behauptung. $\square$

Für alternierende Formen gilt im Falle $m=p$ folgende Verschärfung von Satz 2.

Satz 8. *Sind $y_1,\ldots,y_p\in M$ beliebig, und sind $z_1,\ldots,z_p\in M$ durch Gleichungen*

$$z_i=\sum_{\mu=1}^{p}a_{i\mu}y_\mu,\quad i=1,\ldots,p,$$

gegeben, so gilt

$$\lambda(z_1,\ldots,z_p)=\left(\sum_{\sigma\in\mathfrak{S}_p}\mathrm{sgn}\,\sigma\prod_{i=1}^{p}a_{i\,\sigma(i)}\right)\lambda(y_1,\ldots,y_p)$$

für alle Elemente $\lambda\in\Lambda^p M$.

Beweis. Nach Satz 2 gilt:

$$\lambda(z_1,\ldots,z_p)=\sum_{(\mu_1,\ldots,\mu_p)\in(\mathbb{N}_p)^p}\left(\prod_{i=1}^{p}a_{i\mu_i}\right)\lambda(y_{\mu_1},\ldots,y_{\mu_p}).$$

Weil λ alternierend ist, braucht nur über solche Tupel $(\mu_1, \ldots, \mu_p)$ summiert zu werden, bei denen die μ_i paarweise verschieden sind. Jedes solche Tupel erhält man aus dem Grundtupel $(1, \ldots, p)$ durch eine eindeutig bestimmte Permutation $\sigma \in \mathfrak{S}_p$. Damit ergibt sich

$$\lambda(z_1, \ldots, z_p) = \sum_{\sigma \in \mathfrak{S}_p} \left(\prod_{i=1}^{p} a_{i\sigma(i)} \right) \lambda(y_{\sigma(1)}, \ldots, y_{\sigma(p)}).$$

Nun besteht nach Satz 5 für alle $\sigma \in \mathfrak{S}_p$ die Gleichung

$$\lambda(y_{\sigma(1)}, \ldots, y_{\sigma(p)}) = \operatorname{sgn} \sigma \cdot \lambda(y_1, \ldots, y_p).$$

Daraus folgt die behauptete Identität

$$\lambda(z_1, \ldots, z_p) = \left(\sum_{\sigma \in \mathfrak{S}_p} \operatorname{sgn} \sigma \prod_{i=1}^{p} a_{i\sigma(i)} \right) \lambda(y_1, \ldots, y_p). \qquad \square$$

Wählt man zu festem $j \in \mathbb{N}_p$ in Satz 8 speziell

$$z_i := y_i \quad \text{für } i \neq j, \ z_j := \sum_{\mu=1}^{p} r_\mu y_\mu, r_\mu \in R,$$

so erhält man die

Formale Cramersche Regel. *Für alle Elemente* $\lambda \in \Lambda^p M$, $y_1, \ldots, y_p \in M$, $r_1, \ldots, r_p \in R$ *gilt:*

$$\lambda\left(y_1, \ldots, y_{j-1}, \sum_{\mu=1}^{p} r_\mu y_\mu, y_{j+1}, \ldots, y_p \right) = r_j \lambda(y_1, \ldots, y_p), \quad j \in \mathbb{N}_p.$$

Das läßt sich allerdings auch direkt einsehen, denn es ist

$$\lambda\left(y_1, \ldots, y_{j-1}, \sum_{\mu=1}^{p} r_\mu y_\mu, y_{j+1}, \ldots, y_p \right) = \sum_{\mu=1}^{p} r_\mu \lambda(y_1, \ldots, y_{j-1}, y_\mu, y_{j+1}, \ldots, y_p),$$

und rechts verschwinden alle Summanden mit $\mu \neq j$, da λ alternierend ist. $\qquad \square$

Die eigentliche Cramersche Regel werden wir in der Theorie der linearen Gleichungssysteme (§ 6) als Lösungsmethode kennenlernen.

Abschließend notieren wir noch:

Korollar zu Satz 8. *Es sei* $\{y_1, \ldots, y_m\}$ *ein Erzeugendensystem von* M, *und es seien* $\lambda, \lambda' \in \Lambda^m M$ *so beschaffen, daß gilt*

$$\lambda(y_1, \ldots, y_m) = \lambda'(y_1, \ldots, y_m).$$

Dann folgt $\lambda = \lambda'$.

§ 2. Existenz alternierender Formen

Mit M bezeichnen wir im folgenden stets einen *endlich erzeugbaren freien R-Modul*, der eine Basis von m Elementen besitzen möge. Wir geben zwei Beweise für den grundlegenden Satz, daß alsdann der R-Modul $\Lambda^m M$ der alternierenden m-Formen auf M ein freier Modul vom Range 1 ist. Daraus folgt dann insbesondere noch einmal (unabhängig von den Resultaten in Kap. III, § 5.3) die Invarianz der Basislänge und die Gleichung $\operatorname{erz}_R M = \operatorname{rg}_R M$.

1. Konstruktion alternierender Formen mittels des Signumepimorphismus. — Ist $\{y_1, \ldots, y_m\}$ ein Erzeugendensystem von M, so ist die Abbildung

$$\Lambda^m M \to R, \ \lambda \mapsto \lambda(y_1, \ldots, y_m)$$

auf Grund des Korollars zu Satz 1.8 ein R-Modul*mono*morphismus. Wir wollen beweisen, daß diese Abbildung surjektiv ist, falls $\{y_1, \ldots, y_m\}$ eine Basis von M ist. Dazu hat man die Existenz einer m-Form $\Delta \in \Lambda^m M$ mit $\Delta(y_1, \ldots, y_m) = 1$ sicherzustellen. Nach Satz 1.8 ist klar, wie dieses Δ auszusehen hat; man muß zeigen:

Satz 1. *Es sei* $\{y_1, \ldots, y_m\}$ *eine Basis von M. Für beliebige Vektoren*

$$z_i = \sum_{\mu=1}^m a_{i\mu} y_\mu \in M, \quad i \in \mathbb{N}_m,$$

werde gesetzt:

$$\Delta(z_1, \ldots, z_m) := \sum_{\sigma \in \mathfrak{S}_m} \operatorname{sgn} \sigma \prod_{i=1}^m a_{i\sigma(i)}.$$

Dann ist Δ *eine alternierende m-Form auf M mit* $\Delta(y_1, \ldots, y_m) = 1$.

Beweis. Weil $\{y_1, \ldots, y_m\}$ eine Basis von M ist, sind die Elemente $a_{i\mu} \in R$ durch z_i eindeutig bestimmt, $i, \mu \in \mathbb{N}_m$. Die Abbildung Δ ist also wohldefiniert. Für jedes $\sigma \in \mathfrak{S}_m$ ist die Abbildung

$$\beta_\sigma : M^m \to R, \ (z_1, \ldots, z_m) \mapsto \prod_{i=1}^m a_{i\sigma(i)}$$

multilinear; denn ist bei festem j neben z_j ein weiterer Vektor $z_j' = \sum_{\mu=1}^m a_{j\mu}' y_\mu \in M$ gegeben, so gilt für beliebige Skalare $r, r' \in R$, wenn wir vorübergehend mit β_σ^* die durch $z \mapsto \beta_\sigma(z_1, \ldots, z_{j-1}, z, z_{j+1}, \ldots, z_m)$ definierte Abbildung $M \to R$ bezeichnen:

$$\beta_\sigma^*(r z_j + r' z_j') = (r a_{j\sigma(j)} + r' a_{j\sigma(j)}') \prod_{i \in \mathbb{N}_m \smallsetminus \{j\}} a_{i\sigma(i)}$$

$$= r \prod_{i=1}^m a_{i\sigma(i)} + r' a_{j\sigma(j)}' \prod_{i \in \mathbb{N}_m \smallsetminus \{j\}} a_{i\sigma(i)} = r \beta_\sigma^*(z_j) + r' \beta_\sigma^*(z_j').$$

Mit allen β_σ ist nun auch

$$\Delta = \sum_{\sigma \in \mathfrak{S}_m} \operatorname{sgn} \sigma \cdot \beta_\sigma$$

multilinear.

Für $z_i = y_i$ gilt $a_{i\mu} = \delta_{i\mu}$ und daher

$$\Delta(y_1, \ldots, y_m) = \sum_{\sigma \in \mathfrak{S}_m} \operatorname{sgn} \sigma \prod_{i=1}^{m} \delta_{i\,\sigma(i)}.$$

Da zu jeder Permutation $\sigma \neq \mathrm{id}$ ein Index i mit $\sigma(i) \neq i$ existiert und alsdann $\delta_{i\sigma(i)} = 0$ gilt, so verschwinden hier alle Summanden bis auf denjenigen, der zu $\sigma = \mathrm{id}$ gehört. Dieser Summand ist wegen $\operatorname{sgn} \mathrm{id} = 1$ und $\delta_{ii} = 1$ gerade 1, d.h. es gilt

$$\Delta(y_1, \ldots, y_m) = 1.$$

Es bleibt zu zeigen, daß im Falle $m \geq 2$ die Multilinearform Δ alternierend ist, d.h. daß für jedes m-Tupel $(z_1, \ldots, z_m)$ mit zwei gleichen Komponenten, etwa $z_i = z_j$, wo $1 \leq i < j \leq m$, gilt:

$$\Delta(z_1, \ldots, z_m) = 0.$$

Wir bezeichnen mit $\tau \in \mathfrak{S}_m$ diejenige Transposition, die i mit j vertauscht. Dann ist die Gruppe $\mathfrak{S}_m$ die Vereinigung von $\mathfrak{A}_m$ ($=$ Gruppe der geraden Permutationen) und der Menge $\mathfrak{A}_m \cdot \tau$ ($=$ Menge der ungeraden Permutationen). Außerdem ist $\mathfrak{A}_m \cap (\mathfrak{A}_m \cdot \tau) = \varnothing$. Daher gilt:

$$\Delta(z_1, \ldots, z_m) = \sum_{\pi \in \mathfrak{A}_m} \left(\operatorname{sgn} \pi \prod_{i=1}^{m} a_{i\,\pi(i)} + \operatorname{sgn}(\pi \circ \tau) \prod_{i=1}^{m} a_{i\,\pi\circ\tau(i)} \right).$$

wegen $\operatorname{sgn} \pi = 1$ und $\operatorname{sgn} \pi \circ \tau = -1$ wird somit $\Delta(z_1, \ldots, z_m) = 0$ bewiesen sein, wenn wir zeigen:

$$\prod_{i=1}^{m} a_{i\,\pi(i)} = \prod_{i=1}^{m} a_{i\,\pi\circ\tau(i)} \quad \text{für alle } \pi \in \mathfrak{A}_m.$$

Das ist aber klar, denn τ hält alle Indizes außer i und j fest, und für die zu i und j gehörenden Faktoren gilt (wegen $a_{i\mu} = a_{j\mu}$ für alle μ):

$$a_{i\pi\circ\tau(i)} = a_{i\pi(j)} = a_{j\pi(j)}, \quad a_{j\pi\circ\tau(j)} = a_{j\pi(i)} = a_{i\pi(i)}. \qquad \square$$

Als erste unmittelbare Folgerung aus dem bewiesenen Existenzsatz halten wir fest:

Korollar. *Besitzt M eine Basis mit m Elementen, so haben alle Basen von M dieselbe Anzahl von Elementen, und es gilt:*

$$m = \operatorname{erz}_R M = \max\{p \in \mathbb{N}; \Lambda^p M \neq 0\} = \operatorname{rg}_R M.$$

Beweis. Nach Satz 1 ist $\Lambda^m M \simeq R$ und folglich $m \leq \operatorname{erz}_R M$ nach Satz 1.7. Definitionsgemäß ist $\operatorname{erz}_R M \leq m$, also folgt $m = \operatorname{erz}_R M$. $\qquad \square$

Es sei ausdrücklich bemerkt, daß hier im Unterschied zu Kap. III, § 5.3 *nicht* die Existenz eines maximalen Ideals in R vorausgesetzt wurde.

Der Vollständigkeit halber notieren wir noch den folgenden einfachen Satz, den der Leser als Übungsaufgabe betrachten möge.

Sei M ein freier R-Modul, $\mathrm{rg}\, M = m < \infty$. Dann sind für jedes $\lambda \in \Lambda^m M$ die folgenden Aussagen äquivalent:

   i) *$\{\lambda\}$ ist eine Basis von $\Lambda^m M$.*

   ii) *Für jede Basis $\{y_1, \ldots, y_m\}$ von M ist $\lambda(y_1, \ldots, y_m) \in R^\times$.*

   iii) *Es gibt eine Basis $\{y_1, \ldots, y_m\}$ von M mit $\lambda(y_1, \ldots, y_m) \in R^\times$.* $\square$

2. Konstruktion alternierender m-Formen aus $(m-1)$-Formen. — Im Beweis der Existenz einer alternierenden m-Form Δ, die auf einer Basis den Wert 1 annimmt, haben wir im letzten Abschnitt wesentlich den Signumepimorphismus sgn: $\mathfrak{S}_m \to \{1, -1\}$ benutzt. Man kann die Existenz eines solchen Δ indessen auch ohne Verwendung von Eigenschaften dieses Homomorphismus durch vollständige Induktion herleiten. Entscheidend ist folgender Satz, der im Prinzip schon den „Laplaceschen Entwicklungssatz" vorwegnimmt.

Satz 2. *Sei M ein freier R-Modul mit der Basis $\{y_1, \ldots, y_m\}$. Sei $M' := R\, y_1 \oplus \cdots \oplus R\, y_{m-1}$, und sei $\Delta' \in \Lambda^{m-1} M'$ mit $\Delta'(y_1, \ldots, y_{m-1}) = 1$ gegeben. Für jedes m-Tupel $(z_1, \ldots, z_m) \in M^m$ mit Elementen*

$$z_\mu = z'_\mu + c_\mu\, y_m \in M, \quad z'_\mu \in M', \quad c_\mu \in R, \quad \mu \in \mathbb{N}_m,$$

werde gesetzt:

$$\Delta(z_1, \ldots, z_m) = \sum_{\mu=1}^{m} (-1)^{m+\mu}\, c_\mu\, \Delta'(z'_1, \ldots, z'_{\mu-1}, z'_{\mu+1}, \ldots, z'_m).$$

Dann gilt $\Delta \in \Lambda^m M$ und $\Delta(y_1, \ldots, y_m) = 1$.

Beweis. Unter Benutzung der Multilinearität von Δ' verifiziert man (analog zum Beweis von Satz 1) sofort die Multilinearität aller Formen $c_\mu\, \Delta'$ und damit die von Δ. Wir zeigen weiter, daß Δ alternierend ist. Sei also wieder $z_i = z_j$, wo $1 \leq i < j \leq m$. Dies bedeutet $z'_i = z'_j$ und $c_i = c_j$. In der m-gliedrigen Summe für $\Delta(z_1, \ldots, z_m)$ verschwinden dann zunächst alle Summanden mit $\mu \neq i$ und $\mu \neq j$, denn $\Delta'(z'_1, \ldots, z'_{\mu-1}, z'_{\mu+1}, \ldots, z'_m)$ enthält in diesen Fällen die beiden gleichen Elemente z'_i und z'_j in den Argumenten und verschwindet also, da Δ' nach Voraussetzung alternierend ist. Es bleibt somit

$$\Delta(z_1, \ldots, z_m) = (-1)^{m+i}\, c_i\, \Delta'(z'_1, \ldots, z'_{i-1}, z'_{i+1}, \ldots, z'_j, \ldots, z'_m)$$

$$+ (-1)^{m+j}\, c_j\, \Delta'(z'_1, \ldots, z'_i, \ldots, z'_{j-1}, z'_{j+1}, \ldots, z'_m).$$

Das $(m-1)$-Tupel $(z'_1, \ldots, z'_i, \ldots, z'_{j-1}, z'_{j+1}, \ldots, z'_m)$ geht durch $(j-i-1)$-maliges „Hüpfen" von z'_i nach rechts in das Tupel $(z'_1, \ldots, z'_{i-1}, z'_{i+1}, \ldots, z'_j, \ldots, z'_m)$ über. Da Δ' als alternierende Form schiefsymmetrisch ist, so hat dieses $(j-i-1)$-malige Ausführen einer Transposition also die Konsequenz:

$$\Delta'(z'_1, \ldots, z'_{i-1}, z'_{i+1}, \ldots, z'_j, \ldots, z'_m)$$

$$= (-1)^{j-i-1}\, \Delta'(z'_1, \ldots, z'_i, \ldots, z'_{j-1}, z'_{j+1}, \ldots, z'_m).$$

Somit folgt

$$\Delta(z_1, \ldots, z_m) = \left((-1)^{m+i+j-i-1} + (-1)^{m+j}\right) \cdot c_i \, \Delta'(z_1', \ldots, z_i', \ldots, z_{j-1}', z_{j+1}', \ldots, z_m') = 0.$$

Die Gleichung $\Delta(y_1, \ldots, y_m) = 1$ folgt trivial. $\square$

Wir haben schon betont, daß der Signumhomomorphismus zur Konstruktion der nichttrivialen Form Δ in Satz 2 *nicht* benötigt wurde. Es ist bemerkenswert, daß sich unter Benutzung von Satz 2 dieser Homomorphismus erneut in eleganter Weise definieren läßt. Wir wählen eine Basis $(e_\nu)_{1 \le \nu \le n}$ des $\mathbb{Z}$-Moduls $\mathbb{Z}^n$ und ein $\Delta \in \Lambda^n \mathbb{Z}^n$ mit $\Delta(e_1, \ldots, e_n) = 1$ gemäß Satz 2. Dann gilt

Satz 3. *Die Abbildung*

$$s: \ \mathfrak{S}_n \to \{1, -1\}, \qquad \pi \mapsto \Delta(e_{\pi(1)}, \ldots, e_{\pi(n)}),$$

ist ein Gruppenepimorphismus.

Beweis. Man hat $s(\mathrm{id}) = 1$ nach Wahl von Δ. Weil Δ schiefsymmetrisch ist, so gilt nach Definition für jede Transposition $\tau \in \mathfrak{S}_n$ und jedes $\pi \in \mathfrak{S}_n \, (n \ge 2)$:

$$s(\tau \circ \pi) = \Delta(e_{\tau(\pi(1))}, \ldots, e_{\tau(\pi(n))}) = -\Delta(e_{\pi(1)}, \ldots, e_{\pi(n)}) = -s(\pi).$$

Aus der Bemerkung im Anschluß an Satz 1.3.10 folgt, daß $s(\mathfrak{S}_n) = \mathbb{Z}^\times$ und s ein Gruppenhomomorphismus $\mathfrak{S}_n \to \mathbb{Z}^\times$ ist. Weil es nur einen Epimorphismus $\mathfrak{S}_n \to \{1, -1\}$ gibt (vgl. Kap. I, § 3.3), so ist klar, daß s der Signumepimorphismus ist.

$\square$

§ 3. Determinanten

Wie im letzten Paragraphen bezeichnet M stets einen endlich erzeugbaren freien R-Modul vom Range $m \ge 1$. Es sei $Y = \{y_1, \ldots, y_m\}$ eine Basis von M und $\Delta \in \Lambda^m M$ eine m-Form mit $\Delta(y_1, \ldots, y_m) = 1$ (gemäß Satz 2.1).

1. Determinante eines Endomorphismus. — Unter Benutzung der im vorigen Paragraphen gewonnenen Einsichten in die Struktur des Moduls $\Lambda^m M$ ordnen wir jedem Endomorphismus $\varphi: M \to M$ eine Invariante $\det \varphi \in R$ zu, welche wichtige Auskünfte über φ gibt. Ausgangspunkt ist folgende Feststellung, die der Leser ohne Schwierigkeiten verifiziert:

Ist $\varphi \in \mathrm{End}_R M$ und $\lambda \in \Lambda^p M$, $p \ge 1$, so wird durch

$$(z_1, \ldots, z_p) \mapsto \lambda\big(\varphi(z_1), \ldots, \varphi(z_p)\big)$$

eine alternierende p-Form auf M definiert.

Wir bezeichnen diese durch φ und λ eindeutig bestimmte p-Form mit $\Lambda^p \varphi(\lambda)$. Jeder Endomorphismus $\varphi: M \to M$ gibt somit zu der Abbildung

$$\Lambda^p \varphi: \ \Lambda^p M \to \Lambda^p M, \qquad \lambda \mapsto \Lambda^p \varphi(\lambda),$$

Anlaß. Man rechnet sofort aus, daß $\Lambda^p \varphi$ eine R-lineare Abbildung ist:

$$\Lambda^p \varphi(a_1 \lambda_1 + a_2 \lambda_2) = a_1 \Lambda^p \varphi(\lambda_1) + a_2 \Lambda^p \varphi(\lambda_2), \qquad a_1, a_2 \in R, \ \lambda_1, \lambda_2 \in \Lambda^p M.$$

Somit folgt: $\Lambda^p \varphi \in \mathrm{End}_R \Lambda^p M$. Es sei jedoch ausdrücklich betont, daß die Abbildung

$$\Lambda^p: \ \mathrm{End}_R M \to \mathrm{End}_R \Lambda^p M, \qquad \varphi \mapsto \Lambda^p \varphi,$$

i.a. *kein* R-Homomorphismus ist.

Die vorangehenden formalen Betrachtungen sind im Falle $p > m$ leer, da dann $\Lambda^p M = 0$ gilt (vgl. Satz 1.7). Für $p = m$ ist aber etwas Nichttriviales erreicht: Weil der Modul $\Lambda^m M$ frei vom Range 1 ist (vgl. § 2.1), so sind alle Endomorphismen von $\Lambda^m M$ Homothetien; es gibt also zu jedem $\varphi \in \mathrm{End}_R M$ einen Skalar $\det \varphi \in R$ mit der Eigenschaft:

$$\Lambda^m \varphi = (\det \varphi) \cdot \mathrm{id}.$$

Da für einen freien Modul $\neq 0$ verschiedene Skalare $a, a' \in R$ stets verschiedene Homothetien $a \cdot \mathrm{id}$, $a' \cdot \mathrm{id}$ bestimmen, so ist der Skalar $\det \varphi$ eindeutig durch φ bestimmt.

Def. 1 *(Determinante eines Endomorphismus). Der Skalar*

$$\det \varphi \in R \qquad \textit{mit der Eigenschaft} \ \Lambda^m \varphi = (\det \varphi) \cdot \mathrm{id}$$

heißt die Determinante des Endomorphismus $\varphi \in \mathrm{End}_R M$.

Es ist einfach und nützlich, unter Heranziehung der fixierten Basis $\{y_1, \ldots, y_m\}$ von M und der m-Form Δ explizite Formeln für $\det \varphi$ anzugeben. Nach Definition ist $\Lambda^m \varphi(\Delta)$ die m-Form

$$(z_1, \ldots, z_m) \mapsto \Delta\big(\varphi(z_1), \ldots, \varphi(z_m)\big).$$

Wegen $\Lambda^m \varphi(\Delta) = (\det \varphi) \cdot \Delta$ folgt:

$$(1) \qquad \det \varphi \cdot \Delta(z_1, \ldots, z_m) = \Delta\big(\varphi(z_1), \ldots, \varphi(z_m)\big) \qquad \text{für alle } z_1, \ldots, z_m \in M.$$

Bei festem $i \in \mathbb{N}_m$ setze man speziell $z_j := y_j$ für $j \neq i$, $z_i := z = \sum_{\mu=1}^{m} c_\mu y_\mu$, $c_\mu \in R$. Wegen $\Delta(y_1, \ldots, y_m) = 1$ folgt dann aus der formalen Cramerschen Regel:

$$(2) \qquad \det \varphi \cdot c_i = \Delta\big(\varphi(y_1), \ldots, \varphi(y_{i-1}), \varphi(z), \varphi(y_{i+1}), \ldots, \varphi(y_m)\big).$$

Spezialisiert man weiter z zu y_i, so gilt $c_i = 1$ und damit:

$$(3) \qquad \det \varphi = \Delta\big(\varphi(y_1), \ldots, \varphi(y_m)\big).$$

2. Eigenschaften der Determinante. — Wesentliche Determinanteneigenschaften ergeben sich ohne großen Aufwand direkt aus der Definition, speziell aus den Gln. (1)−(3) des vorigen Abschnittes. So sieht man z. B. sofort:

Ist $\varphi = r \cdot \mathrm{id}$, $r \in R$, *eine Homothetie, so gilt:* $\det \varphi = r^m$. *Insbesondere ist* $\det \mathrm{id} = 1$ *und* $\det 0 = 0$.

Beweis. Es ist

$$\det \varphi = \Delta(r\, y_1, \ldots, r\, y_m) = r^m\, \Delta(y_1, \ldots, y_m) = r^m. \qquad \square$$

Eine fundamentale Eigenschaft der Determinante beinhaltet

Satz 2 *(Produktregel). Für alle* $\varphi, \psi \in \mathrm{End}_R M$ *gilt:*

$$\det(\varphi \circ \psi) = (\det \varphi) \cdot (\det \psi).$$

Beweis. Es ist

$$\det(\varphi \circ \psi) = \Delta\big(\varphi(\psi(y_1)), \ldots, \varphi(\psi(y_m))\big) = \det \varphi \cdot \Delta\big(\psi(y_1), \ldots, \psi(y_m)\big)$$

$$= (\det \varphi) \cdot (\det \psi). \qquad \square$$

Bemerkung. Die Zuordnung $M \rightsquigarrow \Lambda^p M$, $\varphi \rightsquigarrow \Lambda^p \varphi$ ist funktoriell

$$\Lambda^p(\varphi \circ \psi) = \Lambda^p(\psi) \circ \Lambda^p(\varphi), \qquad \varphi, \psi \in \mathrm{End}_R M.$$

Der Leser bestätige dies und mache sich klar, daß die Produktregel für Determinanten auf dieser Tatsache beruht.

Die Produktregel besagt, daß die Abbildung

$$\det\colon \ \mathrm{End}_R M \to R, \qquad \varphi \mapsto \det \varphi,$$

ein Homomorphismus der *multiplikativen* Halbgruppe $\mathrm{End}_R M$ in die *multiplikative* Halbgruppe R ist. Diese Abbildung ist übrigens surjektiv; denn ist $r \in R$ beliebig, so gilt für den durch

$$y_1 \mapsto r\, y_1, \qquad y_\mu \mapsto y_\mu, \qquad \mu \geq 2,$$

definierten Endomorphismus $\chi\colon M \to M$ ersichtlich $\det \chi = \Delta(r\, y_1, y_2, \ldots, y_m) = r$.

Wegen $\det \mathrm{id} = 1$ sieht man:

Für jeden Automorphismus $\varphi \in \mathrm{Aut}_R M$ *ist* $\det \varphi$ *eine Einheit in R. Es gilt*

$$\det(\varphi^{-1}) = (\det \varphi)^{-1}.$$

Der nächste Satz gibt einen ersten Hinweis auf die Nützlichkeit des Determinantenbegriffes.

Satz 3. *Für alle* $\varphi \in \mathrm{End}_R M$ *gilt:*

1) *Ist* φ *surjektiv, so ist* $\det \varphi$ *eine Einheit in R.*

2) *Es ist*

$$\det \varphi \cdot \mathrm{Ker}\, \varphi = \{\det \varphi \cdot z;\ z \in \mathrm{Ker}\, \varphi\} = 0.$$

Insbesondere ist φ *injektiv, wenn* $\det \varphi$ *ein Nichtnullteiler in R ist.*

Beweis. ad 1) Wegen $\varphi(M)=M$ gibt es zu jedem Basisvektor y_i ein Element $v_i \in M$ mit $\varphi(v_i)=y_i$. Es folgt

$$1 = \Delta(y_1, \ldots, y_m) = \Delta\big(\varphi(v_1), \ldots, \varphi(v_m)\big) = \det \varphi \cdot \Delta(v_1, \ldots, v_m),$$

d.h. $\det \varphi$ ist eine Einheit in R.

ad 2) Nach der Gl.(2) des Abschnittes 1 gilt:

$$\det \varphi \cdot c_i = \Delta\big(\varphi(y_1), \ldots, \varphi(y_{i-1}), \varphi(z), \varphi(y_{i+1}), \ldots, \varphi(y_m)\big)$$

für alle $z = \sum\limits_{\mu=1}^{m} c_\mu y_\mu \in M$, $\mu \in \mathbb{N}_m$. Für $z \in \mathrm{Ker}\, \varphi$ verschwindet hier die rechte Seite wegen $\varphi(z)=0$. Für alle $z \in \mathrm{Ker}\, \varphi$ gilt daher

$$\det \varphi \cdot c_i = 0, \quad i=1, \ldots, m, \quad \text{d.h.} \quad \det \varphi \cdot z = 0. \qquad \square$$

Korollar zu Satz 3. 1) *Jeder Epimorphismus* $\varphi \colon M \to M$ *eines endlich erzeugbaren freien R-Moduls M ist ein Automorphismus.*

2) *Jedes Erzeugendensystem von M mit* $\mathrm{erz}_R M$ *Elementen ist eine Basis von M.*

Beweis. 1) Nach Satz 3, Aussage 1), ist $\det \varphi$ eine Einheit und also speziell ein Nichtnullteiler in R. Nach Satz 3, Aussage 2), ist φ daher injektiv.

2) Sei $n := \mathrm{erz}_R M$ und sei $\{v_1, \ldots, v_n\}$ ein Erzeugendensystem von M. Dann ist $n \le m$, und die durch

$$\psi(y_\mu) := v_\mu \quad \text{für } \mu \in \mathbb{N}_n, \quad \psi(y_\mu)=0 \quad \text{für } \mu \in \mathbb{N}_m \smallsetminus \mathbb{N}_n$$

eindeutig bestimmte R-lineare Abbildung $\psi \colon M \to M$ ist surjektiv. Nach 1) ist ψ sogar bijektiv, d.h. es ist $m=n$, und $\{v_1, \ldots, v_m\}$ ist eine Basis von M (als ψ-Bild der Basis $\{y_1, \ldots, y_m\}$). $\qquad \square$

Der Leser bemerke, daß in beiden Aussagen des Korollars der Ring R *nicht* als nullteilerfrei (wie früher im Kap. III, § 4.4) vorausgesetzt wird. Es wird auch nicht benutzt (im Unterschied zu Kap. III, § 5.3), daß R ein maximales Ideal besitzt.

3. Determinante einer quadratischen Matrix. — Jeder Endomorphismus $\varphi \colon M \to M$ ist durch die m^2 Skalare $a_{\mu\nu}$ in den m Gleichungen

$$\varphi(y_\mu) = \sum\limits_{\nu=1}^{m} a_{\mu\nu} y_\nu, \quad \mu \in \mathbb{N}_m$$

bestimmt. Wir können $\det \varphi$ sofort als Funktion dieser Skalare hinschreiben; nach Satz 1.8 gilt nämlich:

$$\det \varphi = \Delta\big(\varphi(y_1), \ldots, \varphi(y_m)\big) = \sum\limits_{\sigma \in \mathfrak{S}_m} \mathrm{sgn}\, \sigma \prod\limits_{i=1}^{m} a_{i\sigma(i)}.$$

Diese Gleichung legt folgende Definition nahe:

Def. 4 *(Determinante einer quadratischen Matrix). Unter der Determinante einer* (m, m)*-Matrix* $A = (a_{\mu\nu}) \in R^{(m,m)}$ *— in Zeichen* $\det A$ *— verstehen wir das Element*

$$\sum_{\sigma \in \mathfrak{S}_m} \operatorname{sgn} \sigma \prod_{i=1}^{m} a_{i\sigma(i)} \in R.$$

Dann folgt sofort:

$$\det E_m = 1, \quad \det(r A) = r^m \det A \quad \text{für alle } r \in R, \ A \in R^{(m,m)}.$$

Es ist leicht, für $m \leq 3$ die Determinante einer Matrix $A = (a_{ij})$ explizit anzugeben. Für $m = 1$ gilt $\det(a_{11}) = a_{11}$.

Für $m = 2$ ist $\mathfrak{S}_2 = \{\mathrm{id}, \tau\}$ mit $\tau(1) = 2$, $\tau(2) = 1$ und $\operatorname{sgn} \tau = -1$. Daher gilt:

$$\det \begin{pmatrix} a_{11} & a_{12} \\ a_{21} & a_{22} \end{pmatrix} = a_{11} a_{22} - a_{12} a_{21}.$$

Entsprechend rechnet man aus:

$$\det \begin{pmatrix} a_{11} & a_{12} & a_{13} \\ a_{21} & a_{22} & a_{23} \\ a_{31} & a_{32} & a_{33} \end{pmatrix} = a_{11} a_{22} a_{33} + a_{12} a_{23} a_{31} + a_{13} a_{21} a_{32} - \\ - (a_{13} a_{22} a_{31} + a_{11} a_{23} a_{32} + a_{12} a_{21} a_{33}).$$

Als Merkregel für diesen Ausdruck wird häufig die sog. *Regel von Sarrus* angeführt:

Man schreibe die erste und die zweite Spalte von A nochmals als vierte und fünfte Spalte hin

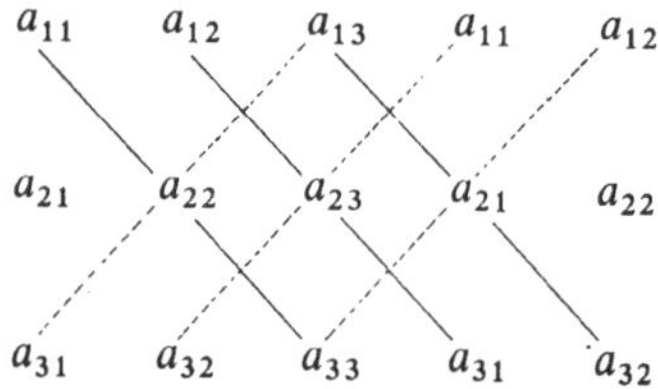

addiere die längs der ausgezogenen Linien gebildeten Produkte und subtrahiere davon die längs der gestrichelten Linien gebildeten Produkte.

Um den Leser an das komplizierte Bildungsgesetz einer allgemeinen Determinante zu gewöhnen, zeigen wir bereits an dieser Stelle den folgenden, für spätere Anwendungen äußerst wichtigen

Satz 5. *Es sei* $\mathfrak{a}$ *ein Ideal in* R *und* X *eine Unbestimmte. Es sei* $A = (a_{\mu\nu}) \in R^{(m,m)}$ *eine Matrix, deren Elemente* $a_{\mu\nu}$ *alle zu* $\mathfrak{a}$ *gehören. Dann ist die Determinante der Matrix*

$$X E_m - A = \begin{pmatrix} X - a_{11} & -a_{12} & \dots & -a_{1m} \\ -a_{21} & X - a_{22} & \dots & -a_{2m} \\ \vdots & \vdots & \ddots & \vdots \\ -a_{m1} & -a_{m2} & \dots & X - a_{mm} \end{pmatrix} \in R[X]^{(m,m)}$$

ein normiertes Polynom m-ten Grades über R:

$$\det(XE_m - A) = X^m + c_1 X^{m-1} + c_2 X^{m-2} + \cdots + c_{m-1} X + c_m \in R[X];$$

es gilt:

$$c_1, \ldots, c_m \in \mathfrak{a}, \quad c_1 = -\operatorname{Sp} A, \quad c_m = (-1)^m \det A.$$

Speziell ist $\det(E_m - A) = 1 - a$ *mit* $a \in \mathfrak{a}$.

Beweis. Wir setzen $XE_m - A = (b_{\mu\nu})$, also

$$b_{\mu\mu} = X - a_{\mu\mu}, \quad b_{\mu\nu} = -a_{\mu\nu} \quad \text{für } \mu \neq \nu.$$

Dann gilt definitionsgemäß, wenn wir den zu $\sigma = \mathrm{id}$ gehörenden Summanden nach vorn ziehen:

$$\det(XE_m - A) = \prod_{i=1}^{m}(X - a_{ii}) + \sum_{\sigma \in \mathfrak{S}_m \smallsetminus \{\mathrm{id}\}} \operatorname{sgn}\sigma \prod_{i=1}^{m} b_{i\sigma(i)}.$$

Für jedes $\sigma \neq \mathrm{id}$ gilt $\prod_{i=1}^{m} b_{i\sigma(i)} = a_\sigma \cdot q_\sigma$, wo a_σ zu $\mathfrak{a}$ gehört und q_σ ein Polynom über R vom Grade $\leq m-2$ ist: ist nämlich etwa $\sigma(j) = k \neq j$, so treten die beiden Ausdrücke $b_{jj} = X - a_{jj}$ und $b_{kk} = X - a_{kk}$ nicht als Faktoren im Produkt $\prod_{i=1}^{m} b_{i\sigma(i)}$ auf, während $b_{jk} = -a_{jk} \in \mathfrak{a}$ als Faktor vorkommt. Durch Ausrechnen ergibt sich weiter:

$$\prod_{i=1}^{m}(X - a_{ii}) = X^m - (a_{11} + \cdots + a_{mm}) X^{m-1} + q$$

mit einem Polynom $q \in R[X]$ vom Grade $\leq m-2$ mit Koeffizienten, die als Polynome in den a_{ii} sämtlich zu $\mathfrak{a}$ gehören. Es folgt

$$\det(XE_m - A) = X^m - (\operatorname{Sp} A) \cdot X^{m-1} + p \quad \text{mit } p := q + \sum_{\sigma \in \mathfrak{S}_m \smallsetminus \{\mathrm{id}\}} (\operatorname{sgn}\sigma) a_\sigma q_\sigma.$$

Da $\operatorname{Sp} A \in \mathfrak{a}$ und alle Koeffizienten von p wegen der Bildung von p ebenfalls zu $\mathfrak{a}$ gehören, so folgt:

$$\det(XE_m - A) = X^m + c_1 X^{m-1} + \cdots + c_m \quad \text{mit } c_1 = -\operatorname{Sp} A \in \mathfrak{a}, \quad c_2, \ldots, c_m \in \mathfrak{a}.$$

Für X darf man alle Werte von R substituieren. Für $X := 0$ folgt

$$c_m = \det(0 E_m - A) = \det(-A) = (-1)^m \det A.$$

Für $X := 1$ ergibt sich schließlich:

$$\det(E_m - A) = 1 - a \quad \text{mit } a := -(c_1 + \cdots + c_m) \in \mathfrak{a}. \qquad \square$$

Die Koeffizienten c_i, $i = 2, \ldots m-1$, im Polynom $\det(XE_m - A)$ lassen sich ebenfalls explizit angeben. Man kann zeigen, daß $(-1)^i c_i$ *die Summe aller i-reihigen „Hauptunterdeterminanten"* von $A = (a_{\mu\nu})$, $(\mu, \nu) \in \mathbb{N}_m \times \mathbb{N}_m$, ist; dabei nennt man i-reihige Hauptunterdeterminante von A die Determinante jeder (i, i)-Matrix $(a_{\mu\nu})$, $(\mu, \nu) \in L \times L$, wo L irgendeine i-elementige Teilmenge von $\mathbb{N}_m$ ist.

4. Produktregel und Transpositionsinvarianz. – Analog zu Satz 2 gilt

Satz 6 *(Produktregel). Für alle Matrizen $A, B \in R^{(m,m)}$ ist*

$$\det(AB) = \det A \cdot \det B = \det(BA).$$

Beweis. Sei $A = (a_{\mu\nu})$, $B = (b_{\mu\nu})$, also $AB = (c_{\mu\nu})$ mit $c_{\mu\nu} = \sum_{i=1}^{m} a_{\mu i} b_{i\nu}$. Wir betrachten die durch die Gleichungen

$$\varphi(y_\mu) = \sum_{i=1}^{m} a_{\mu i} y_i, \quad \psi(y_i) = \sum_{\nu=1}^{m} b_{i\nu} y_\nu, \quad \mu, i \in \mathbb{N}_m,$$

bestimmten Endomorphismen φ, ψ von M. Nach Definition gilt

$$\det A = \det \varphi, \quad \det B = \det \psi \quad \text{und} \quad \det(AB) = \det(\psi \circ \varphi)$$

wegen $\psi \circ \varphi(y_\mu) = \sum_{\nu=1}^{m} c_{\mu\nu} y_\nu$, $\mu \in \mathbb{N}_m$. Die Produktregel des Satzes 2 liefert:

$$\det(AB) = \det \psi \cdot \det \varphi = \det B \cdot \det A = \det A \cdot \det B. \qquad \square$$

Wegen $\det E_m = 1$ folgt weiter:

Korollar zu Satz 6. *Ist $A \in R^{(m,m)}$ invertierbar, so ist $\det A$ eine Einheit in R und es gilt:*

$$\det(A^{-1}) = (\det A)^{-1}.$$

Sind die Matrizen $A, B \in R^{(m,m)}$ zueinander ähnlich, so gilt: $\det A = \det B$.

Der Beweis (mittels Satz 6) sei dem Leser als Übungsaufgabe überlassen. $\qquad \square$

Bemerkungen. 1) Der Leser mache sich die Aussage von Satz 6 durch explizites Einsetzen der Elemente von A, B und AB unter Benutzung von Def. 4 klar. Es sei betont, daß für zwei Matrizen $A \in R^{(m,n)}$, $B \in R^{(n,m)}$ die Produkte $AB \in R^{(m,m)}$, $BA \in R^{(n,n)}$ stets quadratische Matrizen sind. Daher existieren die Determinanten $\det(AB)$ und $\det(BA)$. Im Falle $m \neq n$ gilt jedoch i. allg. keine Gleichheit; so ist z. B. für $A = (1,1) \in R^{(1,2)}$, $B = \begin{pmatrix} 0 \\ 1 \end{pmatrix} \in R^{(2,1)}$:

$$AB = (1), \quad BA = \begin{pmatrix} 0 & 0 \\ 1 & 1 \end{pmatrix} \quad \text{und damit } 1 = \det(AB) \neq \det(BA) = 0.$$

2) Die Aussage, daß ähnliche Matrizen gleiche Determinanten haben, ist nicht umkehrbar. Zum Beispiel gilt

$$\det E_2 = \det A = 1 \quad \text{für } E_2 := \begin{pmatrix} 1 & 0 \\ 0 & 1 \end{pmatrix}, \quad A := \begin{pmatrix} 0 & -1 \\ 1 & 0 \end{pmatrix},$$

jedoch sind A und E_2 nicht zueinander ähnlich, da $BE_2 B^{-1} = E_2 \neq A$ für alle $B \in GL(2, R)$ gilt.

Durch geschicktes Umformen der Determinantenformel in Def. 4 erhält man die Transpositionsinvarianz der Determinante.

Satz 7 (*Transpositionsinvarianz*). *Für alle Matrizen* $A \in R^{(m,m)}$ *gilt*:

$$\det A^t = \det A.$$

Beweis. Sei $A^t := (c_{ij})$, also $c_{ij} = a_{ji}$, falls $A = (a_{ij})$. Dann gilt nach Definition:

$$\det A^t = \sum_{\sigma \in \mathfrak{S}_m} \operatorname{sgn} \sigma \prod_{i=1}^{m} c_{i\sigma(i)} = \sum_{\sigma^{-1} \in \mathfrak{S}_m} \operatorname{sgn} \sigma^{-1} \prod_{i=1}^{m} c_{i\sigma^{-1}(i)}$$

(die Änderung des Summationsindexes von σ in σ^{-1} bewirkt lediglich eine Änderung der Reihenfolge der Summation). Wegen $\operatorname{sgn} \sigma^{-1} = \operatorname{sgn} \sigma$ folgt:

$$\det A^t = \sum_{\sigma \in \mathfrak{S}_m} \operatorname{sgn} \sigma \prod_{i=1}^{m} a_{\sigma^{-1}(i)i}.$$

Nun durchläuft $\mu := \sigma^{-1}(i)$ alle Ziffern von 1 bis m genau einmal, wenn $i = \sigma(\mu)$ dies tut. Wegen der Kommutativität der Multiplikation in R gilt daher:

$$\prod_{i=1}^{m} a_{\sigma^{-1}(i)i} = \prod_{\mu=1}^{m} a_{\mu\sigma(\mu)}.$$

Somit ergibt sich:

$$\det A^t = \sum_{\sigma \in \mathfrak{S}_m} \operatorname{sgn} \sigma \prod_{\mu=1}^{m} a_{\mu\sigma(\mu)} = \det A. \qquad \square$$

Man wird fragen, welcher Zusammenhang besteht zwischen der Determinante eines Endomorphismus $\varphi: M \to M$ und der Darstellungsmatrix $\Theta_Y(\varphi) \in R^{(m,m)}$ von φ bzgl. der (beliebig gewählten) Basis Y von M. Eine Antwort gibt

Satz 8. *Für jede Darstellungsmatrix* $\Theta_Y(\varphi)$ *von* $\varphi \in \operatorname{End}_R M$ *gilt*:

$$\det \varphi = \det \Theta_Y(\varphi).$$

Beweis. Ist $\Theta_Y(\varphi) = (f_{\mu\nu}) \in R^{(m,m)}$ die Darstellungsmatrix von φ bzgl. der Basis $Y = \{y_1, \ldots, y_m\}$ von M, so gilt $\varphi(y_\mu) = \sum_{\nu=1}^{m} f_{\nu\mu} y_\nu$ für alle $\mu \in \mathbb{N}_m$ und also nach Definition

$$\det \varphi = \det \Theta_Y(\varphi)^t.$$

Die Transpositionsinvarianz der Determinante liefert die Behauptung. $\qquad \square$

Speziell gilt $\det A = \det \alpha$ für den zu $A \in R^{(m,m)}$ gehörenden Endomorphismus $\alpha: R_m \to R_m$, $x \mapsto Ax$.

Die abbildungstheoretische Fassung von Satz 7 ist:

Satz 9. *Ist* $\varphi^* \in \operatorname{End}_R M^*$ *der zu* $\varphi \in \operatorname{End}_R M$ *duale Homomorphismus, so gilt* $\det \varphi^* = \det \varphi$.

Beweis. Ist Y^* die zu Y duale Basis von M^*, so gilt

$$\Theta_{Y^*}(\varphi^*) = \left(\Theta_Y(\varphi)\right)^t$$

nach Satz 4.1.6. Hieraus folgt:

$$\det \varphi^* = \det \Theta_Y(\varphi)^t = \det \Theta_Y(\varphi) = \det \varphi. \qquad \square$$

5. Charakterisierung der Gruppe $\mathrm{SL}(m, K)$ **durch die Determinante.** — Wir haben über jedem Körper K die Gruppe $\mathrm{SL}(m, K)$ eingeführt als diejenige Untergruppe der $\mathrm{GL}(m, K)$, welche von den Elementarmatrizen $B_{\mu\nu}(a)$ erzeugt wird. Nun rechnet man ohne weiteres nach, daß stets $\det B_{\mu\nu}(a) = 1$ gilt. Die Produktregel impliziert daher

$$\mathrm{SL}(m, K) \subset \{A \in \mathrm{GL}(m, K);\ \det A = 1\}.$$

Jede Matrix $A \in \mathrm{GL}(m, K)$ ist ein Produkt $D_1(d)\, B$, wobei $d \in K^\times$ und $B \in \mathrm{SL}(m, K)$ ist (vgl. Kap. IV, § 8.1). Man bemerkt sogleich, daß $\det D_1(d) = d$. Wegen $\det B = 1$ ist damit gezeigt:

Der Skalar $d \in K^\times$ ist durch A eindeutig bestimmt; es gilt: $\det A = d$.

Speziell sieht man somit:

Satz 10. *Es gilt*

$$\mathrm{SL}(m, K) = \{A \in \mathrm{GL}(m, K);\ \det A = 1\}.$$

Zu jedem $A \in \mathrm{GL}(m, K)$ gibt es genau ein $B \in \mathrm{SL}(m, K)$, so daß gilt:

$$A = D_1(\det A) \cdot B.$$

Die Gruppe $\mathrm{SL}(m, K)$ ist somit der Kern des Gruppenepimorphismus $\det : \mathrm{GL}(m, K) \to K^\times$. Häufig wird diese Tatsache zur Definition der Gruppe $\mathrm{SL}(m, K)$ benutzt. Geht man so vor, dann ist sofort klar, daß $\mathrm{SL}(m, K)$ ein Normalteiler in $\mathrm{GL}(m, K)$ ist und daß die Faktorgruppe $\mathrm{GL}(m, K)/\mathrm{SL}(m, K)$ zur multiplikativen Gruppe $K^\times$ isomorph ist.

Wir zeigen nun allgemein:

Für jeden Gruppenhomomorphismus $\gamma : \mathrm{GL}(m, K) \to K^\times$ gilt:

$$\mathrm{SL}(m, K) \subset \mathrm{Ker}\,\gamma \quad \textit{und daher } \gamma(A) = \gamma\left(D_1(\det A)\right) \textit{ für alle } A \in \mathrm{GL}(m, K).$$

Beweis. Da jede Matrix $B \in \mathrm{SL}(m, K)$ ein Produkt von Elementarmatrizen $B_{\mu\nu}(a)$, $a \in K$, $\mu \neq \nu$, ist, so folgt die Inklusion $\mathrm{SL}(m, K) \subset \mathrm{Ker}\,\gamma$, wenn wir zeigen

$$\gamma\left(B_{\mu\nu}(a)\right) = 1 \quad \text{für alle } a \in K,\ \mu \neq \nu.$$

Nun wissen wir (vgl. Kap. IV, § 7.1):

$$B_{\mu\nu}(d) = D_\mu(d)\, B_{\mu\nu}\, D_\mu(d)^{-1},\ d \in K^\times, \qquad B_{\mu\nu}(0) = E_m.$$

Mit $c := \gamma(B_{\mu\nu}) \in K^{\times}$ folgt daher

$$\gamma(B_{\mu\nu}(d)) = c \quad \text{für alle } d \in K^{\times}, \quad \mu \neq \nu.$$

Nur der Fall $K^{\times} \neq 1$ ist problematisch. Alsdann gibt es aber ein $b \in K^{\times}$ mit $1 - b \in K^{\times}$. Aus $B_{\mu\nu}(1) = B_{\mu\nu}(b) \, B_{\mu\nu}(1-b)$ folgt (durch Anwendung von γ): $c = c^2$, d.h. $c = 1$ wegen $c \neq 0$.

Für jedes $A = D_1(\det A) \, B \in \mathrm{GL}(m, K)$ mit $B \in \mathrm{SL}(m, K)$ folgt nun

$$\gamma(A) = \gamma(D_1(\det A)). \qquad \square$$

Anmerkung. Die eben bewiesene Aussage wird sofort evident, wenn man die für $K^{\times} \neq 1$ richtige Gleichung $\mathrm{SL}(m, K) = \mathrm{Kom}\, \mathrm{GL}(m, K)$ heranzieht. Jeder Gruppenhomomorphismus $\gamma \colon G \to A$ einer beliebigen Gruppe G in eine *abelsche* Gruppe A bildet nämlich notwendig $\mathrm{Kom}\, G$ auf das neutrale Element von A ab.

Nach dem Bewiesenen ist ein Homomorphismus $\gamma \colon \mathrm{GL}(m, K) \to K^{\times}$ bereits eindeutig durch seine Werte auf der Untergruppe $\{D_1(d);\ d \in K^{\times}\}$ von $\mathrm{GL}(m, K)$ festgelegt; und zwar gilt: $\gamma = \gamma \circ D_1 \circ \det$, wo die Abbildung

$$D_1 \colon K^{\times} \to \mathrm{GL}(m, K), \quad d \mapsto D_1(d),$$

ein Gruppenhomomorphismus ist (vgl. Kap. IV, § 7.1). Hieraus resultiert folgende Universalitätseigenschaft der Determinante:

Satz 11. *Zu jedem Gruppenhomomorphismus* $\gamma \colon \mathrm{GL}(m, K) \to K^{\times}$ *gibt es einen eindeutig bestimmten Gruppenhomomorphismus* $\hat{\gamma} \colon K^{\times} \to K^{\times}$, *so daß das Diagramm*

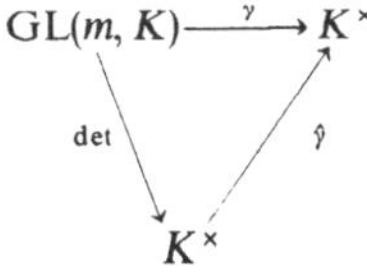

kommutativ ist (d.h. $\gamma = \hat{\gamma} \circ \det$). Es gilt $\hat{\gamma}(d) := \gamma(D_1(d))$, $\quad d \in K^{\times}$.

Beweis. Mit D_1 ist auch $\hat{\gamma} := \gamma \circ D_1 \colon K^{\times} \to K^{\times}$ ein Gruppenhomomorphismus. Nach Definition gilt $\gamma = \hat{\gamma} \circ \det$.

Es bleibt zu zeigen, daß $\hat{\gamma}$ eindeutig durch γ bestimmt ist. Sei also $\gamma' \colon K^{\times} \to K^{\times}$ ein weiterer Homomorphismus mit $\gamma = \gamma' \circ \det$. Wegen $\det \circ D_1 = \mathrm{id}$ folgt dann

$$\gamma' = \gamma' \circ \mathrm{id} = \gamma' \circ \det \circ D_1 = \gamma \circ D_1 = \hat{\gamma}. \qquad \square$$

Als Spezialfall von Satz 11 hat man (über Körpern) folgende elegante Charakterisierung der Determinante:

Ist $\gamma \colon \mathrm{GL}(m, K) \to K^{\times}$ ein Gruppenhomomorphismus mit

$$\gamma(D_1(d)) = d, \quad d \in K^{\times},$$

so gilt: $\gamma = \det$.

Denn jetzt wird $\hat{\gamma} = \mathrm{id}$ vorausgesetzt. $\square$

Es muß an dieser Stelle allerdings betont werden, daß die vorstehende Beschreibung der Determinante durch „Multiplikativitätseigenschaften" nicht unmittelbar ihre Existenz liefert.

6. Spur eines Endomorphismus. — Unter Verwendung des Moduls $\Lambda^m M \simeq R$ lassen sich jedem Endomorphismus $\varphi : M \to M$ neben der Determinante $\det \varphi$ noch weitere Invarianten zuordnen. Wir zeigen, wie man bei im Prinzip gleichem Vorgehen wie im Abschnitt 1 die bereits im Kap. IV, § 4.4 − 6 eingeführte Spurfunktion $\mathrm{Sp}\, \varphi$ gewinnen kann. Man bemerkt zunächst:

Ist $\varphi \in \mathrm{End}_R M$ und $\lambda \in \Lambda^p M$, so wird durch

$$(z_1, \ldots, z_p) \longmapsto \sum_{i=1}^{p} \lambda(z_1, \ldots, z_{i-1}, \varphi(z_i), z_{i+1}, \ldots, z_p)$$

eine alternierende p-Form auf M definiert.

Wir bezeichnen diese Form mit $\sum^p \varphi(\lambda)$. Man sieht sogleich, daß

$$\sum\nolimits^p \varphi : \Lambda^p M \to \Lambda^p M, \qquad \lambda \longmapsto \sum\nolimits^p \varphi(\lambda),$$

eine R-lineare Abbildung ist, d.h. daß wie im Falle von $\Lambda^p \varphi$ gilt: $\sum^p \varphi \in \mathrm{End}_R \Lambda^p M$. Für $p = m$ folgt daher (wie im Falle $\Lambda^m \varphi$), daß $\sum^m$ eine Homothetie ist: es gibt einen durch φ eindeutig bestimmten Skalar $\mathrm{sp}\, \varphi \in R$, so daß gilt:

$$\sum\nolimits^m \varphi = (\mathrm{sp}\, \varphi) \cdot \mathrm{id}.$$

Für die fixierte m-Form Δ gilt also

$$\mathrm{sp}\, \varphi \cdot \Delta(z_1, \ldots, z_m) = \sum_{\mu=1}^{m} \Delta(z_1, \ldots, z_{\mu-1}, \varphi(z_\mu), z_{\mu+1}, \ldots, z_m)$$

für alle $z_1, \ldots, z_m \in M$. Speziell hat man

$$\mathrm{sp}\, \varphi = \sum_{\mu=1}^{m} \Delta(y_1, \ldots, y_{\mu-1}, \varphi(y_\mu), y_{\mu+1}, \ldots, y_m)$$

für die fixierte Basis $\{y_1, \ldots, y_m\}$ von M. Wir zeigen nun:

Satz 12. *Es gilt*

$$\mathrm{sp}\, \varphi = \mathrm{Sp}\, \varphi \qquad \textit{für alle } \varphi \in \mathrm{End}\, M.$$

Beweis. Sei $\varphi(y_\mu) = \sum_{\nu=1}^{m} f_{\nu\mu} y_\nu$, $1 \leq \mu \leq m$. Dann gilt (vgl. Kap. IV, § 4.5):

$$\mathrm{Sp}\, \varphi = \sum_{\mu=1}^{m} f_{\mu\mu},$$

so daß wir $\operatorname{sp}\varphi=\sum\limits_{\mu=1}^{m}f_{\mu\mu}$ zeigen müssen. Nun ist

$$\Delta\left(y_1,\ldots,y_{\mu-1},\sum_{\nu=1}^{m}f_{\nu\mu}y_\nu,y_{\mu+1},\ldots,y_m\right)=f_{\mu\mu}\,\Delta(y_1,\ldots,y_m)=f_{\mu\mu}$$

und somit

$$\operatorname{sp}\varphi=\sum_{\mu=1}^{m}\Delta(y_1,\ldots,y_{\mu-1},\varphi(y_\mu),y_{\mu+1},\ldots,y_m)=\sum_{\mu=1}^{m}f_{\mu\mu}.\qquad\square$$

Im Unterschied zur Abbildung $\Lambda^m\colon \operatorname{End}_R M\to\operatorname{End}_R\Lambda^m M\simeq R$ ist die Abbildung

$$\textstyle\sum^m\colon \operatorname{End}_R M\to\operatorname{End}_R\Lambda^m M,\quad \varphi\mapsto\sum^m\varphi,$$

auch R-linear (der Leser führe den Beweis durch). Dies reflektiert die uns bereits bekannte Tatsache, daß die Spurabbildung

$$\operatorname{Sp}\colon \operatorname{End}_R M\to R,\quad \varphi\mapsto\operatorname{Sp}\varphi,$$

ein R-Homomorphismus ist.

§ 4. Determinantenkalkül

Die Determinantenformel im § 3, Def. 4 enthält $m!$ Summanden und ist bereits ab $m\geq 4$ unhandlich; für $m\geq 10$ sind die anstehenden Rechnungen kaum noch mit einem Computer zu bewältigen. Aus diesem Grunde hat man andere Methoden zur Berechnung von Determinanten entwickelt, von denen einige im folgenden dargelegt werden.

1. Berechnung spezieller Determinanten. — Je mehr Elemente einer Matrix A verschwinden, um so weniger Summanden $\neq 0$ besitzt $\det A$ und um so einfacher ist folglich die Berechnung von $\det A$. Zur Präzisierung unterteilen wir die (m,m)-Matrix $A\in R^{(m,m)}$ durch einen senkrechten Strich zwischen der p-ten und der $(p+1)$-ten Spalte und einen waagerechten Strich zwischen der p-ten und der $(p+1)$-ten Zeile, $p\in\mathbb{N}_{m-1}$. So erhält man in dem Kästchen links oben eine Matrix $B\in R^{(p,p)}$ und in dem Kästchen rechts unten eine Matrix $C\in R^{(m-p,m-p)}$.

Wir zeigen:

Steht in dem Kästchen rechts oben die Nullmatrix, d.h. ist

$$A=(a_{ij})=\left(\begin{array}{c|c}B & 0\\\hline * & C\end{array}\right),$$

so ist $\det A=\det B\cdot\det C.$

Beweis. Es ist

$$\det A=\sum_{\sigma\in\mathfrak{S}_m}\operatorname{sgn}\sigma\prod_{i=1}^{m}a_{i\,\sigma(i)}.$$

Für alle Tupel $(i,j)\in \mathbb{N}_m\times \mathbb{N}_m$ mit $i\le p$ und $j\ge p+1$ ist $a_{ij}=0$. Daher liefern in obiger Summe nur solche Permutationen σ von Null verschiedene Beiträge, für die $\sigma(\{1,\ldots,p\})=\{1,\ldots,p\}$ und folglich $\sigma(\{p+1,\ldots,m\})=\{p+1,\ldots,m\}$ ist. Jedes solche σ ist eindeutig durch die beiden induzierten Permutationen

$$\sigma':=\sigma|\{1,\ldots,p\}\in \mathfrak{S}_p \quad \text{und} \quad \sigma'':=\sigma|\{p+1,\ldots,m\}\in \mathfrak{S}_{m-p}$$

bestimmt; es gilt $\operatorname{sgn}\sigma=\operatorname{sgn}\sigma'\cdot \operatorname{sgn}\sigma''$ und folglich

$$\operatorname{sgn}\sigma\prod_{i=1}^{m}a_{i\,\sigma(i)}=\left(\operatorname{sgn}\sigma'\prod_{i=1}^{p}a_{i\,\sigma'(i)}\right)\cdot\left(\operatorname{sgn}\sigma''\prod_{i=1}^{m-p}a_{p+i,\,\sigma''(p+i)}\right).$$ [0]

Da bei der Bildung von $\det A$ alle $\sigma'\in \mathfrak{S}_p$ und alle $\sigma''\in \mathfrak{S}_{m-p}$ genau einmal zu berücksichtigen sind, so folgt:

$$\det A=\left(\sum_{\sigma'\in \mathfrak{S}_p}\operatorname{sgn}\sigma'\prod_{i=1}^{p}a_{i\,\sigma'(i)}\right)\cdot\left(\sum_{\sigma''\in \mathfrak{S}_{m-p}}\operatorname{sgn}\sigma''\prod_{i=1}^{m-p}a_{p+i,\,\sigma''(p+i)}\right).$$

Hier steht rechts aber gerade das Produkt von $\det B$ mit $\det C$. □

Durch Transponieren der Matrix A erhält man ebenso:

Es ist

$$\det\left(\frac{B\;|\;*}{0\;|\;C}\right)=\det B\cdot \det C.$$

Die Matrix A sei nun allgemeiner durch mehrere waagerechte und senkrechte Striche in Kästchen eingeteilt, so daß die Matrizen B_{ii}, $i\in \mathbb{N}_n$, quadratisch sind:

$$A=\begin{pmatrix} B_{11} & B_{12} & \cdots & B_{1n} \\ B_{21} & B_{22} & \cdots & B_{2n} \\ \vdots & \vdots & \ddots & \vdots \\ B_{n1} & B_{n2} & \cdots & B_{nn} \end{pmatrix}.$$

Dann ergibt sich folgende Verallgemeinerung des obigen Resultates:

Satz 1. *Besitzt A die Form*

$$A=\begin{pmatrix} B_{11} & 0 & \cdots & 0 \\ B_{21} & B_{22} & \cdots & 0 \\ \vdots & \vdots & \ddots & \vdots \\ B_{n1} & B_{n2} & \cdots & B_{nn} \end{pmatrix},$$

so ist

$$\det A=\prod_{\nu=1}^{n}\det B_{\nu\nu} \quad (=\det A').$$

---

[0] Zur Vermeidung von Mißverständnissen schreiben wir auch $a_{\mu,\nu}$ anstelle von $a_{\mu\nu}$.

Beweis (durch vollständige Induktion nach n). Wir setzen:

$$B := \begin{pmatrix} B_{22} & 0 & \cdots & 0 \\ B_{32} & B_{33} & \cdots & 0 \\ \vdots & \vdots & \ddots & \vdots \\ B_{n2} & B_{n3} & \cdots & B_{nn} \end{pmatrix}, \quad \text{also} \quad A = \begin{pmatrix} B_{11} & 0 \\ * & B \end{pmatrix}.$$

Dann gilt $\det A = \det B_{11} \cdot \det B$ und $\det B = \prod_{\nu=2}^{n} \det B_{\nu\nu}$ nach Induktionsvoraussetzung. $\qquad\square$

Korollar. *Für jede „untere Dreiecksmatrix"* (vgl. Kap. IV, § 3.1)

$$A = \begin{pmatrix} a_{11} & 0 & \cdots & 0 \\ a_{21} & a_{22} & 0 & \vdots \\ \vdots & \vdots & \ddots & 0 \\ a_{m1} & a_{m2} & \cdots & a_{mm} \end{pmatrix}$$

gilt: $\det A = \prod_{\mu=1}^{m} a_{\mu\mu} \; (= \det A^t)$.

Durch Transposition erhält man die analoge Aussage für *obere* Dreiecksmatrizen.

2. Berechnung von Determinanten mittels elementarer Zeilen- und Spaltenumformungen. — Wir sahen soeben, daß die Berechnung der Determinante einer Dreiecksmatrix sehr einfach ist. Jede Matrix über einem Körper kann nun mittels elementarer Matrizenumformungen in Diagonalgestalt, also speziell Dreiecksgestalt, überführt werden (Kap. IV, § 7.4). Solche Umformungen kann man auch bei Matrizen über Ringen ausführen. Damit besitzt man einen oft recht handlichen und effektiven Kalkül zur Determinantenberechnung, wie nun gezeigt werden soll. Ausschlaggebend ist

Satz 2. *Die Abbildung*

$$\det : R^{(m,m)} \to R, \qquad A \mapsto \det A,$$

ist eine alternierende Multilinearform in den Spaltenvektoren der Matrizen aus $R^{(m,m)}$.

Beweis. Es seien $s_1, \ldots, s_m$ die Spaltenvektoren der (m,m)-Matrix $A = (a_{\mu\nu})$. Vermöge $A \mapsto (s_1, \ldots, s_m)$, $A \in R^{(m,m)}$, wird ein R-Modulisomorphismus $R^{(m,m)} \xrightarrow{\sim} (R_m)^m$ gegeben, der die Einheitsmatrix E_m auf das m-Tupel $(e_1, \ldots, e_m)$ der Einheitsvektoren $e_\mu = (\delta_{\mu 1}, \ldots, \delta_{\mu m})^t \in R_m$ abbildet. Wir identifizieren $R^{(m,m)}$ mit $(R_m)^m$ vermöge dieser Abbildung.

Nach Satz 2.1 gibt es (genau) eine alternierende m-Form $\Delta \in \Lambda^m R_m$ mit $\Delta(e_1, \ldots, e_m) = 1$. Für die m Spaltenvektoren $s_\mu = \sum_{\nu=1}^{m} a_{\mu\nu} e_\nu$, $\mu \in \mathbb{N}_m$, von A gilt dann

$$\Delta(s_1, \ldots, s_m) = \sum_{\sigma \in \mathfrak{S}_m} \operatorname{sgn} \sigma \prod_{i=1}^{m} a_{i\sigma(i)} = \det A. \qquad\square$$

Aus Satz 2 resultieren unmittelbar folgende Rechenregeln.

Satz 3. *Es seien* $s_1, \ldots, s_m$ *die Spaltenvektoren der Matrix* $A \in R^{(m,m)}$.

1) *Gilt* $s_i = s_j$ *für zwei verschiedene Indizes* $i, j \in \mathbb{N}_m$, *so ist* $\det A = 0$.

2) *Entsteht die Matrix* $\tilde{A}$ *aus* A *durch Vertauschung zweier Spalten, so ist* $\det \tilde{A} = -\det A$.

3) *Multipliziert man die i-te Spalte von* A *mit* $r \in R$, *so besitzt die Matrix* $\tilde{A}$ *mit den Spalten* $s_1, \ldots, s_{i-1}, r\, s_i, s_{i+1}, \ldots s_m$ *die Determinante* $\det \tilde{A} = r \cdot \det A$.

4) *Ersetzt man die Spalte* s_i *durch* $\tilde{s}_i := s_i + \sum\limits_{\mu \in \mathbb{N}_m \smallsetminus \{i\}} r_\mu\, s_\mu,\ r_\mu \in R$, *so gilt für die Matrix* B *mit den Spalten* $s_1, \ldots, s_{i-1}, \tilde{s}_i, s_{i+1}, \ldots, s_m$ *die Gleichung* $\det B = \det A$.

Aus der Transpositionsinvarianz $\det A = \det A^t$ der Determinante erhält man weiter:

Korollar zu Satz 2 und Satz 3. *Die Determinante* det *ist eine alternierende Multilinearform in den Zeilenvektoren der Matrizen aus* $R^{(m,m)}$. *Die im Satz 3 für die Spaltenvektoren von* (m, m)-*Matrizen formulierten Rechenregeln gelten analog auch für die Zeilenvektoren.*

Zur Berechnung von $\det A$, $A \in R^{(m,m)}$, kann man nun folgendermaßen vorgehen: man „verwandelt" A mittels Satz 3 und des Korollars in eine Matrix

$$\left(\begin{array}{c|c} b & * \\ \hline 0 & C \end{array}\right) \quad \text{bzw.} \quad \left(\begin{array}{c|c} b & 0 \\ \hline * & C \end{array}\right) \quad \text{mit } C \in R^{(m-1, m-1)}.$$

Dann gilt $\det A = b \cdot \det C$, wo C also nur noch $(m-1)$ Zeilen und Spalten hat. Man wiederholt das Verfahren für C etc. …. Wir illustrieren dieses Rezept an zwei Beispielen.

1. Beispiel. Sei $R := \mathbb{Z}$ und sei

$$A = \begin{pmatrix} 2 & 7 & 0 & 1 \\ 2 & 3 & 2 & -2 \\ -2 & 2 & 0 & 2 \\ 8 & 4 & 1 & 3 \end{pmatrix}.$$

Wir addieren zunächst die 3. Zeile zur 2. Zeile, alsdann das 4-fache der 3. Zeile zur 4. Zeile und schließlich die 1. Zeile zur 3. Zeile. Es entsteht die Matrix

$$\begin{pmatrix} 2 & 7 & 0 & 1 \\ 0 & & & \\ 0 & & C & \\ 0 & & & \end{pmatrix} \quad \text{mit } C := \begin{pmatrix} 5 & 2 & 0 \\ 9 & 0 & 3 \\ 12 & 1 & 11 \end{pmatrix},$$

also gilt: $\det A = 2 \cdot \det C$. Um $\det C$ zu bestimmen, subtrahieren wir in C die Summe aus 3. und 2. Spalte von der 1. Spalte und weiter dann das 2-fache der

1. Zeile von der 2. Zeile. Für die neue Matrix

$$\begin{pmatrix} 3 & 2 & 0 \\ 0 & & \\ 0 & & C' \end{pmatrix} \quad \text{mit } C' := \begin{pmatrix} -4 & 3 \\ 1 & 11 \end{pmatrix}$$

gilt: $\det C = 3 \cdot \det C'$. Da $\det C' = -44 - 3 = -47$, so folgt:

$$\det A = 2 \cdot 3 \cdot (-47) = -282.$$

2. *Beispiel (Vandermondesche Determinante).* Sind $a_1, \dots, a_n$ Elemente eines Ringes R, so nennt man die Determinante

$$V(a_1, \dots, a_m) := \det \begin{pmatrix} 1 & a_1 & a_1^2 & \dots & a_1^{m-1} \\ 1 & a_2 & a_2^2 & \dots & a_2^{m-1} \\ \vdots & \vdots & \vdots & & \vdots \\ 1 & a_m & a_m^2 & \dots & a_m^{m-1} \end{pmatrix} \in R$$

die *Vandermondesche Determinante* der Elemente $a_1, \dots, a_m$ (genauer: der Folge $(a_\mu)_{1 \le \mu \le m}$). Wir zeigen durch Induktion nach m, daß gilt:

$$V(a_1, \dots, a_m) = \prod_{1 \le i < j \le m} (a_j - a_i).$$

Für $m = 2$ ist das richtig (für $m = 1$ auch!). Sei $m > 2$. Wir subtrahieren das a_1-fache der μ-ten Spalte von der $(\mu+1)$-ten Spalte, $\mu \in \mathbb{N}_{m-1}$. Es entsteht die Matrix

$$\begin{pmatrix} 1 & 0 \dots 0 \\ \hline 1 & \\ \vdots & B \\ 1 & \end{pmatrix} \quad \text{mit } B := \begin{pmatrix} a_2 - a_1, & a_2^2 - a_2 a_1, & \dots, & a_2^{m-1} - a_2^{m-2} a_1 \\ a_3 - a_1, & a_3^2 - a_3 a_1, & \dots, & a_3^{m-1} - a_3^{m-2} a_1 \\ \vdots & \vdots & & \vdots \\ a_m - a_1, & a_m^2 - a_m a_1, & \dots, & a_m^{m-1} - a_m^{m-2} a_1 \end{pmatrix}.$$

Hier steht in der $(j-1)$-ten Zeile der Vektor

$$(a_j - a_1) \cdot (1, a_j, \dots, a_j^{m-2}), \quad 2 \le j \le m.$$

Daher folgt:

$$V(a_1, \dots, a_m) = \prod_{j=2}^{m} (a_j - a_1) \cdot V(a_2, \dots, a_m).$$

Da $V(a_2, \dots, a_m) = \prod_{2 \le i < j \le m} (a_j - a_i)$ nach Induktionsvoraussetzung gilt, so ergibt sich

$$V(a_1, \dots, a_m) = \prod_{j=2}^{m} (a_j - a_1) \cdot \prod_{2 \le i < j \le m} (a_j - a_i) = \prod_{1 \le i < j \le m} (a_j - a_i). \qquad \square$$

3. Unterdeterminanten. — Ist $A \in R^{(m,n)}$ eine beliebige (m,n)-Matrix, so kann man sog. Unterdeterminanten von A wie folgt definieren: Man fixiert eine natürliche Zahl p mit $1 \le p \le \min\{m,n\}$ und wählt p Zeilen und p Spalten in A aus (d.h. man läßt $m-p$ Zeilen und $n-p$ Spalten weg). So entsteht aus A eine (p,p)-Matrix, die wir eine p-reihige *Untermatrix* von A nennen. Die Determinante einer jeden solchen Matrix heißt eine *p-reihige Unterdeterminante* (oder auch ein *Minor*) *von* A. Der Leser bestimme als Übungsaufgabe die Anzahl *aller* p-reihigen Minoren von A.

Besonders wichtig ist der Fall $m=n$ und $p=m-1$. (Wir setzen stets $m \ge 2$ voraus.) Durch Weglassen der i-ten Zeile und der j-ten Spalte entsteht aus $A=(a_{\mu\nu}) \in R^{(m,m)}$ die $(m-1, m-1)$-Matrix

$$
A_{ij} := \begin{pmatrix}
a_{11} & \cdots & a_{1\,j-1} & a_{1\,j+1} & \cdots & a_{1m} \\
\vdots & & \vdots & \vdots & & \vdots \\
a_{i-1,1} & \cdots & a_{i-1\,j-1} & a_{i-1\,j+1} & \cdots & a_{i-1\,m} \\
a_{i+1,1} & \cdots & a_{i+1\,j-1} & a_{i+1\,j+1} & \cdots & a_{i+1\,m} \\
\vdots & & \vdots & \vdots & & \vdots \\
a_{m1} & \cdots & a_{m\,j-1} & a_{m\,j+1} & \cdots & a_{mm}
\end{pmatrix} \in R^{(m-1,\,m-1)}.
$$

Neben den Matrizen A_{ij} sind die aus A gebildeten Matrizen

$$
S_{ij}(A) := \begin{pmatrix}
a_{11} & \cdots & a_{1\,j-1} & 0 & a_{1\,j+1} & \cdots & a_{1m} \\
\vdots & & \vdots & \vdots & \vdots & & \vdots \\
a_{i-1,1} & \cdots & a_{i-1\,j-1} & 0 & a_{i-1\,j+1} & \cdots & a_{i-1\,m} \\
0 & & \cdots 0 & 1 & 0 & \cdots & 0 \\
a_{i+1,1} & \cdots & a_{i+1\,j-1} & 0 & a_{i+1\,j+1} & \cdots & a_{i+1\,m} \\
\vdots & & \vdots & \vdots & \vdots & & \vdots \\
a_{m1} & \cdots & a_{m\,j-1} & 0 & a_{m\,j+1} & \cdots & a_{mm}
\end{pmatrix} \in R^{(m,m)}
$$

von Bedeutung: hier ersetzt man also das Element a_{ij} durch 1 und alle übrigen Elemente der i-ten Zeile und der j-ten Spalte durch 0. Es gilt

$$
S_{ji}(A^t) = \left(S_{ij}(A)\right)^t \quad \text{für alle } i,j \in \mathbb{N}_m.
$$

Wir zeigen nun, daß die Determinanten von A_{ij} und $S_{ij}(A)$ bis auf das Vorzeichen übereinstimmen.

Satz 4. *Es gilt:* $\det S_{ij}(A) = (-1)^{i+j} \det A_{ij}$ *für alle* $i,j \in \mathbb{N}_m$.

Beweis. Durch $i-1$ Zeilenvertauschungen (nach oben) und $j-1$ Spaltenvertauschungen (nach links) kann die Matrix $S_{ij}(A)$ in die Matrix

$$
\left(\begin{array}{c|c} 1 & 0 \\ \hline 0 & A_{ij} \end{array} \right)
$$

überführt werden. Daher gilt:

$$\det S_{ij}(A) = (-1)^{(i-1)+(j-1)} \det A_{ij} = (-1)^{i+j} \det A_{ij}.$$

In der Literatur nennt man die Determinante $\det S_{ij}(A)$ häufig das *algebraische Komplement* von A zur Stelle (i, j). Gebräuchlich sind auch die Bezeichnungen *Cofaktor* oder *Adjunkte*.

4. Adjungierte Matrix. Laplacescher Entwicklungssatz. — In Satz 2.2 haben wir eine m-Form als eine (alternierende) Summe von $(m-1)$-Formen dargestellt. Wir wollen hier dieses Verfahren, das einen Spezialfall des Laplaceschen Entwicklungssatzes darstellt[1], in Matrizensprache beschreiben.

Ist $A = (a_{ij}) \in R^{(m, m)}$ mit den Spaltenvektoren s_j, $j \in \mathbb{N}_m$, gegeben, also $(s_j)^t = (a_{1j}, \ldots, a_{mj})$, so gilt:

$$\det A = \det(s_1, \ldots, s_m),$$

wo det auf der rechten Seite diejenige alternierende m-Form in $\Lambda^m R_m$ ist, die auf der Basis der Einheitsvektoren $e_1, \ldots, e_m$ den Wert 1 annimmt: $\det(e_1, \ldots, e_m) = 1$ (vgl. Abschnitt 2).

Für jeden Index $i \in \mathbb{N}_m$ und jeden Vektor $b \in R_m$ führen wir die (m, m)-Matrix

$$A_i(b) := (s_1, \ldots, s_{i-1}, b, s_{i+1}, \ldots, s_m) \in R^{(m, m)}$$

ein, die also aus A dadurch entsteht, daß man die i-te Spalte durch b ersetzt. Jede Abbildung

$$R_m \to R, \qquad b \mapsto \det A_i(b),$$

ist eine R-Linearform; daher gilt:

$$(*) \qquad \det A_i(b) = \sum_{\mu=1}^{m} b_\mu \det A_i(e_\mu) \qquad \text{für alle} \quad b = \sum_{\mu=1}^{m} b_\mu e_\mu \in R_m, \quad i \in \mathbb{N}_m.$$

Da $\det A_i(s_j) = \delta_{ij} \det A$, so ergeben sich wegen $s_j = \sum_{\mu=1}^{m} a_{\mu j} e_\mu$ speziell die m^2 Gleichungen

$$(**) \qquad \delta_{ij} \det A = \sum_{\mu=1}^{m} a_{\mu j} \det A_i(e_\mu), \quad i, j \in \mathbb{N}_m.$$

Die Form der Gleichungen $(*)$ und $(**)$ legt es nahe, die m^2 Skalare $\det A_i(e_\mu)$ selbst zu einer (m, m)-Matrix zusammenzufassen.

Def. 5 (*Adjungierte Matrix*). *Sei* $A = (s_1, \ldots, s_m) \in R^{(m, m)}$. *Dann heißt die* (m, m)-*Matrix*

$$\operatorname{adj} A = (\tilde{a}_{ij}) \quad \text{mit} \quad \tilde{a}_{ij} := \det A_i(e_j) = \det(s_1, \ldots, s_{i-1}, e_j, s_{i+1}, \ldots, s_m) \in R$$

die zu A *adjungierte Matrix (oder Komplementär-Matrix).*

---

[1] Nach dem französischen Mathematiker P. S. Laplace (1749 – 1827).

Die Gleichungen (∗) und (∗∗) lassen sich nun jeweils zu der *einen* Matrixgleichung

$$(\mathrm{adj}\,A)\,b = (\det A_1(b), \ldots, \det A_m(b))^t$$

und

$$(\mathrm{adj}\,A)\,A = (\det A)\,E \qquad (\text{mit } E := E_m)$$

zusammenfassen. Diese ohne Mühe gefundenen Identitäten werden dadurch interessant, daß sich die Elemente der Matrix adj A auch anders berechnen lassen. Wir zeigen den folgenden

Hilfssatz. *Für jede (m, m)-Matrix $A = (s_1, \ldots, s_m)$ gilt*

$$\det A_i(e_j) = \det S_{ji}(A),$$

wo $\det S_{ji}(A)$ *der (im Abschnitt 3 eingeführte) Cofaktor von A zur Stelle (j, i) ist.*

Beweis. Die (m, m)-Matrix $A_i(e_j)$ geht ersichtlich in die Matrix $S_{ji}(A)$ über, wenn man in ihr für jedes $k \in \mathbb{N}_m \setminus \{i\}$ das a_{jk}-fache der i-ten Spalte von der k-ten Spalte subtrahiert. Bei diesen Operationen ändert sich der Wert der Determinante nicht. $\qquad\square$

Man sieht somit, daß die adjungierte Matrix adj A die Transponierte der Cofaktormatrix $(\det S_{ij}(A))$ ist. Da $S_{ji}(A^t) = S_{ij}(A)^t$ und also

$$\det S_{ji}(A^t) = \det S_{ij}(A) \qquad (\text{Transpositionsinvarianz}),$$

so folgt

$$\mathrm{adj}(A^t) = (\mathrm{adj}\,A)^t.$$

Wir können nun zeigen:

Satz 6 *(Entwicklungssatz). Für jede (m, m)-Matrix $A = (a_{ij}) \in R^{(m, m)}$ gilt:*

$$(\mathrm{adj}\,A)\,A = A\,(\mathrm{adj}\,A) = (\det A)\,E.$$

Für die Elemente $\tilde{a}_{ij}$ der adjungierten Matrix adj $A = (\tilde{a}_{ij})$ *gilt:*

$$\tilde{a}_{ij} = \det A_i(e_j) = \det S_{ji}(A) = (-1)^{i+j} \det A_{ji}, \quad i, j \in \mathbb{N}_m.$$

Beweis. Die Gleichung $(\mathrm{adj}\,A)\,A = (\det A)\,E$ gilt nach Definition von adj A. Wendet man dies auf A^t anstelle von A an, so folgt

$$\mathrm{adj}(A^t)\,A^t = (\det A^t)\,E.$$

Wegen $\mathrm{adj}(A^t) = (\mathrm{adj}\,A)^t$ und $\det A^t = \det A$ entsteht hieraus:

$$(\mathrm{adj}\,A)^t\,A^t = (\det A)\,E.$$

Transposition liefert schließlich

$$A\,\mathrm{adj}\,A = (\det A)\,E^t = (\det A)\,E.$$

Die angegebenen Gleichungen für $\tilde{a}_{ij}$ folgen aus dem Hilfssatz sowie aus Satz 4. $\qquad\square$

Die Bezeichnung „Entwicklungssatz" für Satz 6 wird sofort verständlich, wenn man von den Matrixgleichungen wieder zu den expliziten Gleichungen in den Matrixelementen zurückgeht und dabei die neuen Ausdrücke für die $\tilde{a}_{ij}$ benutzt. Aus $(\det A)\,E=(\operatorname{adj} A)\,A$, d.h. $(**)$, wird

$$\delta_{ij}\det A=\sum_{\mu=1}^{m} a_{\mu j}\det S_{\mu i}(A)=\sum_{\mu=1}^{m}(-1)^{\mu+i}\,a_{\mu j}\det A_{\mu i},\quad i,j\in\mathbb{N}_m,$$

während $(\det A)\,E=A\operatorname{adj} A$ die Gleichungen

$$\delta_{ij}\det A=\sum_{\mu=1}^{m} a_{i\mu}\det S_{j\mu}(A)=\sum_{\mu=1}^{m}(-1)^{\mu+j}\,a_{i\mu}\det A_{j\mu},\quad i,j\in\mathbb{N}_m$$

liefert. Insbesondere erhält man für $i=j$ „*die Entwicklung von* $\det A$ *nach der j-ten Spalte*"

$$\det A=\sum_{\mu=1}^{m} a_{\mu j}\det S_{\mu j}(A)=\sum_{\mu=1}^{m}(-1)^{\mu+j}\,a_{\mu j}\det A_{\mu j},\quad j\in\mathbb{N}_m,$$

bzw. „*die Entwicklung von* $\det A$ *nach der i-ten Zeile*"

$$\det A=\sum_{\mu=1}^{m} a_{i\mu}\det S_{i\mu}(A)=\sum_{\mu=1}^{m}(-1)^{\mu+i}\,a_{i\mu}\det A_{i\mu},\quad i\in\mathbb{N}_m.$$

Die Determinante einer Matrix A läßt sich also berechnen, indem man für festes $i\in\mathbb{N}_m$ jeweils die i-te Zeile und die μ-te Spalte von A streicht, $\mu\in\mathbb{N}_m$, die Determinante der so gewonnenen Matrix $A_{i\mu}$ berechnet und die Produkte $(-1)^{i+\mu}\,a_{i\mu}\det A_{i\mu}$ über μ summiert (Entwicklung nach der i-ten Zeile). Die Vorzeichenregel läßt sich gut mit der m-reihigen „Schachbrettmatrix" verdeutlichen:

$$\begin{pmatrix} + & - & + & - & \cdots \\ - & + & - & + & \cdots \\ \cdot & \cdot & \cdot & \cdot & \cdots \\ \cdot & \cdot & \cdot & \cdot & \cdots \\ \cdot & \cdot & \cdot & \cdot & \cdots \end{pmatrix}.$$

Befindet sich auf der $a_{i\mu}$ entsprechenden Stelle in der Schachbrettmatrix ein $+$, so ist das Vorzeichen von $a_{i\mu}\det A_{i\mu}$ positiv zu wählen, befindet sich dort ein $-$, so tritt der Ausdruck $-a_{i\mu}\det A_{i\mu}$ in der Summe auf.

§ 5. Inverse und adjungierte Matrix

1. Charakterisierung invertierbarer Matrizen und Endomorphismen durch ihre Determinante. Basiskriterien. — Die wohl wichtigste Folgerung aus dem Entwicklungssatz ist

Satz 1. *Eine Matrix $A \in R^{(m,m)}$ ist genau dann invertierbar in $R^{(m,m)}$, wenn det A in R invertierbar ist. Es gilt dann:*

$$A^{-1} = (\det A)^{-1} \operatorname{adj} A.$$

Beweis. Wir wissen bereits (Produktregel), daß det A für jedes $A \in GL(m, R)$ eine Einheit in R ist. Existiert umgekehrt $(\det A)^{-1}$ in R, so existiert $B := (\det A)^{-1} \operatorname{adj} A$. Nach Satz 4.6 gilt

$$AB = BA = E \quad \text{und also} \quad B = A^{-1}. \qquad \square$$

Korollar *(Basiskriterium). Es seien $s_1, \ldots, s_m \in R_m$ Spaltenvektoren. Dann sind äquivalent:*

   i) *Die Familie $(s_\mu)_{\mu \in \mathbf{N}_m}$ ist eine Basis von R_m.*
   ii) *$\det(s_1, \ldots, s_m)$ ist invertierbar in R.*

Beweis. Nach Satz 4.3.5 gilt i) genau dann, wenn die (m, m)-Matrix $(s_1, \ldots, s_m)$ invertierbar ist, wenn also (wegen Satz 1) die Bedingung ii) gilt. $\qquad \square$

Selbstredend gilt das Korollar mutatis mutandis auch für Zeilenvektoren.

Bemerkung. Für Körper K läßt sich Satz 1 nebst Korollar ohne Heranziehung der adjungierten Matrix direkt verifizieren: ist nämlich $A \in K^{(m,m)}$ nicht invertierbar, so sind nach Satz 4.3.5 die Spaltenvektoren von A keine Basis von K_m und also (Körper!) linear abhängig. Es gibt dann (Körper!) einen Index j und eine Relation

$$s_j = \sum_{\mu \in \mathbf{N}_m \smallsetminus \{j\}} a_\mu s_\mu, \quad a_\mu \in K.$$

Dann folgt (vgl. auch die formale Cramersche Regel):

$$\det A = \det\Big(s_1, \ldots, s_{j-1}, \sum_{\mu \in \mathbf{N}_m \smallsetminus \{j\}} a_\mu s_\mu, s_{j+1}, \ldots, s_m\Big)$$
$$= \sum_{\mu \in \mathbf{N}_m \smallsetminus \{j\}} a_\mu \det(s_1, \ldots, s_{j-1}, s_\mu, s_{j+1}, \ldots, s_m) = 0,$$

denn rechts verschwindet wegen $\mu \neq j$ jede Determinante. $\qquad \square$

Aus Satz 1 und seinem Korollar erhält man wichtige Folgerungen für endlich erzeugbare freie Moduln M. Zunächst folgt:

Satz 1'. *Ein Endomorphismus $\varphi: M \to M$ ist genau dann ein Automorphismus, wenn det φ eine Einheit in R ist.*

Beweis. Man stelle φ bzgl. einer Basis von M durch eine quadratische Matrix A dar. Wir wissen, daß φ genau dann bijektiv ist, wenn A invertierbar ist. Da det $\varphi =$ det A, so folgt die Behauptung aus Satz 1. $\qquad \square$

Korollar 1' *(Basiskriterium). Sei $m := \operatorname{rg} M$ und sei $(y_i)_{i \in \mathbf{N}_m}$ eine Familie in M. Dann sind äquivalent:*

i) *Die Familie* $(y_i)_{i\in\mathbf{N}_m}$ *ist eine Basis von M.*

ii) *Es gibt eine m-Form* $\lambda\in\Lambda^m M$, *so daß* $\lambda(y_1,\ldots,y_m)$ *eine Einheit in R ist.*

Beweis. i) $\Rightarrow$ ii): Trivial, da es zu *jeder* Basis $(y_i)_{i\in\mathbf{N}_m}$ von M ein $\Delta\in\Lambda^m M$ gibt mit $\Delta(y_1,\ldots,y_m)=1$.

ii) $\Rightarrow$ i): Wir fixieren eine Basis $(v_i)_{i\in\mathbf{N}_m}$ von M und betrachten den durch die Gleichung $\varphi(v_\mu):=y_\mu$, $\mu\in\mathbf{N}_m$, bestimmten Endomorphismus $\varphi: M\to M$. Genau dann gilt i), wenn φ bijektiv ist, d.h. wenn $\det\varphi$ eine Einheit in R ist (Satz 1').

Aus

$$\lambda(y_1,\ldots,y_m)=\lambda\big(\varphi(v_1),\ldots,\varphi(v_m)\big)=\det\varphi\,\lambda(v_1,\ldots,v_m)$$

und $\lambda(y_1,\ldots,y_m)\in R^\times$ folgt aber $\det\varphi\in R^\times$.

2. Determinantenrang. — Mit Hilfe des Korollars von Satz 1 können wir nun eine weitere Aussage über den Rang von Matrizen beweisen. Sei K ein Körper. Für jede (m,n)-Matrix $A=(a_{\mu\nu})\in K^{(m,n)}$ wurde der Rang $\operatorname{rg}A$ definiert als $\operatorname{rg}A:=$ Spaltenrang von $A=$ Zeilenrang von A (vgl. Def. 4.5.4).

Wir bezeichnen mit $\rho(A)$ die größte natürliche Zahl q derart, daß A eine q-reihige Unterdeterminante $\neq 0$ besitzt (dann verschwinden also alle p-reihigen Unterdeterminanten von A für $p>\rho(A)$):

$$\rho(A)=\max\{q\in\mathbb{N}: \text{es gibt eine } q\text{-reihige Unterdeterminante} \neq 0 \text{ von } A\}.$$

Man nennt $\rho(A)$ auch den *Determinantenrang* von A. Wir zeigen:

Satz 2. *Für jede Matrix* $A\in K^{(m,n)}$ *gilt:*

$$\rho(A)=\operatorname{rg}A.$$

Beweis. 1) Sei $q:=\rho(A)$ und etwa die Determinante der (q,q)-Matrix

$$\begin{pmatrix} a_{\mu_1 v_1}\cdots a_{\mu_1 v_q} \\ \vdots \qquad \vdots \\ a_{\mu_q v_1}\cdots a_{\mu_q v_q} \end{pmatrix}$$

von Null verschieden. Dann sind nach dem Korollar zu Satz 1 ihre Spaltenvektoren und also erst recht die entsprechenden Spaltenvektoren $s_{v_1},\ldots,s_{v_q}$ von A linear unabhängig. Dies beweist $\rho(A)\leq\operatorname{rg}A$.

2) Sei $r:=\operatorname{rg}A$. Dann gibt es also r linear unabhängige Spaltenvektoren $s_{i_1},\ldots,s_{i_r}$ in A. Die (m,r)-Matrix $(s_{i_1},\ldots,s_{i_r})$ hat ebenfalls den Rang r und enthält daher r linear unabhängige Zeilenvektoren $z'_{j_1},\ldots,z'_{j_r}$. Die (r,r)-Matrix

$$\begin{pmatrix} a_{j_1 i_1}\cdots a_{j_1 i_r} \\ \vdots \qquad \vdots \\ a_{j_r i_1}\cdots a_{j_r i_r} \end{pmatrix}$$

ist also nach Satz 4.3.5 invertierbar und besitzt damit eine Determinante $\neq 0$. Dies beweist $\rho(A) \geq \operatorname{rg} A$. $\qquad\square$

3. Die Inklusion $(\det \varphi) M \subset \operatorname{Im} \varphi$. — Mit M bezeichnen wir wieder einen endlich erzeugbaren freien R-Modul. Zu *jedem* Endomorphismus $\varphi: M \to M$ existiert ein Endomorphismus $\tilde{\varphi}: M \to M$, so daß gilt:

$$\varphi \circ \tilde{\varphi} = \tilde{\varphi} \circ \varphi = \det \varphi \cdot \operatorname{id}.$$

Dies ergibt sich sofort aus dem Entwicklungssatz, wenn man φ bzgl. einer Basis von M durch eine quadratische Matrix A darstellt und dann für $\tilde{\varphi}$ den durch adj A bzgl. derselben Basis definierten Endomorphismus wählt. Im nächsten Abschnitt werden wir übrigens sehen, daß $\tilde{\varphi}$ durch dieses Konstruktionsprinzip eindeutig (d.h. unabhängig von der Basiswahl) durch φ bestimmt ist. Der Leser beachte aber, daß der Endomorphismus $\tilde{\varphi}$ durch die Bedingung $\varphi \circ \tilde{\varphi} = \tilde{\varphi} \circ \varphi = \det \varphi \cdot \operatorname{id}$ allein keineswegs eindeutig bestimmt ist (z.B. wenn det $\varphi = 0$ ist).

Es folgt nun sogleich:

Satz 3. *Für alle $z \in M$ und alle $\varphi \in \operatorname{End}_R M$ gilt:*

$$\varphi(\tilde{\varphi}(z)) = \det \varphi \cdot z, \quad \textit{speziell also:} \ (\det \varphi) M = \{(\det \varphi) z; \ z \in M\} \subset \operatorname{Im} \varphi.$$

Der Beweis ist wegen $\varphi \circ \tilde{\varphi} = \det \varphi \circ \operatorname{id}$ trivial. $\qquad\square$

Natürlich ist die Inklusion $\operatorname{Im} \varphi \supset (\det \varphi) M$ im allgemeinen keine Gleichung, wie z.B. alle Endomorphismen $\varphi \neq 0$ mit det $\varphi = 0$ zeigen.

4. Rechenregeln für adjungierte Matrizen. — Für invertierbare Matrizen A gilt adj $A = (\det A) A^{-1}$. Die Abbildung adj: $R^{(m,m)} \to R^{(m,m)}$ setzt also die Abbildung

$$\operatorname{GL}(m, R) \to \operatorname{GL}(m, R), \quad A \mapsto (\det A) A^{-1},$$

fort; in diesem Sinne sind adjungierte Matrizen ein Inversenersatz für nicht invertierbare Matrizen. So ergibt sich z.B. sogleich die

Kürzungsregel. *Sei $P \in R^{(m,m)}$ so beschaffen, daß* det P *kein Nullteiler in R ist. Dann folgt aus $CP = DP$ bzw. $PC = PD$, $C, D \in R^{(m,m)}$, stets $C = D$.*

Beweis. Sei etwa $CP = DP$. Multiplikation mit adj P von rechts liefert

$$C((\det P) E_m) = D((\det P) E_m), \quad \text{also} \ (\det P) C = (\det P) D.$$

Es gelten daher in R die m^2 Gleichungen

$$\det P \cdot c_{\mu\nu} = \det P \cdot d_{\mu\nu}, \quad \text{wenn} \ C = (c_{\mu\nu}), \quad D = (d_{\mu\nu}).$$

Da det P kein Nullteiler in R ist, folgt $c_{\mu\nu} = d_{\mu\nu}$ für alle $\mu, \nu \in \mathbb{N}_m$, d.h. $C = D$. $\qquad\square$

Für jede 2-reihige Matrix

$$A = \begin{pmatrix} a_{11} & a_{12} \\ a_{21} & a_{22} \end{pmatrix} \quad \text{gilt} \quad \text{adj } A = \begin{pmatrix} a_{22} & -a_{12} \\ -a_{21} & a_{11} \end{pmatrix},$$

also $\text{adj}(\text{adj } A) = A$. Diese Gleichung gilt jedoch nicht für $n \geq 3$, wie der folgende Satz zeigt, wo die wichtigsten Rechenregeln für adjungierte Matrizen zusammengestellt sind.

Satz 4. *Für alle Matrizen* $A, B \in R^{(m,m)}$, $T \in \text{GL}(m, R)$, $m \geq 2$, *gilt*:

0) $\text{adj } 0 = 0$, $\text{adj } E_m = E_m$, $\text{adj } rA = r^{m-1} \cdot \text{adj } A$, $r \in R$,
1) $\text{adj}(A^t) = (\text{adj } A)^t$,
2) $\text{adj}(AB) = (\text{adj } B) \cdot (\text{adj } A)$,
3) $\det(\text{adj } A) = (\det A)^{m-1}$,
4) $\text{adj}(\text{adj } A) = (\det A)^{m-2} \cdot A$,
5) $\text{adj } T \in \text{GL}(m, R)$, $(\text{adj } T)^{-1} = \text{adj}(T^{-1})$.

Die Behauptungen 0) und 1) sind klar; übrigens wurde 1) schon im Beweise des Entwicklungssatzes benutzt. Die Behauptung 5) folgt aus 0) und 2). Es bleiben die Gleichungen 2)–4) zu verifizieren. Im Falle invertierbarer Matrizen folgen sie wegen $\text{adj } A = (\det A) A^{-1}$ sofort aus den entsprechenden Gleichungen für A^{-1} unter Beachtung der 3. Gleichung in 0). Wir zeigen allgemeiner als Anwendung der Kürzungsregel:

Die Gleichungen 2)–4) gelten sicher dann, wenn die Determinanten von A und B keine Nullteiler in R sind.

Beweis. ad 2). Es gilt

$$(\text{adj } B \cdot \text{adj } A) \cdot A \cdot B = \text{adj } B(\text{adj } A \cdot A) B = \text{adj } B(\det A \, E_m) B$$

$$= \det A(\text{adj } B \cdot B) = \det A \cdot \det B \cdot E_m.$$

Zusammen mit $\text{adj}(AB) \cdot AB = \det(AB) E_m = \det A \cdot \det B \cdot E_m$ folgt:

$$(\text{adj } B \cdot \text{adj } A) AB = \text{adj}(AB) \cdot AB.$$

Da mit $\det A$ und $\det B$ auch $\det(AB)$ ein Nichtnullteiler in R ist, folgt die Behauptung (mit $P := AB$) aus der Kürzungsregel.

ad 3). Aus $A \cdot \text{adj } A = \det A \cdot E_m$ folgt durch Übergang zur Determinante:

$$\det A \cdot \det(\text{adj } A) = \det(\det A \cdot E_m) = (\det A)^m.$$

Kürzen durch $\det A$ ist erlaubt und liefert die Behauptung.

ad 4). Es gilt (unter Verwendung von 3)):

$$\text{adj}(\text{adj } A) \cdot \text{adj } A = \det(\text{adj } A) \cdot E_m = (\det A)^{m-1} E_m.$$

Da auch

$$((\det A)^{m-2} A)\,\mathrm{adj}\,A = (\det A)^{m-1} E_m,$$

so folgt $\mathrm{adj}(\mathrm{adj}\,A) = (\det A)^{m-2} A$ nach der Kürzungsregel (denn $\det(\mathrm{adj}\,A) = (\det A)^{m-1}$ ist ein Nichtnullteiler in R). $\qquad\square$

Um den Beweis von Satz 4 zu beenden, muß noch der Fall, daß die Determinante von AB ein Nullteiler in R ist, behandelt werden. Falls R der Körper $\mathbb{R}$ der reellen Zahlen (oder auch der komplexen Zahlen) ist, so führt ein einfaches Stetigkeitsargument zum Ziel: Um etwa die Gleichung (2) zu verifizieren, betrachtet man die (m, m)-Matrix $C := \mathrm{adj}\,B \cdot \mathrm{adj}\,A - \mathrm{adj}(AB)$. Jedes Element c_{ij} von C ist, da bei der Bildung von adj sowie des Matrizenproduktes nur Additionen und Multiplikationen mit Ringelementen auszuführen sind, ein Polynom in den $2\,m^2$ Elementen $a_{\mu\nu}$, $b_{\mu\nu}$ der Matrizen A und B und also, wenn man die $a_{\mu\nu}$ und $b_{\mu\nu}$ als Variable auffaßt, eine stetige Funktion im $\mathbb{R}^{m^2} \times \mathbb{R}^{m^2}$. Bezeichnet man mit S bzw. T die Nullstellenmenge der Determinante von $(a_{\mu\nu})$ bzw. $(b_{\mu\nu})$, also

$$S := \{(a_{\mu\nu}) \in \mathbb{R}^{m^2}; \det(a_{\mu\nu}) = 0\},$$

$$T := \{(b_{\mu\nu}) \in \mathbb{R}^{m^2}; \det(b_{\mu\nu}) = 0\},$$

so gilt $c_{ij} = 0$ für alle $(a_{\mu\nu}) \in \mathbb{R}^{m^2} \setminus S$, $(b_{\mu\nu}) \in \mathbb{R}^{m^2} \setminus T$ nach dem bereits Bewiesenen, denn dann sind $\det A$, $\det B \in \mathbb{R} \setminus \{0\}$ keine Nullteiler. Nun ist jeder Punkt der Hyperfläche S Häufungspunkt von Punkten aus $\mathbb{R}^{m^2} \setminus S$. Da analoges für T gilt, so müssen die Polynome c_{ij} „aus Stetigkeitsgründen" überall in $\mathbb{R}^{m^2} \times \mathbb{R}^{m^2}$ verschwinden. Also gilt stets $C = 0$ (analog kann man im Falle der Gleichungen 3) und 4) argumentieren).

Für beliebige Grundringe gibt es einen einfachen algebraischen Ersatz für vorstehenden Stetigkeitsschluß. Man geht aus vom Polynomring $S :=$ $\mathbb{Z}[X_{11}, \dots, X_{mm}, Y_{11}, \dots, Y_{mm}]$ in $2\,m^2$ Unbestimmten $X_{\mu\nu}$, $Y_{\mu\nu}$ über $\mathbb{Z}$. Die Matrizen $P := (X_{\mu\nu})$, $Q := (Y_{\mu\nu})$ haben eine Determinante $\neq 0$ in S (Beweis!). Da S nullteilerfrei ist, so gelten also die Gleichungen 2)–4) für P und Q. Ist nun R irgendein kommutativer Ring mit Eins, und sind $a_{\mu\nu}$, $b_{\mu\nu} \in R$ beliebige Elemente, $\mu, \nu \in \mathbb{N}_m$, so bleiben die für P und Q geltenden Identitäten 2)–4) bestehen, wenn man $X_{\mu\nu}$ durch $a_{\mu\nu}$ und $Y_{\mu\nu}$ durch $b_{\mu\nu}$ ersetzt (Spezialisierung!). Dies kann wie folgt präzisiert werden:

Der Ringhomomorphismus $\chi\colon \mathbb{Z} \to R$, $m \mapsto m \cdot 1_R$ (vgl. Kap. I, § 4.4) ist so zu einem Ringhomomorphismus $\Xi\colon S \to R$ fortsetzbar, daß gilt $\Xi(X_{\mu\nu}) = a_{\mu\nu}$, $\Xi(Y_{\mu\nu}) = b_{\mu\nu}$ (man bildet das Monom $X_{11}^{i_{11}} \dots X_{mm}^{i_{mm}} Y_{11}^{j_{11}} \dots Y_{mm}^{j_{mm}} \in S$ auf $a_{11}^{i_{11}} \dots a_{mm}^{i_{mm}} b_{11}^{j_{11}} \dots b_{mm}^{j_{mm}} \in R$ ab und setzt linear fort). Somit wird $\det P$ vermöge Ξ auf $\det A$, wo $A = (a_{\mu\nu}) \in R^{(m,m)}$, abgebildet.

Man setzt nun Ξ zu einer Abbildung $S^{(m,m)} \to R^{(m,m)}$ der Matrizenringe fort, indem man jeder Matrix $(u_{\mu\nu}) \in S^{(m,m)}$ die Matrix $(\Xi(u_{\mu\nu})) \in R^{(m,m)}$ zuordnet. Diese fortgesetzte Abbildung bleibt additions- und multiplikationstreu (Beweis!), ist also ein Homomorphismus zwischen nichtkommutativen Ringen. Insbesondere werden die Matrizen

$$P,\ \operatorname{adj} P,\ \operatorname{adj}(\operatorname{adj} P),\ \operatorname{adj}(PQ),\ \operatorname{adj} Q \cdot \operatorname{adj} P \in S^{(m,m)},$$

auf die Matrizen

$$A,\ \operatorname{adj} A,\ \operatorname{adj}(\operatorname{adj} A),\ \operatorname{adj}(AB),\ \operatorname{adj} B \cdot \operatorname{adj} A \in R^{(m,m)},\qquad B := (b_{\mu\nu})$$

abgebildet. Aus den Gleichungen 2)−4) in P, Q resultieren daher die entsprechenden Gleichungen in A und B. − Damit ist Satz 4 bewiesen. $\qquad\square$

Korollar. *Sind* $A, B \in R^{(m,m)}$ *ähnlich, so sind auch* $\operatorname{adj} A$, $\operatorname{adj} B \in R^{(m,m)}$ *ähnlich: genauer gilt:*
Aus $B = TAT^{-1}$, $T \in \mathrm{GL}(m, R)$, *folgt* $\operatorname{adj} B = T(\operatorname{adj} A)\,T^{-1}$.

Beweis. Nach 2) gilt:

$$\operatorname{adj} B = \operatorname{adj}(TAT^{-1}) = (\operatorname{adj} T^{-1})(\operatorname{adj} A)(\operatorname{adj} T)$$

$$= (\det T)^{-1} \cdot T \cdot \operatorname{adj} A \cdot (\det T)\,T^{-1} = T(\operatorname{adj} A)\,T^{-1}. \qquad\square$$

Aus dem Korollar folgt, daß jedem Endomorphismus $\varphi: M \to M$ eines endlich erzeugbaren freien R-Moduls M ein *adjungierter Endomorphismus* $\operatorname{adj}\varphi: M \to M$ invariant zugeordnet werden kann (es gilt $\operatorname{adj}\varphi = \tilde\varphi$, wo $\tilde\varphi$ die bereits in Nr. 3 benutzte Abbildung ist). Die Rechenregeln 0)−5) übertragen sich sofort auf $\operatorname{adj}\varphi$.

§ 6. Lineare Gleichungen und Determinanten

Im Kap. IV, § 6, wurde die Theorie der linearen Gleichungen entwickelt, soweit das ohne Determinanten möglich ist. In diesem § wird die Theorie mittels Determinanten erweitert und vertieft. Betrachtet wird wie früher eine lineare Gleichung $Ax = b$ über einem Ring R, also $A = (s_1, \dots, s_n) \in R^{(m,n)}$, $s_\nu \in R_m$, $b \in R_m$.

1. Cramersche Regel. − Sei zunächst $m = n$. Dann nennt man das lineare Gleichungssystem $Ax = b$ auch *quadratisch*. Die Abbildung

$$\alpha: R_m \to R_m, \qquad x \mapsto Ax,$$

ist ein Endomorphismus. Da $\det\alpha \cdot \operatorname{Ker}\alpha = 0$ nach Satz 3.3 gilt, so können wir wegen $\det\alpha = \det A$ sogleich notieren:

Der Lösungsmodul der homogenen (quadratischen) Gleichung $Ax = 0$ *ist ein Untermodul des Moduls aller Vektoren* $c \in R_m$, *die von* $\det A$ *annuliert werden:*

$$\{c \in R_m;\ Ac = 0\} \subset \{c \in R_m;\ \det A \cdot c = 0\}.$$

Es ist nun aber keineswegs so, daß jeder Vektor $c \in R_m$ mit det $A \cdot c = 0$ wirklich die Gleichung $Ax = 0$ löst. Dies zeigt folgendes

Beispiel: Sei $m = 2$ und

$$A := \begin{pmatrix} 4 & 2 \\ 3 & 2 \end{pmatrix}.$$

Dann ist $\{c = (c_1, c_2)^t \in R_2;\ c_1 = 0,\ 2c_2 = 0\}$ der Lösungsmodul von $Ax = 0$. Es gilt det $A = 2$; der Modul $\{c \in R_2;\ 2c = 0\}$ ist stets dann echt größer als der Lösungsmodul, wenn 2 ein Nullteiler in R ist (etwa $R := \mathbb{Z}/4\,\mathbb{Z}$), da in diesem Falle Elemente $c_1 \neq 0$ in R mit $2c_1 = 0$ existieren.   □

Um ein hinreichendes Lösungskriterium für die Gleichung $Ax = b$ zu gewinnen, ziehen wir die Determinanten

$$\det A_i(b) = \det(s_1, \ldots, s_{i-1}, b, s_{i+1}, \ldots, s_m), \qquad i \in \mathbb{N}_m,$$

sowie die zu $A \in R^{(m,m)}$ adjungierte Matrix adj A heran (vgl. § 4.4). Dann folgt sofort:

Satz 1. *Seien $A \in R^{(m,m)}$, $b \in R_m$ beliebig. Dann ist der Vektor*

$$c := \text{adj } A \cdot b = (\det A_1(b), \ldots, \det A_m(b))^t$$

eine Lösung der Gleichung $Ax = \det A \cdot b$.

Beweis. Wegen $A \cdot \text{adj } A = \det A\, E$ gilt $A(\text{adj } A \cdot b) = \det A\, b$. Die Gleichung

$$\text{adj } A \cdot b = (\det A_1(b), \ldots, \det A_m(b))^t$$

gilt nach § 4.4 für alle $b \in R_m$.   □

Im Satz 1 ist enthalten

Korollar *(Cramersche Regel). Sei $A \in R^{(m,m)}$ und det A eine Einheit in R. Dann ist die Gleichung $Ax = b$ universell und eindeutig lösbar; für jedes $b \in R_m$ ist*

$$c := A^{-1} b = (\det A)^{-1} \text{adj } A \cdot b = (\det A)^{-1} \cdot (\det A_1(b), \ldots, \det A_m(b))^t \in R_m$$

die Lösung der Gleichung $Ax = b$.

Es ist nun leicht, ein hinreichendes Lösbarkeitskriterium für lineare Gleichungen anzugeben, bei denen *die Anzahl n der Unbestimmten größer oder gleich der Anzahl m der Gleichungen ist.* Sei also $n \geq m$ und $A = (s_1, \ldots, s_n) \in R^{(m,n)}$. Es werde vorausgesetzt, daß A eine m-reihige Untermatrix $A' \in R^{(m,m)}$ enthält, deren Determinante eine Einheit in R ist. Wir nehmen der Einfachheit halber an, daß A' aus den *ersten* m Spaltenvektoren von A besteht (der Allgemeinfall ist lediglich notationsmäßig etwas komplizierter). Setzen wir dann $A'' := (s_{m+1}, \ldots, s_n)$, so gilt $A = (A', A'')$, und die lineare Gleichung $Ax = b$, $b \in R_m$, läßt sich auch, wenn man $x \in R_n$ in seine ersten

m Komponenten $x' \in R_m$ und seine letzten $n-m$ Komponenten $x'' \in R_{n-m}$ zerlegt, wie folgt schreiben:

$$A' x' = b - A'' x''.$$

Die Cramersche Regel liefert daher:

Sei $m \le n$, $A = (A', A'') \in R^{(m,n)}$, $A' \in R^{(m,m)}$, $A'' \in R^{(m,n-m)}$, $\det A' \in R^{\times}$. Dann ist die lineare Gleichung $A x = b$ universell lösbar; für jedes $b \in R_m$ sind genau die Vektoren

$$c = ((\det A')^{-1} \cdot \operatorname{adj} A' \cdot (b - A'' t)), \quad t \in R_{n-m} \text{ beliebig,}$$

alle Lösungen.

Bemerkung. Die Voraussetzung $\det A' \in R^{\times}$ ist hinreichend, aber nicht notwendig für Lösbarkeit. Sei etwa $R := \mathbb{Z}$, $m := 1$, $n := 2$, $A := (2 \ 3)$. Dann ist weder 2 noch 3 eine Einheit in $\mathbb{Z}$, doch die Gleichung $2 x_1 + 3 x_2 = b$ ist universell lösbar, da $2(-b) + 3 b = b$.

2. Lineare Gleichungssysteme in Moduln. Epimorphismen endlich erzeugbarer R-Moduln. — Für den Beweis von Satz 1 wurde entscheidend die Matrixgleichung $\operatorname{adj} A \cdot A = \det A \cdot E$ benutzt. Diese Identität liefert sofort allgemeiner:

Satz 2. *Es sei M ein (nicht notwendig endlich erzeugbarer oder freier) R-Modul. Es seien $y_1, \ldots, y_m, z_1, \ldots, z_m$ Elemente in M und $A = (a_{\mu\nu}) \in R^{(m,m)}$, so daß die m linearen Gleichungen*

$$z_\mu = \sum_{\nu=1}^{m} a_{\mu\nu} y_\nu, \quad \mu \in \mathbb{N}_m,$$

bestehen. Dann gelten die „Umkehrgleichungen"

$$(\det A) y_i = \sum_{j=1}^{m} \tilde{a}_{ij} z_j, \quad i \in \mathbb{N}_m,$$

wo $(\tilde{a}_{ij}) := \operatorname{adj} A \in R^{(m,m)}$ ist.

Beweis. Wegen $\operatorname{adj} A \cdot A = \det A \cdot E_m$ ist $\sum\limits_{j=1}^{m} \tilde{a}_{ij} a_{jk} = \det A \cdot \delta_{ik}$ für alle $i \in \mathbb{N}_m$. Somit folgt

$$\sum_{j=1}^{m} \tilde{a}_{ij} z_j = \sum_{j=1}^{m} \tilde{a}_{ij} \left(\sum_{k=1}^{m} a_{jk} y_k \right) = \sum_{k=1}^{m} \left(\sum_{j=1}^{m} \tilde{a}_{ij} a_{jk} \right) y_k = (\det A) y_i, \quad i \in \mathbb{N}_m. \qquad \square$$

Man kann den vorstehenden Satz als eine „Cramersche Regel" für lineare Gleichungssysteme in Moduln auffassen. Er hat interessante Konsequenzen:

Korollar 1. *Sei M irgendein R-Modul, seien $y_1, \ldots, y_m \in M$ und $A = (a_{\mu\nu}) \in R^{(m,m)}$, so daß gilt*

$$\sum_{\nu=1}^{m} a_{\mu\nu} y_\nu = 0, \quad \mu \in \mathbb{N}_m.$$

Dann folgt:

$$\det A \cdot y_i = 0 \quad \text{für alle } i \in \mathbb{N}_m.$$

Bildet $\{y_1, \ldots, y_m\}$ *ein Erzeugendensystem von M, so gilt also:*

$$\det A \cdot M = 0.$$

Aus Korollar 1 resultiert:

Korollar 2. *Es sei M ein endlich erzeugbarer R-Modul und* $\mathfrak{a} \subset R$ *ein Ideal in R mit der Eigenschaft*

$$M = \mathfrak{a}\, M = \left\{ \sum_{\mu=1}^{m} a_\mu x_\mu;\ m \in \mathbb{N} \text{ beliebig, } a_\mu \in \mathfrak{a}, x_\mu \in M \right\}.$$

Dann gibt es ein Element $a \in \mathfrak{a}$, *so daß gilt:*

$$(1-a) \cdot M = 0.$$

Beweis. Sei $\{y_1, \ldots, y_m\}$ ein Erzeugendensystem von M. Wegen $M = \mathfrak{a} M$ gibt es Elemente $a_{\mu\nu} \in \mathfrak{a}$, so daß

$$y_\mu = \sum_{\nu=1}^{m} a_{\mu\nu}\, y_\nu \quad \text{ist für alle } \mu \in \mathbb{N}_m.$$

Dies bedeutet:

$$\sum_{\nu=1}^{m} (\delta_{\mu\nu} - a_{\mu\nu})\, y_\nu = 0 \quad \text{für alle } \mu \in \mathbb{N}_m.$$

Setzt man $A := (a_{\mu\nu})$, so folgt $\det(E_m - A) \cdot M = 0$ nach Korollar 1. Nach Satz 3.5 ist $\det(E_m - A)$ von der Form $1 - a$, $a \in \mathfrak{a}$. $\qquad\square$

Eine unmittelbare Konsequenz aus Korollar 2 ist

Korollar 3. *Jede surjektive Homothetie* λ *eines endlich erzeugbaren R-Moduls M ist bijektiv; die inverse Abbildung* λ^{-1} *ist ebenfalls eine Homothetie.*

Beweis. Sei $\lambda = r \cdot \mathrm{id}_M$, $r \in R$. Dann ist also $M = rM$. Nach Korollar 2 gibt es ein $t \in R$ mit der Eigenschaft $(1 - rt) \cdot M = 0$, d.h. $x = rtx$ für alle $x \in M$. Sei $\tau := t \cdot \mathrm{id}_M$. Wegen $\lambda \circ \tau(x) = \lambda(tx) = rtx = x = \tau \circ \lambda(x)$, $x \in M$, ist $\tau = \lambda^{-1}$. $\qquad\square$

Man erhält darüber hinaus auch leicht den schon mehrfach angekündigten

Satz 3. *Jeder Epimorphismus* $\psi : M \to M$ *eines endlich erzeugbaren R-Moduls M ist ein Automorphismus.*

Die inverse Abbildung ψ^{-1} *ist ein Polynom in* ψ, *d.h.* $\psi^{-1} = \sum_{i=0}^{n} a_i \psi^i$, $a_i \in R$, $n \in \mathbb{N}$.

Wir benutzen zum Beweis das folgende *Prinzip der Grundringerweiterung,* welches im 2. Band zur Standardmethode werden wird:

Es bezeichne $R[X]$ den Polynomring in einer Unbestimmten X über R. *Jeder R*-Modul M kann, sobald ein Endomorphismus $\varphi \in \mathrm{End}_R M$ gegeben ist, auf natürliche Weise zu einem $R[X]$-Modul gemacht werden:

Man setze

$$f \cdot y := \left(\sum_{i \in \mathbf{N}} a_i \varphi^i \right)(y) = \sum_{i \in \mathbf{N}} a_i \varphi^i(y)$$

für jedes Polynom

$$f = \sum_{i \in \mathbf{N}} a_i X^i \in R[X]$$

und jedes $y \in M$. (Man beachte, daß $a_i = 0$ ist für fast alle $i \in \mathbf{N}$; es ist

$$\varphi^i := \underbrace{\varphi \circ \varphi \circ \cdots \circ \varphi}_{i\text{-mal}} \in \mathrm{End}_R M, \quad \varphi^0 := \mathrm{id}_M.)$$

Der Leser verifiziert direkt, daß die abelsche Gruppe M bzgl. dieser Multiplikation, die natürlich wesentlich von dem gegebenen φ abhängt, ein $R[X]$-Modul ist. Wir bezeichnen diesen Modul mit M_φ. Für alle $r \in R \subset R[X]$ und alle $y \in M$ gilt $r \cdot y = r\, y$. Insbesondere ist M_φ ein endlich erzeugbarer $R[X]$-Modul, wenn M ein endlich erzeugbarer R-Modul ist.

Beweis von Satz 3. Sei $\psi \in \mathrm{End}_R M$ ein Epimorphismus und M_ψ der zugehörige $R[X]$-Modul (s. oben). Weil ψ surjektiv ist, gibt es zu jedem $y \in M$ ein $z \in M$ mit $y = \psi(z) = X \cdot z$. Das Ideal $\mathfrak{a} := \{ f \cdot X; \ f \in R[X] \} \subset R[X]$ hat also die Eigenschaft $\mathfrak{a} \cdot M_\psi = M_\psi$. Nach Korollar 2 zu Satz 2 gibt es ein $f = \sum_{i=0}^{n} a_i X^i \in R[X]$, so daß $(1 - f \cdot X) \cdot M_\psi = 0$ ist. Sei $\tau := \sum_{i=0}^{n} a_i \psi^i \in \mathrm{End}_R M$. Es ist $\tau \circ \psi = \psi \circ \tau$ und $y - \tau \circ \psi(y) = (\mathrm{id}_M - \tau \circ \psi)(y) = (1 - f \cdot X) \cdot y = 0$ für alle $y \in M$. Daraus folgt: ψ ist bijektiv und $\psi^{-1} = \tau$.   □

3. Eindeutigkeitskriterien. — Wir betrachten nun wieder eine lineare Gleichung $Ax = b$ über dem Ring R, also $A \in R^{(m,\,n)}$, $b \in R_m$. Unter der Voraussetzung, daß die Anzahl n der Unbestimmten kleiner oder gleich der Anzahl m der Gleichungen ist, ergibt sich schnell

Satz 4. *Sei $n \leq m$ und $A \in R^{(m,\,n)}$, derart, daß eine n-reihige Untermatrix B von A existiert, deren Determinante $\det B$ ein Nichtnullteiler in R ist. Dann besitzt die lineare Gleichung $Ax = b$ für jedes $b \in R_m$ höchstens eine Lösung.*

Beweis. Nach Satz 4.6.4 genügt es zu zeigen, daß die homogene Gleichung $Ax = 0$ nur trivial lösbar ist. Für jedes $c = (c_1, \ldots, c_n)^t \in R_n$ mit $Ac = 0$ gilt auch $Bc = 0$ und also $\det B \cdot c = 0$ nach Abschnitt 1. Da $\det B$ ein Nichtnullteiler in R ist, hat $\det B \cdot c_\nu = 0$ stets $c_\nu = 0$ zur Folge, $\nu \in \mathbf{N}_n$. Also gilt $c = 0$.   □

Im quadratischen Fall $m = n$ ist Satz 4 umkehrbar. Wir leiten zunächst ein Kriterium für die Existenz nichttrivialer Lösungen von homogenen Gleichungen her:

Satz 5. *Sei $A=(a_{\mu\nu})\in R^{(m,m)}$ und $a\in R\smallsetminus\{0\}$ so beschaffen, daß gilt: $a\cdot\det A=0$. Dann gibt es einen Vektor $c\in R_m$ mit*

$$a\cdot c\neq 0,\quad aber\ A\cdot(a\,c)=0.$$

Beweis. Es bezeichne $r\in\mathbb{N}_m$ die kleinste natürliche Zahl mit der Eigenschaft, daß für jede r-reihige Untermatrix B von A gilt: $a\cdot\det B=0$. Falls $r=1$, so gilt $a\cdot a_{ij}=0$ für alle Elemente a_{ij} von A, in diesem Falle ist $c\in R_m$ mit $c^t=(1,\ldots,1)$ ein gesuchter Vektor.

Sei also $r\geq 2$. Dann gibt es eine $(r-1)$-reihige Untermatrix A' von A mit $a\cdot\det A'\neq 0$. Ohne Einschränkung der Allgemeinheit dürfen wir annehmen (evtl. ist umzunumerieren), daß gilt:

$$A'=\begin{pmatrix} a_{22} & \ldots & a_{2r} \\ a_{32} & \ldots & a_{3r} \\ \vdots & & \vdots \\ a_{r2} & \ldots & a_{rr} \end{pmatrix}\in R^{(r-1,\,r-1)}.$$

Die Entwicklung der (r,r)-Matrix

$$A_\mu:=\left(\begin{array}{c|c} a_{\mu 1} & a_{\mu 2}\ \ldots\ a_{\mu r} \\ \hline a_{21} & \\ \vdots & A' \\ a_{r1} & \end{array}\right)$$

nach der ersten Zeile liefert eine Gleichung

$$\det A_\mu=\sum_{i=1}^{r} a_{\mu i}\,c_i\quad\text{mit } c_i\in R,\quad c_1=\det A',\quad \mu\in\mathbb{N}_m.$$

Bezeichnen wir wie stets mit $s_1,\ldots,s_m\in R_m$ die Spaltenvektoren von A, also $s_i^t=(a_{1i},\ldots,a_{mi})$, so lassen sich diese m Gleichungen zu der einen Vektorgleichung

$$(\det A_1,\ldots,\det A_m)^t=\left(\sum_{i=1}^{r} c_i(a_{1i},\ldots,a_{mi})\right)^t$$

$$=\sum_{i=1}^{r} c_i(a_{1i},\ldots,a_{mi})^t=\sum_{i=1}^{r} c_i\,s_i$$

zusammenfassen. Da $a\cdot\det A_\mu=0$ ist für alle $\mu\in\mathbb{N}_m$ nach Wahl von r, so folgt

$$a\cdot\left(\sum_{i=1}^{r} c_i\,s_i\right)=0.$$

Wir setzen nun: $c^t:=(c_1,\ldots,c_r,0,\ldots,0)\in R^m$. Wegen $a\,c_1=a\cdot\det A'\neq 0$ gilt $a\,c\neq 0$. Da $A\,c=c_1\,s_1+\cdots+c_r\,s_r$, so folgt $A(a\,c)=0$. $\qquad\square$

Mittels Satz 5 erhalten wir nun schnell folgende Verbesserung von Satz 4.6.4 (vgl. auch das Korollar zu Satz 5.1 sowie Satz 4.3.5):

Satz 6. *Die folgenden Aussagen über eine quadratische Matrix $A \in R^{(m,m)}$ sind äquivalent:*

    i) *Die homogene Gleichung $Ax = 0$ ist nur trivial lösbar.*
    ii) *Die Spaltenvektoren von A sind linear unabhängig.*
    iii) *Die Zeilenvektoren von A sind linear unabhängig.*
    iv) *Die Determinante* det A *ist ein Nichtnullteiler in R.*

Beweis. i)$\Leftrightarrow$ii): Trivial (vgl. Kap. IV, § 6.2).

i) $\Leftrightarrow$ iv): Die Implikation i)$\Rightarrow$iv) folgt aus Satz 5, die umgekehrte Richtung iv) $\Rightarrow$ i) ist ein Spezialfall des Satzes 4.

iii) $\Leftrightarrow$ iv): Wegen det $A =$ det A^t ist, wenn wir die zur Verfügung stehende Äquivalenz ii) $\Leftrightarrow$ iv) auf A^t anwenden, die Determinante von A genau dann ein Nichtnullteiler in R, wenn die Spaltenvektoren von A^t und somit die Zeilenvektoren von A linear unabhängig sind. $\qquad\square$

4. Abbildungstheoretische Interpretation. — Im § 5 haben wir die Automorphismen φ eines endlich erzeugbaren freien R-Moduls M mit Hilfe ihrer Determinante det φ dadurch charakterisiert, daß det φ eine Einheit in R ist. Satz 5 liefert eine determinantentheoretische Charakterisierung der Monomorphismen.

Satz 5′. *Sei $\varphi \in \mathrm{End}_R M$ und $a \in R \smallsetminus \{0\}$ so beschaffen, daß gilt: $a \cdot$ det $\varphi = 0$. Dann ist der Untermodul $aM \cap \mathrm{Ker}\, \varphi$ nicht der Nullmodul:*

$$aM \cap \mathrm{Ker}\, \varphi \neq 0.$$

Beweis. Wir führen Satz 5′ auf Satz 5 zurück und wählen dazu eine Basis X von M und den zugehörigen Koordinatenisomorphismus $v_X : M \to R_m$, $m := \mathrm{rg}\, M$ (der X auf die Basis der Einheitsspaltenvektoren abbildet). Die Abbildung

$$\alpha := v_X \circ \varphi \circ v_X^{-1} : R_m \to R_m$$

ist dann von der Form $x \mapsto Ax$, $x \in R_m$, mit einer Matrix $A \in R^{(m,m)}$, und es gilt:

$$\det \varphi = \det \alpha = \det A.$$

Nach Satz 5 existiert ein Vektor $c \in R_m$ mit $ac \neq 0$ und $A(ac) = 0$. Für $y := v_X^{-1}(c) \in M$ gilt dann

$$ay \neq 0 \quad \text{und} \quad \varphi(ay) = 0. \qquad\square$$

Satz 6′. *Ein Endomorphismus $\varphi : M \to M$ eines endlich erzeugbaren freien R-Moduls M ist genau dann injektiv, wenn* det φ *ein Nichtnullteiler in R ist.*

Dies folgt, da φ nach Satz 3.3 sicher dann injektiv ist, wenn det φ ein Nichtnullteiler ist, unmittelbar aus Satz 5′. $\qquad\square$

Eine wichtige Folgerung aus Satz 6' ist

Satz 7. *Es sei M ein freier R-Modul vom Range m. Dann gibt es zu jeder m-elementigen freien Familie* $(y_\mu)_{\mu \in \mathbf{N}_m}$ *in M einen Nichtnullteiler d in R, so daß gilt:*

$$d \cdot M \subset \bigoplus_{\mu=1}^{m} R \, y_\mu.$$

Speziell sind mehr als m Elemente von M stets linear abhängig.

Beweis. Wir wählen eine Basis $(x_\mu)_{1 \le \mu \le m}$ von M und betrachten den durch die Gleichungen $\varphi(x_\mu) := y_\mu$, $\mu \in \mathbf{N}_m$, bestimmten Endomorphismus $\varphi: M \to M$. Weil die Familie $(y_\mu)_{\mu \in \mathbf{N}_m}$ frei ist, so ist φ injektiv. Daher ist $d := \det \varphi$ nach Satz 6' ein Nichtnullteiler in R. Da $\operatorname{Im} \varphi = \bigoplus_{\mu=1}^{m} R \, y_\mu$ und $\det \varphi \cdot M \subset \operatorname{Im} \varphi$ (vgl. § 5.3), so folgt für $d \cdot M$ die behauptete Inklusion.

Würde irgendeine freie Familie $(z_i)_{i \in I}$ in M mehr als m Elemente enthalten, so könnte man aus ihr ein Element y *und* eine freie Familie $(y_\mu)_{\mu \in \mathbf{N}_m}$ auswählen. Nach dem Bewiesenen gilt dann eine Gleichung

$$d y - \sum_{\mu=1}^{m} d_\mu \, y_\mu = 0 \quad \text{mit } d \ne 0, \quad d_1, \ldots, d_m \in R,$$

im Widerspruch zur Freiheitsannahme. $\square$

5. Erzeugendenzahl und Freiheitsgrad. — Die Beziehungen zwischen den Zahlen $\operatorname{erz}_R M$ und $\operatorname{fg}_R M$ werden nun abschließend behandelt. Ausgangspunkt ist ein *determinantentheoretisches Freiheitskriterium*:

Satz 8. *Es sei M irgendein R-Modul; es seien* $(y_\nu)_{\nu \in \mathbf{N}_m}$, $(z_\mu)_{\mu \in \mathbf{N}_m}$ *zwei Familien in M, zu denen es eine Matrix* $A = (a_{\mu\nu}) \in R^{(m,m)}$ *gebe, so daß gilt:*

$$z_\mu = \sum_{\nu=1}^{m} a_{\mu\nu} y_\nu, \quad \mu \in \mathbf{N}_m.$$

Dann sind folgende Aussagen äquivalent:

  i) *Die Familie* $(z_\mu)_{\mu \in \mathbf{N}_m}$ *ist frei in M.*
  ii) *Die Familie* $(y_\nu)_{\nu \in \mathbf{N}_m}$ *ist frei in M, und* $\det A$ *ist ein Nichtnullteiler in R.*

Beweis. i) $\Rightarrow$ ii): Wir zeigen als erstes, daß $\det A$ ein Nichtnullteiler in R ist. Nach Satz 6 genügt es zu verifizieren, daß die Zeilenvektoren von A linear unabhängig sind. Sei also

$$0 = \sum_{\mu=1}^{m} b_\mu (a_{\mu 1}, \ldots, a_{\mu m}) = \left(\sum_{\mu=1}^{m} b_\mu a_{\mu 1}, \ldots, \sum_{\mu=1}^{m} b_\mu a_{\mu m} \right), \quad b_\mu \in R,$$

eine lineare Relation zwischen den Zeilen. Dann folgt:

$$\sum_{\mu=1}^{m} b_\mu z_\mu = \sum_{\mu=1}^{m} b_\mu \left(\sum_{\nu=1}^{m} a_{\mu\nu} y_\nu \right) = \sum_{\nu=1}^{m} \left(\sum_{\mu=1}^{m} b_\mu a_{\mu\nu} \right) y_\nu = 0$$

und also $b_\mu = 0$ für alle $\mu \in \mathbb{N}_m$.

Es bleibt die Freiheit der Familie $(y_\nu)_{\nu \in \mathbb{N}_m}$ zu beweisen. Nach Satz 2 gelten Gleichungen

$$\det A \cdot y_i = \sum_{j=1}^{m} \tilde{a}_{ij} z_j \in \sum_{j \in \mathbb{N}_m} R z_j, \quad i \in \mathbb{N}_m, \quad (\tilde{a}_{ij}) := \mathrm{adj}\, A.$$

Da die Familie $(z_\mu)_{\mu \in \mathbb{N}_m}$ frei ist, gibt es einen Endomorphismus φ des von $z_1, \ldots, z_m$ erzeugten freien R-Moduls $\bigoplus_{\mu \in \mathbb{N}_m} R z_\mu$ mit $\varphi(z_\mu) = \det A \cdot y_\mu$, $\mu \in \mathbb{N}_m$. Es gilt

$$\det \varphi = \det(\mathrm{adj}\, A) = (\det A)^{m-1}.$$

Mit $\det A$ ist auch $(\det A)^{m-1} = \det \varphi$ ein Nichtnullteiler in R. Aus Satz 6' folgt, daß φ injektiv und somit die Familie $(\det A \cdot y_\nu)_{\nu \in \mathbb{N}_m}$ frei ist. Trivialerweise ist dann auch die Familie $(y_\nu)_{\nu \in \mathbb{N}_m}$ frei.

ii) $\Rightarrow$ i): Die Familie $(y_\nu)_{\nu \in \mathbb{N}_m}$ bildet eine Basis des freien R-Moduls $\bigoplus_{\nu \in \mathbb{N}_m} R y_\nu$, und die Zuordnung $y_\nu \mapsto z_\nu$, $\nu \in \mathbb{N}_m$, definiert einen Endomorphismus φ von $\bigoplus_{\nu \in \mathbb{N}_m} R y_\nu$ mit $\det \varphi = \det A$. Weil $\det A$ ein Nichtnullteiler in R ist, folgt die Injektivität von φ und damit die Freiheit der Familie $(z_\mu)_{\mu \in \mathbb{N}_m}$. $\square$

Jetzt erhalten wir leicht

Satz 9. *Für jeden endlich erzeugbaren R-Modul M gilt:*

$$\mathrm{erz}_R M \geq \mathrm{fg}_R M.$$

Das Gleichheitszeichen gilt genau dann, wenn M ein freier R-Modul ist.

Beweis. Ist M frei, so folgt aus Satz 7 die Beziehung $\mathrm{fg}_R M \leq \mathrm{rg}_R M$. Da nach Definition $\mathrm{rg}_R M \leq \mathrm{fg}_R M$ gilt, so folgt $\mathrm{fg}_R M = \mathrm{rg}_R M$. Sei nun M nicht notwendig frei und $\psi: R^{\mathrm{erz}M} \to M$ ein R-Epimorphismus. Aus der Gradungleichung (Satz 3.4.3) folgt $\mathrm{fg}_R M \leq \mathrm{fg}_R R^{\mathrm{erz}M} = \mathrm{erz}_R M$.

Es möge nun die Gleichung $m := \mathrm{erz}_R M = \mathrm{fg}_R M$ bestehen. Dann wird M von m Elementen $\{y_1, \ldots, y_m\}$ erzeugt, und es gibt eine freie Familie $(z_\mu)_{\mu \in \mathbb{N}_m}$ mit m Elementen in M. Zwischen den z_μ und den y_ν bestehen lineare Gleichungen wie im Satz 8; daher folgt, daß die Familie $(y_\nu)_{\nu \in \mathbb{N}_m}$ frei und somit eine Basis von M ist. $\square$

Korollar. *Es gibt genau dann einen Monomorphismus $R^m \to R^n$, wenn $m \leq n$ ist.*

Beweis. Ist $m \leq n$, so ist R^m ein Untermodul von R^n, und die Injektion ist monomorph. Hat man umgekehrt einen Monomorphismus $R^m \to R^n$, so gilt $\mathrm{fg}\, R^n \geq m$, da die Bilder jeder Basis von R^m linear unabhängig in R^n sind. Aus Satz 9 folgt $m \leq \mathrm{fg}\, R^n = \mathrm{rg}\, R^n = n$. $\square$

§ 7. Das charakteristische Polynom

In diesem Paragraphen bezeichnet M einen endlich erzeugbaren freien R-Modul und $\varphi\colon M \to M$ einen R-Endomorphismus.

1. Eigenräume, Eigenwerte und Eigenvektoren. — Ein wichtiges Problem der linearen Algebra ist die Bestimmung φ-stabiler Untermoduln von M. Der im Kap. III, § 2.3 eingeführte Fixpunktmodul Fix $\varphi = \mathrm{Ker}(\mathrm{id} - \varphi)$, auf dem φ als Identität wirkt, ist ein solcher Untermodul. Die nächst einfachen φ-stabilen Untermoduln sind diejenigen, auf welchen φ als Homothetie operiert.

Def. 1 (*Eigenraum, Eigenwert, Eigenvektor*). *Für jedes $r \in R$ heißt der Untermodul*

$$E(r) := \{z \in M;\ \varphi(z) = rz\} = \mathrm{Ker}(r \cdot \mathrm{id} - \varphi) \quad \left(= \mathrm{Ker}(\varphi - r \cdot \mathrm{id})\right)$$

der Eigenraum von φ zu r.

Der Skalar $r \in R$ heißt ein Eigenwert von φ, wenn $E(r) \neq 0$ ist.

Jeder Vektor $v \in E(r) \smallsetminus \{0\}$ heißt ein Eigenvektor von φ (zum Eigenwert r).

Es ist also Ker φ der Eigenraum zu $r := 0$ und Fix φ der Eigenraum zu $r := 1$. Ist R ein Integritätsring, so besitzt jeder Endomorphismus von M höchstens endlich viele Eigenwerte, d.h. es gilt $E(r) = 0$ für fast alle $r \in R$. Genauer zeigen wir:

Satz 2. *Sei R nullteilerfrei und seien $r_1, \ldots, r_n \in R$ paarweise verschieden. Dann ist die Summe der zugehörigen Eigenräume $E(r_\nu)$ von φ direkt:*

$$\sum_{\nu=1}^{n} E(r_\nu) = \bigoplus_{\nu=1}^{n} E(r_\nu).$$

Insbesondere gilt:

$$\sum_{\nu=1}^{n} \mathrm{fg}\, E(r_\nu) \leq \mathrm{rg}\, M.$$

Beweis. Wir zeigen durch Induktion nach n, daß aus einer Gleichung

$$(*) \qquad\qquad 0 = \sum_{\nu=1}^{n} z_\nu, \qquad z_\nu \in E(r_\nu),$$

stets folgt: $z_\nu = 0$ für alle $\nu \in \mathbb{N}_n$. Für $n = 1$ ist das klar. Sei $n \geq 2$. Anwendung von φ auf $(*)$ und Beachtung von $\varphi(z_\nu) = r_\nu z_\nu$ liefert:

$$0 = \sum_{\nu=1}^{n} r_\nu z_\nu.$$

Die Kombination beider Gleichungen führt auf

$$0 = \sum_{\nu=1}^{n-1} (r_\nu - r_n)\, z_\nu.$$

Wegen $(r_v - r_n) \cdot z_v \in E(r_v)$ folgt $(r_v - r_n) \cdot z_v = 0$, $v \in \mathbb{N}_{n-1}$, nach Induktionsannahme. Da jedes Element $\neq 0$ von M frei ist (Satz 3.4.2), und da $r_v - r_n \neq 0$ für alle $v \neq n$ vorausgesetzt wurde, so muß $z_v = 0$ für alle $v \neq n$ gelten. Das impliziert auch $z_n = 0$.

Unter Benutzung des Korollars zu Satz 3.4.4 folgt nun

$$\sum_{v=1}^{n} \mathrm{fg}\, E(r_v) = \mathrm{fg}\left(\bigoplus_{v=1}^{n} E(r_v) \right) \leq \mathrm{fg}\, M = \mathrm{rg}\, M\,. \qquad \square$$

Korollar. *Ein Endomorphismus* $\varphi \colon M \to M$ *besitzt, falls* R *nullteilerfrei ist, höchstens* $\mathrm{rg}\, M$ *verschiedene Eigenwerte.*

Denn: Sind $r_1, \ldots, r_n \in R$ verschiedene Eigenwerte von φ, so gilt $E(r_v) \neq 0$, und also $\mathrm{fg}\, E(r_v) \geq 1$ für alle $v \in \mathbb{N}_n$. Dies impliziert:

$$n \leq \sum_{v=1}^{n} \mathrm{fg}\, E(r_v) \leq \mathrm{rg}\, M\,. \qquad \square$$

Endomorphismen brauchen überhaupt keine Eigenwerte zu besitzen. Das (anschauliche) Standardbeispiel hierfür sind die „Drehungen um einen Punkt in der Zeichenebene"; z.B. ist die Drehung um 90° der Endomorphismus

$$\vartheta \colon \mathbb{R}^2 \to \mathbb{R}^2, \quad \vartheta(e_1) := e_2, \quad \vartheta(e_2) := -e_1, \quad \text{wo } e_1 = (1,0),\ e_2 = (0,1).$$

Dieser besitzt keine Eigenwerte in $\mathbb{R}$. (Der Leser führe den Beweis durch und zeige, daß man hier $\mathbb{R}$ durch jeden Integritätsring R ersetzen kann, der kein Element r mit $r^2 + 1 = 0$ enthält.) Vergleiche hierzu auch Nr. 3.

Für Vektorräume lassen sich alle Endomorphismen, die maximal viele Eigenwerte haben, sogleich angeben.

Satz 3. *Es sei* V *ein Vektorraum über dem Körper* K *mit* $m := \dim_K V < \infty$. *Der Endomorphismus* $\varphi \colon V \to V$ *besitze* m *verschiedene Eigenwerte* $r_1, \ldots, r_m \in K$; *es sei* $v_\mu \in V$ *ein Eigenvektor zu* r_μ, $\mu \in \mathbb{N}_m$. *Dann gilt:*

1) $E(r_\mu) = K v_\mu$, *d.h. jeder Eigenraum* $\neq 0$ *ist eine Gerade.*

2) $V = \bigoplus_{\mu=1}^{m} K v_\mu$, *d.h.* $(v_\mu)_{1 \leq \mu \leq m}$ *ist eine Basis von* V.

3) *Bezüglich der Basis* $(v_\mu)_{1 \leq \mu \leq m}$ *wird* φ *dargestellt durch die Diagonalmatrix*

$$\begin{pmatrix} r_1 & & & 0 \\ & r_2 & & \\ & & \ddots & \\ 0 & & & r_m \end{pmatrix}$$

Beweis. Wir setzen $U := \sum_{\mu=1}^{m} E(r_\mu)$. Nach Satz 2 ist diese Summe direkt. Daher gilt:

$$\dim U = \sum_{\mu=1}^{m} \dim E(r_\mu) \geq m, \quad \text{da } E(r_\mu) \neq 0.$$

Es folgt $U = V$ und $\dim E(r_\mu) = 1$, also $E(r_\mu) = K v_\mu$. Damit sind die Aussagen 1) und 2) bewiesen. Die Aussage 3) folgt trivial wegen $\varphi(v_\mu) = r_\mu v_\mu$. $\qquad\square$

Für Moduln über Integritätsringen bleibt Satz 3 nicht richtig. So wird etwa durch

$$\varphi(e_1) := e_1, \quad \varphi(e_2) := e_1 - e_2$$

ein Automorphismus φ (mit $\varphi^2 = \mathrm{id}$) des $\mathbb{Z}$–Moduls $\mathbb{Z}^2 = \mathbb{Z}\,e_1 \oplus \mathbb{Z}\,e_2$ gegeben, der neben $r_1 := 1$ (mit $v_1 := e_1$ als Eigenvektor) noch $r_2 := -1$ als Eigenwert mit $v_2 := e_1 - 2e_2$ als Eigenvektor besitzt. Der Leser rechne nach, daß gilt:

$$E(1) = \mathbb{Z}\,v_1, \quad E(-1) = \mathbb{Z}\,v_2.$$

Für $U := E(1) \oplus E(-1)$ gilt indessen $U \neq \mathbb{Z}^2$, genauer $\mathbb{Z}^2/U \simeq \mathbb{Z}/2\,\mathbb{Z}$.

2. Charakteristisches Polynom. — Genau dann ist $r \in R$ ein Eigenwert von $\varphi \in \mathrm{End}_R M$, wenn $\mathrm{Ker}\,(r \cdot \mathrm{id} - \varphi) \neq 0$, d.h. wenn der Endomorphismus $r \cdot \mathrm{id} - \varphi: M \to M$ nicht injektiv ist. Nach Satz 6.6' trifft dies genau dann zu, wenn $\det(r \cdot \mathrm{id} - \varphi)$ ein Nullteiler in R ist. Speziell sehen wir:

Ist R ein Integritätsring, so ist $r \in R$ genau dann ein Eigenwert von $\varphi \in \mathrm{End}\, M$, wenn $\det(r \cdot \mathrm{id} - \varphi) = 0$ ist.

Wird φ bzgl. einer Basis von M durch die Matrix $A \in R^{(m,m)}$ dargestellt, so kann man diese Determinantengleichung auch in der Form

$$(*) \qquad\qquad \det(rE - A) = 0 \qquad (\text{mit } E = E_m)$$

schreiben. Um die links stehende Determinante besser zu verstehen, ist es zweckmäßig, allgemein die Determinante $\det(XE - A)$ zu betrachten, wo X eine Unbestimmte über R ist. Um das zu verdeutlichen, gehen wir von R zum Polynomring $R[X]$ und vom Matrizenring $R^{(m,m)}$ zum Matrizenring $R[X]^{(m,m)}$ über, wobei R bzw. $R^{(m,m)}$ als Unterring von $R[X]$ bzw. $R[X]^{(m,m)}$ aufgefaßt wird (bzgl. der natürlichen Injektion $R \to R[X]$). Im $R[X]$-Modul $R[X]^{(m,m)}$ ordnen wir nun jeder Matrix $A = (a_{\mu\nu}) \in R^{(m,m)}$ die Matrix

$$XE - A = \begin{pmatrix} X - a_{11} & -a_{12} & \cdots & -a_{1m} \\ -a_{21} & X - a_{22} & \cdots & -a_{2m} \\ \vdots & \vdots & \ddots & \vdots \\ -a_{m1} & -a_{m2} & \cdots & X - a_{mm} \end{pmatrix} \in R[X]^{(m,m)}$$

zu und setzen:

$$\chi_A := \det(XE - A) \in R[X].$$

Es gilt (vgl. Satz 3.5):

Das Polynom χ_A ist normiert und vom Grade m:

$$\chi_A = X^m + c_1 X^{m-1} + \cdots + c_{m-1} X + c_m, \quad c_\mu \in R,$$

$$c_1 = -\operatorname{Sp} A, \quad c_m = (-1)^m \det A.$$

Def. 4 *(Charakteristisches Polynom einer Matrix). Das Polynom $\chi_A \in R[X]$ heißt das charakteristische Polynom der Matrix $A \in R^{(m,m)}$.*

Für jede Matrix $A \in R^{(m,m)}$ gilt

$$\chi_{A^t} = \chi_A,$$

denn es ist

$$\chi_{A^t} = \det(XE - A^t) = \det\big((XE - A)^t\big) = \det(XE - A) = \chi_A. \qquad \square$$

Das charakteristische Polynom einer Dreiecksmatrix

$$A = \begin{pmatrix} a_{11} & 0 & \cdots & 0 \\ a_{21} & a_{22} & \ddots & \vdots \\ \vdots & \vdots & \ddots & 0 \\ a_{m1} & a_{m2} & \cdots & a_{mm} \end{pmatrix}$$

läßt sich sofort explizit anschreiben:

$$\chi_A = \prod_{\mu=1}^{m} (X - a_{\mu\mu}).$$

Für die Einheitsmatrix E gilt speziell

$$\chi_E = (X - 1)^m.$$

Wichtig ist

Satz 5. *Zueinander ähnliche Matrizen $A, B \in R^{(m,m)}$ besitzen das gleiche charakteristische Polynom.*

Beweis. Sei etwa $B = TAT^{-1}$ mit $T \in \operatorname{GL}(m, R)$. Dann gilt

$$XE - B = XE - TAT^{-1} = T(XE - A)T^{-1},$$

denn XE kommutiert mit T. Es folgt:

$$\chi_B = \det\big(T(XE - A)T^{-1}\big) = \det T \cdot \det(XE - A) \cdot \det T^{-1} = \det T \cdot \chi_A \cdot (\det T)^{-1} = \chi_A. \qquad \square$$

Es läßt sich nun jedem Endomorphismus $\varphi: M \to M$ ein charakteristisches Polynom zuordnen:

Def. 6 (*Charakteristisches Polynom eines Endomorphismus*). *Sei* $\varphi \in \mathrm{End}_R M$ *und sei* Y *eine Basis von* M. *Dann heißt*

$$\chi_\varphi := \chi_{\Theta_Y(\varphi)}$$

das charakteristische Polynom von φ.

Diese Definition ist unabhängig von der Basiswahl, da verschiedene Basen ähnliche Matrizen liefern, die wegen Satz 5 dasselbe Polynom bestimmen.

Bemerkung. Ist $(y_\mu)_{1 \le \mu \le m}$ eine Basis von M und bestehen die Gleichungen

$$\varphi(y_\mu) = \sum_{\nu=1}^{m} a_{\mu\nu}\, y_\nu, \qquad \mu \in \mathbb{N}_m,$$

so gilt auch $\chi_\varphi = \chi_A$ mit $A := (a_{\mu\nu})$ wegen $\Theta_Y(\varphi) = A^t$ und $\chi_{A^t} = \chi_A$.

Für jedes $r \in R$ gilt $\chi_\varphi(r) = \det(r E - A)$. Wir können somit die wichtigste Eigenschaft von χ_φ formulieren:

Ist R nullteilerfrei, so sind die Eigenwerte von φ genau die Nullstellen des charakteristischen Polynoms χ_φ.

Daraus folgt erneut, da χ_φ den Grad $m = \mathrm{rg}\, M$ hat (man benutze Satz 1.5.8, Korollar), daß im nullteilerfreien Fall ein Endomorphismus $\varphi: M \to M$ höchstens $\mathrm{rg}\, M$ Eigenwerte hat.

Für alle Endomorphismen $\varphi, \psi \in \mathrm{End}_R M$ bestehen die Gleichungen $\mathrm{Sp}(\varphi \circ \psi) = \mathrm{Sp}(\psi \circ \varphi)$ und $\det(\varphi \circ \psi) = \det(\psi \circ \varphi)$. Sie sind (unter Beachtung von Satz 3.5) Spezialfälle von

Satz 7. *Die charakteristischen Polynome von* $\varphi \circ \psi$ *und* $\psi \circ \varphi$ *stimmen überein:*

$$\chi_{\varphi \circ \psi} = \chi_{\psi \circ \varphi} \qquad \text{für alle } \varphi, \psi \in \mathrm{End}_R M.$$

Beweis. Falls $\det \psi$ ein Nichtnullteiler in R ist, schließen wir wie folgt (statt Endomorphismen betrachten wir Matrizen $A, B \in R^{(m,m)}$, die φ und ψ bzgl. einer festen Basis von M darstellen). In den beiden Gleichungen

$$\chi_{AB} \cdot (\det B)^{m-1} = \det(X E - AB)\det(\mathrm{adj}\, B) = \det(X\,\mathrm{adj}\, B - A \cdot \det B),$$

$$(\det B)^{m-1} \cdot \chi_{BA} = \det(\mathrm{adj}\, B)\det(X E - BA) = \det(X\,\mathrm{adj}\, B - \det B \cdot A),$$

sind wegen $A \cdot \det B = \det B \cdot A$ die rechten Seiten gleich. Daraus folgt, da man durch den Nichtnullteiler $\det B^{m-1}$ in $R[X]$ kürzen darf, die Gleichung $\chi_{AB} = \chi_{BA}$.

Der Fall, daß $\det B$ ein Nullteiler in R ist, muß durch eine „Stetigkeitsbetrachtung" (analog wie im Beweis von Satz 5.4) erledigt werden; wir verzichten auf die Durchführung. $\qquad\Box$

Die charakteristischen Polynome von φ^* und adj φ sowie von φ^{-1} (falls φ invertierbar ist) sind durch χ_φ bestimmt. So gilt (der Leser führe die Beweise aus):

$$\chi_{\varphi^*} = \chi_\varphi,$$

$$\det \varphi \cdot \chi_{\mathrm{adj}\,\varphi} = (-1)^m \, X^m \, \chi_\varphi(\det \varphi \cdot X^{-1}),$$

$$\chi_{\varphi^{-1}} = (-1)^m (\det \varphi)^{-1} X^m \chi_\varphi(X^{-1}).$$

Ausgeschrieben ergibt sich z. B. für $\chi_{\mathrm{adj}\,\varphi}$, wenn wieder $\chi_\varphi = X^m + \sum\limits_{\mu=1}^{m} c_\mu X^{m-\mu}$ gesetzt wird:

$$\chi_{\mathrm{adj}\,\varphi} = X^m + (-1)^m \, c_{m-1} \, X^{m-1} + \sum_{\mu=2}^{m-1} (-1)^m \, c_{m-\mu}(\det \varphi)^{\mu-1} \, X^{m-\mu} + (-1)^m (\det \varphi)^{m-1}.$$

Insbesondere folgt daraus für den Koeffizienten c_{m-1} des linearen Terms von χ_φ

$$c_{m-1} = (-1)^{m-1} \, \mathrm{Sp}(\mathrm{adj}\,\varphi).$$

Das charakteristische Polynom χ_φ reflektiert wichtige Eigenschaften von φ. Dies wird in den folgenden beiden Abschnitten am sog. Fahnensatz und am Satz von Cayley-Hamilton illustriert.

3. Fahnensatz. Trigonalisierbare Matrizen. — Wir haben schon gesehen, daß nicht jeder Endomorphismus eines endlich erzeugbaren freien R-Moduls einen Eigenwert besitzt. Der Grund dafür liegt darin, daß es Ringe gibt, über denen nicht jedes Polynom mit positivem Grad eine Wurzel hat: so gilt etwa $\chi_\vartheta = X^2 + 1$ für die im Abschnitt 1 betrachtete Drehung $\vartheta \colon \mathbb{R}^2 \to \mathbb{R}^2$, und das Polynom $X^2 + 1$ hat keine reellen Wurzeln. Das Beispiel läßt sich sofort verallgemeinern. Aus dem Schulunterricht sind die Kreiszahl π sowie die trigonometrischen Funktionen $\sin \alpha$, $\cos \alpha$ bekannt. Die (reelle) Matrix

$$A(\alpha) := \begin{pmatrix} \cos \alpha & \sin \alpha \\ -\sin \alpha & \cos \alpha \end{pmatrix}$$

beschreibt eine „Drehung $\vartheta(\alpha) \colon \mathbb{R}^2 \to \mathbb{R}^2$ um den Nullpunkt mit Drehwinkel α". Anschaulich ist klar, daß diese Drehung nur Eigenwerte besitzt, wenn $\alpha = k \cdot \pi$, $k \in \mathbb{Z}$, ist. Das leitet man rechnerisch auch sofort aus der Gleichung

$$\chi_{A(\alpha)} = X^2 - 2 \cos \alpha \cdot X + (\sin^2 \alpha + \cos^2 \alpha) = X^2 - 2 \cos \alpha \cdot X + 1$$

ab.

Jedes reelle Polynom ungeraden Grades besitzt bekanntlich eine reelle Wurzel (Zwischenwertsatz für Polynome). Daher folgt

Satz 8. *Jeder Endomorphismus eines $(2n+1)$-dimensionalen $\mathbb{R}$-Vektorraumes, $n \in \mathbb{N}$, besitzt wenigstens einen Eigenwert.*

Für den in Kap. I, § 4.7 eingeführten Körper $\mathbb{C}$ der komplexen Zahlen gilt der sog. *Fundamentalsatz der Algebra: Jedes nichtkonstante Polynom aus $\mathbb{C}[X]$ besitzt eine Wurzel in $\mathbb{C}$.*

Körper mit dieser Eigenschaft nennt man *algebraisch abgeschlossen.* Es gilt also:

Satz 9. *Ist K ein algebraisch abgeschlossener Körper (etwa $K=\mathbb{C}$), so besitzt jeder Endomorphismus eines endlich dimensionalen K-Vektorraumes Eigenwerte und also stabile Geraden.*

Diese Tatsache ist der entscheidende Grund dafür, daß man über die Matrizenringe $\mathbb{C}^{(m,m)}$ erheblich weitergehende Strukturaussagen machen kann als etwa über die Ringe $\mathbb{R}^{(m,m)}$. Dies wird sich besonders im 2. Band zeigen; hier sei zur Illustration nur der sog. Fahnensatz angegeben.

Def. 10 *(Fahne). Es sei V ein m-dimensionaler K-Vektorraum. Eine Familie $\{V_1, \ldots, V_m\}$ von Untervektorräumen V_μ von V heißt eine Fahne in V, wenn folgende Bedingungen erfüllt sind:*

1) $V_1 \subset V_2 \subset \cdots \subset V_m = V$,
2) $\dim V_\mu = \mu$, $\mu \in \mathbb{N}_m$.

Fahnen sind also, wenn man die Kette in 1) links noch trivial mit $V_0 := 0$ fortsetzt, echt aufsteigende (absteigende) Ketten von Unterräumen maximaler Länge.

Satz 11 *(Fahnensatz). Die folgenden Aussagen über einen Endomorphismus $\varphi \colon V \to V$ eines m-dimensionalen K-Vektorraumes V, $1 \leq m \in \mathbb{N}$, sind äquivalent:*

i) *Es gibt eine Fahne $\{V_1, \ldots, V_m\}$ in V, die φ-stabil ist, d.h. es gilt $\varphi(V_\mu) \subset V_\mu$, $\mu \in \mathbb{N}_m$.*

ii) *Es gibt eine Basis von V, bzgl. welcher φ durch eine (obere) Dreiecksmatrix*

$$\begin{pmatrix} c_{11} & c_{12} & \cdots & c_{1m} \\ & c_{22} & \cdots & c_{2m} \\ 0 & & \ddots & \vdots \\ & & & c_{mm} \end{pmatrix}$$

dargestellt wird.

iii) *Es gibt (nicht notwendig verschiedene) Skalare $a_1, \ldots, a_m \in K$, so daß gilt:*

$$\chi_\varphi = \prod_{\mu=1}^{m} (X - a_\mu)$$

(man sagt: das charakteristische Polynom von φ zerfällt über K in Linearfaktoren).

Beweis. i) $\Rightarrow$ ii): Ist $\{V_1, \ldots, V_m\}$ eine φ-stabile Fahne in V, so wählen wir eine Basis $(v_\mu)_{\mu \in \mathbb{N}_m}$ von V, derart, daß $\{v_1, \ldots, v_\mu\}$ eine Basis von V_μ ist, $\mu \in \mathbb{N}_m$. Wegen $\varphi(V_\mu) \subset V_\mu$ gilt eine Gleichung

$$\varphi(v_\mu) = c_{\mu 1} v_1 + c_{\mu 2} v_2 + \cdots + c_{\mu\mu} v_\mu, \qquad c_{ik} \in K, \ \mu \in \mathbb{N}_m.$$

Bezüglich der Basis $(v_\mu)_{\mu \in \mathbb{N}_m}$ wird φ also durch die Matrix $(c_{\mu\nu})^t \in R^{(m,m)}$ dargestellt. Diese Matrix ist nach Konstruktion eine obere Dreiecksmatrix.

ii) $\Rightarrow$ iii): Da χ_φ das charakteristische Polynom der φ darstellenden Dreiecks-matrix ist, so folgt: $\chi_\varphi = \prod\limits_{\mu=1}^{m} (X - c_{\mu\mu})$.

iii) $\Rightarrow$ i): Wir führen Induktion nach m. Der Induktionsbeginn $m=1$ ist trivial. Sei $m \geq 2$. Zur Nullstelle a_1 von χ_φ wählen wir einen Eigenvektor v_1. Wir ergänzen v_1 zu einer Basis $(v_\mu)_{\mu \in \mathbb{N}_m}$ von V. Es bestehen Gleichungen

$$\varphi(v_1) = a_1 v_1$$
$$\varphi(v_2) = c_2 v_1 + b_{22} v_2 + \cdots + b_{2m} v_m$$
$$\vdots \qquad \vdots \qquad \vdots \qquad \qquad \vdots$$
$$\varphi(v_m) = c_m v_1 + b_{m2} v_2 + \cdots + b_{mm} v_m.$$

Setzen wir $B := (b_{\mu\nu})_{2 \leq \mu,\,\nu \leq m} \in K^{(m-1,\,m-1)}$, so folgt

$$\chi_\varphi = (X - a_1) \cdot \det(X E_{m-1} - B), \quad \text{also } \det(X E_{m-1} - B) = \prod\limits_{\mu=2}^{m} (X - a_\mu),$$

da der Polynomring $K[X]$ nullteilerfrei ist.

Wir setzen $W := \bigoplus\limits_{\mu=2}^{m} K v_\mu$ und betrachten den durch die Gleichungen

$$\varphi'(v_\mu) = b_{\mu 2} v_2 + \cdots + b_{\mu m} v_m, \quad \mu \in \{2, \dots, m\},$$

bestimmten Endomorphismus $\varphi': W \to W$. Es gilt

(*) $\qquad\qquad\qquad \varphi(w) - \varphi'(w) \in K v_1 \quad$ für alle $w \in W$,

denn dies ist nach Definition für die Basisvektoren $v_2, \dots, v_m$ von W richtig und gilt also auch allgemein (lineare Erweiterung!).

Aus den φ' definierenden Gleichungen folgt $\chi_{\varphi'} = \chi_B = \prod\limits_{\mu=2}^{m} (X - a_\mu)$. Mithin trifft auf φ' die Induktionsannahme zu : es gibt eine φ'-stabile Fahne $\{W_1, \dots, W_{m-1}\}$ in W. Wir setzen

$$V_1 := K v_1, \quad V_\mu := V_1 \oplus W_{\mu-1}, \quad \mu \in \{2, \dots, m\},$$

und behaupten, daß $\{V_1, \dots, V_m\}$ eine φ-stabile Fahne in V ist.

Wegen $W_1 \subset \cdots \subset W_{m-1}$ gilt $V_1 \subset V_2 \subset \cdots \subset V_m$. Da auch

$$\dim V_\mu = \dim V_1 + \dim W_{\mu-1} = 1 + (\mu - 1) = \mu,$$

so ist $\{V_1, \dots, V_m\}$ jedenfalls eine Fahne in V. Es gilt $\varphi(V_1) \subset V_1$, da v_1 ein Eigenvektor von φ ist.

Sei $\mu \geq 2$. Wegen $(*)$ und $\varphi'(W_i) \subset W_i$ gilt

$$\varphi(w) = \big(\varphi(w) - \varphi'(w)\big) + \varphi'(w) \in V_1 \oplus W_{\mu-1} = V_\mu \qquad \text{für alle } w \in W_{\mu-1},$$

d.h. $\varphi(W_{\mu-1}) \subset V_\mu$. Zusammen mit $\varphi(V_1) \subset V_\mu$ folgt $\varphi(V_\mu) = \varphi(V_1 \oplus W_{\mu-1}) \subset V_\mu + V_\mu = V_\mu$, d.h. die φ-Stabilität. $\qquad\square$

Wir nennen eine Matrix $A \in K^{(m,m)}$ trigonalisierbar, wenn sie zu einer Dreiecksmatrix ähnlich ist, d.h. wenn es ein $P \in \mathrm{GL}(m, K)$ gibt, so daß PAP^{-1} eine (obere) Dreiecksmatrix ist. Der Fahnensatz besagt dann:

Eine Matrix $A \in K^{(m,m)}$ ist genau dann trigonalisierbar, wenn ihr charakteristisches Polynom χ_A über K in Linearfaktoren zerfällt.

Die Aussage iii) des Fahnensatzes ist (für *alle* normierten Polynome über K) automatisch erfüllt, falls K algebraisch abgeschlossen ist (der Leser führe den Beweis durch unter Verwendung von Satz 1.5.8). Somit folgt als

Korollar *zum Fahnensatz. Es sei V ein endlichdimensionaler Vektorraum über einem algebraisch abgeschlossenen Körper K, z.B. $K := \mathbb{C}$. Dann gilt:*

1) *Zu jedem K-Endomorphismus $\varphi: V \to V$ gibt es eine φ-stabile Fahne.*
2) *Jede (m, m)-Matrix $A \in K^{(m,m)}$ ist trigonalisierbar.*

Man nennt eine Matrix $A \in K^{(m,m)}$ diagonalisierbar, wenn es ein $Q \in \mathrm{GL}(m, K)$ gibt, so daß QAQ^{-1} eine Diagonalmatrix ist (d.h. in der Matrix QAQ^{-1} sind alle Elemente außerhalb der Hauptdiagonalen Null).

Eine trigonalisierbare Matrix ist i.allg. nicht diagonalisierbar, d.h. nicht zu einer Diagonalmatrix ähnlich. So ist z.B. die $(2, 2)$-Matrix $\begin{pmatrix} 1 & b \\ 0 & 1 \end{pmatrix} \in K^{(2,2)}$, $b \neq 0$, nicht diagonalisierbar (Beweis).

4. Satz von Cayley-Hamilton. — Zu jeder (m, m)-Matrix, $m \geq 1$, existiert nach § 4.4 eine Adjungierte. Speziell gibt es über jedem kommutativen Ring R mit Eins bei vorgegebener Matrix $A \in R^{(m,m)}$ zur „Polynommatrix" $XE - A \in R[X]^{(m,m)}$, $E := E_m$, eine adjungierte Matrix $C_A := \mathrm{adj}(XE - A) \in R[X]^{(m,m)}$, für die also wegen $\chi_A = \det(XE - A) \in R[X]$ gilt

$$(1) \qquad\qquad C_A(XE - A) = \chi_A \cdot E.$$

Wir berechnen die Matrix C_A. Dazu bemerken wir vorweg, daß sich jede Polynommatrix $P \in R[X]^{(m,m)}$ nach Potenzen von X entwickeln läßt, daß also gilt

$$P = P_0 X^b + P_1 X^{b-1} + P_2 X^{b-2} + \cdots + P_b$$

mit eindeutig bestimmten Matrizen $P_i \in R^{(m,m)}$ (jedes Element von P ist nämlich ein Polynom in $R[X]$; daher kann man simultan alle Glieder, die mit derselben Potenz von X vorkommen, sammeln). Weiter ist wichtig, daß X mit allen Matrizen von $R[X]^{(m,m)}$ kommutiert:

$$PX = XP \quad \text{für alle} \quad P \in R[X]^{(m,m)}.$$

Die Matrix C_A ist also von der Form

$$C_A = C_0 X^{d-1} + C_1 X^{d-2} + \cdots + C_{d-1}, \quad C_0, \ldots, C_{d-1} \in R^{(m,m)};$$

(wir haben den „Grad von C_A" zweckmäßig mit $d-1$ (statt d) bezeichnet).
Stellen wir das charakteristische Polynom von A wieder in der Form

$$\chi_A = X^m + c_1 X^{m-1} + \cdots + c_{m-1} X + c_m, \quad c_1, \ldots, c_m \in R,$$

dar, so schreibt sich (1) als

$$(C_0 X^{d-1} + C_1 X^{d-2} + \cdots + C_{d-1})(XE - A) = (X^m + c_1 X^{m-1} + \cdots + c_m) \cdot E.$$

Rechnet man das links stehende Produkt aus, so ergibt sich (man beachte, daß A mit allen Potenzen X^μ vertauschbar ist):

$$C_0 X^d + (C_1 - C_0 A) X^{d-1} + (C_2 - C_1 A) X^{d-2} + \cdots + (C_{d-1} - C_{d-2} A) X + (- C_{d-1} A).$$

Da diese Entwicklung eindeutig ist, folgt durch Koeffizientenvergleich $d = m$ und

$$
(2) \qquad
\begin{aligned}
C_0 &&&= E \\
C_1 &- C_0 A &&= c_1 E \\
C_2 &- C_1 A &&= c_2 E \\
&\ \ \vdots && \vdots \\
C_{m-1} &- C_{m-2} A &&= c_{m-1} E \\
&- C_{m-1} A &&= c_m E.
\end{aligned}
$$

Aus diesen Rekursionsformeln lassen sich nun alle Matrizen C_j, $j \in \{0, 1, \ldots, m-1\}$, explizit bestimmen. Wir behaupten:

$$(3) \qquad C_j = A^j + c_1 A^{j-1} + \cdots + c_{j-1} A + c_j E, \quad j \in \{0, 1, \ldots, m-1\}, \quad c_0 := 1.$$

Beweis (durch vollständige Induktion nach j). Der Induktionsbeginn $j = 0$ ist klar, da $C_0 = E = A^0$. Ist die Behauptung für ein j schon verifiziert, $0 \le j < m$, so folgt die Behauptung für $j+1$ durch Einsetzen der nach Induktionsannahme für C_j geltenden Gleichung in die Rekursionsgleichung $C_{j+1} = C_j A + c_{j+1} E$.   □

Wir sehen somit, daß alle Matrizen C_j „Polynome in A" sind mit Koeffizienten, die vom charakteristischen Polynom von A kommen. Insbesondere sind *alle* C_j *mit A vertauschbar* (d.h. $C_j A = A C_j$), und es gilt auch

$$C_\mu C_\nu = C_\nu C_\mu \quad \text{für alle} \quad \mu, \nu \in \{0, 1, \ldots, m-1\}.$$

Für jede Matrix $B \in R^{(m,m)}$ werde gesetzt:

$$\chi_A(B) := B^m + c_1 B^{m-1} + \cdots + c_{m-1} B + c_m E \in R^{(m,m)},$$
$$C_A(B) := C_0 B^{m-1} + C_1 B^{m-2} + \cdots + C_{m-1}.$$

Multiplizieren wir die in (2) aufgeführten Gleichungen der Reihe nach von rechts mit B^m, B^{m-1}, ..., B, $B^0 = E$, und addieren wir anschließend diese $m+1$ Gleichungen, so erhalten wir, da A mit allen C_j kommutiert:

$$(4) \qquad C_A(B) \cdot B - A \cdot C_A(B) = \chi_A(B) \qquad \text{für } jede \text{ Matrix } B \in R^{(m,m)}.$$

Diese Gleichung ist besonders dann interessant, wenn B mit A vertauschbar ist. In diesem Falle ist nämlich B wegen (3) mit allen Matrizen C_j und also auch mit $C_A(B)$ vertauschbar. Aus (4) folgt daher:

Satz 12. *Für alle Matrizen* $A, B \in R^{(m,m)}$ *mit* $AB = BA$ *gilt:*

$$\chi_A(B) = (B - A) \cdot C_A(B) = C_A(B) \cdot (B - A).$$

Speziell ist hierin enthalten:

Satz 13 *(Cayley-Hamilton)*[2]. *Jede Matrix* $A \in R^{(m,m)}$ *annulliert ihr charakteristisches Polynom, d.h. es gilt* $\chi_A(A) = 0$.

Beispiel. Für jede (m, m)-Matrix

$$N = \begin{pmatrix} 0 & a_{12} & \cdots & a_{1m} \\ 0 & 0 & \ddots & \vdots \\ \vdots & \vdots & \ddots & a_{m-1\,m} \\ 0 & 0 & \cdots & 0 \end{pmatrix}$$

gilt $\chi_N = X^m$ und daher $N^m = 0$.

Bemerkung. Man könnte meinen, daß die Aussage des Satzes 13 trivial ist, „da die linke Seite der Gl. (1) verschwindet, wenn man für X die Matrix A einsetzt". Doch sind im *nichtkommutativen* Matrizenring $R[X]^{(m,m)}$ solche Substitutionen nicht ohne weiteres erlaubt; z.B. gilt die Gleichung $BX = XB$ für jede Matrix $B \in R^{(m,m)}$, aber sie wird falsch, wenn man für X eine nicht mit B vertauschbare Matrix einsetzt. Im nachhinein kann man allerdings sagen, daß die Substitution von A für X in (1) doch korrekt ist: da sich nämlich alle Matrizen C_j als Polynome in A herausgestellt haben, so ist die Adjungierte C_A von $XE - A$ ein Polynom in X über dem von A erzeugten *kommutativen* Ring

$$R[A] := \left\{ \sum_{i=0}^{m} r_i A^i; \quad r_i \in R, \quad m \in \mathbb{N} \right\}.$$

---

[2] Nach den Mathematikern A. Cayley (1821–1895) und W. R. Hamilton (1805–1865).

Bei Polynomgleichungen über kommutativen Grundringen darf man aber für die Unbestimmte alle Elemente des Grundringes substituieren, im vorliegenden Fall also speziell A für X.

Der Leser möge noch beachten, daß es für $m \geq 2$ völlig sinnlos ist, in der Gleichung $\chi_A = \det(XE - A)$ die Unbestimmte X durch eine Matrix $B \in R^{(m,m)}$ zu ersetzen. Denn es ist $\chi_A(B) \in R^{(m,m)}$, während $\det(BE - A) \in R$ ist. Man hüte sich also vor dem Fehlschluß $\chi_A(A) = \det(AE - A) = \det 0 = 0$.

Wir notieren abschließend:

Für jede Matrix $A \in R^{(m,m)}$ mit $\chi_A = X^m + c_1 X^{m-1} + \cdots + c_m$ gilt:

$$\operatorname{adj} A = (-1)^{m-1}(A^{m-1} + c_1 A^{m-2} + \cdots + c_{m-2} A + c_{m-1} E);$$

die Adjungierte ist also ein Polynom $(m-1)$-ten Grades in A.

Beweis. Die in $R[X]^{(m,m)}$ geltende Matrizengleichung

$$C_A = \operatorname{adj}(XE - A) = C_0 X^{m-1} + C_1 X^{m-2} + \cdots + C_{m-1}$$

bleibt richtig, wenn man für X Skalare aus R einsetzt. Für $X := 0 \in R$ erhält man speziell $C_{m-1} = \operatorname{adj}(-A) = (-1)^{m-1} \operatorname{adj} A$. Zusammen mit der Gl. (3) für C_{m-1} folgt die Behauptung. $\qquad\square$

Für jede invertierbare Matrix $A \in \operatorname{GL}(m, R)$ folgt wegen $A^{-1} = (\det A)^{-1} \operatorname{adj} A$: *Die Matrix A^{-1} ist ein Polynom $(m-1)$-ten Grades in A.*

Die obigen Aussagen gelten entsprechend für Endomorphismen eines endlich erzeugbaren (freien) R-Moduls (vgl. auch Satz 6.3).

Supplement. Noethersche, artinsche, halbeinfache Moduln

§ 1. Noethersche und artinsche Moduln

Untermoduln endlich erzeugbarer Moduln sind nicht notwendig wieder endlich erzeugbar. Beispielsweise ist der Polynomring $S := R[X_1, X_2, \ldots]$ in abzählbar unendlich vielen Unbestimmten über einem Ring R, aufgefaßt als Modul über sich selbst, endlich erzeugt (z.B. mit $E = \{1\}$), während der von der Gesamtheit der Unbestimmten erzeugte Untermodul über S nicht endlich erzeugbar ist.

In diesem § studieren wir R-Moduln, deren Untermoduln sämtlich endlich erzeugbar sind.

1. Noethersche Moduln. — Es gilt der fundamentale

Satz 1. *Für jeden R-Modul M sind die folgenden drei Aussagen äquivalent:*

i) *Jeder Untermodul von M ist endlich erzeugbar.*

ii) *Zu jeder aufsteigenden Folge von Untermoduln*

$$A_1 \subset A_2 \subset \cdots \subset A_i \subset A_{i+1} \subset \cdots \quad \text{in } M$$

gibt es einen Index n, so daß $A_j = A_n$ für alle $j \geq n$ gilt.

iii) *Jede nichtleere Menge von Untermoduln in M besitzt ein maximales Element.*

Bemerkung. Ist $\mathfrak{M}$ eine beliebige Menge von Teilmengen einer Menge, so bezeichnen wir ein Element $A \in \mathfrak{M}$ als *maximales Element in* $\mathfrak{M}$, wenn für jede Menge $A' \in \mathfrak{M}$ gilt: Ist $A \subset A'$, so ist $A = A'$. Es ist sowohl möglich, daß es unendlich viele maximale Elemente in einer Menge $\mathfrak{M}$ von Mengen gibt, wie es andererseits auch vorkommen kann, daß kein maximales Element existiert. Völlig analog wird der Begriff eines *minimalen* Elementes in $\mathfrak{M}$ erklärt.

Beweis. i) $\Rightarrow$ ii): Sei $A_1 \subset A_2 \subset \cdots$ eine aufsteigende Folge von Untermoduln in M und $\{x_1, \ldots, x_m\}$ ein endliches Erzeugendensystem des Summenmoduls $A := \sum_{v \in \mathbb{N}^+} A_v$, welches gemäß i) existiert. Es gibt einen Index $n \in \mathbb{N}$, so daß $x_\mu \in A_n$ für alle $\mu \in \{1, \ldots, m\}$. Dies impliziert: $A \subset A_n$. Für alle $j \geq n$ ist nun: $A_j \subset A \subset A_n \subset A_j$, also $A_j = A_n$.

ii) $\Rightarrow$ iii): Sei $\mathfrak{M} \neq \varnothing$ eine Menge von Untermoduln von M. Es gibt also einen Modul $A_1 \in \mathfrak{M}$. Entweder ist A_1 maximal in $\mathfrak{M}$ oder es gibt ein Element $A_2 \in \mathfrak{M}$ mit

$A_1 \subsetneqq A_2$. Gäbe es kein maximales Element in $\mathfrak{M}$, könnte man durch Iteration dieses Prozesses eine unendliche echt aufsteigende Modulfolge $A_1 \subsetneqq A_2 \subsetneqq A_3 \subsetneqq \cdots$ konstruieren, im Widerspruch zu ii). Also enthält $\mathfrak{M}$ ein maximales Element.

iii) $\Rightarrow$ i): Sei A ein Untermodul von M und $\mathfrak{M}$ die Menge aller endlich erzeugbaren Untermoduln von A. Dann ist $\mathfrak{M}$ nicht leer und besitzt also gemäß iii) ein maximales Element A_0. Es muß $A_0 = A$ gelten, denn sonst gäbe es ein $x \in A$ mit $x \notin A_0$, und der endlich erzeugte Untermodul $A_0 + Rx$ von A wäre ein Element von $\mathfrak{M}$ und würde das maximale Element A_0 echt umfassen, was nicht möglich ist. $\qquad\square$

Def. 2 *(Noetherscher Modul). Ein R-Modul heißt noethersch, wenn er die in Satz 1 genannten äquivalenten Eigenschaften* i), ii) *und* iii) *besitzt*[1].

Jeder Untermodul eines noetherschen R-Moduls M ist wieder noethersch (z.B. wegen i)). Ist $\varphi : M \to N$ ein Epimorphismus, so ist mit M auch N noethersch, denn jeder Untermodul von N ist als Bild eines endlich erzeugten Untermoduls von M ebenfalls endlich erzeugt.

2. Eigenschaften noetherscher Moduln. — Der folgende Satz über noethersche Moduln ist oft vorteilhaft anzuwenden:

Satz 3. *Sind in einer exakten Sequenz von R-Moduln*

$$0 \longrightarrow M' \xrightarrow{\ \tau\ } M \xrightarrow{\ \varphi\ } N \longrightarrow 0$$

von den drei mittleren Moduln mindestens zwei noethersch, so ist auch der dritte noethersch.

Beweis. Nach der Bemerkung im Anschluß an die Definition genügt es, den Fall zu betrachten, daß M' und N noethersch sind. Wir verifizieren die Bedingung ii) für M. Sei $A_1 \subset A_2 \subset \cdots$ eine aufsteigende Modulfolge in M. Die Moduln $A_i' := \tau^{-1}(A_i)$ und $B_i := \varphi(A_i)$ bilden aufsteigende Modulfolgen in M' bzw. N. Es gibt einen Index n, so daß $A_j' = A_n'$ und $B_j = B_n$ für alle $j \geq n$. Wir behaupten, daß dann auch gilt:

$$A_j = A_n \quad \text{für alle } j \geq n.$$

Zunächst ist $A_n \subset A_j$. Sei $x \in A_j$. Es ist $\varphi(x) \in B_j = B_n$, d.h. es gibt ein $x' \in A_n$ mit $\varphi(x) = \varphi(x')$, also $x - x' \in A_j$ und $\varphi(x - x') = 0$. Wegen der Exaktheit der Sequenz gibt es ein $y \in A_j' = A_n'$ mit $x - x' = \tau(y) \in A_n$. Daraus folgt $x = x' + \tau(y) \in A_n$ und somit $A_j \subset A_n$. $\qquad\square$

Wir notieren einfache Folgerungen

Korollar 1. *Die direkte Summe* $\bigoplus\limits_{\mu=1}^{m} M_\mu$ *noetherscher R-Moduln $M_1, \ldots, M_m$ ist noethersch.*

---

[1] Die Bezeichnungsweise „noethersch" bezieht sich auf die Mathematikerin Emmy Noether (1882–1935), die als erste die Fruchtbarkeit dieses Begriffs erkannte und systematisch ausnutzte.

Beweis. Für $m=2$ folgt die Aussage aus Satz 3, angewendet auf die exakte Sequenz

$$0 \to M_1 \to M_1 \oplus M_2 \to M_2 \to 0.$$

Für $m>2$ folgt die Behauptung dann unmittelbar durch vollständige Induktion. $\square$

Korollar 2. *Sind $A_1, \ldots, A_m$ noethersche Untermoduln eines R-Moduls M, so ist ihre Summe $\sum_{\mu=1}^{m} A_\mu$ ebenfalls noethersch.*

Beweis. Es gibt einen natürlichen Epimorphismus $\bigoplus_{\mu=1}^{m} A_\mu \to \sum_{\mu=1}^{m} A_\mu$, definiert durch $(x_1, \ldots, x_m) \mapsto \sum_{\mu=1}^{m} x_\mu$. Mit $A_1, \ldots, A_m$ ist nach Korollar 1 auch $\bigoplus_{\mu=1}^{m} A_\mu$ noethersch. Also ist auch $\sum_{\mu=1}^{m} A_\mu$ noethersch. $\square$

Bemerkung. Man beachte, daß im vorangehenden Korollar der Modul M selbst nicht als noethersch vorausgesetzt wird. Wäre das der Fall, so wäre die Behauptung völlig trivial, da $\sum_{\mu=1}^{m} A_\mu$ als Untermodul wieder noethersch ist.

Korollar 3. *Ist M ein endlich erzeugter R-Modul und N ein noetherscher R-Modul, so ist der R-Modul $\mathrm{Hom}_R(M, N)$ noethersch.*

Beweis. Sei $\{x_1, \ldots, x_m\}$ ein endliches Erzeugendensystem von M. Die Zuordnung

$$\varphi \mapsto (\varphi(x_1), \ldots, \varphi(x_m)) \in N^m, \qquad \varphi \in \mathrm{Hom}_R(M, N),$$

definiert nach Kap. III, § 5.1 einen R-Monomorphismus $\mathrm{Hom}_R(M, N) \to N^m$. Damit ist $\mathrm{Hom}_R(M, N)$ isomorph zu einem Untermodul des noetherschen Moduls N^m und somit ebenfalls noethersch. $\square$

3. Noethersche Ringe. – Spezielle noethersche Moduln sind die noetherschen Ringe.

Def. 4 *(Noetherscher Ring). Ein Ring R heißt noethersch, wenn R ein noetherscher R-Modul ist (d.h. also, wenn alle Ideale von R endlich erzeugbar sind).*

Noethersche Moduln über noetherschen Ringen lassen sich besonders einfach charakterisieren.

Satz 5. *Es sei R ein noetherscher Ring. Dann ist ein R-Modul M genau dann noethersch, wenn M endlich erzeugbar ist.*

Beweis. Es ist nur zu zeigen, daß jeder endlich-erzeugbare R-Modul M noethersch ist. Sei etwa $M = \sum_{\mu=1}^{m} R x_\mu$, wo $x_1, \ldots, x_m \in M$ den Modul M erzeugen. Mit R sind auch alle Moduln $R x_\mu$ noethersch (etwa als Restklassenmoduln von R). Nach Korollar 2 ist dann M selbst noethersch. $\square$

Die einfachsten noetherschen Ringe sind die Körper K, weil sie nur die trivialen Ideale 0 und K haben. In diesem Falle besagt unser Satz, daß jeder Untervektorraum U eines endlichdimensionalen Vektorraumes V endlichdimensional ist. Dies ist uns natürlich wohlbekannt (Kap. III, § 6.3).

Der Ring $\mathbb{Z}$ der ganzen Zahlen ist noethersch, denn wir wissen (Satz 1.2.7), daß jedes Ideal in $\mathbb{Z}$ von der Form $n\mathbb{Z}$ ist, d.h. von *einem* Element erzeugt wird.

Restklassenringe noetherscher Ringe sind wieder noethersch. Die Frage, ob Polynomringe über noetherschen Ringen wieder noethersch sind, wird im nächsten Abschnitt positiv beantwortet.

4. Hilbertscher Basissatz. — Im Jahre 1890 bewies D. Hilbert (1862 – 1943) in der bahnbrechenden Arbeit: „Über die Theorie der algebraischen Formen" (Math. Ann. 36, 1890) einen Satz, der in unserer Terminologie wie folgt formuliert werden kann:

Satz 6 *(Hilbertscher Basissatz). Ist R ein noetherscher Ring, so ist auch jeder Polynomring $R[X_1, \ldots, X_n]$ noethersch, $1 \leq n < \infty$.*

Bemerkung. Die Bezeichnung „Basissatz" ist allgemein in der Literatur üblich, indessen im Hinblick auf die heutigen Notationen unglücklich. Es wird ja nicht behauptet, daß alle Ideale in $R[X_1, \ldots, X_n]$ eine endliche Basis haben, sondern nur, daß sie ein endliches Erzeugendensystem besitzen. Diese Eigenschaft der endlichen Erzeugbarkeit aller Ideale vererbt sich also vom Ring R auf Polynomringe, so sind z. B. alle Ringe $\mathbb{Z}[X_1, \ldots, X_n]$, $K[X_1, \ldots, X_n]$, K Körper, noethersch. Wir weisen hier noch einmal ausdrücklich darauf hin, daß der Ring $R[X_1, \ldots, X_n]$ keinesfalls ein noetherscher R-Modul ist.

Wir beginnen nun mit dem Beweis des Hilbertschen Satzes. Es braucht nur der Fall $n=1$, d.h. der Übergang von R zu $R[X_1]$ behandelt zu werden, der allgemeine Fall ergibt sich daraus durch vollständige Induktion: Ist nämlich $R[X_1, \ldots, X_{n-1}]$ bereits als noethersch erkannt, so ist auf Grund des Induktionsbeginns auch der Polynomring in X_n über $R[X_1, \ldots, X_{n-1}]$, d.h. der Ring $R[X_1, \ldots, X_n]$ noethersch. Wir schreiben im folgenden kurz X statt X_1, Die Beweisidee besteht darin, einem vorgegebenen Ideal A in $R[X]$ Ideale in R so zuzuordnen, daß A aus diesen Idealen „rekonstruierbar" ist. Dies geschieht nach Hilbert folgendermaßen (der Leser bemerke, daß die Konstruktion für beliebige kommutative — nicht notwendig noethersche — Ringe mit Einselement funktioniert, und daß die Noethereigenschaft von R erst ganz am Schluß in den letzten zwei Zeilen des Beweises verwendet wird):

Für jede natürliche Zahl $v \geq 0$ betrachten wir die Menge $i_v(A)$ aller Elemente $r \in R$, die als „höchster Koeffizient eines Polynoms $P \in A$ vom Grade v" auftreten:

$$i_v(A) := \{r \in R;\ \text{es gibt ein } P = rX^v + r_1 X^{v-1} + \cdots + r_v \in A\}.$$

Wir halten sogleich fest:

Für jedes $v \geq 0$ ist $i_v(A)$ ein Ideal in R. Es gilt:

$$i_0(A) \subset i_1(A) \subset \cdots \subset i_v(A) \subset i_{v+1}(A) \subset \cdots.$$

Beweis. Zunächst ist $0 \in i_v(A)$ für alle $v \geq 0$. Seien $r, r' \in i_v(A)$; $s, s' \in R$ beliebig. Es gibt Polynome

$$P = rX^v + r_1 X^{v-1} + \cdots + r_v, \quad P' = r' X^v + r_1' X^{v-1} + \cdots + r_v' \quad \text{in } A.$$

Dann gilt auch $sP + s'P' = (sr + s'r') X^v + \cdots + (sr_v + s'r_v') \in A$, d.h. $sr + s'r' \in i_v(A)$. Mithin ist $i_v(A)$ ein Ideal in R. Wir zeigen weiter, daß jedes $r \in i_v(A)$ auch zu $i_{v+1}(A)$ gehört. Mit $P = rX^v + \cdots + r_v \in A$ gilt nämlich, da A ein Ideal in $R[X]$ ist,

$$XP = rX^{v+1} + \cdots + r_v X \in A, \quad \text{d.h. } r \in i_{v+1}(A). \qquad \Box$$

Wir haben somit jedem Ideal A in $R[X]$ eine aufsteigende Kette von Idealen $i_v(A)$ in R zugeordnet. Das folgende Lemma zeigt, wie man diese Ideale benutzen kann, um die endliche Erzeugbarkeit von A sicherzustellen.

Lemma 7. *Es sei R ein Ring, A ein Ideal im Polynomring $R[X]$ und $i_v(A), v \geq 0$, die Folge der A zugeordneten Ideale in R. Es seien die folgenden beiden Bedingungen erfüllt:*

1) *Die Kette $i_0(A) \subset \cdots \subset i_v(A) \subset \cdots$ wird stationär, d.h. es gibt einen Index n, so daß gilt $i_v(A) = i_n(A)$ für alle $v \geq n$.*

2) *Jedes Ideal $i_v(A)$, $v = 0, \ldots, n$, ist endlich erzeugbar in R.*

Dann ist A endlich erzeugbar in $R[X]$; ein Erzeugendensystem von A erhält man wie folgt:

Man wählt für jedes $v = 0, \ldots, n$ ein endliches Erzeugendensystem $r_{v1}, \ldots, r_{vq(v)}$ von $i_v(A)$ in R und zu jedem $r_{v\mu}$ ein Polynom $P_{v\mu} = r_{v\mu} X^v + \cdots \in A$. Dann wird A von den $\sum_{v=0}^{n} q(v)$ Polynomen $\{P_{v\mu}; 0 \leq v \leq n, 1 \leq \mu \leq q(v)\}$ erzeugt.

Beweis. Wir zeigen als erstes: Zu jedem Polynom $P = rX^m + \cdots \in A$ mit $m := \operatorname{grad} P \geq n$ gibt es Elemente $c_1, \ldots, c_{q(n)} \in R$, so daß gilt:

$$(*) \qquad \operatorname{grad}\left(P - \sum_{\mu=1}^{q(n)} c_\mu X^{m-n} P_{n\mu} \right) < m.$$

Nach Voraussetzung ist $r \in i_m(A)$, also $r \in i_n(A)$ nach 1) wegen $m \geq n$. Da $i_n(A)$ von $r_{n1}, \ldots, r_{nq(n)}$ erzeugt wird, besteht eine Gleichung $r = \sum_{\mu=1}^{q(n)} c_\mu r_{n\mu}$ mit $c_\mu \in R$. Da $X^{m-n} P_{n\mu} = r_{n\mu} X^m + \cdots$, so ist $P - \sum_{\mu=1}^{q(n)} c_\mu X^{m-n} P_{n\mu}$ ein Polynom vom Grade $\leq m$, bei dem der Koeffizient von X^m verlorengeht. Daher folgt $(*)$.

Mit P gehört auch $P - \sum_{\mu=1}^{q(n)} c_\mu X^{m-n} P_{n\mu}$ zu A. Daher läßt sich, falls dieses Polynom noch einen Grad $\geq n$ hat, durch Wiederholung des Verfahrens der Grad erneut verkleinern. Nach endlich vielen Schritten gewinnt man so schließlich ein Polynom

$$Q = \sum_{\mu=1}^{q(n)} C_\mu P_{n\mu} \in A, \qquad C_\mu \in R[X],$$

so daß $P_1 := P - Q \in A$ einen Grad $\leq n-1$ hat. Gilt nun $P_1 = r_1 X^{n-1} + \cdots$, so hat man $r_1 \in i_{n-1}(A)$ und damit eine Gleichung $r_1 = \sum_{\mu=1}^{q(n-1)} d_\mu r_{n-1,\mu}$, $d_\mu \in R$. Setzt man $Q_1 := \sum_{\mu=1}^{q(n-1)} d_\mu P_{n-1,\mu} \in A$, so ist $P_2 := P_1 - Q_1 \in A$ ein Polynom vom Grade $< n-1$. Durch Wiederholung dieses Schlusses finden wir nacheinander Polynome Q_i als Linearkombinationen der $P_{n-i,\mu}$ mit Koeffizienten in R, $i = 2, \ldots, n$, so daß $P - Q - Q_1 - Q_2 - \cdots - Q_i \in A$ einen Grad $< n-i$ hat. Für $i = n$ gilt daher

$$P = Q + Q_1 + \cdots + Q_n \in \sum_{v,\mu} R[X] P_{v\mu}.$$

Mithin erzeugen die Polynome $P_{v\mu}$ das Ideal A. $\qquad\square$

Bemerkung. Der Beweis des Lemmas ist *konstruktiv* in dem Sinne, daß ein Verfahren zur Gewinnung eines endlichen Erzeugendensystems von A aus endlichen Erzeugendensystemen der Ideale $i_0(A), \ldots, i_n(A)$ angegeben wird. Hingegen liefert der Beweis keine Methode zur Fixierung der kritischen Zahl n, von der ab die Kette der $i_v(A)$ stationär wird.

Der Basissatz ist nun eine triviale Folgerung aus dem Lemma. Ist nämlich R noethersch, so sind die Bedingungen 1) und 2) für jedes Ideal A in $R[X]$ erfüllt, d.h. alle Ideale von $R[X]$ sind endlich erzeugbar. $\qquad\square$

Ein noetherscher Ring besitzt nach unserer Definition stets ein Einselement. Die Aussagen der Sätze 1, 3, 5 gelten jedoch ebenso, wenn wir nicht voraussetzen, daß R ein Einselement besitzt. Allerdings gilt der Hilbertsche Basissatz dann i. allg. nicht mehr! Der Leser möge als Übungsaufgabe untersuchen, wo beim Beweis des Hilbertschen Basissatzes explizit die Existenz eines Einselementes benutzt wird, und außerdem nachweisen, daß der Ring $2\mathbb{Z}$ der „geraden Zahlen" die Bedingungen von Satz 1 erfüllt, der „Polynomring" $2\mathbb{Z}[X]$ jedoch nicht.

5. Artinsche Moduln und artinsche Ringe. — Den noetherschen Moduln, die durch die *aufsteigende* Kettenbedingung (Satz 1, ii)) bzw. durch die Existenz *maximaler* Elemente in Untermodulfamilien (Satz 1, iii)) charakterisiert sind, stellt man Moduln an die Seite, für welche die *absteigende* Kettenbedingung gilt, bzw. bei denen stets *minimale* Elemente in Untermodulfamilien vorhanden sind. Man zeigt zunächst:

Satz 8. *Für jeden R-Modul M sind folgende Aussagen äquivalent:*

i) *Zu jeder absteigenden Folge von Untermoduln*

$$A_1 \supset A_2 \supset \cdots \supset A_i \supset A_{i+1} \supset \cdots \text{ in } M$$

gibt es einen Index n, so daß $A_j = A_n$ für alle $j \geq n$ gilt.

ii) *Jede nichtleere Menge von Untermoduln in M besitzt ein minimales Element.*

Der Beweis verläuft nach demselben Schema wie im noetherschen Fall; man beachte jedoch, daß kein Analogon zur Bedingung der endlichen Erzeugbarkeit von Untermoduln existiert. Man definiert nun

Def. 9 *(Artinscher Modul). Ein R-Modul heißt artinsch, wenn er die in Satz 8 genannten äquivalenten Eigenschaften* i) *und* ii) *hat* [2].

Artinsche Moduln haben analoge Eigenschaften wie noethersche Moduln; wir notieren etwa:

Satz 10. *Sind in einer exakten Sequenz von R-Moduln*

$$0 \to M' \to M \to N \to 0$$

von den drei mittleren Moduln mindestens zwei artinsch, so ist auch der dritte artinsch.

Korollar. 1) *Die direkte Summe $\bigoplus\limits_{\mu=1}^{m} M_\mu$ endlich vieler artinscher R-Moduln $M_1, \ldots, M_m$ ist artinsch.*
2) *Sind $A_1, \ldots, A_m$ artinsche Untermoduln eines R-Moduls M, so ist ihre Summe $\sum\limits_{\mu=1}^{m} A_\mu$ ebenfalls artinsch.*

Die Beweise seien dem Leser überlassen. Es sei nochmals auf folgende bemerkenswerte Eigenschaft artinscher Moduln hingewiesen (vgl. Kap. III, § 2.5).

Jeder Monomorphismus eines artinschen Moduls in sich ist bijektiv.

Endlichdimensionale K-Vektorräume sind sowohl noethersche als auch artinsche K-Moduln.

Der $\mathbb{Z}$-Modul $\mathbb{Z}$ ist noethersch, aber nicht artinsch (s. unten). Es gibt auch artinsche Moduln, die nicht noethersch sind: Sei p eine Primzahl und $G_i := \{z \in \mathbb{C}; z^{p^i} = 1\}$ die abelsche Gruppe ($= \mathbb{Z}$-Modul) der p^i-ten Einheitswurzeln, $i \in \mathbb{N}$. Dann gilt

$$\{1\} = G_0 \subsetneqq G_1 \subsetneqq \cdots \subsetneqq G_i \subsetneqq G_{i+1} \subsetneqq \cdots \text{ in } \mathbb{C}.$$

Die Vereinigung $G := \bigcup\limits_{i=0}^{\infty} G_i$ ist wieder eine abelsche Gruppe, die als $\mathbb{Z}$-Modul nicht noethersch ist, da die obige Kette nicht stationär wird. Doch ist G ein artinscher $\mathbb{Z}$-Modul; der Leser führe den Beweis durch.

---

[2] Nach dem Mathematiker Emil Artin (1898–1962).

Spezielle artinsche Moduln sind die artinschen Ringe.

Def. 11 (*Artinscher Ring*). *Ein Ring R heißt artinsch, wenn R ein artinscher R-Modul ist.*

Die absteigende Kettenbedingung stellt eine sehr einschränkende Forderung für Ringe dar. So gilt z. B.

Jeder artinsche Integritätsring R ist ein Körper.

Beweis. Sei $a \in R$, $a \neq 0$. Die Ideale $R\,a$, $R\,a^2$, ..., $R\,a^i$, ... bilden eine absteigende Kette, daher gibt es einen Index m, so daß gilt: $R\,a^m = R\,a^{m+1}$. Es gibt also ein $b \in R$ mit $a^m = b\,a^{m+1}$, d. h. $a^m(1 - b\,a) = 0$. Da R nullteilerfrei und $a^m \neq 0$ ist, folgt $1 = b\,a$, d. h. jedes Element $a \neq 0$ ist eine Einheit in R. □

Speziell sehen wir, daß der Ring $\mathbb{Z}$, der noethersch ist, nicht artinsch sein kann. Es läßt sich zeigen, daß jeder artinsche Ring automatisch noethersch ist.

Beispiele artinscher Ringe, die keine Integritätsringe sind, gewinnt man wie folgt: man geht aus von einem Polynomring $K[X]$ über einem Körper K und bildet Restklassenringe $R := K[X]/\mathfrak{b}$ nach Idealen $\mathfrak{b} \neq 0$, $K[X]$. Jeder solche Ring R ist ein endlichdimensionaler K-Vektorraum (Beweis!), und jedes Ideal in R ist ein K-Untervektorraum. Daher ist R artinsch.

Wählt man etwa für $\mathfrak{b}$ das von X^2 erzeugte Hauptideal und bezeichnet man mit x die Restklasse von X modulo $\mathfrak{b}$, so gilt

$$R = K \oplus K\,x \quad \text{mit } x^2 = 0;$$

in diesem Falle enthält R genau die drei Ideale 0, $R\,x$, R (Beweis!).

§ 2. Halbeinfache Moduln

Die im folgenden entwickelte Theorie der halbeinfachen Moduln ist als Verallgemeinerung der Theorie der endlich erzeugbaren Vektorräume anzusehen. Für nahezu alle hier bewiesenen Aussagen kennen wir bereits die Analoga für Vektorräume. Als zentrale Eigenschaften solcher K-Vektorräume V stellen wir heraus:

a) *Ist $V \neq 0$ zyklisch (= Gerade), so besitzt V keine echten Unterräume $\neq 0$; es gilt $V = K\,x$ für alle $x \in V \setminus \{0\}$.*

b) *Je zwei K-Geraden sind isomorph.*

c) *Jeder Vektorraum V ist die direkte Summe endlich vieler Geraden $V_1, ..., V_m$; die Zahl m ist eindeutig durch V bestimmt (Dimension).*

d) *Jeder Untervektorraum von V ist ein direkter Summand (Ergänzungssatz).*

Wir werden im folgenden diese Eigenschaften als Orientierungshilfe benutzen und Moduln betrachten, die ähnliche Eigenschaften haben.

1. Einfache Moduln. — Die Struktur eines Moduls ist um so einfacher, je weniger Untermoduln er hat. Wir definieren deshalb:

Def. 1 *(Einfacher Modul). Ein R-Modul $M \neq 0$ heißt einfach, wenn er nur die Untermoduln 0 und M besitzt.*

Dann folgt sofort:

Satz 2. *Ein Modul $M \neq 0$ ist genau dann einfach, wenn er von jedem Element $x \neq 0$ in M erzeugt wird.*

Beweis. Für jedes $x \neq 0$ ist Rx ein Untermodul $\neq 0$ von M. Ist daher M einfach, so gilt stets $M = Rx$. Umgekehrt folgt die Einfachheit von M, wenn $M = Rx$ für alle $x \neq 0$ aus M gilt.   □

Jeder einfache Modul M ist somit zyklisch. Nach Satz 3.1.6 ist M dann isomorph zum Restklassenmodul $R/\mathrm{Ann}\,M$, und es gilt: $\mathrm{End}_R M = R_M \simeq R/\mathrm{Ann}\,M$. Da die Untermoduln von $R/\mathrm{Ann}\,M$ umkehrbar eindeutig den Idealen von R entsprechen, die Ann M umfassen, so ist $R/\mathrm{Ann}\,M$ genau dann einfach, wenn Ann M in keinem Ideal $\neq R$ von R echt enthalten ist, d.h. wenn Ann M ein maximales Ideal in R ist. Da Restklassenringe nach maximalen Idealen Körper sind, so haben wir bewiesen:

Satz 3. *Ein R-Modul M ist genau dann einfach, wenn er zyklisch ist und wenn sein Annullatorideal Ann M maximal in R ist. Alsdann ist M zum Restklassenmodul $R/\mathrm{Ann}\,M$ isomorph, und $\mathrm{End}_R M = R_M$ ist ein Körper.*

Beispiele. 1) Jeder zyklische K-Vektorraum $\neq 0$ ist als K-Modul einfach.

2) Ein Restklassenmodul $\mathbb{Z}/n\mathbb{Z}$ ist als $\mathbb{Z}$-Modul genau dann einfach, wenn n eine Primzahl ist (denn genau dann ist das Ideal $n\mathbb{Z}$ maximal in $\mathbb{Z}$). Insbesondere gibt es *nicht einfache, zyklische* $\mathbb{Z}$-Moduln; die Eigenschaft a) überträgt sich also nicht. Für verschiedene Primzahlen p, q sind die einfachen $\mathbb{Z}$-Moduln $\mathbb{F}_p$ und $\mathbb{F}_q$ *nicht* isomorph; die Eigenschaft b) überträgt sich mithin auch nicht.

3) Der $\mathbb{Z}$-Modul $\mathbb{Z}$ enthält keine einfachen Untermoduln. Ein Ideal $n\mathbb{Z}$ ist nämlich niemals ein einfacher $\mathbb{Z}$-Modul, denn im Falle $n\mathbb{Z} \neq 0$ ist $2n\mathbb{Z} \neq 0$ ein echter Untermodul von $n\mathbb{Z}$.   □

Für viele Anwendungen nützlich ist folgendes

(Formales) Schursches Lemma[3]. *Es seien M, N zwei einfache R-Moduln und $\varphi: M \to N$ ein R-Homomorphismus $\neq 0$. Dann ist φ ein Isomorphismus.*

Beweis. Wegen $\varphi \neq 0$ gilt $\mathrm{Ker}\,\varphi \neq M$ und $\mathrm{Im}\,\varphi \neq \{0\}$. Die Einfachheit von M und N impliziert $\mathrm{Ker}\,\varphi = \{0\}$ und $\mathrm{Im}\,\varphi = N$, d.h. die Bijektivität von φ.   □

Korollar. *Jeder Endomorphismus $\neq 0$ eines einfachen Moduls M ist ein Automorphismus. Zu je 2 Elementen x, $y \in M \smallsetminus \{0\}$ gibt es ein $\varphi \in \mathrm{Aut}_R M$ mit $\varphi(x) = y$.*

---

[3] Nach dem Mathematiker Issai Schur (1875–1941).

Beweis. Es ist nur die Existenz von φ zu zeigen. Da M einfach ist, so gilt $M = R\,x$ wegen $x \neq 0$. Sei $y = r\,x$. Für die durch $z \mapsto r\,z$ gegebene Homothetie $\varphi \in \mathrm{End}_R M$ gilt dann $\varphi(x) = y$. Wegen $y \neq 0$ gilt $\varphi \neq 0$, d.h. $\varphi \in \mathrm{Aut}_R M$. $\square$

Einfache Untermoduln eines Moduls sind leicht zu charakterisieren:

Satz 4. *Die folgenden Aussagen über einen Untermodul $A \neq 0$ eines R-Moduls M sind äquivalent:*

  i) *A ist ein einfacher Modul.*
  ii) *Für jeden Untermodul B von M gilt $A \cap B = 0$ oder $A \subset B$.*

Beweis. i) $\Rightarrow$ ii): Da $A \cap B$ Untermodul des einfachen Moduls A ist, so gilt $A \cap B = 0$ oder $A \cap B = A$.

ii) $\Rightarrow$ i): trivial. $\square$

Korollar zu Satz 4. *Sind A und B einfache Untermoduln von M, so gilt*

$$A = B \quad \text{oder} \quad A \cap B = 0.$$

Die einfachen Restklassenmoduln eines Moduls lassen sich folgendermaßen beschreiben:

Satz 5. *Ein Restklassenmodul M/A eines Moduls $M \neq 0$ ist genau dann einfach, wenn A ein maximaler Untermodul von M ist, d.h. wenn $A \neq M$ ist und wenn es keinen Untermodul $A' \neq M$ von M mit $A \subsetneqq A'$ gibt.*

Das folgt unmittelbar aus der Tatsache, daß die Untermoduln von M/A genau den Untermoduln von M, die A umfassen, entsprechen. $\square$

2. Direkte Summen eines einfachen Moduls. — Nach den einfachen Moduln wird man als nächstes die aus einem solchen Modul A entstehenden endlichen direkten Summen $A^m = \overset{m}{\underset{1}{\bigoplus}} A$ untersuchen. Hier gilt

Satz 6. *Die folgenden Aussagen über einen endlich erzeugbaren R-Modul $M \neq 0$ sind äquivalent:*

  i) *Es gibt einen einfachen R-Modul A, so daß M zum Modul $A^{\mathrm{erz}M}$ isomorph ist.*

  ii) *Das Annullatorideal $\mathrm{Ann}\,M$ ist maximal in R.*

  iii) *Jeder zyklische Untermodul $\neq 0$ von M ist einfach.*

  iv) *M enthält wenigstens einen einfachen Untermodul, und je zwei zyklische Untermoduln $\neq 0$ von M sind isomorph.*

Beweis. i) $\Rightarrow$ ii): Aus $M \simeq A^{\mathrm{erz}M}$ folgt $\mathrm{Ann}\,M = \mathrm{Ann}\,A$. Da A einfach ist, so ist $\mathrm{Ann}\,M$ maximal in R nach Satz 3.

ii) $\Rightarrow$ iii): Für jedes $x \in M$ gilt $\mathrm{Ann}\,M \subset \mathrm{Ann}\,R\,x$. Da $\mathrm{Ann}\,R\,x \neq R$ im Falle $x \neq 0$, so gilt also $\mathrm{Ann}\,M = \mathrm{Ann}\,R\,x$ für alle $x \neq 0$, da $\mathrm{Ann}\,M$ ein maximales Ideal ist.

Mithin sind alle Ideale $\operatorname{Ann} R x$, $x \neq 0$, maximal und somit alle Moduln $R x$, $x \neq 0$, einfach nach Satz 3.

iii) $\Rightarrow$ iv): Es genügt zu zeigen:

$$\operatorname{Ann} R x = \operatorname{Ann} R y \quad \text{für alle } x, y \in M \smallsetminus \{0\}.$$

Nach dem Korollar zu Satz 4 gilt $R x = R y$ oder $R x \cap R y = 0$. Im ersten Falle ist nichts zu zeigen; im zweiten Falle gilt: $R x + R y = R x \oplus R y$. Dies impliziert, daß $r(x + y) = r x + r y = 0$ für ein Element $r \in R$ genau dann gilt, wenn $r x = 0 = r y$. Wir sehen somit

$$\operatorname{Ann} R(x + y) = \operatorname{Ann} R x \cap \operatorname{Ann} R y.$$

Weil $x + y \neq 0$, so ist der Modul $R(x + y)$ einfach und das Ideal $\operatorname{Ann} R(x + y)$ also maximal in R. Wegen $\operatorname{Ann} R x \neq R$, $\operatorname{Ann} R y \neq R$ folgt nun

$$\operatorname{Ann} R x = \operatorname{Ann} R(x + y) = \operatorname{Ann} R y.$$

iv) $\Rightarrow$ i): Zunächst gilt eine Gleichung $M = \sum\limits_{\mu=1}^{m} M_\mu$ mit $m := \operatorname{erz} M$ zyklischen Moduln $M_\mu \neq 0$. Alle Moduln M_μ sind einfach (da M wenigstens einen einfachen Untermodul enthält und alle M_μ zu diesem isomorph sind). Wir behaupten: $M = \bigoplus\limits_{\mu=1}^{m} M_\mu$. Dazu ist nur zu zeigen, daß aus $0 = \sum\limits_{\mu=1}^{m} x_\mu$, $x_\mu \in M_\mu$, stets $x_1 = \cdots = x_m = 0$ folgt. Angenommen es gäbe in einer solchen Relation ein Element $x_j \neq 0$. Dann wäre $x_j \in \sum\limits_{\mu \neq j} M_\mu$ und also $M_j \subset \sum\limits_{\mu \neq j} M_\mu$ wegen $M_j = R x_j$ (Einfachheit von M_j). Der Modul M_j wäre daher in der Gleichung $M = \sum\limits_{\mu=1}^{m} M_\mu$ überflüssig, was wegen $m = \operatorname{erz} M$ nicht geht.

Mithin ist M die direkte Summe von m einfachen Moduln. Da alle diese Moduln zu einem festen einfachen Modul A isomorph sind, hat man eine Isomorphie $M \simeq A^{\operatorname{erz} M}$. $\qquad\Box$

Bemerkung. Der Leser mache sich klar, daß die Eigenschaften ii), iii) und iv) stets (auch wenn M nicht endlich erzeugbar ist) äquivalent sind. Wir werden später im Abschnitt über homogene Moduln sehen, daß im Falle der endlichen Erzeugbarkeit das Postulat der Existenz einfacher Untermoduln in iv) noch wesentlich abgeschwächt werden kann.

Für spätere Anwendungen notieren wir noch

Korollar zu Satz 6. *Ist A ein einfacher R-Modul, so gilt $\operatorname{erz}_R A^m = m$ für jede natürliche Zahl $m \geq 1$.*

Beweis. Der Modul $M := A^m \neq 0$ ist endlich erzeugbar, und sein Annullatorideal $\operatorname{Ann} M = \operatorname{Ann} A$ ist maximal in R. Nach Satz 6 gibt es daher einen einfachen Modul B und einen Isomorphismus $M \simeq B^{\operatorname{erz} M}$. Wegen $\operatorname{Ann} M = \operatorname{Ann} B$ sind A und B isomorph. Eine Isomorphie $A^m \simeq A^{\operatorname{erz} M}$ impliziert aber $m = \operatorname{erz} M$ (z.B. nach der

Bemerkung im Anschluß an Satz 3.5.8, da A noethersch ist; oder auch nach Sätzen der Theorie endlichdimensionaler Vektorräume, da A^m und $A^{\mathrm{erz}M}$ auch als Vektorräume über dem Körper $K := R/\mathrm{Ann}\, M$ isomorph sind). $\qquad\qquad\square$

3. Halbeinfache Moduln. Ergänzungssatz. — Nach den einfachen Moduln A und ihren direkten Summen A^m betrachten wir nun beliebige endliche direkte Summen von einfachen Moduln. Solche Moduln werden als halbeinfach bezeichnet. Für unsere augenblicklichen Zwecke ist aber die folgende (schwächere) Definition geeigneter (sie wird sich bald als äquivalent zu der gerade gegebenen herausstellen):

Def. 7 (*Halbeinfacher Modul*). *Ein R-Modul M heißt halbeinfach, wenn es endlich viele einfache Untermoduln A_i, $i \in I$, von M gibt, so daß gilt:*

$$M = \sum_{i \in I} A_i.$$

Beispiele. 0) Der Nullmodul ist halbeinfach (mit $I = \emptyset$), jedoch nicht einfach.

1) Jeder einfache Modul ist halbeinfach.

2) Endliche (direkte) Summen von halbeinfachen Moduln sind halbeinfach.

3) Jeder endlichdimensionale Vektorraum V über einem Körper K ist halbeinfach; er ist einfach genau dann, wenn $\dim V = 1$.

4) Ein Ideal $n\mathbf{Z} \neq 0$ des Ringes $\mathbf{Z}$ ist niemals halbeinfach, da $n\mathbf{Z}$ überhaupt keine einfachen Untermoduln besitzt.

5) Es sei K ein Körper und $R := K \times K$ das (ringtheoretische) Produkt, vgl. Kap. I, § 4.1. Der R-Modul R ist die direkte Summe der beiden einfachen R-Untermoduln $K \times \{0\}$ und $\{0\} \times K$ und also halbeinfach. Da R ein zyklischer R-Modul ist (er wird vom Einselement $(1, 1)$, $1 \in K$, des Ringes R erzeugt), so sehen wir, daß ein halbeinfacher zyklischer Modul $\neq 0$ nicht notwendig einfach ist. Der Leser mache sich klar, daß die R-Moduln $K \times \{0\}$ und $\{0\} \times K$ nicht isomorph sind (ihre Annullatorideale stimmen nicht überein)!

Die entscheidende Strukturaussage für halbeinfache Moduln enthält der folgende

Satz 8 (*Ergänzungssatz*). *Jeder Untermodul A eines halbeinfachen Moduls M ist ein direkter Summand. Genauer gilt:*

Ist M die Summe der endlich vielen einfachen Untermoduln A_i, $i \in I$, so gibt es eine Teilmenge $I' \subset I$, so daß gilt:

$$M = A \oplus \Big(\bigoplus_{i \in I'} A_i\Big).$$

Beweis. Wir betrachten alle Teilmengen J von I, für die gilt:

$$A + \sum_{i \in J} A_i = A \oplus \Big(\bigoplus_{i \in J} A_i\Big).$$

Da I endlich ist, gibt es eine maximale solche Menge $I' \subset I$ (evtl. ist I' leer). Wir setzen $M' := A \oplus (\bigoplus_{i \in I'} A_i)$. Für jeden Index $j \in I \setminus I'$ gilt dann $M' \cap A_j \neq 0$, da sonst die Summe $M' + A_j$ direkt wäre, was der Maximalität von I' widerspricht. Da alle Moduln A_i einfach sind, folgt $A_j \subset M'$ für alle $j \in I \setminus I'$ (nach Satz 4). Da $A_i \subset M'$ für $i \in I'$ trivial ist, ergibt sich

$$M = \sum_{i \in I} A_i \subset M', \quad \text{d.h.} \quad M = M'. \qquad \square$$

Durch Spezialisierung auf den Nullmodul $A := 0$ erhält man das

Korollar zu Satz 8. *Der halbeinfache R-Modul M sei die Summe der endlich vielen Untermoduln A_i, $i \in I$. Dann ist M die direkte Summe gewisser dieser Moduln A_i, d.h. es gibt eine Teilmenge $I' \subset I$, so daß gilt:*

$$M = \bigoplus_{i \in I'} A_i.$$

Da jeder einfache Modul noethersch und artinsch ist, so ist auch jeder halbeinfache Modul als endliche Summe solcher Moduln noethersch und artinsch. Es gibt jedoch Moduln, die *noethersch und artinsch* sind, für welche aber nicht der Ergänzungssatz gilt; solche Moduln sind also nicht halbeinfach: so ist z.B. im artinschen und noetherschen Ring $R := K[X]/X^2 K[X]$ der von der Restklasse x ($= X$ modulo $X^2 K[X]$) erzeugte Untermodul $R x$ der einzige einfache Untermodul von R und also kein direkter Summand von R (vgl. § 1.5).

4. Folgerungen aus dem Ergänzungssatz. — Der Ergänzungssatz ermöglicht eine genaue Beschreibung aller Untermoduln und Restklassenmoduln eines halbeinfachen Moduls.

Satz 9. *Der halbeinfache R-Modul M sei die direkte Summe der endlich vielen einfachen Untermoduln A_i, $i \in I$. Dann gibt es zu jedem Untermodul A von M bzw. zu jedem Restklassenmodul B von M eine Teilmenge J von I, so daß A bzw. B isomorph zur direkten Summe $\bigoplus_{i \in J} A_i$ ist.*

Beweis. Sei zunächst B ein Restklassenmodul von M, etwa $B = M/L$ mit einem Untermodul L von M. Nach dem Ergänzungssatz gibt es eine Teilmenge J von I, so daß gilt:

$$M = L \oplus (\bigoplus_{i \in J} A_i).$$

Der Modul $\bigoplus_{i \in J} A_i$ ist als Supplement von L in M zu $B = M/L$ isomorph.

Sei nun A irgendein Untermodul von M. Wir wählen nach dem Ergänzungssatz ein Supplement L von A in M. Dann ist A zum Restklassenmodul M/L isomorph, und die Behauptung folgt aus dem bereits Bewiesenen. $\qquad \square$

Korollar 1 zu Satz 9. *Alle Untermoduln und alle Restklassenmoduln eines halbeinfachen Moduls sind halbeinfach.*

Korollar 2 zu Satz 9. *Ist der halbeinfache R-Modul M die (direkte) Summe der endlich vielen einfachen Untermoduln A_i, $i \in I$, so ist jeder einfache Untermodul von M zu einem der Moduln A_i isomorph.*

5. Umkehrung des Ergänzungssatzes. Charakterisierung halbeinfacher Moduln. – Die Eigenschaft eines halbeinfachen Moduls, daß jeder Untermodul ein direkter Summand ist, ist charakteristisch für diese Moduln. Dies liegt daran, daß solche Moduln „viele" einfache Untermoduln enthalten, genauer:

Satz 10. *Es sei M ein endlich erzeugbarer R-Modul, derart daß jeder Untermodul von M ein direkter Summand ist. Dann enthält jeder Untermodul $A \neq 0$ von M einen einfachen Untermodul.*

Beweis. Jeder direkte Summand eines endlich erzeugbaren Moduls ist endlich erzeugbar. Daher ist M noethersch. Mithin ist auch A noethersch, und es gibt folglich einen maximalen Untermodul $B \subsetneq A$. Nach Satz 5 ist der Restklassenmodul A/B einfach. Sei nun B' ein Supplement von B in M, also $M = B \oplus B'$. Dann gilt $A = B \oplus (A \cap B')$ wegen $B \subset A$. Der Modul $A \cap B' \subset A$ ist zu A/B isomorph und also einfach. $\qquad\square$

Korollar zu Satz 10. *Es sei $M \neq 0$ ein endlich erzeugbarer R-Modul, derart daß jeder Untermodul von M ein direkter Summand ist. Dann ist M halbeinfach.*

Beweis. Es sei M' der von allen einfachen Untermoduln von M erzeugte Untermodul von M und M'' ein Supplement von M' in M. Dann muß $M'' = 0$ gelten, da M'' sonst nach Satz 10 einen einfachen Untermodul enthält, der nach Definition von M' aber auch in M' läge, was wegen $M' \cap M'' = 0$ nicht geht. Aus $M'' = 0$ folgt $M' = M$, d.h. M ist die Summe einfacher Moduln. Da M endlich erzeugbar ist, so ist M dann auch bereits die Summe endlich vieler einfacher Moduln. $\qquad\square$

Die bisher gewonnenen Ergebnisse besagen insbesondere:

Satz 11. *Für jeden R-Modul M sind die nachstehenden Aussagen äquivalent:*

i) *M ist halbeinfach.*

ii) *M ist die direkte Summe endlich vieler einfacher Moduln.*

iii) *M ist endlich erzeugbar, und jeder Untermodul von M ist ein direkter Summand.*

Beweis. i) $\Rightarrow$ ii): Spezialfall des Korollars zu Satz 8.

ii) $\Rightarrow$ iii): Spezialfall des Ergänzungssatzes.

iii) $\Rightarrow$ i): klar nach dem Korollar zu Satz 10. $\qquad\square$

§ 3. Struktur halbeinfacher Moduln

Es wird gezeigt, daß jeder halbeinfache Modul über R durch *endlich* viele maximale Ideale in R und *endlich* viele natürliche Zahlen bis auf Isomorphie bestimmt ist. Aus diesem Struktursatz werden einige wichtige Folgerungen abgeleitet.

1. $\mathfrak{m}$-Komponenten. Struktursatz. — Für jeden R-Modul M und jedes Ideal $\mathfrak{a}$ in R ist

$$M(\mathfrak{a}) := \{x \in M;\ a\,x = 0 \text{ für alle } a \in \mathfrak{a}\}$$

ein Untermodul von M: sind nämlich $x, y \in M(\mathfrak{a})$ und $r, s \in R$ beliebig, so gilt:

$$a(r\,x + s\,y) = r(a\,x) + s(a\,y) = r\,0 + s\,0 = 0 \quad \text{für alle } a \in \mathfrak{a},$$

d.h. $r\,x + s\,y \in M(\mathfrak{a})$. Außerdem ist $0 \in M(\mathfrak{a})$. Ersichtlich ist $M(\mathfrak{a})$ der größte Untermodul von M, dessen Annullator das Ideal $\mathfrak{a}$ umfaßt. Für jeden Untermodul A von M gilt: $A(\mathfrak{a}) = A \cap M(\mathfrak{a})$.

Es ist bequem, sich der folgenden Redeweise zu bedienen.

Def. 1 *($\mathfrak{m}$-Komponente). Ist M ein R-Modul und $\mathfrak{m}$ ein maximales Ideal in R, so heißt der Untermodul $M(\mathfrak{m})$ die $\mathfrak{m}$-Komponente von M.*

Ersichtlich gilt $M(\mathfrak{m}) \neq 0$ genau dann, wenn M einen einfachen Untermodul A mit $\operatorname{Ann} A = \mathfrak{m}$ enthält.

Mit $\operatorname{Max} M$ bezeichnen wir die Menge aller maximalen Ideale $\mathfrak{m}$ mit $M(\mathfrak{m}) \neq 0$. Diese Menge kann leer sein; z.B. für den $\mathbf{Z}$-Modul $\mathbf{Z}$. Wir zeigen nun folgenden Hauptsatz über die Struktur halbeinfacher Moduln.

Satz 2. *Der halbeinfache R-Modul $M \neq 0$ sei die direkte Summe $\bigoplus\limits_{i \in I} M_i$ der endlich vielen einfachen Untermoduln M_i, $i \in I$. Dann gilt:*

1) *$\operatorname{Max} M$ ist nicht leer und endlich; genauer:*

$$\operatorname{Max} M = \{\operatorname{Ann} M_i;\ i \in I\}.$$

2) *Für $\mathfrak{m} \in \operatorname{Max} M$ enthält die Menge $I_{\mathfrak{m}} := \{i \in I;\ \operatorname{Ann} M_i = \mathfrak{m}\}$ genau erz $M(\mathfrak{m})$ Elemente. Es gilt:*

$$M(\mathfrak{m}) = \bigoplus\limits_{i \in I_{\mathfrak{m}}} M_i \simeq (R/\mathfrak{m})^{\operatorname{erz} M(\mathfrak{m})}.$$

3) *Es gilt*

$$|I| = \sum\limits_{\mathfrak{m} \in \operatorname{Max} M} \operatorname{erz} M(\mathfrak{m}).$$

Der Modul M ist die direkte Summe seiner $\mathfrak{m}$-Komponenten:

$$M = \bigoplus\limits_{\mathfrak{m} \in \operatorname{Max} M} M(\mathfrak{m}).$$

4) *Für jeden Untermodul A von M gilt:*

$$A = \bigoplus_{\mathfrak{m}\in\mathrm{Max}\,M} (A \cap M(\mathfrak{m})).$$

Beweis. ad 1). Da jedes Ideal Ann M_i maximal ist, so enthält Max M alle Ideale Ann M_i, $i\in I$. Wegen $M\neq 0$ gilt $I\neq\varnothing$ und also Max $M\neq\varnothing$.

Zu jedem $\mathfrak{m}\in\mathrm{Max}\,M$ gibt es einen einfachen Modul $A\subset M$ mit $\mathfrak{m}=\mathrm{Ann}\,A$. Nach Korollar 2 zu Satz 2.9 ist A zu einem Modul $M_j, j\in I$, isomorph. Dies bedeutet $\mathfrak{m}=\mathrm{Ann}\,M_j$.

ad 2). Wir zeigen zunächst die Gleichung $M(\mathfrak{m}) = \bigoplus_{i\in I_\mathfrak{m}} M_i$. Da jeder Modul M_i, $i\in I_\mathfrak{m}$, wegen Ann $M_i=\mathfrak{m}$ in $M(\mathfrak{m})$ enthalten ist, so gilt jedenfalls $\bigoplus_{i\in I_\mathfrak{m}} M_i \subset M(\mathfrak{m})$.

Zum Beweis der umgekehrten Inklusion sei $x\in M(\mathfrak{m})$ beliebig. Es gilt eine Gleichung $x=\sum_{i\in I} x_i$ mit $x_i\in M_i$. Für jeden Index $j\notin I_\mathfrak{m}$ gilt Ann $M_j\neq\mathfrak{m}$ und also $\mathfrak{m}+\mathrm{Ann}\,M_j=R$, da die Ideale maximal sind. Es gibt somit Ringelemente $a\in\mathfrak{m}$, $a_j\in\mathrm{Ann}\,M_j$ mit $1=a+a_j$. Dann gilt

$$ax=0, \quad a_j x_j=0, \quad ax_j=(1-a_j)x_j=x_j, \quad j\notin I_\mathfrak{m},$$

und mithin

$$0=ax=x_j+\sum_{i\neq j} ax_i, \quad \text{wo } ax_i\in M_i.$$

Da M die direkte Summe aller M_i ist, folgt $x_j=0$ für alle $j\notin I_\mathfrak{m}$. Dies besagt

$$x=\sum_{i\in I_\mathfrak{m}} x_i \in \bigoplus_{i\in I_\mathfrak{m}} M_i, \quad \text{d.h. } M(\mathfrak{m}) \subset \bigoplus_{i\in I_\mathfrak{m}} M_i.$$

Damit ist die Gleichung $M(\mathfrak{m})=\bigoplus_{i\in I_\mathfrak{m}} M_i$ bewiesen. Da alle hier vorkommenden Moduln M_i zum einfachen Modul $R/\mathfrak{m}$ isomorph sind, hat man eine Isomorphie

$$M(\mathfrak{m})\simeq (R/\mathfrak{m})^{|I_\mathfrak{m}|}.$$

Nach dem Korollar zu Satz 2.6 gilt: $|I_\mathfrak{m}|=\mathrm{erz}\,M(\mathfrak{m})$.

ad 3). Die Menge I ist die Vereinigung aller Mengen $I_\mathfrak{m}$, $\mathfrak{m}\in\mathrm{Max}\,M$. Da zwei Mengen $I_\mathfrak{m}$, $I_{\mathfrak{m}'}$ mit $\mathfrak{m}\neq\mathfrak{m}'$ stets disjunkt sind, so gilt $|I|=\sum|I_\mathfrak{m}|$ und daher $|I|=\sum\mathrm{erz}\,M(\mathfrak{m})$ nach 2). Weiter folgt:

$$M=\bigoplus_{i\in I} M_i = \bigoplus_{\mathfrak{m}\in\mathrm{Max}\,M}\Big(\bigoplus_{i\in I_\mathfrak{m}} M_i\Big) = \bigoplus_{\mathfrak{m}\in\mathrm{Max}\,M} M(\mathfrak{m}).$$

ad 4). Jeder Untermodul A von M ist halbeinfach. Daher gilt

$$A = \bigoplus_{\mathfrak{m}\in\mathrm{Max}\,A} A(\mathfrak{m})$$

nach 3). Wegen $A \subset M$ hat man Max $A \subset$ Max M. Da $A(\mathfrak{m}) = 0$ für alle $\mathfrak{m} \notin$ Max A, so kann man schreiben: $A = \bigoplus\limits_{\mathfrak{m} \in \text{Max } M} A(\mathfrak{m})$. Da $A(\mathfrak{m}) = A \cap M(\mathfrak{m})$ für alle Ideale $\mathfrak{m}$ gilt, ist 4) bewiesen. $\qquad\square$

2. Isomorphiekriterien für halbeinfache Moduln. — Ist $\varphi: M \to N$ ein Homomorphismus zwischen R-Moduln M, N, so gilt $\varphi(M(\mathfrak{a})) \subset N(\mathfrak{a})$ für alle Ideale $\mathfrak{a}$ in R; speziell induziert ein Isomorphismus $M \xrightarrow{\sim} N$ für alle $\mathfrak{a}$ Isomorphismen $M(\mathfrak{a}) \xrightarrow{\sim} N(\mathfrak{a})$. Für halbeinfache Moduln gilt folgende Verschärfung:

Satz 3. *(Isomorphiesatz). Zwei halbeinfache R-Moduln M, N sind genau dann isomorph, wenn* Max $M =$ Max N *und* erz $M(\mathfrak{m}) =$ erz $N(\mathfrak{m})$ *für alle* $\mathfrak{m} \in$ Max M.

Beweis. Es ist nur zu zeigen, daß die angegebenen Bedingungen die Isomorphie von M und N zur Folge haben. Das aber ist klar, denn mit $S := $ Max $M =$ Max N gilt nach Satz 2:

$$ M \simeq \bigoplus\limits_{\mathfrak{m} \in S} (R/\mathfrak{m})^{\text{erz} M(\mathfrak{m})}, \qquad N \simeq \bigoplus\limits_{\mathfrak{m} \in S} (R/\mathfrak{m})^{\text{erz} N(\mathfrak{m})}, $$

wo im Falle erz $M(\mathfrak{m}) =$ erz $N(\mathfrak{m})$ links und rechts dieselben direkten Summanden stehen. $\qquad\square$

Eine einfache Konsequenz dieses Isomorphiesatzes ist

Satz 4 *(Kürzungssatz). Es seien A, B, C, D halbeinfache R-Moduln, derart daß die Moduln A und B sowie $A \oplus C$ und $B \oplus D$ isomorph sind. Dann sind auch die Moduln C und D isomorph.*

Beweis. Auf Grund von Satz 3 genügt es zu zeigen, daß für jedes maximale Ideal $\mathfrak{m}$ in R die natürlichen *Zahlen* $c := $ erz $C(\mathfrak{m})$ *und* $d := $ erz $D(\mathfrak{m})$ übereinstimmen. Da A und B isomorph sind, so gilt $a := $ erz $A(\mathfrak{m}) =$ erz $B(\mathfrak{m})$. Da auch $(A \oplus C)(\mathfrak{m})$ und $(B \oplus D)(\mathfrak{m})$ isomorph sind, gilt weiter

$$ \text{erz}(A \oplus C)(\mathfrak{m}) = \text{erz}(B \oplus D)(\mathfrak{m}). $$

Nun ist

$$ (A \oplus C)(\mathfrak{m}) = A(\mathfrak{m}) \oplus C(\mathfrak{m}) \simeq (R/\mathfrak{m})^{a+c} $$

und entsprechend $(B \oplus D)(\mathfrak{m}) \simeq (R/\mathfrak{m})^{a+d}$. Nach dem Korollar zu Satz 6.5 folgt

$$ a + c = \text{erz}(A \oplus C)(\mathfrak{m}), \qquad a + d = (B \oplus D)(\mathfrak{m}), $$

d.h. $a + c = a + d$ und also $c = d$. $\qquad\square$

Korollar 1 zu Satz 4. *Zwei Untermoduln A und B eines halbeinfachen Moduls M sind genau dann isomorph, wenn ihre Restklassenmoduln M/A und M/B isomorph sind.*

Beweis. Es gilt $A \oplus (M/A) \simeq M \simeq B \oplus (M/B)$, da jedes Supplement eines Untermoduls zum Restklassenmodul isomorph ist. Die Behauptung folgt daher unmittelbar aus Satz 4. $\qquad\square$

Korollar 2 zu Satz 4 *(Fortsetzungssatz). Es seien M und N isomorphe halb-einfache Moduln und A ein Untermodul von M. Dann gibt es zu jedem Modulmono-morphismus* $\alpha\colon A \to N$ *einen Modulisomorphismus* $\varphi\colon M \to N$ *mit* $\varphi|A = \alpha$ *(man nennt* φ *eine Fortsetzung von* α *nach M).*

Beweis. Es sei C bzw. D ein Supplement von A in M bzw. von $\alpha(A)$ in N; also

$$M = A \oplus C, \quad N = \alpha(A) \oplus D.$$

Da A zu $\alpha(A)$ und M zu N isomorph ist, so ist C zu D isomorph, es gibt also einen Monomorphismus $\gamma\colon C \to N$ mit $\gamma(C) = D$. Durch

$$x + y \mapsto \alpha(x) + \gamma(y), \quad x \in A, \quad y \in C,$$

wird dann ein Isomorphismus $\varphi\colon M \to N$ mit $\varphi|A = \alpha$ gegeben. $\square$

Da halbeinfache Moduln M noethersch sind, so ist jeder Epimorphismus $\varphi\colon M \to M$ nach Satz 3.2.10, Korollar, ein Automorphismus. Der soeben bewiesene Fortsetzungssatz liefert auch noch einmal, vgl. Kap. III, § 2.5, daß jeder Mono-morphismus $\varphi\colon M \to M$ eines halbeinfachen Moduls ein Automorphismus ist. Das ist klar nach dem Fortsetzungssatz (mit $N := M, A := M, \alpha := \varphi$). $\square$

Ist ein halbeinfacher Modul als direkte Summe endlich vieler einfacher Moduln gegeben, so wird man naturgemäß die Frage nach der Eindeutigkeit einer solchen Darstellung stellen. Hier gilt:

Satz 5 *(Eindeutigkeitssatz). Es seien M und N zueinander isomorphe halbein-fache Moduln und*

$$M = \bigoplus_{\mu=1}^{m} M_\mu \quad \text{bzw.} \quad N = \bigoplus_{\nu=1}^{n} N_\nu$$

Darstellungen von M und N als direkte Summen einfacher Moduln M_μ, N_ν*. Dann gilt* $m = n$*, und man kann die Moduln* $N_1, \ldots, N_m$ *so numerieren, daß* M_μ *und* N_μ *jeweils isomorph sind.*

Beweis. Wir benutzen den Kürzungssatz und führen Induktion nach $m \geq 1$ durch. Nach dem Korollar 2 zu Satz 2.9 ist M_1 zu einem Modul N_ν isomorph. Wir numerieren so, daß dies N_1 ist. Im Falle $m = 1$ ist M einfach und also auch $N \simeq M$. Es folgt $n = 1$ und $M_1 \simeq N_1$.

Im Falle $m > 1$ besteht nach dem Kürzungssatz eine Isomorphie

$$\bigoplus_{\mu=2}^{m} M_\mu \simeq \bigoplus_{\nu=2}^{n} N_\nu.$$

Da links $(m-1)$ einfache Summanden stehen, gilt $m-1 = n-1$ nach Induktions-annahme, d.h. $m = n$, und man kann die Moduln $N_2, \ldots, N_m$ so numerieren, daß $M_\mu \simeq N_\mu$ für alle $\mu \in \{2, \ldots, m\}$. $\square$

Bemerkung. Der Leser führe einen weiteren Beweis unter direkter Heranziehung des Hauptsatzes 2.

3. Homogene Moduln. — In einem endlichdimensionalen Vektorraum V gibt es zu je zwei Vektoren $x, y \in V \smallsetminus \{0\}$ stets einen Automorphismus $\varphi \in \operatorname{Aut} V$ mit $\varphi(x) = y$ (Beweis!). Diese Aussage gilt nach dem Korollar zum Schurschen Lemma auch noch für einfache Moduln. Für halbeinfache Moduln indessen bleibt sie nicht mehr richtig: Ist z. B. $M = A \oplus B$ die direkte Summe zweier einfacher Untermoduln A, B, die *nicht isomorph* sind, so gibt es zu Elementen $x \in A \smallsetminus \{0\}$, $y \in B \smallsetminus \{0\}$ kein $\varphi \in \operatorname{Aut} M$ mit $\varphi(x) = y$ (denn φ würde wegen $A = Rx$, $B = Ry$ eine Isomorphie $A \xrightarrow{\sim} B$ induzieren). Aus dem Fortsetzungssatz ergibt sich leicht:

Satz 6. *Es sei M ein halbeinfacher R-Modul. Dann gibt es zu zwei Elementen $x, y \in M$ genau dann einen R-Automorphismus $\varphi: M \to M$ mit $\varphi(x) = y$, wenn die zyklischen Moduln Rx und Ry isomorph sind, d.h. wenn gilt:*

$$\operatorname{Ann} Rx = \operatorname{Ann} Ry.$$

Beweis. Jeder Automorphismus $\varphi: M \to M$ mit $\varphi(x) = y$ bildet Rx isomorph auf Ry ab. Sind umgekehrt Rx und Ry isomorph, so gibt es einen Monomorphismus $\alpha: Rx \to M$ mit $\alpha(x) = y$. Nach dem Fortsetzungssatz gibt es dann einen Automorphismus $\varphi: M \to M$ mit $\varphi | Rx = \alpha$, d.h. $\varphi(x) = y$. $\qquad \square$

Wir führen nun folgende sehr einprägsame Redeweise ein:

Def. 7 (*Homogener Modul*). *Ein R-Modul M heißt homogen, wenn es zu je zwei Elementen $x, y \in M \smallsetminus \{0\}$ stets ein $\varphi \in \operatorname{Aut}_R M$ gibt mit $\varphi(x) = y$.*

Die Voraussetzung $x \neq 0$, $y \neq 0$ ist natürlich notwendig, weil jeder Endomorphismus von M den Nullvektor festläßt.

Der Leser überlegt sich sofort:

Ein R-Modul M ist genau dann homogen, wenn für jedes $x \in M \smallsetminus \{0\}$ gilt:

$$\{\varphi(x); \varphi \in \operatorname{Aut}_R M\} = M \smallsetminus \{0\}.$$

Einfache Moduln sind homogen. Allgemeiner gilt:

Satz 8. *Ist A einfach, so ist jeder R-Modul A^m, $1 \leq m < \infty$, homogen.*

Beweis. Nach Satz 2.6 sind je zwei zyklische Untermoduln $\neq 0$ von A^m isomorph, d.h. es gilt $\operatorname{Ann} Rx = \operatorname{Ann} Ry$ für je zwei Elemente $x, y \in A^m \smallsetminus \{0\}$. Nach Satz 6 gibt es daher, da A^m halbeinfach ist, zu je zwei Elementen $x, y \in A^m \smallsetminus \{0\}$ einen Automorphismus $\varphi: A^m \to A^m$ mit $\varphi(x) = y$. Mithin ist A^m homogen. $\qquad \square$

Es ist überraschend, daß durch den letzten Satz bereits alle endlich erzeugbaren homogenen R-Moduln erfaßt werden. Wir zeigen noch mehr:

Satz 9. *Es sei $M \neq 0$ ein endlich erzeugbarer R-Modul, derart, daß zu je zwei Elementen $x, y \in M \setminus \{0\}$ ein Endomorphismus $\varphi: M \to M$ mit $\varphi(x) = y$ existiert. Dann ist Ann M ein maximales Ideal in R, und M ist zum R-Modul $(R/\text{Ann } M)^{\text{erz } M}$ isomorph; speziell ist M homogen.*

Zum Beweis ziehen wir folgenden Hilfssatz heran:

Hilfssatz. *Es sei M ein (nicht notwendig endlich erzeugbarer) R-Modul, derart, daß zu je zwei Elementen $x, y \in M \setminus \{0\}$ ein $\varphi \in \text{End } M$ mit $\varphi(x) = y$ existiert. Dann gilt:*

1) Ann $R x = $ Ann M *für alle* $x \in M \setminus \{0\}$.

2) $M = r M$ *für alle* $r \in R \setminus \text{Ann } M$.

Beweis. ad 1). Es genügt zu zeigen: Ann $R x = $ Ann $R y$ für alle $x, y \in M \setminus \{0\}$. Sei $\varphi \in \text{End } M$ mit $\varphi(x) = y$. Für alle $r \in \text{Ann } R x$ gilt dann

$$0 = \varphi(0) = \varphi(r x) = r \varphi(x) = r y, \quad \text{also } r \in \text{Ann } R y.$$

Damit ist Ann $R x \subset$ Ann $R y$ gezeigt. Die umgekehrte Inklusion folgt entsprechend.

ad 2). Sei $r \in R \setminus \text{Ann } M$. Nach 1) gilt dann $r y \neq 0$ für jedes $y \neq 0$, daher gibt es ein $\varphi \in \text{End } M$ mit $\varphi(r y) = y$. Es folgt $y = r \varphi(y) \in r M$ für alle $y \neq 0$, d.h. $M \subset r M$. $\square$

Wir kommen nun zum Beweis von Satz 9. Als erstes zeigen wir:

Jeder endlich erzeugbare R-Modul $M \neq 0$, der die Voraussetzungen des Hilfssatzes erfüllt, hat ein maximales Annullatorideal.

Beweis. Sei $r \in R \setminus \text{Ann } M$. Wegen $M = r M$ gibt es nach dem Korollar 3 zu Satz 5.6.2 ein $t \in R$ mit der Eigenschaft $x = r t x$ für alle $x \in M$; d.h. $1 - r t \in \text{Ann } M$. Daraus folgt die Maximalität von Ann M. $\square$

Weil zum Beweis von Satz 5.6.2 determinantentheoretische Hilfsmittel erforderlich waren, die wir in diesem Zusammenhang nicht benötigen, geben wir noch einen „determinantenfreien" Beweis der obigen Behauptung.

Wir wählen ein Erzeugendensystem $\{x_1, \ldots, x_m\}$ von M mit $m := \text{erz } M$ Elementen. Sei $r \in R \setminus \text{Ann } M$ fixiert. Nach Eigenschaft 2) des Hilfssatzes gibt es ein

$$y_1 = \sum_{\mu=1}^{m} a_\mu x_\mu \in M, \quad a_\mu \in R, \quad \text{mit } x_1 = r y_1.$$

Dann gilt also

$$x_1 = \sum_{\mu=1}^{m} r a_\mu x_\mu, \quad \text{d.h. } (1 - a_1 r) x_1 = \sum_{\mu=2}^{m} r a_\mu x_\mu.$$

Diese letzte Gleichung hat aber $1 - a_1 r \in \text{Ann } M$ zur Folge. Andernfalls wäre nämlich $(1 - a_1 r) M = M$ nach Eigenschaft 2), und $\{(1 - a_1 r) x_1, x_2, \ldots, x_m\}$ wäre ebenfalls ein Erzeugendensystem von M. Da das erste Element hier eine Linearkombination von $x_2, \ldots, x_m$ ist, würde also M bereits von den Elementen $x_2, \ldots, x_m$ erzeugt, was wegen $m = \text{erz } M$ nicht geht.

Wir sehen somit: Zu jedem $r \in R \setminus \text{Ann } M$ gibt es ein $a \in R$ mit $1 - a r \in \text{Ann } M$, d.h. Ann M ist ein maximales Ideal in R.

Nach Satz 2 folgt jetzt, daß M zum Modul $(R/\mathrm{Ann}\ M)^{\mathrm{erz}\,M}$ isomorph ist. Die Homogenität von M ergibt sich aus Satz 8. $\qquad\square$

Korollar zu Satz 9. *Ein halbeinfacher R-Modul $M \neq 0$ ist genau dann homogen, wenn* Max M *genau ein maximales Ideal enthält.*

Als unmittelbare Anwendung der vorangehenden Überlegungen können wir feststellen:

Ein Untermodul H eines halbeinfachen Moduls $M \neq 0$ ist genau dann homogen, wenn H in einer Komponente $M(\mathfrak{m})$, $\mathfrak{m} \in$ Max M, enthalten ist.

Die Komponenten $M(\mathfrak{m})$, $\mathfrak{m} \in$ Max M, sind also gerade die *maximal-homogenen* Untermoduln von M. Ferner sieht man:

Sind H und H' homogene Untermoduln von M und gilt $H \cap H' \neq 0$, so ist auch der Summenmodul $H + H'$ homogen.

Eine triviale Folgerung aus diesen Resultaten ist

Satz 10. *Für jeden halbeinfachen R-Modul M gilt:*

$$\mathrm{End}_R\, M \simeq \bigoplus_{\mathfrak{m} \in \mathrm{Max}\, M} \mathrm{End}_R\, M(\mathfrak{m}),$$

$$\mathrm{Aut}_R\, M \simeq \bigoplus_{\mathfrak{m} \in \mathrm{Max}\, M} \mathrm{Aut}_R\, M(\mathfrak{m}).$$

4. Länge halbeinfacher Moduln. — Stellt man einen halbeinfachen R-Modul M dar als direkte Summe von endlich vielen einfachen Moduln M_i, $M = \bigoplus_{i=1}^{m} M_i$, so ist die Anzahl m dieser Moduln durch M eindeutig bestimmt (Satz 5). Aus dem Hauptsatz (Satz 2) folgt, daß

$$m = \sum_{\mathfrak{m} \in \mathrm{Max}\, M} \mathrm{erz}\, M(\mathfrak{m}) =: l(M)$$

ist. Man bezeichnet die Zahl $l(M)$ als *die Länge des halbeinfachen R-Moduls M.* Der Längenbegriff spielt dieselbe Rolle für halbeinfache Moduln wie der Dimensionsbegriff für Vektorräume. Für jeden endlichdimensionalen Vektorraum V gilt dim $V = l(V)$. Aus der Definition von $l(M)$ folgt, daß für jeden halbeinfachen R-Modul M die Beziehung

$$l(M) \geq \mathrm{erz}_R\, M$$

besteht.

Es gilt jedoch nicht immer Gleichheit, wie schon das Beispiel 5 in § 2.3 zeigt. Genau dann gilt $l(M) = 0$, wenn $M = 0$ ist; die Gleichung $l(M) = 1$ besteht genau dann, wenn M einfach ist.

Wie brauchbar die Invariante $l(M)$ ist, ergibt sich aus den folgenden „Dimensionssätzen".

Satz 11. *Es sei M ein halbeinfacher R-Modul und $\varphi\colon M \to N$ ein Homomorphismus in einen beliebigen R-Modul N. Dann sind* $\operatorname{Ker} \varphi$ *und* $\operatorname{Im} \varphi$ *halbeinfach, und es gilt:*

$$l(M) = l(\operatorname{Ker} \varphi) + l(\operatorname{Im} \varphi).$$

Beweis. Weil $\operatorname{Im} \varphi$ isomorph zu $M/\operatorname{Ker} \varphi$ ist, folgt aus dem Korollar 1 zu Satz 2.9, daß $\operatorname{Im} \varphi$ und $\operatorname{Ker} \varphi$ halbeinfache Moduln sind. Man wähle nun ein Supplement A von $\operatorname{Ker} \varphi$ in M. Dann ist A ebenfalls isomorph zu $M/\operatorname{Ker} \varphi$, also auch zu $\operatorname{Im} \varphi$. Aus der Gleichung $M = \operatorname{Ker} \varphi \oplus A$ ergibt sich nun die Behauptung, wenn man $\operatorname{Ker} \varphi$ und A in direkte einfache Summen zerlegt. $\qquad\square$

Korollar. *Für jeden Untermodul A eines halbeinfachen Moduls M ist*

$$l(M) = l(A) + l(M/A).$$

Zum Beweis braucht man in Satz 11 nur den Restklassenhomomorphismus $\rho\colon M \to M/A$ mit dem Kern A zu nehmen. $\qquad\square$

Der Leser sieht, daß die Längenfunktion l analoge Eigenschaften hat wie die Freiheitsgradfunktion fg bei Moduln über Integritätsringen (vgl. Kap. III, § 4.3 – 4). So folgt in ähnlicher Weise wie dort:

Satz 12. *Es seien A, A' zwei halbeinfache Untermoduln eines beliebigen R-Moduls M. Dann sind auch die Moduln $A + A'$ und $A \cap A'$ halbeinfach, und es gilt:*

$$l(A) + l(A') = l(A + A') + l(A \cap A').$$

Beweis. Mit A und A' sind auch die Moduln $A + A' \subset M$ und $A \cap A'$ halbeinfach. Nach Satz 2.3.4 gibt es einen R-Isomorphismus $A/A \cap A' \xrightarrow{\sim} (A + A')/A'$. Das Korollar liefert daher die Gleichungen

$$l(A) = l(A \cap A') + l(A/A \cap A'), \quad l(A + A') = l(A') + l(A/A \cap A'),$$

woraus die Behauptung folgt. $\qquad\square$

Der Leser wird bemerkt haben, daß im voranstehenden Beweis (ebenso wie im Beweis von Satz 3.4.5) nicht die explizite Kenntnis, sondern eigentlich nur die „Additivität" der Funktion l (bzw. fg) benutzt wird. Wir machen dazu eine allgemeine Anmerkung:

Es sei $\mathfrak{N}$ eine Kategorie von R-Moduln, die mit jedem Modul M auch *alle* Untermoduln von M enthält. Es sei jedem $M \in \mathfrak{N}$ eine ganze Zahl $\chi(M) \geq 0$ so zugeordnet, daß gilt:

Sind M', M, $M'' \in \mathfrak{N}$ und ist $0 \to M' \to M \to M'' \to 0$ eine exakte R-Sequenz, so gilt:

$$\chi(M) = \chi(M') + \chi(M''); \quad \text{insbesondere also } \chi(0) = 0.$$

Alsdann wollen wir χ *additiv* nennen; Beispiele sind die Längenfunktion l auf der Kategorie der halbeinfachen R-Moduln bzw. die Dimensionsfunktion dim auf der Kategorie der endlich erzeugbaren Vektorräume. Für solche additiven Funktionen gilt stets:

Ist $0 \to M_0 \to M_1 \to \cdots \to M_m \to 0$, $0 \le m < \infty$, *eine exakte R-Sequenz von Moduln* $M_\mu \in \mathfrak{N}$
(d.h. $\mathrm{Im}(M_{\mu-1} \to M_\mu) = \mathrm{Ker}(M_\mu \to M_{\mu+1})$ *für alle* μ),
so gilt:

$$\sum_{\mu=0}^{m} (-1)^\mu \chi(M_\mu) = 0.$$

Beweis. Durch Induktion nach m. Für $m=0$ folgt $M_0 = 0$ aus der Exaktheit von $0 \to M_0 \to 0$
und also $\chi(M_0) = 0$. Für $m=1$ sind M_0 und M_1 wegen der Exaktheit von $0 \to M_0 \to M_1 \to 0$
isomorph, und es folgt $\chi(M_0) - \chi(M_1) = 0$. Für $m=2$ ist die Behauptung klar, da χ additiv ist.
Sei $m>2$. Wir setzen $M' := \mathrm{Im}(M_{m-2} \to M_{m-1})$. Dann ist die Sequenz

$$0 \to M_0 \to M_1 \to \cdots \to M_{m-2} \to M' \to 0$$

exakt, und die Induktionsannahme liefert, da $M' \in \mathfrak{N}$ wegen $M' \subset M_{m-1}$:

$$\sum_{\mu=0}^{m-2} (-1)^\mu \chi(M_\mu) + (-1)^{m-1} \chi(M') = 0.$$

Die Exaktheit der gegebenen Sequenz impliziert $M' = \mathrm{Ker}(M_{m-1} \to M_m)$; daher ist die
Sequenz $0 \to M' \to M_{m-1} \to M_m \to 0$ exakt, so daß wir wissen:

$$\chi(M_{m-1}) = \chi(M') + \chi(M_m),$$

d.h.

$$(-1)^{m-1} \chi(M') = (-1)^{m-1} \chi(M_{m-1}) + (-1)^m \chi(M_m).$$

Einsetzen in die obige Gleichung liefert die Behauptung. $\square$

Da die Längenfunktion (wie die Dimensionsfunktion bei Vektorräumen) die
fundamentale Eigenschaft besitzt, daß aus $l(M)=0$ stets $M=0$ folgt, erhält man:

Satz 13. *Für jeden Untermodul A eines halbeinfachen Moduls M mit $l(A)=l(M)$*
gilt

$$A = M.$$

Denn: Aus $l(M) = l(A) + l(M/A)$ folgt $l(M/A) = 0$, also $M/A = 0$, d.h. $M = A$. $\square$

Hieraus folgt übrigens noch einmal, daß für einen Endomorphismus eines halbeinfachen Moduls die Eigenschaften der Injektivität, Surjektivität und Bijektivität
äquivalent sind.

Literatur

Aus der umfangreichen klassischen und neueren Literatur zur Analytischen Geometrie und Linearen Algebra empfehlen wir dem Leser:

Frobenius, F. F.: Gesammelte Werke. Berlin-Heidelberg-New York: Springer 1968.
Greub, W. H.: Lineare Algebra. New York: Springer 1967.
Kowalsky, H.-J.: Lineare Algebra. Berlin: de Gruyter 1970.
Lang, S.: Lineare Algebra. London: Addison-Wesley 1966.
Schreier, O., Sperner, E.: Einführung in die Analytische Geometrie und Lineare Algebra I, II. Leipzig: Teubner 1935.
Schur, I.: Gesammelte Werke. Berlin-Heidelberg-New York: Springer 1973.
Tietz, H.: Lineare Geometrie. Münster: Aschendorff 1967.

Symbolverzeichnis

Sachverzeichnis

Heidelberger Taschenbücher

Mathematik — Physik — Informatik — Technik

102 W. Franz: Quantentheorie. DM 19,80
104 O. Madelung: Festkörpertheorie I. DM 16,80
105 J. Stoer: Einführung in die Numerische Mathematik I. DM 16,80
107 W. Klingenberg: Eine Vorlesung über Differentialgeometrie. DM 16,80
108 F. W. Schäfke/D. Schmidt: Gewöhnliche Differentialgleichungen. DM 16,80
109 O. Madelung: Festkörpertheorie II. DM 16,80
110 W. Walter: Gewöhnliche Differentialgleichungen. DM 16,80
114 J. Stoer/R. Bulirsch: Einführung in die Numerische Mathematik II. DM 16,80
117 M. J. Beckmann/H. P. Künzi: Mathematik für Ökonomen II. DM 14,80
120 H. Hofer: Datenfernverarbeitung. DM 19,80
126 O. Madelung: Festkörpertheorie III. DM 16,80
127 H. Schecher: Funktioneller Aufbau digitaler Rechenanlagen. DM 19,80
129 K. P. Hadeler: Mathematik für Biologen. DM 16,80
140 R. Alletsee/G. Umhauer: Assembler 1. Ein Lernprogramm. DM 16,80
141 R. Alletsee/G. Umhauer: Assembler 2. Ein Lernprogramm. DM 17,80
142 R. Alletsee/G. Umhauer: Assembler 3. Ein Lernprogramm. DM 19,80
143 T. Bröcker/K. Jänich: Einführung in die Differentialtopologie. DM 16,80
151 C. Blatter: Analysis 1. DM 14,80

Hochschultext

Mathematik

Grauert, H./Fritzsche, K.: Einführung in die Funktionentheorie mehrerer Veränderlicher. DM 19,80
Gross, M./Lentin, A.: Mathematische Linguistik. DM 32,–
Hermes, H.: Introduction to Mathematical Logic. DM 34,–
Heyer, H.: Mathematische Theorie statistischer Experimente. DM 19,80
Hinderer, K.: Grundbegriffe der Wahrscheinlichkeitstheorie. DM 19,80
Kreisel, G./Krivine, J. L.: Modelltheorie. DM 32,–
Lüneburg, H.: Einführung in die Algebra. DM 24,–
MacLane, S.: Kategorien. DM 38,–
Owen, G.: Spieltheorie. DM 32,–
Oxtoby, J. C.: Maß und Kategorie. DM 19,80
Preuss, G.: Allgemeine Topologie. DM 38,–
Querenburg, B. v.: Mengentheoretische Topologie. DM 16,80
Werner, H.: Praktische Mathematik I. DM 19,80
Werner, H./Schaback, R.: Praktische Mathematik II. DM 22,–

Preisänderungen vorbehalten